Wissenschaft und Öffentlichkeit

Mathematiker
über die Mathematik

Herausgegeben von Michael Otte

unter Mitwirkung von
H. N. Jahnke, Th. Mies und G. Schubring

Springer-Verlag
Berlin Heidelberg New York 1974

Michael Otte

Institut für Didaktik der Mathematik, Universität Bielefeld,
4801 Jöllenbeck

*Alle erforderlichen Arbeiten zur Erstellung des Manuskriptes
zum vorliegenden Buch erfolgten am Institut für Didaktik der
Mathematik, Universität Bielefeld*

Mit 28 Abbildungen

ISBN -13:978-3-540-06898-3   e-ISBN -13:978-3-642-80866-1
DOI: 10.1007/978-3-642-80866-1

Das Werk ist urheberrechtlich geschützt. Die dadurch begründeten Rechte, insbesondere die der Übersetzung, des Nachdruckes, der Entnahme von Abbildungen, der Funksendung, der Wiedergabe auf photomechanischem oder ähnlichem Wege und der Speicherung in Datenverarbeitungsanlagen bleiben, auch bei nur auszugsweiser Verwertung, vorbehalten. Bei Vervielfältigungen für gewerbliche Zwecke ist gemäß § 54 UrhG eine Vergütung an den Verlag zu zahlen, deren Höhe mit dem Verlag zu vereinbaren ist. © by Springer-Verlag Berlin Heidelberg 1974.
Library of Congress Cataloging in Publication Data. Otte, Michael, 1938–.
Mathematiker über die Mathematik. (Wissenschaft und Öffentlichkeit). Bibliography: p. 1. Mathematics-Addresses, essays, lectures. I. Title. QA7.087. 510. 74-13965
Gesamtherstellung: J. Beltz, Hemsbach/Bergstraße.

Vorwort

Vorworte und Einleitungen ähneln oft - und dann werden sie als gut und angemessen empfunden -, Fahnensprüchen und Bannerlosungen, zuweilen gleichen sie allerdings auch mehr Grabinschriften. Sie sind kurz, und sie versuchen in dieser Kürze Vergangenheit und Zukunft, Reflexion und Aktion in Zusammenhang, in Bewegung zu bringen und damit bestimmten Leitvorstellungen zum Ausdruck zu verhelfen. Sie sind pragmatisch, nicht didaktisch und niemals detailliert.

Das vorliegende Vorwort dagegen ist lang, aber dennoch kursorisch. Es entspringt einem einheitlichen Interesse, welches vielleicht am besten in dem Satz René Thoms zum Ausdruck kommt: "Tatsächlich beruht, ob man das nun wahrhaben will oder nicht, alle mathematische Pädagogik ... auf einer Philosophie der Mathematik."[1] Es setzt sich jedoch andererseits mit einer Fülle von Fragen, Problemen und Entwicklungen im Zusammenhang der Wissenschaft Mathematik auseinander.

Obwohl die folgenden Zeilen eine Sammlung von Artikeln einleiten sollen und es sich also nicht um einen eigenen unabhängigen Aufsatz handelt, bezieht sich der Text auch auf später nur implizit Angesprochenes, und es wird darin nicht jedes Argument im einzelnen belegt, nachgewiesen und konkretisiert. Es handelt sich, wie gesagt, um ein Vorwort im eingangs skizzierten Sinne, obgleich der Text einen relativ großen Umfang hat. Wir hoffen, daß er trotz dieser Widersprüchlichkeit seinen Sinn erfüllt.

---

1) In A.G. HOWSON (Hrsg.): Developments in Mathematical Education, Cambridge 1973, S. 204.

Die folgende Sammlung von Artikeln bedeutender Mathematiker über grundlegende Probleme ihrer eigenen Disziplin geht von dem leitenden Gesichtspunkt aus, den Dialog zwischen der Fachwissenschaft Mathematik und ihrer Pädagogik zu fördern und auszuweiten. Dabei unterstellen wir, daß der Ausgangspunkt für eine Didaktik der Mathematik, die wissenschaftliche Ansprüche erheben will, die Fachwissenschaft selbst sein muß.[1]

Natürlich ist eine genaue Kenntnis der theoretischen und methodologischen Aspekte der mathematischen Wissenschaft notwendige Voraussetzung für jedes pädagogische Urteil in diesem Bereich: Ob es sich um die Auswahl der Gegenstände, die im Unterricht zu verwendenden Methoden oder die Bewertung pädagogischer Bemühungen handelt. Aber diese Priorität der Fachwissenschaft gilt auch in einem weiteren Sinne: Viele Mathematikdidaktiker neigen dazu, die Erforschung der Grundlagen und Triebkräfte mathematischer Lernprozesse sozialwissenschaftlichen Disziplinen, vor allem der Psychologie und Soziologie, zuzuordnen. Da Lernprozesse aber nur als Einheit von anzueignendem Gegenstand und subjektiver Lerndisposition begriffen werden können, ist der Beitrag der mathematischen Fachwissenschaft auch auf diesem Feld unentbehrlich. Die Explizierung der Erfahrung, die Fachmathematiker und Mathematikpädagogen im Umgang mit ihrem Fach sammeln, bietet für die Ausarbeitung dieses Aspekts einer Mathematikdidaktik einen vielversprechenden Ansatz.

Einer 'Philosophie der Mathematik' im Thomschen Sinne bedarf die Mathematikdidaktik in einer Reihe grundlegender Fragen: Da sind die Fragen nach dem Verhältnis von mathematischer Abstraktion und Erfahrung, da sind die Schwierigkeiten, die bei einer Erfassung der immanenten Gesetzmäßigkeit mathematischer Forschungsprozesse zu bewältigen sind und für die Problematik einer produktiven Aneignung mathematischer Begriffe und Methoden unmittelbar Bedeutung haben; da sind

---
1) Vgl. Schriftenreihe des IDM 1/1974, S.5 f.

die komplexen Beziehungen zwischen Mathematik und ihren Anwendungen in der gesellschaftlichen Praxis, die in vielfältiger Form im Rahmen der Diskussion um Inhalt und Ausbau eines Mathematikcurriculums und seine Integration in den Gesamtunterricht eine Rolle spielen; da ist schließlich das Problem des Wechselverhältnisses des theoretischen Systems der Mathematik auf der einen, der Inhalte und Methoden des Mathematikunterrichts auf der anderen Seite. Wir wollen diese Probleme im folgenden etwas erläutern, um die theoretische Perspektive, die die Auswahl und Zusammenstellung der folgenden Aufsätze bestimmt hat, zu verdeutlichen.

'Mathematik und Erfahrung'

Die didaktischen Konzepte, die die Bedeutung des Mathematisierens im Unterricht hervorheben, unterstellen implizit oder explizit eine bestimmte Beziehung zwischen mathematischer Abstraktion einerseits und unserer Erfahrung von der natürlichen und gesellschaftlichen Realität andererseits. Je nachdem, wie diese begriffen wird, ergeben sich ganz unterschiedliche Vorstellungen zum Verhältnis zwischen Mathematik und den Natur- bzw. Gesellschaftswissenschaften im Unterricht, zur Kritik des Formalismus, zur Ausarbeitung einer Theorie der mathematischen Bedeutung, deren Dringlichkeit R. Thom betont hat. E. Beth und J. Piaget haben sehr einleuchtend begründet, daß sich die traditionellen philosophischen Lösungsversuche für das Problem der mathematischen Bedeutung als unzureichend erweisen: Weder der Rückgriff auf begrifflich nicht vorstrukturierte Erfahrung noch die Verankerung in Denkgesetzen und sozialen Konventionen verhilft zu einem angemessenen Verständnis, da mathematische Abstraktionen sowohl konstruiert als auch nicht willkürlich, sowohl von der Erfahrung abgehoben als auch auf sie mit großem praktischen Nutzen anwendbar, sehr wohl objektiv als auch von großer Flexibilität und Entwicklungsfähigkeit sind. Das reduktionistische Programm der 'formalistisch-positivistischen Doktrin', das die Frage nach einer Theorie der Bedeutung

als unwissenschaftlich bzw. unmathematisch deklarieren will,
ist nicht nur didaktisch äußerst unfruchtbar und kann zur
Rechtfertigung der allseits kritisierten formalistischen
Tendenzen im Mathematikunterricht dienen, es verhindert auch
notwendige Versuche zur Entwicklung eines tieferen Begreifens
des mathematischen Forschungsprozesses.[1] Damit stellt dieser
Aspekt einer 'Philosophie der Mathematik' eine Reihe ebenso
komplizierter wie dringender und vor allem auch pädagogisch
relevanter Aufgaben.

'Methoden und Struktur der Mathematik'

Es scheint eine zentrale Bedeutung der Mathematik zu sein,
daß sie viele wesentliche Probleme mit der nötigen Schärfe
und Zuspitzung vorangebracht hat. Daher steht es dem Mathematiker niemals gut zu Gesicht, die Bedingungen, die gesellschaftlichen und gegenständlichen Beziehungen, die dafür die
Voraussetzung waren und sind, zu ignorieren. Die Mathematik
ist nicht eine von der Gesamtentwicklung der menschlichen
Gesellschaft besonders unabhängige, sondern im Gegenteil
eine mit der gesellschaftlichen Entwicklung besonders eng
verbundene Wissenschaft, schon, weil die Bedeutung ihrer
Symbole und Aussagen wegen ihrer Allgemeinheit und universellen Anwendbarkeit nicht ohne Beziehung zu den übrigen
Bereichen menschlicher Tätigkeit zu erfassen ist. Dies wird
immer dann besonders deutlich, wenn die mathematische Erfahrung zum Zwecke der Anwendung, der Mitteilung, der
Lehre explizit gemacht werden muß.

Mathematik ist wohl die Wissenschaft, in der der menschliche
Erkenntnisprozeß besonders deutlich als aktiver Vorgang, als
konstruktiver Akt historisch in Erscheinung tritt. "Mathematische Methode, wie sie heute in Gebrauch ist, würde möglicherweise auch den Griechen vertraut erscheinen. Jedoch die
Objekte, auf die das mathematische Denken heute angewendet
wird, haben sich enorm verändert. Ihre Zunahme und Ausdehnung
ist es, die nicht nur der Antike, sondern sogar den Mathema-

---

1) Vgl. dazu den Aufsatz von Kreisel in diesem Band.

tikern des 19. Jahrhunderts verblüffend erscheinen würde".[1]

Dem widerspricht das landläufige Urteil über die Mathematik, das in dem folgenden Zitat sehr schön beschrieben wird: "Das bedrückende Alter der traditionellen Schulmathematik, das fast an das einer Religion grenzt, ist auch der Ausgangspunkt für die Schlußfolgerungen über die Vollkommenheit und Verknöcherung der Mathematik."[2] Dieser Widerspruch mag darauf hinweisen, daß die Schulmathematik und ihre theoretische Reflexion in der Fachdidaktik den konstruktiven Aspekt mathematischen Denkens zu wenig, zu inkonsequent oder in einem zu eingeschränkten Sinn in den Mittelpunkt gerückt hat. Hier sehen wir eine der entscheidenden Ursachen dafür, daß die theoretischen Instrumente und die Verfahrensweisen, die die Didaktik der Mathematik bisher entwickelt hat, der Komplexität ihres Gegenstandes nur unzureichend gerecht werden.

Über Bourbaki wird berichtet, daß dieses Unternehmen mit einer Diskussion der französischen Mathematiker A. Weil und J. Delsarte über die Frage, wie Analysis am besten zu lehren sei, begonnen habe. Didaktische Reflexion zwingt zur einheitlichen Explizierung der Aspekte und Strukturen des mathematischen Forschungsprozesses, zur Präzision im Interesse der Kommunizierbarkeit. Dieser Zwang zum Explizieren, der die Didaktik der Mathematik nach Thoms Einsicht auf eine Philosophie der Mathematik verweist, kann nur zu vorläufigen Lösungen führen, die sich bei ihrer Verallgemeinerung im Maße des Fortschreitens mathematischer Konstruktion als unangemessen, ja als widersprüchlich erweisen. Dennoch sind sie für die Beförderung dieses Prozesses unentbehrlich, da sie es gerade sind, die das Fortschreiten der Konstruktion durch die Erweiterung des Feldes operativer Möglichkeiten entscheidend begünstigen. Die auftretenden Widersprüche hat die Mathematik jedesmal dadurch bewältigt, daß sie die Erweiterung des

---

[1] S. ULAM, in 'The Mathematical Sciences' herausgegeben vom Comm. on Support of Research in the Mathematical Sciences, MIT Press, 1969.
[2] In J. Churgin: Formeln - und was dann?. Berlin 1970, S. 26.

operativen Spielraums weiter vorwärtsgetrieben hat, indem neue Arten des Umgangs mit den Gegenständen entwickelt und dadurch auch mehr Objekte erschlossen wurden. Unter diesen Gesichtspunkt fällt schon die Parole der Pythagoreer 'Alles ist Zahl'; ein Versuch einer einheitlichen Sicht der Welt, der das Quantifizieren und damit die operativen Möglichkeiten des Denkens selbst bedeutend gefördert hat, obwohl er durch die Entdeckung inkommensurabler Strecken in seinen ursprünglichen Ansprüchen entscheidend erschüttert wurde.

Das Streben nach Vereinheitlichung, die Widersprüche, die sich aus der entsprechenden Idealisierung und den Versuchen des Explizitmachens vorhandener mathematischer Erfahrung ergeben, und schließlich die Erweiterung der operativen Möglichkeiten, deren Ursprung die Auseinandersetzung mit jenen Widersprüchen ist, lassen sich sehr schön am Begriff des 'Unendlichen in der Mathematik' durch die Geschichte hindurch verfolgen. Auch Heisenberg verweist im Zusammenhang des Problems von Inhalt und Methode auf diesen Begriff: "Es mag nützlich sein, sich in diesem Zusammenhang zu erinnern, daß selbst in der exaktesten Wissenschaft, nämlich in der Mathematik, der Gebrauch von Begriffen, die innere Widersprüche enthalten, nicht vermieden werden kann. Zum Beispiel ist es wohl bekannt, daß der Begriff der Unendlichkeit zu Widersprüchen führt, aber es wäre praktisch unmöglich gewesen, die wichtigsten Teile der Mathematik ohne diesen Begriff aufzubauen."[1]

D. Hilbert, der in seinem Vortrag 'Über das Unendliche' sich mit den Widersprüchen dieses Begriffs, insbesondere mit den Widersprüchen, wie sie sich aus der Cantor'schen Theorie ergeben, auseinandersetzt, beschreibt die von uns angedeutete Entwicklung folgendermaßen: "Erinnern wir uns, *daß wir Mathematiker sind* und als solche uns schon oftmals in einer ähnlichen mißlichen Lage befunden haben und wie uns dann die geniale Methode der idealen Elemente daraus befreit hat.

---

1) W. Heisenberg: Physik und Philosophie, Stuttgart 1972, S. 195.

Einige leuchtende Vorbilder für die Anwendung dieser Methode
habe ich Ihnen zu Anfang meines Vortrages angeführt. Gerade
wie $i = \sqrt{-1}$ eingeführt wurde, um die Gesetze der Algebra
z.B. über die Existenz und Anzahl der Wurzeln einer Gleichung
in der einfachsten Gestalt aufrechtzuerhalten; gerade wie die
Einführung der idealen Faktoren geschah, um auch unter den
ganzen algebraischen Zahlen die einfachen Teilbarkeitsge-
setze beizubehalten, wie wir z. B. für die Zahlen 2 und
1 + $\sqrt{-5}$ einen gemeinsamen idealen Teiler einführen, während
ein wirklicher nicht vorhanden ist, so haben wir hier *zu den
finiten Aussagen die idealen Aussagen zu adjurgieren*, um die formal
einfachen Regeln der üblichen Aristotelischen Logik zu erhalten." [1]

Die Frage danach, wie man nun zu den idealen Aussagen gelangt,
beantwortet er im folgenden durch die Skizzierung einer formalisierten Beweistheorie, wodurch die Frage nach der Bedeutung mathematischer Symbole in den Bereich einer Metatheorie
verschoben wird, wobei er von einer Analyse analoger Verfahrensweisen - etwa der 'Methode der algebraischen Buch-
stabenrechnung' - ausgeht, die bereits implizite mathematische Erfahrung darstellen.

Es ist sinnvoll, die Verdienste und bleibenden Errungenschaften der Hilbert'schen Bemühungen in den Vordergrund zu
rücken und nicht dauernd auf die durch die Gödel'schen Resultate zutage gebrachte Begrenztheit hinzuweisen. Diese Errungenschaften sind in der Wendung zum Operativen zu sehen,
wie sie sich etwa in der neuen Auffassung von Axiomatik
auf der Grundlage eines sich stärker entwickelnden System-
denkens ausdrückt. Angesichts der Alternative 'unmittelbar
einsichtige Wahrheit des einzelnen mathematischen Satzes'
versus 'Konsistenz des Systems' weist Hilbert darauf hin,
daß auch in der Physik nicht die einzelne Aussage veri-
fizierbar ist, sondern nur das System als Ganzes. Diese Auffassung von Axiomatik wurde später in verschiedenen Bereichen
(z. B. der Algebra (E. Noether) und Wahrscheinlichkeitstheorie

---

[1] Vgl. D. Hilbert, Grundlagen der Geometrie, Leipzig 1930, Anhang VIII,
S. 279 f.

(A. Kolmogorov)) zu einem hervorragenden Instrument der
Forschung. Die ihr entsprechenden Einsichten setzten eine
klare Unterscheidung von Inhalt und Methode und die Entwicklung neuer tragfähigerer Beziehungen zwischen beiden
voraus.

Getragen wurden Hilberts Bemühungen von dem unbedingten
Streben nach Erkenntnis, das mit dem Bewußtsein der Vorläufigkeit der Erkenntnisresultate durchaus vereinbar ist. Er selbst
hat dieser Einstellung mit den Worten Ausdruck verliehen:
"Statt des törichten Ignorabimus heiße im Gegenteil unsere
Losung: Wir müssen wissen, wir werden wissen."[1]

Probleme sind nie durch reine Kontemplation an sich und
absolut, sondern immer nur bezogen auf ein objektiv und
historisch bestimmtes Repertoire von Handlungsmöglichkeiten
lösbar und dann aber auch vollständig lösbar. Eine solche
Einstellung zum Erkenntnisprozeß haben wir an anderer Stelle
'operativen Standpunkt' genannt. [2] Er scheint sich in der
Mathematik sehr viel breiter durchgesetzt zu haben als in
ihrer Didaktik. Dabei bietet er sowohl für die Klärung des
Verhältnisses von Mathematik zu ihrer Didaktik als auch für
eine Reihe weiterer mathematikdidaktischer Fragen den
fruchtbarsten Ausgangspunkt.

Mathematik und ihre Anwendungen

Es ist evident, daß vom operativen Standpunkt aus der Beziehung der Mathematik zu ihren Anwendungen in der gesellschaftlichen Praxis großer theoretischer Stellenwert zukommt.
Dies impliziert aber keineswegs eine Abwertung der Bedeutung
der Reinen Mathematik, wie sie bestimmte Entwürfe zur Unterrichts- und Studienreform offen oder uneingestanden vertreten.

---

1) Vgl. D. Hilbert, Gesammelte Abhandlungen, Band III, S. 387,
Heidelberg 1970.
2) Vgl. M. Otte und andere: Zu einigen Hauptaspekten der Mathematikdidaktik; in Schriftenreihe des IDM 1/1974, S. 4-85.

Die letzten Jahrzehnte haben in den Anwendungen eine besonders stürmische Entwicklung gebracht. Die Entwicklung von Computern oder die Einführung mathematischer Modelle zur Beherrschung wichtiger organisatorischer Probleme im Bereich der Wirtschaft, ziviler bzw. militärischer Institutionen haben die Praxisrelevanz der Mathematik in das Bewußtsein einer breiten Öffentlichkeit gerückt. Dabei scheint es uns aber, als wäre bisher zu wenig darüber nachgedacht worden, welche Konsequenzen diese engere Verbindung von Mathematik und gesellschaftlicher Praxis für das Selbstverständnis mathematischer Bildung und Forschung hat. Es ist dennoch einigermaßen augenscheinlich, daß die Etablierung von ganzen Hochschulabteilungen, die sich auf 'Angewandte Mathematik' spezialisiert haben, oder die Ausarbeitung von mathematischen Theorien, die durch und durch von diesem Anwendungsbezug geprägt sind, nicht ohne solche Konsequenzen bleiben kann. Bei der Untersuchung dieser Konsequenzen wäre der Anwendungsbezug keineswegs nur als äußerliches Stimulans für die Entwicklung der Mathematik zu betrachten, das in der Mathematikgeschichte unterschiedlich stark und über vielfache theoretische und praktische Vermittlungen gewirkt haben mag.

Ebenso wie die Mathematik hinreichend viel über sich selbst nur vermöge des Spiegels ihrer interdisziplinären Kooperationszusammenhänge bzw. ihrer Anwendungsbezüge und nicht in bloßer Selbstreflexion erfährt, ebenso vollzieht sich die mathematische Aktivität auf der Grundlage der Entwicklung eines mehr oder weniger bewußten allgemeinen theoretischen Verständnisses der Wirklichkeit. Die Anwendungen bilden nicht ein nur äußerliches Stimulans, und meine Motivation, mich mit Mathematik zu beschäftigen, rührt nicht aus dem Bezug zu diesem oder jenem willkürlich herausgegriffenen außermathematischen Problem her, sondern sie ruht auf der Tatsache, daß die Mathematik zu meiner Fähigkeit, mir Wirklichkeit theoretisch anzueignen, insgesamt beiträgt, einer Fähigkeit, die durch Arbeitsteilung und Kooperation innerhalb der Wissenschaft und zwischen verschiedenen Bereichen gesellschaftlicher Aktivität systematisch entwickelt wird. Man betreibt Mathematik sozusagen als einen wesentlichen Teil des 'Gesamtunternehmens Wissenschaft' in allen seinen Aspekten. Dies ermöglicht dann bei aller Klarsichtigkeit bezüglich des vorläufigen Charakters des jeweils erreichten Erkenntnisstandes jene Beharrlichkeit und jenen Erkenntnisoptimismus, den wir an D. Hilbert beispielsweise so bewundern.

Zu fragen wäre daher, ob dieser verstärkte Anwendungsbezug nicht auch Ausdruck eines immanenten Zusammenhangs zwischen mathematischer Theoriebildung und dem Niveau der gesellschaftlichen Praxis ist. So legt etwa Piagets und Beths Erkenntnistheorie der Mathematik, wenn man sie im Sinne einer soziologisch erweiterten Theorie der gegenständlichen Tätigkeit interpretiert, die Vermutung nahe, daß eine vermittelte, aber doch grundlegende Abhängigkeit existiert zwischen der Komplexität gesellschaftlicher Organisation, der gegenständlichen Mittel der Produktion und Kommunikation und dem Niveau der mathematischen Theoriebildung. [1]

Die Bedeutung einer solchen Abhängigkeit, die über die bloße Motivierung von außen hinausgeht, hat der Mitbegründer von Operations Research C.W. Churchman bei der Beschreibung der Entstehung dieser Disziplin hervorgehoben, die ohne Zweifel heute einen besonders hohen Stand der Verbindung mathematischer Modellbildung mit Praxisproblemen repräsentiert: "Trotz des militärischen Ursprungs von O.R. läßt sich seine Entwicklung oder Entstehung in Anlehnung an die wohlbekannte Entwicklung der industriellen Organisation beschreiben . ... Mit zunehmender Differenzierung und Aufgliederung der Unternehmerfunktion begann sich die Wissenschaft in steigendem Maße für die in verschiedenen Abschnitten des Betriebsgeschehens auftretenden Probleme zu interessieren. Sie widmete ihre Aufmerksamkeit beispielsweise mehr und mehr den Produktionsproblemen. Das Ergebnis dieser Bemühungen war die Entstehung mehrerer neuer Zweige der angewandten Forschung wie

---

1) Vgl. E. Beth, J. Piaget: Mathematical Epistemology and Psychology, Dordrecht 1966; zur Diskussion eines entsprechenden Zusammenhangs für eine mit der Mathematik historisch sehr eng verbundene Disziplin, die Mechanik, vgl.: Bibler u.a.: Analyse des sich entwickelnden Begriffs, Moskau 1967 (russ.)

der mechanischen, chemischen und industriellen Technologie, der statistischen Qualitätskontrolle. Durch die Beschäftigung mit anderen Betriebsfunktionen entstanden Marktforschung Betriebswirtschaft, Ökonometrie, Betriebspsychologie, industrielle Psychologie und andere angewandte Wissenschaften. Während dieser Periode der Differenzierung und Aufgliederung der Unternehmerfunktion tauchte eine neue Art unternehmerischer Probleme auf, die als spezifische Probleme übergeordneter Führungskräfte angesehen werden können. Diese Probleme ergaben sich unmittelbar aus der Arbeitsteilung im Betrieb, die zu einer Organisation des Betriebsablaufs führt. In einer Organisation hat jede Abteilung oder Unterabteilung einen Teil der Gesamtaufgaben durchzuführen. Jeder dieser Teile ist für die Verwirklichung der Ziele der Organisation notwendig. Aus dieser Arbeitsteilung ergibt sich jedoch auch, daß jede Abteilung auch eigene Zwecke entwickelt. Diese Zwecke sind nicht immer konsistent miteinander. ... Dabei muß hervorgehoben werden, daß eine solche Teilung der organisatorischen Dinge nicht 'schlecht ist'. Wenn mehrere Personen gemeinsam eine Aufgabe zu erfüllen versuchen, würde es ihnen wahrscheinlich nicht möglich sein, wie eine Einzelperson vorzugehen. Es ist daher sinnlos, einen Plan für eine großindustrielle Organisation zu entwickeln, der von der Annahme ausgeht, daß ein jeder weiß und abschätzen kann, was jeder andere tut. Die Funktionsteilung scheint in dieser Situation die einzig mögliche Lösung zu sein. Das Koordinationsproblem ergibt sich demnach aus der Notwendigkeit, die Funktionen in Teilfunktionen aufzulösen. ... Ein Ziel von O.R., wie es sich aus der Entwicklung der industriellen Organisation ergab -, besteht darin, den Unternehmensleitungen eine wissenschaftliche Grundlage für die Lösung von Problemen, bei denen Komponenten der Organisation in einer Wechselbeziehung stehen, in der dem Interesse der Gesamtorganisation am besten dienenden Form zur Verfügung zu stellen."[1]

---

1) Vgl. C.W. Churchman, R.L. Ackoff, E.L. Arnoff: Operations Research, München, 1971, 5. Auflage, S. 13-16.

Mathematische Wissenschaft und Mathematikunterricht

Alle oben angesprochenen Probleme sind als Aspekte der zentralen Frage der Mathematikdidaktik zu betrachten und fassen sich in ihr zusammen: Wie ist das Verhältnis zwischen dem System der Fachwissenschaft auf der einen, den Unterrichtsinhalten und Methoden auf der anderen Seite zu organisieren? Sie ist keineswegs einfach dadurch beantwortbar, daß man dekretiert: Die Fachwissenschaft gibt der Mathematikdidaktik ihre Inhalte vor. Das ist trivial, schließlich soll ja Mathematik gelernt werden. Die Kompliziertheit dieser Frage wird erst dann offensichtlich, wenn die Schulpraxis die herkömmlichen, durch Gewohnheit gebahnten Pfade verlassen soll, um den Schulstoff der Entwicklung der Fachdisziplin anzupassen. Diese Fachdisziplin, die Mathematik, hat in den letzten Jahrzehnten in der Tat eine beträchtliche Entwicklung durchgemacht, und ihre gesellschaftliche Bedeutung ist in einem ungeahnten Ausmaß gewachsen. Das spiegelt sich ganz oberflächlich in der steigenden Zahl derjenigen wider, die sich beruflich mit Mathematik in Forschung, Unterricht und Praxis beschäftigen. Das wird demonstriert durch den erreichten Standard an Präzision und logischer Strenge, durch das Ausmaß der Integration der einzelnen mathematischen Disziplinen einerseits, ihrer Differenzierung und Spezialisierung andererseits. Es zeigt sich, daß die fortschreitende Abstraktion in der Mathematik keine beklagenswerte Verirrung weg von der Realität, sondern gerade die notwendige Voraussetzung zur umfassenden praktischen Anwendung von Mathematik bei der Auseinandersetzung mit dieser Realität ist. Für die Methodologie einer wachsenden Zahl natur- und sozialwissenschaftlicher Disziplinen hat die Mathematik grundlegende Bedeutung gewonnen. Sehr schön zeigt sich dies an dem 1972 von der UNESCO veröffentlichten Buch 'Scientific Thought - some underlying concepts, methods and procedures.' Es handelt sich dabei um eine Sammlung von Aufsätzen, in der bekannte Wissenschaftler 'Ideen, Methoden und Prozesse' erklären sollten, 'die den außerordentlichen Entdeckungen und Entwicklungen des 20. Jahrhunderts zugrunde liegen.' Man stellt fest, daß zehn von den zwölf Artikeln Begriffe zum Gegenstand haben, die aus der Mathematik kommen oder durch die Mathematik eine präzisierte Behandlung erfahren. Es sind dies die Begriffe: Menge, Struktur, System, Symmetrie, Information, Modell, Kybernetik, Optimierung, Spieltheorie, Metatheorie.

Die Anfänge der gegenwärtigen Welle von Reformen des Mathematikunterrichts waren stark durch die Thesen des amerikanischen Kognitionspsychologen J. Bruner bestimmt, der forderte, daß die grundlegenden Theorien und fundamentalen Ideen einer Wissenschaft zum Gegenstand des Unterrichts zu machen sind. Er vertrat die These, daß jedem Kind auf jeder Entwicklungsstufe jeder Lehrgegenstand in einer intellektuell ehrlichen Form vermittelt werden kann. Für Bruner sind diese Thesen Konsequenz seiner Auffassung von Wissenschaft als einem gesellschaftlichen Instrument der Wirklichkeitsbewältigung und vom Lernen als dem Erwerb der Fähigkeit, mit den gesellschaftlichen Instrumenten des Handelns (Werkzeuge), der Wahrnehmung (Bilder, Signale etc.) und des Denkens (Sprache, wissenschaftliche Theorien und Methoden) umzugehen und sie anzuwenden. Für Bruner entspricht diese Akzentuierung des methodologischen -, des Werkzeugaspekts der wissenschaftlichen Begriffe und Theorien der neuzeitlichen Entwicklung der Wissenschaft selbst, die insbesondere seit dem Grundlagenstreit in der modernen Physik eine ähnliche Wendung hin zur Betonung des Methodologischen genommen hat. Individuelle Fähigkeitsentwicklung wird abhängig von der gesellschaftlich-historischen Entwicklung der Instrumente des Handelns, der Wahrnehmung und des Denkens. Insofern erweitern sich die Möglichkeiten der Fähigkeitsentwicklung des einzelnen mit dem wissenschaftlich-technischen Fortschritt und der Qualität der Instrumente, die er hervorbringt. Die Forderung, die neuesten Errungenschaften der Fachwissenschaft Mathematik im Mathematikunterricht zu nutzen, ist dann eine unmittelbare Konsequenz dieser Auffassung.

Bruners Gedanken geben einen möglichen Rahmen für die Diskussion ab, weil sie die Ebenen der praktischen Umsetzung wissenschaftlicher Ergebnisse, der inneren Logik wissenschaftlicher Begriffe und ihrer Aneignung im Lernprozeß aufeinander beziehen wollen und damit der Komplexität des Problems zumindest in der Benennung der entscheidenden Parameter gerecht werden. Seine Untersuchungen gelangen aber in wesentlichen Punkten nicht über eine additive Aneinanderreihung der genannten Ebenen hinaus, und die Analyse der aktuellen wissenschaftlichen und gesellschaftlichen Bedingungen der Reform des Curriculums ist nicht sehr spezifiziert. Es nimmt daher nicht Wunder, daß sich auch im realen Vollzug der weltweiten Reform des Mathematikunterrichts gezeigt hat, welche Schwierigkeiten die Mathematikdidaktik hat, die Forderungen nach Anpassung des Schulstoffes an die Entwicklung der Wissenschaft in angemessener Weise zu präzisieren und zu realisieren.

Tatsächlich erfolgte eine ziemlich unmittelbare Übertragung von wirklichen oder nur vermuteten Entwicklungstrends der Mathematik auf die Ebene des Schulunterrichts. So versuchte man, sich der veränderten Anwendungssituation der Mathematik (EDV und Anwendung der Mathematik in immer mehr Wissenschaften) anzupassen, man legte größeres Gewicht auf die finite Mathematik (Kombinatorik etc.) und auf Wahrscheinlichkeitstheorie. Man führte die mathematische Logik in den Schulunterricht ein und betonte stark die Rolle des Strukturbegriffs und der Axiomatisierung. Man versuchte auch, dem neuen Standard von Präzision und logischer Strenge der Mathematik im Unterricht gerecht zu werden; öffentlichkeitswirksamster Teil der Reform aber war die Einführung der naiven Mengenlehre in die Grundschule.

Es ist hier nicht der Ort, die Reform zu analysieren, mindestens dreierlei aber läßt sich unmittelbar feststellen:

1) Obwohl die Reform auch mit dem Anspruch einer Erhöhung von Präzision und Klarheit eingeleitet wurde, sind die Lehrbücher und -materialien keineswegs frei von 'logischen Schnitzern' und Ungereimtheiten - ein sicher reparabler Schaden, der in einem gewissen Maße auf Oberflächlichkeiten in der Bearbeitung zurückgehen mag - und doch, wie uns scheint, kein Zufall, sondern Ausdruck didaktischer Schwierigkeiten.

2) Obwohl der Anspruch erhoben wurde, Formalismus und Drill des 'herkömmlichen Rechenunterrichts' zu überwinden, wurde der Formalismus eher verschärft als abgebaut.

3) Das Problem der Anwendungen wurde nicht hinreichend gelöst. War beim 'herkömmlichen Rechenunterricht' noch irgendwie durch Tradition klar, was man mit den erlernten Rechenfertigkeiten im Unterricht anfangen konnte - obwohl auch hier die Anwendungen formalistisch aufgesetzt wurden -, so sah man sich nun der Aufgabe konfrontiert, die neuen mathematischen Inhalte so in den Unterricht einzubeziehen, daß ihr instrumenteller Charakter sichtbar wurde. Betrachtet man die Reaktion der unmittelbar Betroffenen, der Lehrer, Eltern und Schüler, so kann man beim besten Willen nicht behaupten, daß diese Aufgabe bewältigt worden sei.

Praxisbezug und Interdisziplinarität - Voraussetzungen der Wissenschaft 'Didaktik der Mathematik'

Es ist klar, daß die Didaktik noch große Anstrengungen unternehmen muß, um die theoretischen und methodologischen Grundlagen für die Aufnahme der Errungenschaften der Fachwissenschaft in den Unterricht zu erarbeiten. Die Didaktik ist dabei auf die Unterstützung hervorragender Fachwissenschaftler deswegen angewiesen, weil sie nur auf der Grundlage ihrer Erfahrungen in der Handhabung von Mathematik sich ein zureichendes Verständnis für die Bedeutung spezifischer mathematischer Begriffsbildungen erarbeiten kann. Die vorliegenden Aufsätze geben gerade in dieser Richtung eine Fülle von Anregungen. Sie schützen vor allem vor der Gefahr, bestimmte Präzisierungen und begriffliche Klärungen, die in der Mathematik erreicht wurden, aus ihrem systematischen Problemzusammenhang zu reißen, zu verabsolutieren und als letztes und endgültiges Wort der Wissenschaft auszugeben. Gerade diese Haltung hat der Didaktik teilweise den Blick für die tatsächlichen begrifflichen Probleme verstellt und damit sowohl logische Ungenauigkeit als auch den Formalismus gefördert.

Dieudonné, Kolmogorov und Dinges weisen in unterschiedlichen
Zusammenhängen darauf hin.

Den verheerenden Konsequenzen dieses Vorgehens versuchen viele
sich zu entziehen, indem sie darauf hinweisen, Fachdidaktik
sei eigentlich eine pädagogische Disziplin. Sie unterstellen,
die Entwicklungsschwierigkeiten der Didaktik der Mathematik
seien unter Umgehung des ungelösten Problems der Beziehung
zur Fachwissenschaft vor allem durch eine breite Auswertung
psychologischer und pädagogischer Forschungsergebnisse zu
bewältigen. Aber Bildung und geistige Entwicklung werden
wesentlich durch die Inhalte bestimmt, und eine mathematische
Fachdidaktik, die sich in irgendeiner Weise in Gegensatz zur
mathematischen Wissenschaft stellt, gefährdet damit auch ihre
eigene Wissenschaftlichkeit. Sie wird demzufolge dann auch
nicht wirklich in der Lage sein, sich der Errungenschaften
ihrer anderen Bezugsdisziplinen - Pädagogik, Psychologie,
Soziologie etc. - zu bedienen[1], und gerät in die Gefahr, zur
theoretisierenden Rechtfertigung einer selbstgenügsamen und
borniertten Tradition herabzusinken bzw. alle fünf Jahre in
einen neuen Wunderglauben zu verfallen.

Der Kern der Schwierigkeiten bei der Ausarbeitung der Didaktik der Mathematik als einer relativ eigenständigen Wissenschaft mit eigenen Methoden und Kriterien zur Überprüfung
ihrer Resultate liegt in der Komplexität ihres Gegenstandes.

---

1) Um möglichen Mißverständnissen vorzubeugen, sei hier noch einmal
betont: diese Bezugsdisziplinen sind für die Entwicklung des theoretischen Niveaus und der praktischen Wirksamkeit der Didaktik der
Mathematik von großer Bedeutung. Es ist aber unsere These, daß die
mangelnde Berücksichtigung des inhaltlichen Aspekts mathematischer
Lernprozesse die fruchtbare Aufarbeitung gesellschaftswissenschaftlicher Einsichten genauso behindert, wie umgekehrt ein Ausblenden
der psychischen und sozialen Voraussetzungen solcher Lernprozesse
nur zu einer Fetischisierung der Fachinhalte und damit eben nicht
zu ihrer Aufarbeitung für die Zwecke des Mathematikunterrichts führt.
In der mathematikdidaktischen Literatur arbeiten sich diese beiden
extremen Standpunkte oft wechselseitig zu, so sehr sie auf den
ersten Blick einander entgegengesetzt zu sein scheinen.

An dieser Komplexität sind zwei Aspekte besonders hervorzuheben: Erstens ist es unmöglich, sich als bloßer Fachwissenschaftler einer einzelnen speziellen fachwissenschaftlichen Disziplin dem vorgegebenen Gegenstand zu nähern, sozusagen sein Verhalten vorregulieren zu lassen durch die Methoden und Sprachregelungen eines festen Systems; es kommt vielmehr darauf an, die Auswahl der Methoden von der Struktur des Gegenstandes in möglichst tiefgreifender Weise bestimmen zu lassen, d.h. hier wie bei vielen anderen Problemen moderner Wissenschaft interdisziplinär zu arbeiten. Der zweite Aspekt ist, daß man sich dem Gegenstand tatsächlich auch nur auf der Grundlage theoretischen Wissens *und* wissenschaftlicher Verarbeitung von praktischer Erfahrung nähern kann. Dies verweist darauf, daß die angesprochene Komplexität sich auch aus der Spezifik der Theorie-Praxis-Beziehung in der Didaktik ergibt, wobei in der Mathematikdidaktik das eigentümliche Verhältnis mathematischer Abstraktionen zur Realität zusätzliche Besonderheiten ins Spiel bringt.

In der Umsetzung fachwissenschaftlicher Einsichten und Methoden in Gegenstände der Bildung und Erziehung verschränken sich normative und sogenannte Sachgesichtspunkte untrennbar, d.h. das praktische Interesse bestimmt sehr viel unmittelbarer die theoretischen Inhalte, als man das in vielen traditionellen und wissenschaftlich besser erschlossenen Gegenstandsbereichen gewohnt ist. Die Berücksichtigung dieses Sachverhaltes führt nicht nur zu einer beträchtlichen Ausweitung der Parameter, die bei didaktischen Untersuchungen einzubeziehen sind; sie hat weiterhin zur Folge, daß die Didaktik im Interesse ihrer eigenen Entfaltung als Wissenschaft Probleme anpacken muß, die nach den traditionellen Auffassungen über Wissenschaft eigentlich nicht mehr zu dieser gehören. Dazu gehört z.B. die Anwendung wissenschaftlicher Erkenntnisse in der Praxis selbst und die explizite Entwicklung von auch die praktischen Möglichkeiten mit berücksichtigenden Kriterien, die sowohl die Selektion von Themenbereichen als auch die Bestimmung der Qualität von

Lösungen gestatten.[1] Nun wollen wir keineswegs einer simplen
Dichotomie der Wissenschaften das Wort reden, einer Spaltung
der unmittelbar praxisorientierten Disziplinen von den sogenannten rein theoretischen. Wir sind vielmehr der Meinung,
daß die Didaktik gemeinsam mit einer Reihe anderer Disziplinen lediglich in besonders zugespitzter Form eine Tendenz
zum Ausdruck bringt, die mit der allgemein konstatierten Ver-
wissenschaftlichung der gesellschaftlichen Prozesse zwangs-
läufig verbunden ist und in allen Bereichen wissenschaftlichen
Arbeitens in unterschiedlich starker Ausprägung in Erscheinung tritt.

Wir sind weiterhin der Ansicht, daß wissenschaftliche Pro-
duktivität schon immer sehr stark von der Optimierung des
Praxisbezuges wissenschaftlicher Tätigkeit abhängig war,
der sich natürlich über sehr verschiedene Verbindungsglieder
technischer, ideologischer und politischer Natur realisiert
hat. Für die Didaktik geht es darum, solche Orientierungen
herauszuarbeiten und bewußt zu machen, um ihnen dadurch
ein höheres Niveau der Kohärenz und Anwendbarkeit zu verleihen.

Wir haben in diesem Vorwort in relativ gedrängter Form zahlreiche Fragen angesprochen. R. Thoms eingangs zitierte Feststellung gab uns das Stichwort dafür. Wollte man nun all
die entwickelten Fäden zum Schluß ebenfalls noch einmal zusammenfassen, so könnte man vielleicht sagen, es geht um
die Analyse der Entwicklung der erkenntnis-logischen Grundlagen des wissenschaftlichen Denkens, um die Verwandlung des
'Rationalitätstypus'[2], der die allgemeinsten Kriterien für

---

1) Der Aufsatz 'The Dangers of Computer-Science Theory' von D.E. Knuth
illustriert diese Probleme exemplarisch bezogen auf das Verhältnis von
Mathematik zu Informatik, erschienen in P. Suppes u.a. (Hrgb.) : Logic,
Methodology and Philosophy of Science IV, Amsterdam 1973

2) Um uns hier nun keine weiteren 'Nachfolgelasten' des Erklärens auf-
zubürden, sei auf das 8. Kap. von C.W. Churchmans Buch 'A Challenge to
Reason' (deutsch: 'Philosophie des Managements' Freiburg 1973) verwiesen,
welches eine kurze Skizze der Wandlungen des Rationalitätstyps enthält,
mit deren Akzentuierung wir allerdings nicht immer übereinstimmen.

die Lösung theoretischer und praktischer Probleme definiert.

Ein wesentlicher Beitrag zur Weiterentwicklung der Didaktik der Mathematik könnte daher in der Explizierung dessen bestehen, was davon in der Praxis der mathematischen Forschung und des Mathematikunterrichts implizit schon enthalten ist. Dieses Buch soll einer solchen Explizierung progressiver Momente der mathematischen Forschung und des Mathematikunterrichts dienen. Wir bedanken uns herzlich bei allen, deren Mitwirkung sein Erscheinen ermöglicht hat.

Die Herausgeber

Inhaltsverzeichnis

Kapitel I. MATHEMATISCHE ABSTRAKTION UND ERFAHRUNG...... 27

J. v. Neumann: Der Mathematiker........................ 29
A. Alexandrow: Mathematik und Dialektik................ 47
G. Kreisel: Die formalistisch-positivistische Doktrin
der mathematischen Präzision im Lichte der Erfahrung.... 65
R. Thom: Die Katastrophen-Theorie...................... 125

Kapitel II. METHODEN UND STRUKTUR DER MATHEMATIK........ 139

N. Bourbaki: Die Architektur der Mathematik............ 140
A. Dress: Ein Brief.................................... 161
R. Courant: Die Mathematik in der modernen Welt........ 181
M. Atiyah: Wandel und Fortschritt in der Mathematik.... 203
E. Brieskorn: Über die Dialektik in der Mathematik..... 221

Kapitel III. PROBLEME DER ANWENDUNG VON MATHEMATIK..... 287

W. Böge: Gedanken über die Angewandte Mathematik....... 289
L. Budach: Mathematik und Gesellschaft................. 329
F. L. Bauer: Was heißt und was ist Informatik?......... 349

Kapitel IV. MATHEMATISCHE WISSENSCHAFT UND UNTERRICHT... 369

R. Thom: 'Moderne' Mathematik — Ein erzieherischer
und philosophischer Irrtum?............................. 371

J. Dieudonné: Sollen wir 'Moderne Mathematik' lehren?... 403

A. Kolmogorov: Die Moderne Mathematik und die
Mathematik in der modernen Schule....................... 419

P. Hilton: Die Ausbildung von Mathematikern heute....... 427

F. Hirzebruch: Mathematik, Studium und Forschung........ 451

H. Dinges: Spekulationen über die Möglichkeiten
Angewandter Mathematik.................................. 469

Quellennachweise.. 479

Kapitel I. Mathematische Abstraktion und Erfahrung

JOHN VON NEUMANN

John von Neumann wurde 1903 in Budapest geboren, verbrachte seine Studentenzeit in der Schweiz und sein weiteres Leben in den Vereinigten Staaten von Amerika.
Er wird als einer der größten Mathematiker seiner Zeit angesehen. Die Entwicklung der Spieltheorie als einer mathematischen Disziplin ist ihm zuzuschreiben. Die erste entscheidende Arbeit darüber publizierte er im Alter von 25 Jahren. Darüber hinaus vollbrachte er erstrangige Leistungen im Bereich der angewandten Mathematik, der Funktionalanalysis und der Quantenmechanik.
Nach dem zweiten Weltkrieg war J. v. Neumann auch auf wissenschaftspolitischem Gebiet, als Berater der Regierung der Vereinigten Staaten tätig. Er starb im Jahre 1957.

Der Mathematiker

John von Neumann

Die Erörterung des Wesens intellektueller Arbeit ist in jedem Gebiet eine schwierige Aufgabe, selbst in solchen Bereichen, die nicht so weit vom Hauptfeld der gewöhnlichen intellektuellen Tätigkeit des Menschen entfernt sind, wie es die Mathematik immer noch ist. Es ist per se schwierig, das Wesen irgendeiner geistigen Leistung zu erörtern - auf jeden Fall schwieriger als diese besondere intellektuelle Leistung bloß zu vollbringen. Es ist schwerer, den Mechanismus eines Flugzeugs und die Theorie der Kräfte, die es emporheben und antreiben, zu verstehen, als lediglich mit ihm zu fliegen, von ihm emporgehoben und transportiert zu werden - oder sogar es zu steuern. Nur in außergewöhnlichen Fällen ist es möglich, einen Prozeß zu verstehen, bevor man sich eingehend damit vertraut gemacht hat, wie man mit ihm umgeht, wie man ihn anwendet, und bevor man ihn auf instinktive und empirische Weise erfaßt hat.

Somit ist jegliche Diskussion über das Wesen intellektueller Tätigkeit in jedem Gebiet schwierig, es sei denn, das Gebiet ist einem geläufig und durch Gewohnheit vertraut. In der Mathematik wird diese Einschränkung sehr schwerwiegend, falls die Erörterung auf einem nicht-mathematischen Niveau gehalten werden muß. Die Diskussion wird dann notwendigerweise einige sehr nachteilige Züge aufweisen; Feststellungen, die gemacht werden, können niemals richtig belegt werden, und eine gewisse Oberflächlichkeit der gesamten Diskussion wird unvermeidlich.

Ich bin mir dieser Unzulänglichkeiten bei dem, was ich sagen möchte, voll bewußt, und ich entschuldige mich im voraus dafür. Außerdem werden die Ansichten, die ich vortragen werde, vermutlich von vielen anderen Mathematikern nicht ganz geteilt - sie werden es mit den nicht allzu gut systematisierten Eindrücken und Interpretationen eines Einzelnen zu tun haben - und ich kann Ihnen bei Ihrer Entscheidung, wieviel sie zur Sache beitragen, nur wenig behilflich sein.

Trotz aller dieser Hindernisse muß ich jedoch zugeben, daß es eine interessante und herausfordernde Aufgabe ist, den Versuch zu unternehmen, zu Ihnen über das Wesen der intellektuellen Leistung in der Mathematik zu sprechen. Ich hoffe nur, daß ich nicht allzusehr dabei fehlgehe.

Das wesentlichste Merkmal der Mathematik ist meiner Ansicht nach ihre ganz besondere Beziehung zu den Naturwissenschaften oder, allgemeiner ausgedrückt, zu jeder Wissenschaft, die die Erfahrung auf einer höheren Ebene als der rein beschreibenden interpretiert.

Die meisten Menschen, Mathematiker und andere, sind sich einig, daß die Mathematik keine empirische Wissenschaft ist oder zum mindesten, daß sie in einer Art betrieben wird, die sich in mehreren entscheidenden Punkten von den Techniken der empirischen Wissenschaften unterscheidet. Und dennoch ist ihre Entwicklung mit den Naturwissenschaften eng verbunden. Einer ihrer Hauptzweige, die Geometrie, begann in Wirklichkeit als empirische Naturwissenschaft. Einige der besten Ideen der modernen Mathematik (ich glaube, die besten) haben ihren Ursprung ganz eindeutig in den Naturwissenschaften. Die mathematischen Methoden durchdringen und beherrschen die 'theoretischen' Abteilungen der Naturwissenschaften. In den modernen empirischen Wissenschaften ist es immer stärker zu einem bedeutenden Erfolgskriterium geworden, ob sie der mathematischen Methode oder den annähernd mathematischen Methoden der Physik zugänglich sind. In der Tat zeigt sich im gesamten Bereich der Naturwissenschaften immer deutlicher eine ununterbrochene Kette aufeinanderfolgender Metamorpho-

sen, die alle zur Mathematik drängen, eine Tendenz, die fast
mit der Idee des wissenschaftlichen Fortschritts identisch
ist. Die Biologie wird in immer stärkerem Maße von Chemie
und Physik durchdrungen, die Chemie von experimenteller und
theoretischer Physik und die Physik wiederum von sehr mathematischen Formen der theoretischen Physik.

Im Wesen der Mathematik liegt eine ganz eigenartige Duplizität. Man muß diese Duplizität erkennen, sie akzeptieren und
sie in seine Betrachtungen über das Thema einbeziehen. Dieses doppelte Gesicht ist das Gesicht der Mathematik, und ich
glaube nicht, daß irgendeine vereinfachte, vereinheitlichende
Sicht des Gegenstandes möglich ist, ohne am Wesentlichen vorbeizugehen. Deshalb werde ich nicht versuchen, Ihnen eine vereinheitlichte Version anzubieten. Ich werde vielmehr versuchen,
das vielfältige Phänomen, das die Mathematik ist, so gut wie
möglich zu beschreiben.
Es läßt sich nicht leugnen, daß einige der besten Ideen in
der Mathematik - in jenen ihrer Bereiche, bei denen es sich
um die reinste Mathematik handelt, die man sich vorstellen
kann - aus den Naturwissenschaften hervorgegangen sind. Wir
wollen die beiden gewichtigsten Tatsachen erwähnen.

Das erste Beispiel ist natürlich die Geometrie. Diese bildete den wichtigsten Teil der alten Mathematik. Sie ist mit
mehreren ihrer Verzweigungen immer noch einer der Hauptbereiche der modernen Mathematik. Es kann kein Zweifel daran
bestehen, daß ihr Ursprung in der Antike empirisch war, und
daß sie als Disziplin ähnlich wie die theoretische Physik
heute entstanden ist. Abgesehen von aller anderen Evidenz sagt
dies allein schon der Name 'Geometrie'. Euklids von Postulaten ausgehende Darstellung bedeutete einen großen Schritt
weg von der Erfahrungsgrundlage; es ist jedoch keineswegs
leicht, den Standpunkt zu verteidigen, daß es sich hierbei
um den entscheidenden und endgültigen Schritt handelte, der
eine absolute Trennung bedeutete. Daß Euklids Axiomatisierung in einigen unwichtigeren Punkten nicht den modernen
Forderungen nach absoluter axiomatischer Strenge gerecht
wird, ist in diesem Fall von geringerer Bedeutung. Wesent-

licher ist folgendes: Andere Disziplinen, die zweifellos empirisch sind, wie z.B. die Mechanik und die Thermodynamik, werden für gewöhnlich als mehr oder weniger von Postulaten ausgehend charakterisiert, was in der Behandlung einiger Verfasser kaum von Euklids Vorgehen zu unterscheiden ist. Das heute klassische Werk der theoretischen Physik, Newtons 'Principia', ähnelt Euklid stark bezüglich der literarischen Form und des Inhalts einiger seiner entscheidendsten Teile. Natürlich steht in allen diesen Fällen hinter der von Postulaten ausgehenden Darstellung die physikalische Einsicht, die die Postulate stützt, und die experimentelle Überprüfung, die den Sätzen Rückhalt bietet. Man könnte jedoch durchaus behaupten, daß Euklid vom Standpunkt der Antike aus ähnlich zu interpretieren war, bevor die Geometrie ihre gegenwärtige zweitausendjährige Stabilität und Autorität gewonnen hat - eine Autorität, die dem modernen Gebäude der theoretischen Physik eindeutig fehlt.

Wenn auch die Geometrie sich nach Euklid allmählich von der Empirie entfernte, so wurde die Trennung jedoch niemals, nicht einmal in der Neuzeit, vollständig vollzogen. Die Diskussion über die nicht-euklidische Geometrie veranschaulicht dies gut und zeigt auch die Ambivalenz des mathematischen Denkens. Da sich diese Diskussion zum größten Teil auf höchst abstrakter Ebene abspielte, befaßte sie sich mit dem rein logischen Problem, ob Euklids 'fünftes Postulat' eine Folge der anderen ist oder nicht; und die formale Auseinandersetzung wurde durch F. Kleins rein mathematisches Beispiel beendet, das zeigte, wie ein Stück euklidischer Ebene nichteuklidisch gemacht werden konnte, indem man bestimmte Grundbegriffe formal neu definierte. Und dennoch war der empirische Impuls von Anfang bis zum Ende vorhanden. Der Hauptgrund, warum gerade das fünfte der euklidischen Postulate infrage gestellt wurde, war offensichtlich der nicht-empirische Charakter des Begriffes der ganzen unendlichen Ebene, der dort und nur dort, auftaucht. Der Gedanke, daß in mindestens einer bedeutenden Hinsicht - und trotz aller mathematisch-logischen Analysen - die Entscheidung für oder gegen Euklid

empirisch sein müßte, war sicher dem Denken des größten
Mathematikers,Gauss, bewußt. Und obwohl Bolyai, Lobatschevski,
Riemann und Klein more abstracto das, was wir heute als die
formale Beilegung der Kontroverse betrachten, erhalten hatten, behielt die Empirie - oder vielmehr die Physik - dennoch
das letzte Wort. Die Entdeckung der allgemeinen Relativitätstheorie zwang zu einer Revision unserer Ansichten über die
Struktur der Geometrie in einem vollkommen neuen Rahmen und
auch zu einer ganz neuen Verteilung der rein mathematischen
Schwerpunkte. Zum Schluß noch ein Pinselstrich, um das kon-
trastreiche Bild zu vollenden. Die zuletztgenannte Entwicklung fand in derselben Generation statt, in der die modernen
axiomatisch-logischen Mathematiker Euklids axiomatische Methode vollkommen vom Empirismus befreiten und sie abstrakt faßten.
Und diese beiden,scheinbar einander widersprechenden Auffassungen sind in einem einzigen mathematischen Geist vollkommen miteinander vereinbar; Hilbert nämlich lieferte wichtige
Beiträge sowohl zur axiomatischen Geometrie,als auch zur allgemeinen Relativitätstheorie.

Das zweite Beispiel ist die Differential- und Integralrechnung - oder vielmehr die gesamte höhere Analysis, die daraus
hervorging. Die Differential- und Integralrechnung war die
erste Leistung der modernen Mathematik, und ihre Bedeutung
kann nur schwerlich überschätzt werden. Meiner Ansicht nach
markiert sie unmißverständlicher als alles andere den Beginn
der modernen Mathematik, und das System der mathematischen
Analysis, welches ihre logische Weiterentwicklung ist, stellt
noch den größten operativen Fortschritt im exakten Denken
dar.

Die Ursprünge der Differential- und Integralrechnung sind
eindeutig empirisch. Keplers erste Integrationsversuche
wurden als 'Dolichometrie' - Messung von Fässern - formuliert, d.h. Volumenmessung für Körper mit gekrümmten Oberflächen. Dies ist Geometrie, jedoch nacheuklidische, und
in der betreffenden Epoche nichtaxiomatische, empirische
Geometrie. Kepler war sich dessen vollkommen bewußt. Die
Hauptleistung und die wichtigsten Entdeckungen, nämlich jene

von Newton und Leibnitz, waren explizit physikalischen Ursprungs. Newton erfand die 'Fluxionsrechnung' hauptsächlich für die Zwecke der Mechanik - tatsächlich wurden die beiden Gebiete Differential- und Integralrechnung bzw. Mechanik mehr oder weniger zusammen von ihm entwickelt. Die ersten Formulierungen der Differential- und Integralrechnung waren nicht einmal mathematisch genau. Nach Newton stand 150 Jahre lang einzig und allein eine unexankte, halbphysikalische Formulierung zur Verfügung. Und dennoch vollzogen sich während dieser Periode, trotz der unexakten und mathematisch unzureichenden Grundlagen, einige der wichtigsten Fortschritte der Analysis. Manche der führenden Mathematiker der Zeit achteten offensichtlich nicht auf mathematische Strenge, wie Euler beispielsweise; andere dagegen, wie Gauss und Jacobi taten dies im großen und ganzen. Die Entwicklung verlief höchst verworren und verschwommen, und ihre Beeinflussung durch die Empirie steht sicherlich nicht mit unseren heutigen (oder Euklids) Auffassungen von Abstraktion und Strenge im Einklang. Dennoch würde kein Mathematiker diese Epoche missen wollen - brachte sie doch die erstklassigste Mathematik hervor, die es je gab! Und selbst nachdem mit Cauchy die Herrschaft der Strenge wiederhergestellt worden war, fand bei Riemann ein sehr eigenartiger Rückfall in halbphysikalische Methoden statt. Riemanns Persönlichkeit als Wissenschaftler ist selbst ein sehr anschauliches Beispiel für das Doppelwesen der Mathematik, ebenso wie die Kontroverse zwischen Riemann und Weierstrass; es würde jedoch zu weit führen, wenn ich auf spezifische Einzelheiten eingehen wollte. Seit Weierstrass scheint die Analysis vollkommen abstrakt, streng und nicht-empirisch geworden zu sein. Aber sogar dies ist nicht uneingeschränkt wahr. Der Streit um die 'Grundlagen' der Mathematik und Logik, der in den beiden letzten Generationen ausgetragen wurde, zerstörte so manche Illusion in dieser Hinsicht.

Hiermit komme ich zu dem dritten Beispiel, das für die Einschätzung relevant ist. Dieses Beispiel handelt jedoch eher von der Beziehung der Mathematik zur Philosophie oder Erkenntnistheorie als zu den Naturwissenschaften. Es veran-

schaulicht in sehr treffender Weise, daß der reine Begriff
der 'absoluten' mathematischen Strenge nicht unveränderlich
ist. Die Veränderlichkeit des Begriffes Strenge zeigt, daß
das Bild der Mathematik noch durch einen weiteren Bestandteil, abgesehen von dem der mathematischen Abstraktion, ergänzt werden muß. Aus der Analyse des Streites um die 'Grundlagen' geht meiner Ansicht nach nicht unbedingt hervor, daß
diese zusätzliche Komponente empirischer Natur sein muß. Es
spricht zwar viel für eine solche Interpretation - das ergibt sich mindestens aus einigen Phasen der Diskussion -
aber ich halte sie nicht für absolut zwingend. Zwei Dinge
sind jedoch klar: Erstens, daß auf jeden Fall etwas Nichtmathematisches, welches irendwie mit den empirischen Wissenschaften oder mit der Philosophie oder mit beiden verbunden
ist, eine wesentliche Rolle spielt - und daß dessen nichtempirischer Charakter nur dann aufrechterhalten werden könnte,
wenn man annähme, daß die Philosophie (oder genauer gesagt
die Erkenntnistheorie) unabhängig von der Erfahrung existieren kann,(und diese Annahme wiederum ist nur notwendig, aber
nicht hinreichend). Zweitens, daß, unabhängig davon, wie der
Streit um die 'Grundlagen' am besten zu interpretieren ist,
Fälle, wie unsere beiden obigen Beispiele (Geometrie bzw.
Differential- und Integralrechnung) eine starke Unterstützung
für die Annahme des empirischen Ursprungs der Mathematik
bieten.

Bei der Analyse der Veränderlichkeit des Begriffes der mathematischen Strenge möchte ich, wie oben erwähnt, die Hauptbetonung auf den 'Grundlagen'-Streit legen. Vorher sei jedoch
kurz auf einen sekundären Aspekt der Angelegenheit eingegangen. Dieser Aspekt stützt ebenfalls meine Behauptung, ich
betrachte ihn aber deshalb als sekundär, weil er vermutlich
weniger überzeugend ist als die Analyse des 'Grundlagen'-
Streites. Ich spreche von den Änderungen des mathematischen
'Stils'. Es ist allgemein bekannt, daß der Stil mathematischer Beweise beträchtlichen Schwankungen unterworfen war.
Man spricht besser von Schwankungen als von einem Trend,
weil zwischen den modernen und einigen der Mathematiker des

18. oder des 19. Jahrhunderts in gewisser Hinsicht größere
Stilunterschiede festzustellen sind als zwischen den modernen Mathematikern und Euklid. Andererseits hat es in anderen
Punkten eine bemerkenswerte Konstanz gegeben. In manchen Gebieten,
in denen Unterschiede vorhanden sind, handelt es sich hauptsächlich um Unterschiede in der Darstellung, die behoben werden können, ohne neue Ideen einzuführen. In vielen Fällen
sind die Unterschiede jedoch so groß, daß man bezweifeln
kann, ob lediglich Unterschiede im Stil, in Geschmack und
in der Erziehung die Verfasser trennen, die 'ihre Fälle'
auf so unterschiedliche Art und Weise 'darstellen',- ob sie
wirklich die gleichen Vorstellungen bezüglich mathematischer
Strenge gehabt haben können. In extremen Fällen schließlich
(z.B. in vielen Arbeiten der Analysis des späten 18. Jahrhunderts, siehe oben) handelt es sich um wesentliche Unterschiede, die, wenn überhaupt, nur mit Hilfe neuer und tiefgründiger Theorien, deren Entwicklung an die hundert Jahre
dauerte, behoben werden können. Einige der Mathematiker,
die auf eine solche, für uns unexakte Weise arbeiteten (oder
einige ihrer Zeitgenossen, die sie kritisierten), waren sich
durchaus im klaren darüber, daß sie es an Strenge fehlen
ließen. Objektiver gesagt, heißt das: Ihre eigenen Wünsche
in bezug auf das richtige mathematische Arbeiten stimmten
vielmehr mit unseren heutigen Ansichten als mit ihren Handlungen überein. Andere dagegen, z.B. Euler, der größte Virtuose jener Epoche, scheinen ganz in gutem Glauben gehandelt
zu haben und mit ihren eigenen Maßstäben recht zufrieden
gewesen zu sein.

Ich möchte jedoch diese Sache nicht weiterführen, sondern
mich statt dessen einem vollkommen eindeutigen Fall, nämlich dem Streit um die 'Grundlagen der Mathematik' zuwenden.
Ende des 19. und Anfang des 20. Jahrhunderts führte ein
neuer Zweig der abstrakten Mathematik, nämlich G. Cantors
Mengenlehre, zu Schwierigkeiten. Aufgrund bestimmter mathematischer Gedankengänge kam es zu Widersprüchen; und wenn
auch diese Gedankengänge nicht in dem Hauptteil, dem 'nützlichen' Teil der Mengenlehre vorkamen und stets leicht durch

bestimmte formale Kriterien herauszufinden waren, so war es dennoch nicht klar, warum sie als weniger mengentheoretisch als die 'erfolgreichen' Teile der Theorie angesehen werden sollten. Abgesehen von der Einsicht ex post, daß sie tatsächlich zur Katastrophe führten, war es nicht klar, welche Motivation a priori, welche der Situation angemessene Philosophie es einem erlauben würde, sie von jenen Teilen der Mengenlehre zu trennen, die man retten wollte. Eine eingehendere Studie der wesentlichen Punkte des Falles, die hauptsächlich von Russell und Weyl durchgeführt und von Brouwer beendet wurde, zeigte, daß die Art und Weise, in der nicht nur die Mengenlehre, sondern auch fast die gesamte moderne Mathematik die Begriffe 'Allgemeingültigkeit' und 'Existenz' verwendete, philosophisch nicht einwandfrei war. Ein mathematisches System, das diese unerwünschten Merkmale nicht aufwies, der 'Intuitionismus', wurde von Brouwer entwickelt. In diesem System tauchten die Schwierigkeiten und Widersprüche der Mengenlehre nicht auf. Jedoch gut die Hälfte der modernen Mathematik wurde in ihren wichtigsten und bis dahin unbestrittenen Teilen ebenfalls von dieser 'Säuberung' betroffen: Sie wurden entweder ungültig oder mußten durch sehr schwierige ergänzende Überlegungen gerechtfertigt werden. Und bei diesem letzteren Prozeß ergab sich gewöhnlich ein beträchtlicher Verlust an Allgemeingültigkeit und Eleganz der Deduktion. Dennoch hielten Brouwer und Weyl es für notwendig, daß der Begriff der mathematischen Strenge in Übereinstimmung mit diesen Ideen revidiert werden müsse.

Die Bedeutung dieser Ereignisse kann nur schwerlich überschätzt werden. In den dreißiger Jahren des 20. Jahrhunderts machten zwei Mathematiker - die beide Wissenschaftler ersten Ranges und sich beide so vollkommen wie nur wünschbar darüber im klaren waren, was Mathematik ist, bzw. welchen Sinn und Zweck sie hat - den Vorschlag, den Begriff der mathematischen Strenge, den Begriff dessen, was einen exakten Beweis ausmacht, zu ändern! Die sich hieraus ergebenden Entwicklungen verdienen ebenfalls unsere Aufmerksamkeit:

1. Nur sehr wenige Mathematiker waren bereit, die neuen anspruchsvollen Maßstäbe zu akzeptieren und bei ihrer eigenen Arbeit anzulegen. Sehr viele jedoch gaben zu, daß Weyl und Brouwer prima facie recht hätten, sie selbst jedoch sündigten weiterhin, d.h. betrieben ihre eigene Mathematik in der alten, 'einfachen' Methode weiter - vermutlich in der Hoffnung, daß schon irgend jemand irgendwann einmal die Antwort auf die intuitionistische Kritik finden und ihre Arbeit dadurch a posteriori gerechtfertigt würde.

2. Hilbert präsentierte die folgende, geniale Idee zur Rechtferigung der 'klassischen' (d.h. prä-intuitionistischen) Mathematik: Selbst im intuitionistischen System ist es möglich, einen strengen Nachweis darüber zu erbringen, wie man in der klassischen Mathematik vorgeht, d.h. man kann beschreiben, wie das klassische System arbeitet, obwohl man seine Arbeitsweise nicht rechtfertigen kann. Es wäre deshalb vielleicht möglich, intuitionistisch zu demonstrieren, daß klassische Verfahren niemals zu Widersprüchen, zu Konflikten untereinander führen können. Es war klar, daß ein entsprechender Beweis sehr schwierig sein würde, es gab jedoch bestimmte Hinweise dafür, wie man die Sache anpacken könnte. Wenn dieser Plan funktioniert hätte, hätte er eine sehr bemerkenswerte Rechtfertigung der klassischen Mathematik auf der Basis des widerstreitenden intuitionistischen Systems selbst erbracht! Zum mindesten wäre diese Interpretation in einem System der Philosophie der Mathematik, das die meisten Mathematiker bereit waren zu akzeptieren, einwandfrei gewesen.

3. Nachdem etwa zehn Jahre lang versucht worden war, das Hilbert'sche Programm durchzuführen, kam Gödel zu einem sehr bemerkenswerten Resultat. Dieses Ergebnis kann nicht ohne mehrere Vorbehalte und Warnungen, deren detaillierte Beschreibung an dieser Stelle zu weit ginge, absolut präsize dargestellt werden. Seine wesentliche Bedeutung ist jedoch folgende: Wenn ein mathematisches System nicht zum Widerspruch führt, dann kann diese Tatsache nicht mit Hilfe der Verfahren jenes Systems demonstriert werden. Gödels Beweis

befriedigte das strikteste Kriterium mathematischer Strenge, nämlich das intuitionistische. Sein Einfluß auf das Hilbert'sche Programm ist in gewisser Weise umstritten, und zwar aus Gründen, die aufzuführen an dieser Stelle wiederum zu weit führen würde. Meiner persönlichen Meinung nach, die von vielen anderen geteilt wird, hat Gödel gezeigt, daß das Hilbert'sche Programm im wesentlichen keine Aussicht auf Erfolg besitzt.

4. Obwohl sich die größte Hoffnung auf eine Rechtfertigung der klassischen Mathematik - im Sinne von Hilbert oder von Brouwer und Weyl - zerschlagen hatte, beschlossen die meisten Mathematiker, dieses System dennoch zu verwenden. Immerhin erzielte man in der klassischen Mathematik Resultate, die sowohl elegant als auch nützlich waren, und selbst wenn man nie wieder ihrer absoluten Zuverlässigkeit gewiß sein konnte, so ruhten sie dennoch auf einer mindestens ebenso soliden Grundlage, wie beispielsweise die Existenz des Elektrons. Wenn man daher bereit war die Naturwissenschaften anzuerkennen, so konnte man ebensogut das klassische System der Mathematik akzeptieren. Es stellte sich heraus, daß Ansichten dieser Art sogar für einige der ursprünglichen Protagonisten des intuitionistischen Systems annehmbar waren. Zur Zeit ist der Streit um die 'Grundlagen' bestimmt noch nicht beigelegt, aber es scheint sehr unwahrscheinlich zu sein, daß man, abgesehen von einer kleinen Minderheit, das klassische System fallen läßt.

Ich habe die Geschichte dieses Streites deshalb so sehr in Einzelheiten geschildert, weil ich glaube, daß er als die beste Warnung dienen könnte, eine unveränderliche Strenge in der Mathematik allzu sehr als gegeben anzusehen. Dies geschah zu meinen Lebzeiten, und ich weiß, wie erniedrigend leicht sich meine Ansichten über die absolute mathematische Wahrheit während dieser Ereignisse geändert haben, ja wie sie sich sogar dreimal hintereinander geändert haben!

Ich hoffe, die obigen drei Beispiele veranschaulichen hinreichend die eine Hälfte meiner These, daß nämlich ein großer

Teil der besten mathematischen Ideen aus der Erfahrung hervorgegangen ist und daß man kaum an die Existenz eines absoluten, unveränderlichen Begriffs der mathematischen Strenge glauben kann, der von aller menschlichen Erfahrung losgelöst ist. Ich versuche, in dieser Angelegenheit eine sehr anspruchslose Haltung einzunehmen. Einerlei, welche philosophischen oder erkenntnistheoretischen Ansichten man in dieser Hinsicht auch hegt, die tatsächliche Erfahrung, die die Gilde der Mathematiker mit ihrem Gegenstand macht, liefert wenig Anhaltspunkte für die Annahme, daß ein a priori-Begriff der mathematischen Strenge existiert. Meine These hat jedoch auch eine zweite Hälfte, der ich mich nun zuwenden möchte.

Jedem Mathematiker fällt es schwer zu glauben, daß die Mathematik eine rein empirische Wissenschaft ist oder daß alle mathematischen Ideen aus empirischen Gegebenheiten hervorgehen. Betrachten wir zunächst die zweite Hälfte der Behauptung. Es gibt verschiedene wichtige Teile der modernen Mathematik, deren empirischer Ursprung entweder gar nicht oder aber nur so entfernt nachweisbar ist, daß der Gegenstand offensichtlich eine vollkommene Metamorphose durchgemacht hat, nachdem man ihn von seinen empirischen Wurzeln getrennt hatte. Der algebraische Symbolismus wurde zwar für den alltäglichen mathematischen Gebrauch erfunden, jedoch kann man mit Recht behaupten, daß er starke empirische Bindungen behielt. Die moderne 'abstrakte' Algebra hat sich dagegen immer stärker in Gebiete hinein entwickelt, die fortschreitend weniger empirische Bezüge aufweisen. Dasselbe gilt für die Topologie. Und in allen diesen Bereichen ist das subjektive Erfolgskriterium des Mathematikers, das Kriterium dafür, ob sich seine Mühe lohnt, in hohem Maße auf sich selbst bezogen, ästhetisch und frei (oder beinahe frei) von empirischen Bindungen. (Später werde ich noch mehr hierzu sagen). In der Mengenlehre kommt das noch deutlicher zum Ausdruck. Die 'Mächtigkeit' und die 'Anordnung' einer unendlichen Menge mögen zwar die Verallgemeinerungen endlicher numerischer Begriffe sein, jedoch in ihrer 'unendlichen' Form (besonders der Begriff der

'Mächtigkeit') haben sie kaum irgendeine Beziehung zu dieser
Welt. Wenn ich es nicht vermeiden wollte, zu sehr auf fachliche Einzelheiten einzugehen, so könnte ich dies durch zahlreiche Beispiele aus der Mengenlehre belegen - das Problem
des 'Auswahlaxioms', die 'Vergleichbarkeit' unendlicher
'Mächtigkeiten', das 'Kontinuum-Problem' usw. Dasselbe trifft
auf einen großen Teil der reellen Funtionentheorie und der
Theorie der reellen Punktmengen zu. Zwei seltsame Beispiele
liefern die Differentialgeometrie und die Gruppentheorie: Sie
wurden ohne Zweifel als abstrakte, nicht-angewandte Disziplin
begründet und beinahe ausnahmslos in diesem Sinne weiterentwickelt. Nach zehn bzw. hundert Jahren stellte es sich heraus,
daß sie sehr wohl in der Physik anwendbar sind. Und sie werden immer noch meist in dem erwähnten abstrakten, nicht anwendungsorientierten Sinn betrieben.

Die Beispiele für alle diese Gegebenheiten und ihre verschiedenen Kombinationen könnten vervielfacht werden, ich möchte
mich statt dessen jedoch wieder dem ersten Teil meiner Ausgangsfrage zuwenden: Ist die Mathematik eine empirische
Wissenschaft? Oder, genauer gesagt: Wird die Mathematik tatsächlich auf die Art und Weise praktiziert, in der man eine
empirische Wissenschaft betreibt? Oder, allgemeiner ausgedrückt: Welche Beziehung hat der Mathematiker normalerweise
zu seinem Gegenstand? Welches sind seine Erfolgskriterien,
seine Zielbestimmungsmethoden? Welche Einflüsse, welche
Überlegungen kontrollieren und lenken seine Bemühungen?

Überlegen wir, inwieweit sich die Arbeitsweise, die der Mathematiker gewöhnlich anwendet, von derjenigen in den Naturwissenschaften unterscheidet. Der Unterschied zwischen diesen auf der einen und der Mathematik auf der anderen Seite
wird umso größer, je mehr man von den theoretischen Disziplinen zu den experimentellen und dann von den experimentellen Disziplinen zu den beschreibenden übergeht. Deshalb
wollen wir die Mathematik mit der Kategorie von Disziplinen
vergleichen, die ihr am nächsten liegt - den theoretischen
Disziplinen. Aus den letzteren wollen wir diejenige wählen,
die der Mathematik am nächsten steht. Ich hoffe , man wird

mich nicht zu hart kritisieren, daß ich die mathematische
'Hybris' nicht zügele und hinzufüge: weil sie unter allen
theoretischen Wissenschaften die am höchsten entwickelte
ist - nämlich die theoretische Physik. Die Mathematik und
die theoretische Physik haben in der Tat viel Gemeinsames.
Wie ich bereits oben darlegte, war das euklidische System
der Geometrie der Prototyp der axiomatischen Darstellung
der klassischen Mechanik, und ähnliche Behandlungsweisen
herrschten in der phänomenologischen Thermodynamik sowie
bestimmten Phasen des Maxwellschen Systems der Elektrodynamik und auch der speziellen Relativitätstheorie vor. Ferner
wird die Ansicht, daß die theoretische Physik keine Phänomene
erklärt, sondern lediglich klassifiziert und korreliert, heute von den meisten theoretischen Physikern akzeptiert. Dies
bedeutet, daß das Erfolgskriterium für eine solche Theorie
einfach darin besteht, ob anhand eines einfachen und elegan-
ten Systems der Klassifizierung und Korrelierung sehr viele
Phänomene erfaßt werden können, die ohne dieses System kompliziert und heterogen erscheinen würden, und ob dieses
System auch auf Phänomene anwendbar ist, die zur Zeit seiner Entwicklung nicht berücksichtigt wurden oder nicht einmal bekannt waren. (Diese beiden letzteren Feststellungen
sind natürlich der Ausdruck für die vereinheitlichende und
prognostizierende Kraft einer Theorie.) Nun hat dieses Kriterium, wie es hier dargelegt wird, in hohem Maße einen ausgesprochen ästhetischen Charakter. Aus diesem Grund ist es
sehr nahe mit den mathematischen Erfolgskriterien verwandt,
die, wie man sehen wird, nahezu völlig ästhetisch sind. Deshalb vergleichen wir nun die Mathematik mit der empirischen
Wissenschaft, die ihr am nächsten steht und mit der sie, wie
ich hoffe gezeigt zu haben, viel gemein hat - mit der theoretischen Physik. Die Unterschiede im eigentlichen *modus
procedendi* sind dennoch groß und grundlegend. Die Ziele der
theoretischen Physik werden in der Hauptsache von 'außen'
her bestimmt und richten sich in den meisten Fällen nach
den Erfordernissen der Experimentalphysik. Sie entstehen
fast immer aus der Notwendigkeit heraus, ein schwieriges
Problem zu lösen; erfolgreiche Prognosen sowie Vereinheit-

lichungen schließen sich gewöhnlich erst später an. Um mit einer Analogie zu sprechen: Fortschritte (Prognosen und Vereinheitlichungen) werden während des Weiterverfolgens der Konsequenzen erzielt, dem notwendigerweise ein Kampf mit einer vorhandenen Schwierigkeit (für gewöhnlich ein offensichtlicher Widerspruch zu dem bestehenden System) vorausgeht. Ein Teil der Arbeit des theoretischen Physikers besteht in der Suche nach solchen Hindernissen, die die Möglichkeit eines 'Durchbruchs' versprechen. Wie ich bereits erwähnte, entstammen diese Schwierigkeiten gewöhnlich dem Experiment, manchmal bestehen sie jedoch in Widersprüchen zwischen verschiedenen Teilen einer akzeptierten Theorie selbst. Es gibt natürlich zahlreiche Beispiele dafür.

Der Michelson-Versuch, der zur speziellen Relativitätstheorie führte, die Schwierigkeiten bestimmter Ionisationspotentiale und bestimmter spektroskopischer Strukturen, die zur Quantenmechanik führten, sind Beispiele für den ersten Fall; der Konflikt zwischen spezieller Relativitätstheorie und der Newtonschen Gravitationstheorie, aus der die allgemeine Relativitätstheorie hervorging, ist ein Beispiel für den zweiten, selteneren Fall. Jedenfalls sind die Probleme der theoretischen Physik objektiv gegeben; und wenn auch die bei der Auswertung eines Erfolges maßgebenden Kriterien, wie oben erwähnt, hauptsächlich ästhetischer Natur sind, so bilden dennoch die Problemstellung sowie das, was ich oben den ursprünglichen 'Durchbruch' genannt habe, harte, objektive Fakten. Dementsprechend war der Stoff der theoretischen Physik zu beinahe allen Zeiten sehr stark konzentriert; zu fast allen Zeiten konzentrierten sich die Bemühungen aller theoretischen Physiker in der Hauptsache auf nicht mehr als ein oder zwei scharf abgegrenzte Gebiete - beispielsweise in den zwanziger Jahren und zu Anfang der dreißiger Jahre auf die Quantentheorie und seit der Mitte der dreißiger Jahre auf die Elementarteilchentheorie und die Atomkernstruktur.

In der Mathematik ist die Situation völlig anders. Die Mathematik zerfällt in eine große Anzahl von Unterabteilungen, die sich durch Charakter, Stil, Ziele und Wirkung stark voneinander unterscheiden. Sie stellt genau das Gegenteil der extremen Konzentration der theoretischen Physik dar. Ein guter theoretischer Physiker kann durchaus heute noch brauchbares Wissen in gut der Hälfte seines Faches besitzen. Ich bezweifle dagegen, daß irgendein heute lebender Mathematiker sehr viel mehr als ein Viertel der gesamten Mathematik übersieht. 'Objektiv' gegebene, 'wichtige' Probleme können entstehen, wenn eine Unterabteilung der Mathematik relativ weit entwickelt worden ist und man sich bei einer Schwierigkeit ernsthaft festgefahren hat. Aber selbst in einem solchen Fall hat der Mathematiker im wesentlichen die Freiheit, das Problem aufzugreifen oder es liegen zu lassen und sich etwas anderem zuzuwenden, während in der theoretischen Physik ein 'wichtiges' Problem für gewöhnlich ein Konflikt, ein Widerspruch ist, der gelöst werden 'muß'. Der Mathematiker verfügt über eine große Auswahl an Gebieten, mit denen er sich befassen kann, und es steht ihm nahezu vollkommen frei, was er mit ihnen machen will. Und nun das Entscheidende: Ich glaube, es ist richtig, wenn man sagt, daß seine Auswahl - und auch seine Erfolgskriterien in der Hauptsache ästhetischer Natur sind. Ich bin mir klar darüber, daß diese Behauptung umstritten ist, und daß es unmöglich ist, sie zu 'beweisen', daß man sogar bei einer Begründung nicht weit käme, ohne zahlreiche, spezifische, technische Beispiele zu analysieren. Dies würde wiederum eine Diskussion ausgesprochen technischen Charakters erfordern, wozu hier nicht die richtige Gelegenheit ist. Es möge also genügen, wenn ich sage, daß der ästhetische Charakter noch hervorstechender ist als bei dem von mir oben erwähnten Beispiel im Fall der theoretischen Physik. Von einem mathematischen Lehrsatz oder einer mathematischen Theorie erwartet man nicht nur, daß mit ihrer Hilfe zahlreiche, a priori miteinander nicht zu vereinbarende Spezialfälle auf einfache und elegante Weise beschrieben und klassifiziert werden können, sondern man erwartet auch 'Eleganz' in ihrem 'architektonischen' Aufbau. Leichtes Aufstellen des Problems, große Schwierigkeiten, es in den Griff zu bekommen und bei allen Versuchen, sich ihm zu nähern, dann wieder irgendeine sehr überraschende Wendung, durch die die Behandlung des Problems oder ein Teil davon leicht wird usw. Auch sollte, wenn die Deduktionen langwierig oder kompliziert sind, ein einfaches, allgemeines Prinzip involviert sein, welches die Schwierigkeiten und Umwege 'erklärt', die offensichtliche Willkür auf wenige, einfache Leitmotive reduziert usw. Bei diesen Kriterien handelt es sich eindeutig um diejenigen einer schöpferischen Kunst, und auch die Existenz eines zugrundeliegenden empirischen, weltlichen Leitgedankens im Hintergrund - oft in einem sehr weit entfernten Hintergrund -, der durch schöngeistige Entwicklungen überwuchert ist und eine Vielzahl labyrinthischer Varianten gebildet hat -, läßt die Behauptung zu, daß in der Mathematik eher die Atmosphäre der reinen und einfachen Kunst als diejenige der empirischen Wissenschaften herrscht.

Sie werden bemerken, daß ich einen Vergleich der Mathematik mit den experimentellen bzw. mit den beschreibenden Wissenschaften nicht einmal erwähnt habe. Hier unterscheiden sich die Methode und die allgemeine Atmosphäre allzu offensichtlich.

Ich glaube, es ist eine verhältnismäßig gute Annäherung an die Wahrheit - eine so komplizierte Wahrheit, daß etwas anderes als eine Annäherung undenkbar ist - wenn man sagt, daß die mathematischen Ideen in der Empirie entstehen, obwohl die Genealogie manchmal lang und dunkel ist. Wenn sie sich jedoch einmal von dort her herausgebildet haben, beginnen sie ein eigenartiges, selbständiges Leben, und man könnte den mathematischen Gegenstand am ehesten mit einem schöpferischen Gegenstand vergleichen, der fast ausschließlich ästhetischen Motivationen unterliegt, auf keinen Fall aber mit einer empirischen Wissenschaft. Es gibt jedoch noch einen weiteren Punkt, der meiner Meinung nach hervorgehoben werden muß. Da eine mathematische Disziplin sich weit von ihrer empirischen Quelle entfernt,- in der zweiten und dritten Generation, wo sie nur noch indirekt der 'Realität' ent-

stammende Ideen enthält, ist die Entfernung noch größer -,
ist sie sehr ernsthaften Gefahren ausgesetzt. Sie wird zunehmend rein schöngeistig, zunehmend zur reinen *l' art pour l' art*. Dies muß nicht unbedingt schlecht sein, wenn das Gebiet von zusammenhängenden Strukturen umgeben ist, die selbst engere empirische Bindungen haben oder wenn die Disziplin von Menschen beeinflußt wird, die einen außerordentlich gut entwickelten Geschmack besitzen. Es besteht jedoch die ernste Gefahr, daß der Gegenstand im Zuge seiner Entwicklung den Weg des geringsten Widerstandes einschlägt, daß der Strom, so weit von seiner Quelle entfernt, sich in eine Vielzahl von unbedeutenden Wasserläufen aufspaltet und daß die Disziplin zu einer ungeordneten Menge von Einzelheiten und Verflechtungen wird. Mit anderen Worten, wenn sich ein mathematischer Gegenstand sehr weit von seiner empirischen Quelle entfernt hat oder wenn mit ihm viel 'abstrakte' Inzucht getrieben worden ist, besteht die Gefahr der Degeneration. Zu Beginn ist der Stil für gewöhnlich klassisch; wenn man jedoch Anzeichen dafür entdeckt, daß er barock wird, dann ist Gefahr im Verzuge. Es wäre leicht, Beispiele zu zitieren, einzelne Entwicklungen, die in das Barock und geradezu das Hochbarock geführt haben, das würde aber wiederum zu weit führen.

Jedenfalls scheint mir, wenn einmal diese Stufe erreicht worden ist, die verjüngende Rückkehr zur Quelle das einzige Heilmittel zu sein: das Neueinführen mehr oder weniger explizit empirischer Ideen. Ich bin davon überzeugt, daß dies in der Vergangenheit eine notwenige Voraussetzung dafür war, die Frische und Lebenskraft der Mathematik zu erhalten und daß dies auch in Zukunft so sein wird.

Mathematik und Dialektik

Alexander Alexandrow

Die Wirklichkeit steht vor uns in der Vielfalt ihrer Elemente, die durch die verschiedensten Beziehungen miteinander zusammenhängen. In ganz allgemeinem Sinn nennt man eine solche Gesamtheit von Elementen Struktur. Die Wissenschaft unterscheidet und erforscht mehr oder weniger bestimmte Strukturen von verschiedenem Allgemeinheitsgrad. Die Physik unterscheidet sich von anderen Wissenschaften dadurch, daß sie die allgemeinsten Wechselbeziehungen und entsprechend die Strukturen der Natur erforscht. Die erste allgemeine Struktur, die ein Gegenstand der praktischen Aneignung und der Widerspiegelung in allererstem Abstraktionen wurde, war die Struktur der endlichen Mengen mit ihren Beziehungen, wie der Einschließung oder Summierung und entsprechend die "arithmetische Struktur", also die natürlichen Zahlen mit ihren Verknüpfungen. Aus den physikalisch endlichen Mengen entstand die mathematische Arithmetik.

Gleichzeitig vollzog sich die praktische und theoretische Aneignung einer anderen allgemeinen Struktur - der geometrischen, die die räumlichen Beziehungen der Körper und ihrer Teile und damit deren räumliche Formen umfaßt. Die Geometrie formiert sich als empirische Wissenschaft und gehört nach ihrem anfänglichen Inhalt zweifellos zur Physik. Nur ein langer und komplizierter Entwicklungsweg führte zur Umwandlung der Geometrie in eine mathematische Wissenschaft mit ihrem logischen Zusammenhang - den Beweisen von Behauptungen und der Abstraktion des vorhandenen Gegenstandes vom anfänglichen Inhalt.

Die Kluft zur Empirie wurde mit der Entdeckung deutlich, daß sich die Seitenlängen und die Diagonalen eines Quadrats nicht vergleichen lassen. Diese Entdeckung war eine logische Schlußfolgerung aus dem Satz von *Pythagoras* . Obwohl dieser anfangs durchaus kein Theorem, sondern die Beschreibung eines geometrischen Sachverhalts, ein empirisch festgestelltes physikalisches Gesetz war, führte er dennoch in logischer Konsequenz zu einem Ergebnis, das aus dem Versuch nicht herleitbar ist und in strengem Sinne keinen empirischen Inhalt hat.

Eben in den genannten zwei Punkten der Divergenz mit den empirischen Werten - in der Vorstellung von der unbegrenzten Zahlenreihe und in der Entdeckung der unvergleichbaren Strecken - ist die Entwicklung der Mathematik in ihrem wesentlichen Unterschied von der Physik, zu der sie nach ihrer Entstehung und ihrem anfänglichen Inhalt gehörte, am klarsten gekennzeichnet. Der logische Zusammenhang von Schlußfolgerungen, die sich auf idealisierte Objekte beziehen, ist für jede entwickelte Wissenschaft charakteristisch. Jede nichtmathematische Theorie setzt jedoch die Kontrolle durch die Erfahrung voraus, und entsprechend den dabei gewonnenen Ergebnissen verändern sich die angewandten Begriffe. Die Besonderheit der Mathematik besteht jedoch darin, daß sie ihre Abstraktionen absolutiert, ihre Begriffe, die entstanden sind und bestimmt wurden, werden fixiert und als Angaben betrachtet; deren Vergleich mit der Wirklichkeit ist jedoch nicht eine Aufgabe der Mathematik selbst, sondern ihrer Anwendungszweige. Als Gegenstand der Mathematik dienen die idealisierten Objekte selbst, die "reinen Formen" die Zahlen, nicht aber die Gesamtheiten von Dingen, geometrische Figuren, nicht aber Körper. Dementsprechend wird die Mathematik, wie sie sich schon im alten Griechenland herausbildete, als Wissenschaft von den quantitativen Beziehungen und den räumlichen Formen definiert, die in idealisierter, vom Inhalt abstrahierter Form verwandt werden. Ihre rein deduktive Methode ist eine unausweichliche Folge einer solchen Fixierung ihres

Gegenstandes, da die idealisierten Objekte auf triviale Weise nicht Objekte der Erfahrung sein können.

Die Entwicklung der Mathematik besteht nicht in der Feststellung neuer Theoreme, in der Erfindung neuer Methoden und der Bestimmung von Begriffen im Kreis schon formierter. Sie enthält ebenso die Entwicklung prinzipiell neuer Begriffe, die Einbeziehung neuer Gegenstände und den Bau prinzipiell neuer Theorien. Solche überaus wesentlichen Veränderungen kennzeichneten die Entwicklungsetappen der Mathematik, wie z.B. die Entstehung der Analysis oder der Übergang von der griechischen Geometrie zur Entwicklung der Algebra. Wie wesentlich diese Veränderungen auch gewesen sein mögen, die Mathematik blieb eine Wissenschaft von den quantitativen und räumlichen Beziehungen und Formen der Wirklichkeit, obgleich diese in Form verabsolutierbarer Abstraktionen zu untersuchen sind.

Die neue Entwicklung der Mathematik zu Beginn des 19. Jahrhunderts wurde hauptsächlich durch die Notwendigkeit hervorgerufen, ihre eigenen Probleme zu lösen, die sozusagen den Charakter von Rätseln angenommen hatten. Das erste Rätsel hinsichtlich des Zeitpunktes der Entstehung war das *Euklid*ische Postulat, das man seit zweitausend Jahren erfolglos zu lösen versuchte. Die Lösung dieses Rätsels wurde durch die Behauptung *Lobatschewskis* gegeben, wonach die Schlußfolgerungen aus der Negation des Postulats eine mögliche oder wie er selbst sagte, 'scheinbare' Geometrie darstellen. Das zweite Rätsel war das von den imaginären Zahlen, das Problem, ihre Anwendung zu begründen. Seine Lösung, die durch die Definition der komplexen Ebene gegeben wurde und die die imaginären Zahlen zu 'reellen' machte, hatte die Entwicklung der Funktionentheorie und die Bildung des Begriffes der hyperkomplexen Zahlen zur Folge. Das dritte Rätsel war das Problem der Lösung von algebraischen Gleichungen. Die Lösung dieses Problems in der Theorie *Galois'*, die die Entwicklung der Gruppentheorie nach sich zog, gab zusammen mit den hyperkomplexen

Zahlen den Anstoß zu einer völlig neuen Entwicklung in der
Algebra, die sie von einer Lehre vom formalen Umgang mit
Zahlen und von der Lösung von Gleichungen in eine Wissenschaft
von den verschiedenartigen algebraischen Systemen umwandelte.
Das letzte und vierte Rätsel war in der Analysis selbst begründet, im Verständnis ihrer grundlegenden Begriffe, wie der
unendlich kleinen Größen, der Funktion und der Veränderlichen.
Cauchy liquidierte die mystischen unendlich kleinen Größen,
indem er den Grenzwert definierte; weiter erfolgte die allge-
meine Definition der Funktion und zu Beginn der siebziger
Jahre wurde eine Definition der reellen Zahl x gegeben, die
für die Theorie annehmbarer ist als die alte Definition des
Verhältnisses beliebiger Zahlen, welche noch von *Omar Hajam*
gegeben wurde. Das Wichtigste war jedoch nicht die eigentliche
Lösung des 'Rätsels von x', sondern die von *Cantor* in diesem
Zusammenhang geschaffene allgemeine Mengentheorie.

Die Entstehung der 'scheinbaren' Geometrie stellte die
Frage nach ihrer Widerspruchsfreiheit, die für die *Euklidische* Geometrie natürlich nicht bestand, da deren Begrün-
dungen offensichtlich und zweifellos der Anerkennung würdig
waren: selbst das Wort 'Axiom' bedeutet 'würdig der Anerkennung'. Von hier aus und ausgehend von anderen inneren
Fragen der Mathematik begann die Entwicklung der axiomatischen Methode, die seit ihrer Kreation durch die alten
Griechen ohne Veränderung geblieben war. Neben dieser Methode ergab das freie Operieren mit beliebigen Mengen die
allgemeinen Verfahren für die Definition der mathematischen
Begriffe, mit deren Hilfe alle ihre schon formierten und
neu entstehenden Objekte auf einheitliche Weise erfaßt
werden können. Nach dieser theoretisch-mengenmäßigen Ansicht ist jeglicher Gegenstand der Mathematik eine Struktur,
also eine Menge irgendwelcher Objekte von beliebigen Beziehungen unter sich und den Untermengen. (Die Funktion
ist schon in diesen allgemeinen Begriff einbezogen, wenn
man sie als eine Menge geordneter Paare definiert). Dabei bleibt entweder die Natur der Objekte und Beziehungen
undefiniert, und es werden die formalen Eigenschaften

letzterer nur in Axiomen fixiert, wie in den Axiomen der
Gruppe, oder die Objekte und Beziehungen werden pseudo-
konstruktiv definiert, ausgehend aus Objekten und Beziehungen, die man für gegeben annimmt, wie eine reelle Zahl
ausgehend aus rationalen, also letzten Endes aus ganzen
Zahlen bestimmt wird. Das gleiche pseudokonstruktive Verfahren wird für den Bau von Strukturen angewandt, welche
als Modelle für Strukturen dienen, die axiomatisch bestimmt werden, wobei das Vorhandensein eines solchen Modells als Zeugnis für die Widerspruchsfreiheit der axiomatischen Definition und der auf ihr aufbauenden Theorie
angenommen wird.

Dementsprechend wird die Mathematik als Wissenschaft von
beliebigen möglichen 'reinen' Strukturen definiert, und
zwar möglichen im Sinne von logisch denkbaren, obwohl im
übrigen nur 'scheinbaren' und 'imaginären' und 'reinen'
in dem Sinne, daß ihre Elemente und Beziehungen nichts
enthalten außer dem, was in der Definition dieser Strukturen gegeben ist[1]. Die Freiheit der theoretisch-mengenmäßigen Definitionen war für *Cantor* die Grundlage für
folgende stolzen Worte: "Das Wesen der Mathematik liegt
in ihrer Freiheit!" Jedoch erfordert die wirkliche Freiheit das Verständnis der Notwendigkeit, da ansonsten
die subjektiv freie Tätigkeit zu unerwarteten Ergebnissen führen kann oder sogar überhaupt nicht realisiert wird und sich damit objektiv als überhaupt nicht
frei erweist. So war es mit der Freiheit, die *Cantor*
verkündete: Neben grandiosen Erfolgen führte sie auch
zu Paradoxa. Der theoretisch-mengenmäßige Standpunkt
erwies sich als unterhöhlt und mit ihm auch das gesamte
strenge Gebäude der Mathematik. In dessen obersten
Etagen vollzog sich ein emsiges Baugeschehen: Die durch
den Zement der Logik verbundenen Ziegelsteine der Theoreme wurde in den Rahmen der schon definierten Abschnitte

---

1) Diese Definition sagt mit anderen Worten das, was von A.N.Kolmogorov
in seinem Artikel 'Mathematik' in der ersten Ausgabe der Großen Sowjetischen Enzyklopädie ausgedrückt wurde.

eingefügt, und es erhob sich das Gerippe neuer Theorien; im theoretisch-mengenmäßigen Fundament wurden indessen wachsende Risse von Paradoxa festgestellt und unter diesen Treibsand und Sümpfe von logischen Schwierigkeiten. Architekten und Ingenieure - also Logiker, Intuitionisten, Effektivisten, Konventionalisten, Realisten, Formalisten - schlugen verschiedenartige Projekte vor, und zwar bis zur Zerstörung eines wesentlichen Teils des gesamten Gebäudes, wie beispielsweise die Intuitionisten vorschlugen, mit den reinen Theoremen der Existenz zu verfahren. Die Einheit im Verständnis der Mathematik war verloren, und es wurde zum Beispiel erklärt, daß sich für den Intuitionisten die mathematische Wahrheit im Kopf des Mathematikers, für den Formalisten auf dem Papier befindet.

Zur Rettung des derart erodierten Gebäudes der Mathematik schlug *Hilbert* in seinem Projekt vor, unter diesem ein festes Fundament der Formalisierung zu errichten. Die Mathematik muß sich auf streng definierte Regeln des Umgangs mit Symbolen stützen, doch da diese Symbole selbst und deren Komplexe - Formeln und Formelfolgen- ausreichend definierte äußere Gegenstände sind, so wird jedes Wegschwimmen der Grundlagen durch diese äußere gegenständliche Klarheit ausgeschaltet. Dieses Projekt erwies sich jedoch als undurchführbar; seine eigene Entwicklung führte zum Beweis dessen, daß kein einziger inhaltlicher Teil der Mathematik völlig formalisiert werden kann, für den Teil aber, der formalisiert ist, kann die Widerspruchsfreiheit im Rahmen des ihn formalisierenden Systems nicht bewiesen werden. So wurde nicht auf philosophischem, sondern auf mathematischem Niveau festgestellt, daß die Unendlichkeit nicht völlig ins Endliche einbezogen werden kann und daß die Analyse und Befestigung der Grundlagen der Mathematik keine Grenzen hat und nicht abgeschlossen werden kann.Sie erweist sich als ein genauso unendlicher Prozeß wie die Errichtung von neuen Theorien auf diesen Grundlagen. Jedoch genauso, wie es mit der Lösung der mathematischen Rätsel zu Beginn des 19. Jahrhunderts war, war die hauptsächliche Folgeerscheinung bei der Untersuchung der Grundlagen der Mathematik anfangs des 20. Jahrhunderts die Entwicklung von die Mathematik wesentlich verändernden Theorien, wie der mathematischen Logik, der Algorithmentheorie, der Automatentheorie und der mit ihnen zusammenhängenden Theorie der mathematischen Maschinen, sowie der Kybernetik mit den aus anderen Quellen entstandenen Informations-, Spieltheorien und anderen. In diesen Theorien wird mit der gleichen der Mathematik eigenen Form der absolutierten Idealisierung vor allem die Tätigkeit des Menschen selbst erforscht, und zwar die Möglichkeit der mathematischen Herleitung und Lösung von Aufgaben durch jeweils vorgegebene Mittel, die Informationsübertragung, die Steuerung u.a. In diesem Sinne ist die Mathematik zu einer Humanwissenschaft geworden[1]. Durch das Auftauchen von mathematischen Maschinen wurde dann die Mathematik zu einer technischen Wissenschaft. Dementsprechend kann man von einer wesentlich neuen Etappe in der Entwicklung der Mathematik sprechen, die sich in den fünfziger Jahren herausbildete.

Die moderne Entwicklungsetappe der Mathematik gibt keinen Grund, sich von ihrer Definition als Wissenschaft von den möglichen reinen Strukturen loszusagen. Jedoch wie beim Übergang zum theoretisch-mengenmäßigen Standpunkt veränderte sich die Vorstellung von der Möglichkeit und Reinheit, d.h. von den zulässigen Abstraktionen; so verändert sich diese Vorstellung auch heute beim Übergang zu modernen Standpunkten. In der gewohnten Terminologie versteht man unter Mathematik die Gesamtheit der formalen Theorien, also der nach ausreichend genau definierten Regeln zu entwickelnden Systeme von formalen Schlußfolgerungen. Dabei geht es um etwas verschiedene Stufen der Formalisierung; als äußerste gilt die, die es erlaubt, die Theorie in einen auf bestimmte Weise wirkenden Apparat zu verwandeln. Die formalen Theorien sind an und für sich selbst Strukturen, jedoch dienen andere Strukturen, die in die Sphäre

---

[1] Die Ansicht über die Mathematik als einer Humanwissenschaft und darüber, daß Theoreme eher abbilden als entdecken, hörte ich erstmalig und vor langer Zeit von A.A. Markow.

der Mathematik überhaupt eingehen und mit dem einen oder
anderen Grad an Gehalt und auf dem einen oder anderen Abstraktionsniveau verstanden werden, als Gegenstand der Formalisierung oder zur Interpretation der formalen Theorien.
Selbstverständlich bleiben sie ein Gegenstand der Mathematik im allgemeinen Sinne.

Dieselbe Vorstellung über die Mathematik kann man noch anschaulicher ausdrücken. Ähnlich, wie die materielle Technik
der Natur verschiedenartige Materialien entnimmt, sie verwandelt und kombiniert und dabei für den Menschen Mittel
zur Beherrschung der Natur in der praktischen Tätigkeit
liefert, so schafft auch die Mathematik Mittel für die
theoretische Beherrschung der Natur, indem sie auf dem Wege
der Abstraktion aus der Natur die uranfänglichen Begriffe
entnimmt, sie verwandelt und kombiniert. Sie kann deshalb
auch als 'ideale Technik' definiert werden. Solche gängigen
Ausdrücke wie 'mathematischer Apparat der Quantenmechanik'
drücken ganz klar die technische Bedeutung der mathematischen Theorien aus. Die Mathematik im allgemeinen Sinne
oder, um sie im engeren Sinne zu bezeichnen, die Metamathematik ist damit die Wissenschaft von diesen mathematischen
Apparaten; sie ist in diesem Sinne eine technische Wissenschaft. Wie die technischen Wissenschaften nicht die Natur
an und für sich untersuchen, sondern die Möglichkeit ihrer
Ausnutzung durch den Menschen, so erforscht auch die Mathematik die Möglichkeiten des Menschen: wie diese oder jene
Aufgabe zu lösen ist. Wie die experimentelle Technik die
natürlichen Organe des Menschen durch ihre Apparate ergänzt und ihm erlaubt, dorthin einzudringen, wo diese Organe nicht hinreichen, so ergänzt die Mathematik die natürliche Denkfähigkeit des Menschen durch ihre 'Apparate'
und gestattet es, Theorien anderer Wissenschaften zu entwickeln und Aufgaben zu lösen, die weder dem Vorstellungsvermögen noch dem unmittelbaren Denken zugänglich sind.
Doch ebenso, wie jedes Experiment damit abschließt, daß
der Mensch die Meßanzeigen der Geräte aufnimmt und sie dann
interpretiert, so schließt auch die Anwendung des mathe-

matischen Apparats notwendigerweise mit der unmittelbaren
Wahrnehmung und dem Verstehen ihres Ergebnisses ab. Die
mathematischen Maschinen sind nichts anderes als die materielle
Verwirklichung eben dieser Apparate der Mathematik.

Die Mathematik wurde als ideale Technik geboren - als
Rechentechnik, beispielsweise als Technik der Lösung praktischer
Aufgaben wie der Vermessung von Bodengrundstücken.
Die Arithmetik ist gerade der Apparat, der vom Menschen
durch Abstraktion aus der Natur, der Praxis der Begriffe
von den Zahlen und Operationen mit ihnen geschaffen wurde.
Für Millionen Menschen, die die Arithmetik benutzen, ist
sie ein solcher Apparat. Das gleiche ist bei der Entstehung
der Analyse zu beobachten. *Newton* war gezwungen, einen
Apparat für das Formulieren der Gesetze der Mechanik und
der Lösung ihrer Aufgaben zu erfinden; die Differential-
und Integralrechnung war ein solcher Apparat. Nach ihrer
Entstehung war die Analysis ein mächtiges Instrument zur
Lösung einer Masse anderer Aufgaben und erhielt ihrerseits
Impulse für die eigene Entwicklung aus der Physik. Von den
Beispielen, bei denen der innerhalb der Mathematik vorbereitete
Apparat sich als entscheidendes Instrument für die
Entwicklung der Physik erwies, nennen wir nur die Anwendung
der *Riemann*schen Geometrie beim Aufbau der allgemeinen Relativitätstheorie,
die Eigenwert-Probleme der Quantenmechanik,
die Gruppentheorie bei der Klassifizierung von Spektren und
der Aufbau der Theorie der Elementarteilchen. Bei der Erkenntnis
dieser der direkten Wahrnehmung stark entzogenen
und der anschaulichen Vorstellung unzugänglichen Gebiete
der Natur wird die Rolle der Mathematik besonders bedeutend
und tritt sehr klar zutage. Die Physiker entwickeln zunächst
die mathematische Form der Theorie, den, wie sie
sagen, 'mathematischen Formalismus', und beginnen erst
dann, ihn zu verstehen, was meistens der schwierigere Teil
ist. Die Aufstellung der *Schrödinger*schen und *Dirac*schen
Gleichungen ging dem Verständnis ihres Sinns voraus; und
bis heute wird über die Interpretation der Quantenmechanik

unter denen diskutiert, die mit Erfolg ihren mathematischen
Apparat bei der Lösung der verschiedenartigsten konkreten
Aufgaben anwenden.

Die moderne Entwicklungsetappe der Mathematik wird in ihrem
Verhältnis zu anderen Wissenschaften nicht nur durch dieses
mathematische Konstruieren neuer physikalischer Theorien
charakterisiert. Nicht geringere Bedeutung hat die Durchdringung aller Wissenschaften von der Mathematik, wie der
Biologie, der Ökonomie, bis hin zur Philosophie. Darin
liegt jedoch wahrscheinlich nichts Verwunderliches. Da
jeder beliebige Gegenstand einer gegebenen Wissenschaft
eine gewisse Struktur ist, so geht sie nun schon in die
Sphäre der Mathematik ein, sobald diese Struktur in irgendeinem ihrer Aspekte und Teile als ausreichend klar definiert und die in ihr fixierten Beziehungen sich als genügend
reichhaltig erweisen, um die Basis für ihre Erforschung
als reine Struktur zu liefern. Die Mathematik entwickelt
sich als universelles Mittel jeglicher Wissenschaft. Das
war sie übrigens von Anfang an, da nicht eine Wissenschaft
ohne Rechnung auskommt; heute geht es jedoch um die Anwendung der Mathematik nicht nur bei der Lösung unvergleichlich schwierigerer Aufgaben, sondern um die eigentliche Formierung,der Begriffe und theoretischen Vorstellungen dieser
oder jener Wissenschaft, wie es schon lange in der Physik
und verhältnismäßig kurze Zeit in der Ökonomie und Linguistik der Fall ist. Das Verständnis der Mathematik als
ideale Technik klärt ferner die Frage nach der Wahrheit in
der Mathematik. Die Schwierigkeit besteht hier darin, daß
die idealen Objekte der Mathematik nicht nur in ihr nicht
der Wirklichkeit gegenüberstehen, sondern auch in dieser
Wirklichkeit kein ausreichend genaues Abbild haben. Es genügt, hier an die irrationalen Zahlen zu erinnern, von
solchen Dingen wie den unendlichen Mengen unterschiedlicher
Kapazitäten ganz zu schweigen. Wenn es in der axiomatischen
Definition irgendeines Gegenstandes der Mathematik um eine
gewisse Menge von Objekten 'beliebiger Natur' geht, so erweist sich der Aphorismus von Russel als richtig, daß "die

Mathematik eine Doktrin ist, in der unbekannt ist, worüber wir sprechen, und ob das richtig ist, was wir sagen". Die Lösung des Problems besteht jedoch einfach im Verständnis dessen, daß dieses Problem nicht vorhanden ist. Die Mathematik schafft sich ihre Apparate, und es ist sinnlos, darüber zu sprechen, ob diese wahr oder falsch sind - entweder ein Apparat arbeitet oder er arbeitet nicht, und wenn er arbeitet, so entweder produktiv oder schlecht. Die ideale Technik der Mathematik mit ihren Apparaten *ist* einfach, sie existiert als eine besondere Form der sozialen Wirklichkeit und funktioniert in ihrer Sphäre nicht schlechter als die materielle Technik. Die Frage nach der Wahrheit entsteht nur in der Anwendung der Mathematik, und die Antwort hängt schon nicht mehr von ihr selbst, sondern davon ab, in welchem Grade die gegebene Anwendung rechtmäßig ist. Natürlich vereinfacht und übertreibt das Gesagte die tatsächliche Lage, da von der Wahrheit der Faktoren, auf denen die Grundlagen der Mathematik beruhen, die Kette der Übergänge zu formaler Richtigkeit ihrer abstrakten Apparate verläuft.

Entsprechend dem, wie die Frage nach der Wahrheit in der Mathematik erledigt wird, löst sich auch die Frage nach den Grundlagen der Mathematik. Die Grundlagen jeglicher Wissenschaft beruhen auf der von ihr gespiegelten Wirklichkeit; da jedoch als Gegenstand der Mathematik idealisierte Objekte dienen und das Zurückgreifen auf die Erfahrung aus ihren Argumenten ausgeschlossen ist, hat die Frage nach den Grundlagen oder der Begründung der Mathematik besonderen Charakter und ihre eigenen Schwierigkeiten. Heute können wir sagen, daß diese Frage die allgemeinen Prinzipien des Aufbaus der mathematischen Apparate berührt. Die axiomatische Methode ist eines von ihnen. Die Forderung nach Widerspruchsfreiheit kann man so verstehen, daß der axiomatisch definierte Apparat überhaupt funktionieren kann. Aus der formalen Widersprüchlichkeit folgt, wie die mathematische Logik lehrt, alles mögliche, für den Apparat ist das jedoch sinnlos. Gleichzeitig damit erscheint es schon gar nicht mehr notwendig, daß der Apparat nach den Regeln

der formalen Logik funktioniert. Faktisch formierte sich
anstelle des früheren logischen Monismus der Mathematik,
der die gewöhnliche formale Logik erforderte, ein logischer
Pluralismus mit verschiedenen Logiken: der gewöhnlichen
formalen, der konstruktiven, minimalen, vieldeutigen Logik
usw. Ebenso werden die verschiedenen Abstraktionsstufen erforscht und angenommen oder abgelehnt - von der Abstraktion
der aktuellen Unendlichkeit im klassischen Sinne *Cantors* bis
zur ultraintuitionistischen Ansicht, die nur eine begrenzte
Menge ganzer Zahlen zuläßt. Nun erscheint es völlig klar,
daß, wie schon gesagt wurde, die Erforschung und Entwicklung der Mathematik kein Ende hat, ebenso wie irgendein
Ende der Entwicklung der Technik, wenn alle möglichen Prinzipien, Verfahren und Möglichkeiten ihrer Schaffung festgestellt sind und höchstens noch die Aufgabe ihrer verschiedenartigen Realisierung steht, unvorstellbar ist.

Die Schärfe früherer Diskussionen der verschiedenen Richtungen in der Mathematik erscheint übertrieben, wenn man
diese gleichsam aus höherer Warte betrachtet. Es gibt verschiedene Abstraktionsstufen, verschiedene Strengegrade
und sogar verschiedene Logiken - es gibt die Strenge auf
dem Niveau des Ingenieurs, des Physikers, des einfachen
oder des verfeinerten Mathematikers und letzen Endes des
Spezialisten für mathematische Logik. Jedoch sogar der
letztere Strengegrad ist nicht absolut. Die verschiedenen
Abstraktionsstufen und das unterschiedliche Herangehen an
die Grundlagen der Mathematik - das alles sind nur Stufen
in ihrer immer tiefergehenden Entwicklung. Wenn eine Form
des Herangehens aus dem allgemeinen Zusammenhang der Entwicklung herausgerissen und als die einzig richtige dargestellt wird, so verzerrt sie sich und führt zu Trugschlüssen.
Natürlich ist die algorithmische Lösung tiefer und stärker
als das reine Theorem der Existenz; jedoch kann man kaum
glauben, daß die Theorie der Algorithmen selbst keiner Kritik unterzogen werden kann und keine Präzisierung ihrer
Grundlagen erfordert. Und man braucht überhaupt nicht die
Abstraktion der aktuellen Unendlichkeit, die reinen Theoreme

der Existenz, die Beweise mit dem Auswahlaxiom zu diskriminieren, wenn man sie mit dem Verständis ihrer begrenzten Bedeutung benutzt. Außerdem verstehen wir, daß jegliche Existenz in der Mathematik nur bedingt ist, da sie die Existenz eines idealisierten Objekts ist. Die mathematische Maschine existiert natürlich unbedingt, jedoch schon nicht mehr als ideale, sondern als materielle Technik.

So steht die Mathematik vor uns in ihrer Entwicklung von der Physik der endlichen Gesamtheiten bis zu ihrem heutigen modernen Zustand und weiter in der gleichen unaufhaltsamen Entwicklung, die sich durch Anhäufung neuer Ergebnisse und der Erfindung neuer Verfahren schon definierter Gebiete, durch die Schaffung neuer Theorien und der Erhebung zu neuen Abstraktionen, durch die Erweiterung der Wirkungssphäre, die Vervollkommnung der sie zusammenhaltenden Logik und die Vertiefung ihrer Grundlagen – durch den ganzen Prozeß der Produktion immer vollkommenerer und leistungsfähigerer Apparate zur Beherrschung der Wirklichkeit – vollzieht.

Welchen Entwicklungsaspekt der Mathematik (die axiomatische Methode, die Diskretheit und Kontinuität, das Endliche und Unendliche) wir auch konkret untersuchen würden, ins Auge fällt immer ihr allgemeines Merkmal – die Feststellung 'der Identität der Gegensätze'. 'Nichts' ist 'irgend etwas' entgegengesetzt, wird jedoch als 'etwas', und zwar als Null, dargestellt, es ist ein 'definiertes Nichts' und eben deshalb etwas Definiertes. Eine Beziehung, die durch keine Zahl ausgedrückt werden kann, wird als Zahl bestimmt. Nichtmathematische Funktionen wandeln sich in mathematische um. Die nichtmögliche Geometrie wird als möglich erkannt. Die Unendlichkeit, die abgeschlossen unvorstellbar ist, denkt man sich abgeschlossen. Das eben ist Dialektik, der Übergang zum Gegensatz, die Veränderung des Begriffes bis zur Gleichsetzung der Gegensätze, die Anerkennung der völligen Negation als in einem bestimmten Sinne 'Gleichen', genauso wie eine negative Zahl auch eine Zahl ist.

Andere wesentliche Momente in der Geschichte der Mathematik
demonstrieren dasselbe: Sie waren eben deshalb wesentlich,
da das, was im Prinzip der Mathematik unzugänglich, irrational, imaginär, unmöglich, in genauen Begriffen unausdrückbar,
von der Logik nicht beherrschbar schien, sich in Rationales,
Wirkliches, Mögliches, in genauen Begriffen Ausdrückbares und
von der Logik Beherrschbares umwandelte und sich in das System
der Mathematik einfügte, und zwar nicht als etwas Fremdes,
Widersprüche Hervorrufendes, sondern als lebensfähiger und
reeller Teil.

Wenn gesagt wird: "Die Dialektik wird in der Mathematik nicht
gebraucht - und ich beweise die Theoreme ohne Dialektik", so
fixiert man im zweiten Teil den unzweifelhaften Fakt, daß
ein Beweis einem ausreichend formalen Weg folgt und sonst
kein mathematischer Beweis ist. Wer jedoch daraus, daß die
Dialektik in den Beweisen nicht notwendig ist, darauf schließt,
daß sie überhaupt unnütz ist, läßt außer acht, daß jemand
seine Theoreme nur deshalb beweisen kann, weil das Gebiet der
Begriffe, zu dem diese Theoreme gehören, irgendwann definiert
wurde, und daß dieser Prozeß der Definition eines neuen Gebietes einer Wissenschaft, der Formierung prinzipiell neuer
Begriffe durchaus nicht formal ist, doch trotzdem seine, wenn
auch schwierige und tiefere Logik hat. Diese Logik ist die
Logik der Veränderung von Begriffen in Übereinstimmung mit
den Aufgaben der Erkenntnis - und eben das ist Dialektik. Deshalb sind die Behauptungen, daß Dialektik, Philosophie und
ähnliches unnötig sind, nichts anderes als selbstzufriedene
Kulturlosigkeit. Wir können den historischen Fakt anführen,
daß fast alle wirklich großen Mathematiker Denker und Philosophen waren. [1]

Wenn wir jetzt von der Wechselwirkung der Abstraktionen des
Unstetigen und Stetigen, von der Rolle dieser Wechselwirkung

---

[1] Der Beginn der griechischen Mathematik ist besonders mit den Namen
<u>Thales</u>, <u>Pythagoras</u> und <u>Demokrit</u> verbunden; die Entwicklung der Analysis
ist das Verdienst von <u>Descartes</u>, <u>Leibniz</u> und <u>Newton</u> (den man nur nicht
als Denker und Philosophen schätzt, weil man seine Werke nicht kennt),
weiter kann man <u>Lobatschewski</u>, <u>Riemann</u>, <u>Cantor</u>, <u>Poincaré</u>, <u>Brouwer</u>, <u>Hilbert</u>,
<u>Wiener</u> und andere nennen.

in der Entwicklung des Begriffes der Zahl und der fundamentalen mathematischen Theorien sprechen, so sehen wir, daß das ein 'Kampf der Gegensätze' war, der einen inneren Impuls in der Entwicklung der Mathematik darstellt. Er begann mit der Anwendung des Unstetigen auf das Stetige bei den Messungen. Weiter wurde das Stetige auf das Unstetige im Atomismus zurückgeführt, jedoch gerade über die unbegrenzt gedachte Fortführung der Dimension entstanden nicht miteinander vergleichbare Größen. Die Dimension stieß auf die eigene Negierung.

Entsprechendes ist in der Entwicklung der axiomatischen Methode festzustellen. Die Zweiteilung der einheitlichen Behauptung in eine empirische und eine axiomatische, in Gesetz und Axiom, das Bestreben, letzteres von seiner Grundlage abzutrennen - das war ein innerer Widerspruch in der Idee der axiomatischen Methode selbst, der, wie wir gesehen haben, die Entwicklung der Methode weiter vorwärts stieß. In dieser Bewegung der axiomatischen Methode sehen wir Übergänge zu ihrem Gegensatz. Vom inhaltlichen anfänglichen Verständnis vollzieht sich ein Übergang zum theoretisch-mengenmäßigen Verständnis mit Abspaltung vom Inhalt und damit von der Erfahrung. So jedoch verliert die axiomatische Methode Sinn und Grundlage, und deshalb ist eine Rückkehr zum inhaltlichen Verständnis, zur Wirklichkeit notwendig, allerdings nun schon auf andere Weise. Die formale Theorie wird selbst Inhalt der mathematischen Untersuchung, und sie ist schon in der Form, in der sie der Maschine übergeben wird, selbst objektive Wirklichkeit, ein materieller Prozeß, wenn auch nicht ein natürlicher, sondern einer, der vom Menschen geschaffen wurde. Es vollzieht sich die 'Negation der Negation', wie sie sich bei den Übergängen vom Atomismus zur reinen Stetigkeit, von ihr zum Atomismus der unendlich kleinen Größen, von ihm wieder zur reinen Stetigkeit vollzog.

Letztlich ist der Widerspruch im Wesen der Mathematik selbst enthalten, die als Verabsolutierung ihrer Abstraktionen defi-

niert wird. Wie die Physik aus der Praxis entstanden, wandelte
sie sich in die reine Mathematik um, die zu ihrem Gegenstand
die idealen Objekte hat und das Argument der Erfahrung ausschließt. Jedoch ist die Widerspiegelung im Begriff Verstehen sogar des kleinsten Elementes der Wirklichkeit niemals vollständig, die Abstraktion greift immer einen gewissen, wenn auch wesentlichen und allgemeinen Aspekt, jedoch auch immer einen Aspekt heraus.

Deshalb enthält die verabsolutierte Abstraktion unbedingt
Elemente in sich, die es in der Wirklichkeit nicht gibt,
und mit ihnen ein Moment des Irrtums. Man braucht nur an
die Verabsolutierung der Newtonschen Mechanik zu denken,
sogleich haben wir das schreckliche Bild der völligen Entartung der Physik vor uns. Deshalb kann die Mathematik nicht
an und für sich existieren. Deshalb findet die 'reine'
Mathematik die Quellen ihres Inhalts und ihrer Bedeutung
nur in ihren Übergängen zur 'angewandten' Mathematik und
umgekehrt. Mit anderen Worten - sie negiert sich selbst
als reine Mathematik und erweist sich nur über eine solche
Negation und Negation der Negation als lebensfähig und als
ein mächtiges Instrument des Menschen. Dort, wo sie der
Physik vorausgeeilt war, gab sie ihr ihren fertigen Apparat, wobei die Ergebnisse seiner Anwendung als äußerst
starke Entwicklungsimpulse zu ihr zurückkehrten.

Die Verabsolutierung der Abstraktionen verwandelt diese
natürlicherweise in die Grundlage für das Aufsteigen zu
neuen Abstraktionen usw. Diese freie Bewegung der Mathematik ruft in ihr neue Begriffe hervor, sie enthält jedoch auch Schwierigkeiten und sogar Gefahren in sich, so
wie das Verstehen der komplexen Zahlen eine Schwierigkeit
darstellte und die Entwicklung der Mengentheorie Gefahren
mit sich brachte. Eben in diesen Punkten der Schwierigkeiten
und Widersprüche entstanden bei deren Lösung weitere Impulse für die Entwicklung.

Die Mathematik enthält in ihrem Wesen einen Widerspruch -

ihre eigene Verneinung als Wissenschaft, die im Prozesse ihrer inneren Entwicklung, in ihrer Wechselwirkung mit anderen Wissenschaften und der Praxis beständig gelöst und überwunden wird. Wenn wir heute die Mathematik als 'ideale Technik' verstehen, so, das kann man sagen, entwickelt sie sich auch als Technik. Sie ist ein mächtiges und universelles Instrument der Erkenntnis und der Lösung von Aufgaben überall dort, wo sich genügend klar definierte Strukturen abzeichnen. Jedoch geht die Entstehung der Strukturen selbst, ebenso wie die Formierung neuer Prinzipien der Mathematik, über den Rahmen ihrer eigenen Methoden hinaus, ähnlich wie die bedeutenden, revolutionierenden Veränderungen der Technik ihre Quellen außerhalb der Technik haben.

Wenn die Mathematik ihre Abstraktionen verabsolutiert, so müssen diese gebildet werden, bevor sie fixiert werden - und eben das ist das Schwierigste und somit auch das Wichtigste in der Entwicklung der theoretischen Erkenntnis.

GEORG KREISEL

Gebürtiger Österreicher (Graz, 15.9.1923);
emigrierte nach England (1939)
studierte Mathematik an der Universität von Cambridge
(1942-44; 1946-48)
bis 1955 logischer Autodidakt, hauptsächlich anhand der
"Grundlagen der Mathematik" von D. Hilbert und P. Bernays,
erschienen bei Springer
eingeführt in die Philosophie der Mathematik von K. Gödel
(1955-57)

Universitätslehrer in England, USA und Frankreich
Vorlesung in Paris von J.L. Krivine ausgearbeitet und
1972 in deutscher Übersetzung erschienen (Modelltheorie:
Eine Einführung in die mathematische Logik und Grundlagentheorie; Springer Hochschultext).
Hauptarbeitsgebiet: Beweistheorie mit gelegentlichen Exkursionen in die Rekursionstheorie, Institutionistische Mathematik und verwandte Gebiete.
Hauptinteresse: Experimentieren mit traditionellen philosophischen Vorstellungen (ob, bzw. inwieweit sie sich ohne Willkür präzisieren lassen; ob, bzw. wo sie bleibendes Interesse besitzen).

Die formalistisch-positivistische Doktrin der mathematischen Präzision im Lichte der Erfahrung

G. Kreisel

Der Autor stellt sich die in der mathematischen und politischen Philosophie gleichermaßen undankbare Aufgabe, den gesunden Menschenverstand (<< good sense >>) gegen eine << radikale >> Doktrin zu verteidigen. Insbesondere werden folgende Ansichten vertreten,

(i) daß unsere üblichen mathematischen Begriffe objektiv sind (nicht einfach << nützliche >> Konstrukte) - ohne notwendigerweise zu entscheiden, ob die Begriffe sich auf eine (externe) Realität beziehen;

(ii) daß Definitionen richtig oder falsch sein können, nicht nur << zweckdienlich >> - was insbesondere für die Definition des Begriffs der formalen Regel selbst gilt;

(iii) daß formale Regeln wichtig sind - ohne jedoch zu behaupten (wie es die formalistische Präzisionsdoktrin tut), nur formal gegebene Beziehungen seien wohldefiniert;

(iv) daß die grundlegenden mengentheoretischen Operationen (z.B. die Potenzmengenbildung) sich für exakte und fruchtbare Untersuchungen eignen - daß aber auch der Begriff der konstruktiven Regel und der des konstruktiven Beweises Gegenstand solcher Untersuchungen sein können (ohne daß notwendigerweise der eine Begriff auf den anderen reduzierbar ist);

und man könnte hinzufügen,

(v)   daß, anstatt konstruktive Aspekte zu betonen, auch
        die Struktur unseres Wissens von mengentheoretischen
        Operationen ein natürlicher Untersuchungsgegenstand
        ist.

Es ist zweifelhaft, ob die Darstellung in diesem Artikel
<< Radikale >> belehren wird, aber Gläubige mögen sehr wohl
durch die Lektüre in ihrem Glauben bestärkt werden: Beinahe
alle denkbaren radikalen Einwände (Klischees oder Argumente)
werden geduldig formuliert und in einer natürlichen, aber
kaum einprägsamen Reihenfolge betrachtet. Einige der kritischen Einwände gegen die << common sense >> - Position
werden zwanglos als historische bzw. hysterische Zweifel
klassifiziert und mit den einschlägigen Erfahrungstatsachen
verglichen. Als Propaganda ist dieser Artikel sicherlich
weniger wirksam als irgendeine radikale Doktrin, sei sie
auch genauso übertrieben wie der Formalismus, jedoch diesem
entgegengesetzt: z.B. die Doktrin, daß Mathematik Mengenlehre *ist* . Akzeptiert man diese Doktrin, dann wird natürlich
die *Formulierung* der formalistischen Doktrin selbst nur dann
mathematisch präzis, wenn der Grundbegriff der formalen Regel durch einen mengentheoretisch definierten Begriff ersetzt
wird (dessen Äquivalenz zum ersten Begriff nicht bewiesen
werden kann; denn gemäß dieser Doktrin ist jener Begriff ja
nicht präzis genug, um einen solchen Beweis zu gestatten).

Wie dem auch sei, es gibt zumindest einen Abschnitt (§ 17),
der wahrscheinlich allgemeinen Anklang finden wird; in ihm
gibt der Autor seine, schon ad nauseam wiederholte << common
sense >> Antwort auf die Frage << Welche Bedeutung haben
formale Unabhängigkeitsbeweise z.B. in der Mengenlehre? >> .
Er betont - beim gegenwärtigen Wissensstand - ihre Anwendung
als Hilfsmittel in der Mathematik. Hiervon leitet er ein natürliches Kriterium ab, um verschiedene Arten von Unabhängigkeitsbeweisen zu unterscheiden (wobei diese Beweise auf abstrakten Interpretationen oder auf kombinatorischen Überlegungen beruhen können): Unterschieden wird durch die Formelklasse, für die die Erweiterung der Mengenlehre um die unabhängige
Formel konservativ ist.

Einige Fußnoten scheinen von breiterem Interesse zu sein als des Autors Hauptziel. Genauer:

In Fußnote 9 erwähnt er eine auffallende Parallele zwischen ontologischen Fragen nach der Existenz von Gegenständen (Objekten) und epistemologischen Fragen nach der Zuverlässigkeit von Prinzipien. Diese Fragen machen auf Unterschiede zwischen (existierenden) Gegenständen (bzw. zuverlässigen Prinzipien) aufmerksam - und das selbst dann, wenn es keinen guten Grund für Zweifel an ihrer Existenz (bzw. Zuverlässigkeit) gibt.

In Fußnote 7, als ein weiteres Beispiel, weist er auf Konversionsrelationen in der Literatur hin - im Zusammenhang mit der Synonymität oder Identität von (solchen) Beweisen (die durch Ableitungen in geeigneten formalen Systemen repräsentiert werden). Diese Relationen sind zumindest vernünftige Kandidaten für einen Test von formalen Theorien intensionaler Beziehungen (wie die der Synonymität von Beweisen). Und diese Bemerkung ist nicht leer: Obwohl wir diese Beziehungen recht gut verstehen (Mathematiker sprechen von << wirklich neuen Beweisen und von Plagiaten >>, liefert die alltägliche Erfahrung wenig Evidenz für die Möglichkeit einer Theorie, geschweige denn einer formalen Theorie. Diese Möglichkeit, selbst wenn sie realisiert wäre, läßt natürlich die Frage offen, wie nützlich eine solche Theorie sein würde; um es grob auszudrücken, ob wir über intensionale Beziehungen überhaupt etwas wissen wollen.

Zusatz des Autors (Oktober 1974). Nach 5 Jahren finde ich diesen Artikel ausgesprochen langatmig und auch sonst pädagogisch ungeschickt - aber durchaus lesenswert. Nur darf man nicht in die Versuchung geraten, ihn wie einen Roman zu lesen. Im Gegenteil (so scheint es mir) wird es sich für manche Leser lohnen, am Ende jedes Absatzes den springenden Punkt in eigenen Worten (und daher meistens prägnanter und eleganter) auszudrücken.

1. Einleitung

Die im Titel erwähnte Doktrin besteht in der impliziten oder expliziten Annahme, daß nur formal definierte Begriffe und folglich nur Erklärungen formaler Art präzis seien [1]. Nun können aber einige der grundlegenden mathematischen Begriffe (darunter die der natürlichen und der reellen Zahlen) nicht auf formale Begriffe reduziert [1] werden. Folglich werden sie *unter der obigen Annahme* als unpräzis zurückgewiesen; Untersuchungen über sie werden als bedeutungslos abgelehnt oder müssen - bestenfalls - auf eine komplizierte Weise umschrieben werden; « bestenfalls », weil die Möglichkeit einer *adäquaten* formalen Reinterpretation von *Vermutungen* (wie dem Hilbertschen Programm) abhängt. In der mathematischen Praxis jedoch werden die « zurückgewiesenen » Begriffe - wie wohl bekannt ist - noch immer verwendet und, was wichtiger ist, es wird nicht einmal der Versuch gemacht, diese Begriffe in der Praxis zu eliminieren; *sogar dann nicht, wenn es theoretisch möglich ist*. Es besteht, mit andern Worten, zwischen (mathematischer) Praxis und (logischer) Theorie ein Konflikt darüber, was als präzis anzusehen ist.

In der gewöhnlichen Mathematik, wie in jedem anderen praktischen wissenschaftlichen Unternehmen, werden - explizit oder implizit - eigenständige Prinzipien entwickelt, um Fehler zu korrigieren und Untersuchungen (und ihre Ergebnisse) durchsichtiger zu machen; tatsächlich hilft das « Durchsichtigermachen » Fehler zu vermeiden. Der Konflikt besteht *hier* oft in nicht mehr als einer Diskrepanz zwischen der Einleitung und dem Hauptteil eines Textes; aber er ist verhängnisvoll in jenen Teilen der Mathematischen Logik, in denen das *Wesen* der Mathematik, ihrer Objekte und ihrer Prinzipien Hauptgegenstand der Forschung ist. Wenn

---

[1] Der Leser hat wahrscheinlich eine genügend klare Vorstellung von <u>formalen</u> Begriffen, von einer <u>Reduktion</u> usw., um der Einleitung folgen zu können. In Teil II wird eine detaillierte Analyse gegeben und auf Literatur hingewiesen.

in Übereinstimmung mit der formalistischen Doktrin Fragen über die Gültigkeit von Axiomen oder über Unterscheidungen verschiedener Arten von Wissen (oder Evidenz) als « nicht-mathematisch » zurückgewiesen werden, dann *verliert die mathematische Logik Sinn und Richtung.* [2)]

Unter diesen Umständen ist es nur natürlich, *zurückzugehen und die obige Annahme wieder zu untersuchen*; zu sehen, ob sie auf *wirklicher Erfahrung* beruht; zu sehen, ob wir nicht-formale (inhaltliche) Begriffe *verstehen* (im ganz gewöhnlichen Sinn von « verstehen ») und ob Übereinstimmung in bezug auf ihre Eigenschaften besteht. Es wäre höchst « unempirisch » anzunehmen, daß wir darüber hinaus auch eine theoretische (logische) Analyse dieses Verstehens hätten! Zunächst fragen wir einfach:

« *Ist* ein gegebener Begriff unpräzis? »

und nicht: « Paßt er in einen gegebenen theoretischen Rahmen? » - Wenn wir fragen: « Was meinst Du? » schreiben wir ja auch nicht im gleichen Atemzuge ein möglicherweise künstlich eingeschränktes Vokabular vor, in dem die Frage beantwortet werden soll. Es ist eine logische *Entdeckung*, wenn es sich herausstellt, daß in einem gewissen Gebiet eine adäquate Antwort in einem eingeschränkten Vokabular gegeben werden kann.

Dann betrachten wir zweitens die Zuverlässigkeit von inhaltlichen Begriffen und von (abstrakten) Aussagen über sie. Wenn nötig, wird ihre Zuverlässigkeit (Hilbert folgend) durch die Zuverlässigkeit formal sinnvoller Aussagen gemessen, die aus den (abstrakten) Aussagen ableitbar sind.

Um Verwirrung zu vermeiden, sollte der Leser sich erinnern, daß diese zwei Arten von Fragen, sowohl in Teil I als auch in Teil II betrachtet werden.

---

2) **Dies widerspricht der weitverbreiteten, aber falschen Meinung, daß die mathematische Logik irgendwie an die formalistischen Doktrin gebunden sei oder sie sogar bestätige!, und daß das Hauptziel der Logik nur darin bestehe, formale Details fein säuberlich zu klären. Das ist völlig falsch!**

2. Überblick

Wenn man die formalistische Doktrin widerlegen will, so ist es wohl am natürlichsten, Beispiele einer *strengen Analyse* inhaltlicher Begriffe zu geben; genauer gesagt, den Leser an solche Beispiele zu *erinnern*. Teil III enthält (Hinweise auf) solche Beispiele. Dieser Teil sollte für einen Leser nützlich sein, der noch nicht, bewußt oder *unbewußt*, durch die formalistische Doktrin beeinflußt ist.

Aber - und das ist eine Erfahrungstatsache - viele Leser werden im formalistischen Sinne beeinflußt sein, und die inhaltlichen Begriffe werden ihnen deshalb einfach *Unbehagen* bereiten. Es ist folglich angemessen damit zu beginnen, *allgemeine* Zweifel über abstrakte, inhaltliche Begriffe zu zerstreuen (offensichtlich können spezifische Behauptungen über abstrakte Begriffe sehr wohl echt zweifelhaft sein). Dies wird auf zwei Ebenen in Teil I bzw. Teil II getan.

Teil I enthält eine allgemeinverständliche Diskussion, die für Leser bestimmt ist, denen eine grobe Vorstellung genügt, oder für solche, die sehr wohl wissen, daß die Doktrin falsch ist, aber von ihr sprachlos gemacht werden - was ja häufig der Fall ist, wenn man widersinnige Vorschläge hört. Die Zweifel, die betrachtet werden, fallen in zwei Klassen: in *historische* und *hysterische*. Jene appellieren an angeblich dramatische Irrtümer in unseren intuitiven Eindrücken, die einmal vorgekommen sein sollen; die hysterischen Zweifel sorgen sich um die Grenze zwischen Mystik und Logik - wenn sie nicht gemäß der formalistischen Doktrin gezogen wird. Die grundlegende Folgerung besteht hierin:

Der *Begriff* der formalen Operation ist zentral für die Analyse des Denkens; er wird für eine Untersuchung der Frage benötigt, ob mathematisches Denken, zumindest in gewissen Teilgebieten, mechanisch *ist* oder, allgemeiner, ob es mechanisiert werden *kann*. Um es anders auszudrücken: formale Operationen sind dadurch ausgezeichnet, daß zu ihrer Ausführung nur eine besondere *Art* des Verstehens benötigt wird.

Der Irrtum der formalistischen *Doktrin*, die sich auf formale Operationen beschränkt, besteht in der Annahme, daß diese Art des Verstehens einen besonders hohen *Grad* von Zuverlässigkeit besitzt.

Wenn man diesen Irrtum einmal eingesehen hat, tritt man einen Schritt zurück und fragt, *was die formalistische Doktrin dem gewöhnlichen Mathematiker bietet*, und weiterhin fragt man, ob derselbe Zweck nicht *ohne eine falsche philosophische Doktrin* erreicht werden kann. Ich bin davon überzeugt, daß die wesentliche Funktion der Doktrin in einer *Trennung* der mathematischen Praxis von ihrer logischen Analyse besteht, und werde deshalb am Ende von Teil I dafür eine ganz natürliche Rechtfertigung geben (ohne zu leugnen, daß eine strengere Analyse der mathematischen Praxis *gelegentlich* nützlich sein kann). Zweifellos beruht die Anziehungskraft, die die formalistische Doktrin auf den arbeitenden Mathematiker ausübt, auf einem fehlerhaften ersten Eindruck. Die Doktrin *scheint* illusionslos zu sein; sie scheint uns von sinnlosen Zweifeln zu befreien, die dem Fortschritt im Wege stehen; aber in Wirklichkeit *ist sie ein Kult der* (intellektuellen) Impotenz: sie will uns vormachen, daß natürliche Fragen sinnlos seien; oft, wenn es schon sinnvolle Antworten auf sie gibt. Darüber hinaus sollen wir mit ihren negativen Folgerungen glücklich und zufrieden sein.

Teil II ist unabhängig von Teil I, der jedoch als Einleitung zu Teil II dienen kann. Hier habe ich einen Leser im Sinn, der diesen Fragenkomplex wissenschaftlich untersuchen möchte. Folglich muß man analysieren, was eine formale Operation *ist*, was mit formalistischer Reduktion *gemeint ist*, und *was man tun muß*, um sie durchzuführen (sei es mit Hilfe von mathematischen Beweisen oder statistischen Fallstudien). Ebenso genügt es nicht für eine wissenschaftliche Auseinandersetzung mit den historischen Zweifeln an abstrakten Begriffen, - wie in Teil I - ein allgemeines Schema aufzuzeigen, sondern man muß Fälle anführen. Diese Fälle, die klassische

Beispiele informaler Strenge sind, widerlegen auch die allgemeinen hysterischen Zweifel. Um alles bequem zur Hand zu haben, wurden diese Beispiele und auch neuere Untersuchungen in Teil III zusammengestellt; Teil III ist also eine *Art von Anhang*, der Teil I und II durch eine *lose Auswahl von Beispielen* ergänzt.

Es stellt sich heraus, daß das Material von Teil II auch relevant ist für die Kritik von Auffassungen, die von Quine zum Ausdruck gebracht wurden. Seine Auffassungen unterscheiden sich gewiß in wichtiger Hinsicht von der formalistischen Doktrin. Sie streiten der *Unterscheidung* zwischen formaler Evidenz und *gewissen* anderen Arten der Erkenntnis *jegliche* Bedeutung ab, während der Formalismus sie als << nichtmathematisch >> zurückweist. Sie leugnen auch die Bedeutung der traditionellen Unterscheidung zwischen analytischer und synthetischer Evidenz, während diese von der formalistischen Doktrin akzeptiert wird, wenn auch mit ihrer eigenen, besonderen Interpretation. Aber die Wirkung dieser Ansichten auf Hauptgebiete der Mathematischen Logik weicht von der der formalistischen Doktrin kaum ab; z.B. auf jene Gebiete, die sich mit der *Entdeckung gültiger Axiome* oder der Analyse von *Unterscheidungen verschiedener Arten von Wissen* (finitem, prädikativem, konstruktivem) beschäftigen.

3. *Diskussion*

Was haben wir (an Illusionen?) mit dem Zusammenbruch der formalistischen Philosophie der Mathematik verloren? und haben wir irgend etwas an ihre Stelle zu setzen? Sicherlich, der Formalismus hat Antworten auf grundlegende alte Fragen, und wir haben keine:

Was ist Mathematik? oder besser, da der Formalismus sich ja mehr mit dem Denken als mit Objekten beschäftigt: Was ist mathematisches Wissen? Wie ist es aufgebaut?

Insbesondere:
Beschäftigt sich die Mathematik mit einer externen Wirklichkeit? oder pedantischer, gibt es Teilgebiete der Mathematik, die Objekte behandeln, deren Existenz wir als von uns unabhängig ansehen?

Was die zweite Frage anbetrifft, so ist die ganze weitere Diskussion glücklicherweise unabhängig von einer Antwort. Wir betrachten die *Objektivität* gewisser Begriffe und versuchen über sie einige Fragen zu entscheiden, ohne noch dazu untersuchen zu müssen, ob es sich dabei um irgendeine externe Wirklichkeit oder Verwirklichbarkeit handelt. Wir gehen so vor, nicht weil die Unterscheidung uninteressant oder « sinnlos » ist, sondern weil die Antworten auf jene Fragen nicht von ihr abhängen. Es ist ja klar, daß man für eine erfolgreiche Ausnutzung der Unterscheidung Phantasie brauchen wird: gerade weil die betrachteten Begriffe uns als *natürlich* und nicht als Ergebnis irgendeiner willkürlichen Wahl vorkommen; gerade weil, wie man sagt, « wir uns nicht helfen können », würde es schwierig sein, diese Begriffe von etwas zu unterscheiden, was uns von außen gegeben ist; sogar dann, wenn eine geschickte Analyse zeigen würde, daß diese Begriffe es nicht sind.

Was die erste Frage anbetrifft, so habe ich sie - was mich anbetrifft - nicht aus dem Blick verloren; nur sehe ich keine Spur einer Lösung. [3] Deshalb kann man die Frage stellen, in welchem Sinne wir überhaupt berechtigt sind zu sagen, daß wir zur gegenwärtigen Zeit *Grundlagenforschung* betreiben; ich werde in § 19 auf diese Frage zurückkommen und auch auf die mit ihr zusammenhängende Frage:

---

3) Mag ich hier genauso unrecht haben wie von Neumann auf pp. 11-12 seines [VN], wo er sagt, es gäbe keinen Anhaltspunkt für einen Beweis der Unentscheidbarkeit der Prädikatenlogik. Kaum fünf Jahre später zeigte Gödel ([G], p. 194), daß es keine in Principia Mathematica und verwandten Systemen formalisierbare (Entscheidungs-) Methode gibt; und weniger als fünf Jahre nach Gödel erweiterten Church und Turing dieses Ergebnis für ihre Analysen des Begriffs des Entscheidungsverfahrens. Natürlich verstand von Neumann diesen Begriff (und folglich sein Problem) besser als wir die obige « große » Frage verstehen; aber ein Modicum von Begriffsanalyse war auch nötig, bevor man sein Problem lösen konnte.

Inwieweit ist die mathematische Logik überhaupt ein Teil der Mathematik?

I. *Zuverlässigkeit*: Formale Rechnungen und abstrakte Beweise

> C'est une grave erreur de spéculer sur
> la sottise des sots.
>
> (Verlaine)

Der Hauptzweck dieses Teils ist es, einige einfache, jedoch häufig übersehene Unterscheidungen zu treffen und einige Fehler zu korrigieren. Vielleicht ist dies konsistent mit Verlaines Maxime, da die betrachteten Versehen nicht ganz und gar töricht sind. Auf jeden Fall betreffen die Unterscheidungen und der Fehler-*Typ* prinzipiell nicht nur die formalistische [4], sondern jede « reduktionistische » Doktrin: lediglich ihre Relevanz hängt von der jeweiligen Doktrin ab, insbesondere davon, was bei der Reduktion benutzt werden soll.

Ich bezweifle keineswegs den Wert des *Begriffs* der formalen oder, gleichbedeutend, der mechanischen Regel für die Analyse des mathematischen Wissens. Er wird benötigt, um die Frage zu beantworten, ob das mathematische Denken insgesamt oder teilweise mechanisch bzw. mechanisierbar ist. Allein diese Anwendung wäre ein guter Grund für ein Interesse an formalen Operationen.

Aber darüber hinaus wird *vermutet* und manchmal sogar behauptet, daß die formalen Operationen sich durch einen großen *Grad* von Zuverlässigkeit auszeichnen und nicht nur, wie allgemein zugestanden wird, durch eine besondere Art. Sie sollen insbesondere von größerer Zuverlässigkeit als abstrakte Beweise sein. Nimmt man schließlich eine extreme Position ein, so wird nicht einmal die Frage nach der Zuverlässigkeit zuge-

---

[4] « Formalistisch » oder « positivistisch-formalistisch »; die allgemeine positivistische Doktrin schließt jedes Wissen über abstrakte Begriffe aus, da es sich dabei bestenfalls um eine Umschreibung von Wissen konkreter Tatsachen handeln soll; diese Doktrin konnte in der Philosophie der Mathematik erst nach der Formalisierung (gewisser Teile der Mathematik) wirklich Fuß fassen; vgl. Teil II.

lassen, wenn man auf Beweise von Aussagen über abstrakte
Begriffe Bezug nimmt - weil die letzteren als bedeutungslos
zurückgewiesen werden. (Für diese extreme Position muß man
das in § 1 erwähnte Hilbertsche Maß der Zuverlässigkeit einführen.)

Überprüft man diese Behauptung, so muß man sich an den folgenden Kernpunkt erinnern: mathematisches Denken, mit Ausnahme des « Grenz » falls des numerischen Rechnens, stellt
sich uns nicht als Ausführung mechanischer Regeln dar. Sogar dort, wo dieses Denken mehr oder weniger adäquat mit
mechanischen Mitteln dargestellt werden *kann*, muß diese
Möglichkeit *entdeckt* werden. Folglich ist es *prima facie* wahrscheinlich, daß diese Entdeckung ihre Grenzen haben wird,
wenn wir nur nach ihnen Ausschau halten, wenn wir nicht nur eifrig
Evidenz *für* sie sammeln.

4. *Explizite Formulierung von Prinzipien und formalistische Reduktion:
eine Unterscheidung*

Die formalistische Mathematik beschränkt sich auf Begriffe,
deren Verstehen durch eine Liste formaler Regeln *erschöpfend*
beschrieben wird; Die explizite Formulierung von Prinzipien
(eine ganz übliche Vorgehensweise, die offensichtlich - im
praktischen Sinne des Wortes - die Präzision fördert) isoliert jene Eigenschaften eines Begriffs, die für eine *gegebene* Folgerung über ihn benötigt wird; es wird jedoch nicht
behauptet, daß diese besonderen Eigenschaften unser Verstehen
des möglicherweise abstrakten Begriffs erschöpfend beschreiben. Also ist die explizite Formulierung von Prinzipien
keineswegs eine Besonderheit der formalistischen Doktrin.

Mehrere « Ebenen » der expliziten Formulierung sind, nebenbei bemerkt, nützlich. Die berühmten Axiome von Frege und
Dedekind für die Arithmetik und das Kontinuum sind nur explizit für den, der den Begriff der *Teilmenge* und nicht nur
formale, mechanische Anweisungen versteht.

5. Begriffe und Doktrinen: Ein allgemeines Schema

Dieser Paragraph wird hier nur im Zusammenhang mit der formalistischen Doktrin (der Präzision) benötigt; prinzipiell hat er aber Bedeutung für jede Grundlagentheorie. Er ist für die formalistische Theorie besonders wichtig, da sie die Frage der Präzision sehr stark betont.[5] Das allgemeine Schema sieht folgendermaßen aus.

Zunächst haben wir eine *Entdeckung*: mehrere mathematische Begriffe können in einem gegebenen grundlagentheoretischen Rahmen « adäquat » analysiert werden, *obwohl* wir sie ursprünglich gar nicht als Objekte aus diesem Rahmen auffassen. Auf die Entdeckung folgt eine einschränkende *Doktrin*: nur Definitionen in Begriffen der Theorie werden als präzis zugelassen. (Im allgemeinen wird die Doktrin nur akzeptiert, wenn sie sich einer umfassenderen philosophischen Einstellung unterordnet.) Die Entdeckung selbst kann natürlich nicht *innerhalb* der Theorie formuliert werden, da sie ja nach Voraussetzung die intuitiven mathematischen Begriffe nicht enthält; die letzteren werden durch ihre Analysen *ersetzt*. Die (durch die ursprüngliche Entdeckung erwiesene) Äquivalenz kann nur « gesehen » werden, sie kann nicht mit Begriffen der Theorie « gesagt » werden. (Es ist klar, daß es keinen Sinn hätte, die Äquivalenz zweier Definitionen beweisen zu wollen, wenn einer von ihnen als mathematisch unpräzise zurückgewiesen wird. Wie wir in § 12 sehen werden, kann man in einer breiteren Grundlagentheorie einen solchen Äquivalenzbeweis eventuell führen.) Praktisch gesprochen betreffen grundlagentheoretische Streitpunkte die strategische Frage, ob solche Äquivalenzen aus der Mathematik ausgeschlossen werden sollen; « strategisch », weil

---

5) Wahrscheinlich hat der Leser eine genügend klare Vorstellung, worum es bei einer Grundlegung geht, um diesem Paragraphen zu folgen. Eine elementare und detaillierte Darstellung findet man in Anhang II von [KK] für zwei Grundlagentheorien: für die mengentheoretische und die formalistische im Sinne von Hilbert (die in [KK] « kombinatorisch » genannt wird). Die dabei unbedingt wesentlichen Adäquatheitsbedingungen werden dort für beide Grundlagentheorien sorgfältig formuliert, und es

die Antwort in starkem Maße die weitere Entwicklung festlegt.

Offensichtlich soll die Doktrin nicht nur eine *negative* Funktion haben, sondern das *wesentliche* herausstellen und der Forschung helfen, indem sie Irrelevantes ausschließt. Für eine systematische Behandlung dieser Frage vgl. das Ende des Artikels.

6. *Mechanische Kontrollierbarkeit und Zuverlässigkeit*

(Wie in §§ 4-5 gilt auch hier das allgemeine Fazit nicht nur für die formalistische Doktrin.) Der Zusammenhang zwischen Zuverlässigkeit und mechanischer Kontrollierbarkeit wird gewöhnlich etwas unkritisch als erwiesen angenommen.[6]

Die bloße Tatsache der Formalisierung garantiert keine Zuverlässigkeit (was schon Frege betonte, obwohl das häufig vergessen wird!); selbst im Falle der einfachsten numerischen Folgerungen müssen wir Evidenz für die *Konsistenz* der formalen Regeln haben. (All die großartigen Paradoxien werden

---

5) werden einige Teilgebiete der Mathematik beschrieben, welche diese Bedingungen erfüllen (Diese « inhaltliche » Pedanterie ist modernen Logiktexten fremd; vgl. den Anfang von Teil II.)

6) Hier wird - als ein Faktum von überwältigender Evidenz - akzeptiert, daß wir den Begriff der korrekten Anwendung einer formalen Regel verstehen. In Frage steht lediglich, was die bloße Möglichkeit mechanischer Kontrollen mit Zuverlässigkeit zu tun haben soll. Es stimmt schon, daß Wittgenstein irgendwo über die Mathematik von Leuten, die formale Regeln (z.B. « wiederhole! ») mißverstehen, Spekulationen anstellt; aber er leitet aus ihnen keine konstruktiven Vorschläge ab. Gibt es denn irgendeinen Grund, warum es für eine Analyse des Wissens wichtiger sein soll, solche « Möglichkeiten » aber nicht die Fakten unserer (intellektuellen) Erfahrung zu betrachten? Würde uns das Leben nicht wirklich schwerfallen, wenn wir z.B. klare und verschwommene Sinneseindrücke in der gleichen Weise bezweifelten? Wittgenstein geht es natürlich um die Vorstellung von mathematischer Notwendigkeit oder, eher, um gewisse absurde Assoziationen, zu denen sie führen kann. Aber genauso kann ja auch Wittgensteins Spekulation nebenbei zu absurden Mißverständnissen führen - wie etwa dem, daß hinter jener Vorstellung überhaupt nichts stecke! Die aktuelle Frage ist natürlich, ob die Zeit (oder eine Person) für eine wissenschaftliche Untersuchung dieser Idee reif ist; vgl. Fußnote 9 und § 19. Beinahe jede « große » Frage kann ja lächerlich gemacht werden, bevor sie gelöst ist.

von klar gegebenen formalen Regeln abgeleitet!) Da eine Kette so stark ist wie ihr schwächstes Glied, hängt die Zuverlässigkeit der formalen Regeln von den mathematischen oder statistischen Methoden ab, die zum Erweis der Konsistenz benutzt werden.

Weniger bekannt, aber genauso wichtig, ist folgendes. In der üblichen mathematischen Praxis (und sogar bei Hochgeschwindigkeitsrechnern) werden die mechanischen Kontrollen nicht *wirklich* ausgeführt; wir haben höchstens die *Möglichkeit* einer (mechanischen) Kontrolle. Aber *wenn wir die Kontrolle nicht ausführen und* (dennoch) *Grund haben, den Folgerungen zu trauen, dann muß unsere wirkliche Evidenz für die Folgerungen woanders liegen*. Dies gilt zum Beispiel für gewöhnliche logische Ableitungen in der Mathematik (vgl. [KK], Fußnote 2 auf p. 205), aber auch für Hochgeschwindigkeitsrechner: es ist ja gerade wesentlich, daß ihre Resultate *ohne* unser Nachrechnen für uns nützlich sind, da ja das Ausführen einer langen Folge von Rechenschritten gerade das ist, was sie tun, und was wir nicht (tun) können.

In §§ 9-10 werden wir auf die Frage zurückkommen, warum gerade der Zusammenhang zwischen praktischer Zuverlässigkeit und mechanischen Verfahren so allgemein verlockend ist. Aber es ist jetzt schon klar, daß er unbegründet ist und daß er *das formalistische Präzisionskriterium nicht rechtfertigt*. Es muß jetzt noch eine andere Rechtfertigung (der formalistischen Doktrin) betrachtet werden, nämlich Zweifel daran, daß die (vertrauten) abstrakten Begriffe *sinnvoll* sind; hat man solche Zweifel, so braucht man eine formalistische Umschreibung der Aussagen über abstrakte Begriffe, um auszudrücken, *was* in « diesen » Aussagen behauptet wird. Es versteht sich von selbst, daß solche Zweifel auf einer *petitio principii* beruhen, wenn in ihnen (stillschweigend) angenommen wird: *nur* formale Begriffe können präzis sein.

7. Allgemeine Zweifel an abstrakten Begriffen: historische Argumente

Hier appelliert man im allgemeinen an dramatische Irrtümer in unseren intuitiven Überzeugungen. Offensichtlich kommt so etwas gelegentlich vor. Vorausgesetzt man pendelt nicht endlos zwischen festen, aber sich widersprechenden << Überzeugungen >> hin und her, also, vorausgesetzt man *erkennt* Versehen, dann beeinträchtigen jene Irrtümer die Objektivität abstrakter Begriffe nicht mehr als numerische Fehler die Objektivität des Begriffs der *konkreten Anwendung einer formalen Regel*. Tatsächlich kamen aber wirkliche Irrtümer nur selten vor.

Das *allgemeine* Schema der Ereignisfolge scheint so auszusehen (konkrete Fälle werden in § 16 betrachtet). Zunächst wird irgendeine Idee oder Definition eingeführt, die naiv gar nicht überzeugend ist. In diesem Stadium fühlt sich der Pionier, der für die Einführung verantwortlich war, als mißverstandener Märtyrer. Mit der Zeit werden die *naiven Zweifel vergessen*, einige kühne Behauptungen über die neuen Begriffe aufgestellt und Paradoxien sind das Ergebnis. Sie sollen angeblich Zweifel an unseren naiven Überzeugungen wecken, die jedoch im allgemeinen hyperkonservativ sind! Tatsächlich sind unsere naiven Überzeugungen gewöhnlich so unverbindlich, daß ein Irrtum nicht sehr wahrscheinlich ist; es ist nahezu ein Fortschritt, wenn unsere Auffassungen hinreichend präzisiert werden, um widerlegt werden zu können!

Gelegentlich mag es echte und hartnäckige Schwierigkeiten geben; aber sie sind dem Grade nach nicht notwendig größer als beim << Debbugging >> eines Computerprogramms. Die Schwierigkeiten sind verschiedener Art oder - wie man manchmal sagt - prinzipiell verschieden; aber das steht nicht zur Diskussion. Niemand, außer einem Formalisten, leugnete jemals einen Unterschied in der Art der *Erkenntnis* oder der Art der Evidenz, um die es sich hier handelt; und ein Formalist leugnet den Unterschied nur, weil er überhaupt keine informale *Erkenntnis* akzeptiert!

8. *Allgemeine Zweifel an abstrakten Begriffen: hysterische Argumente*

Den folgenden Einwand habe ich mit meinen eigenen Ohren gehört:
> Wo ziehst Du die Grenzlinie, wenn Du die Objektivität abstrakter Begriffe zugestehst? Wie wirst Du mit der Behauptung von Scholz über die Relevanz der Theologie für die Logik fertig, daß nämlich die Logik alle möglichen Welten und also auch das Jenseits behandelt?

Die auf der Hand liegende allgemeine Antwort ist natürlich: durch Überlegungen. Im Falle von Scholz, zumindest soweit die Prädikatenlogik der ersten Stufe betroffen ist, können wir durch einen « glücklichen Zufall » zeigen, daß das Gültigkeitsprädikat nicht von Vorgängen im Himmel berührt wird - vorausgesetzt, wir erkennen die ganzen Zahlen und ihre definierbaren Eigenschaften hier auf Erden an ($\lceil$ KK $\rceil$, p. 235 (i) oder $\lceil$ K2 $\rceil$, p. 254 unten; amüsanterweise wird die gleiche Idee in § 18 wissenschaftlich benutzt). Nun können wir uns eine Situation *vorstellen*, in der es unversöhnliche Konflikte zwischen den Ergebnissen der Überlegungen verschiedener Menschen gibt (oder der gleichen Person zu verschiedenen Zeitpunkten). Aber diese *Möglichkeit* berührt die Objektivität abstrakter Begriffe nicht mehr als Wittgensteins Spekulation (s. Fußnote zu § 6) die Objektivität des Begriffs der *korrekten Anwendung einer formalen Regel*. Eine wahrhaft empirische Analyse erfordert, daß wir genau zusehen, ob solch ein imaginärer Konflikt wirklich vorkommt, bevor wir wegen der Möglichkeit von Schwierigkeiten hysterisch werden. Es wäre höchst unvernünftig anzunehmen, daß wir auch stets noch eine theoretische Erklärung dafür hätten, warum es keine Schwierigkeiten gibt.

An diesem Punkt stellt sich eine *pädagogische Frage*: Sollte man versuchen, einen Formalisten, z.B. einen guten Bekannten, den man schätzt, auf die Versehen der formalistischen Doktrin aufmerksam zu machen? Und wenn ja, wie tut man es?

Trivialerweise sollte man nicht erwarten, ihn in Widersprüche
zu verwickeln: er kann sie stets vermeiden, indem er einfach eine feste endliche Anzahl von vertrauten Behauptungen
wiederholt oder überhaupt nichts sagt. Abhängig davon, ob
er vorwiegend Philosoph oder Mathematiker ist, scheinen
die folgenden Taktiken fruchtbar zu sein.

Ein Philosoph mag sehr wohl aus Freges Analyse (z.B. [F],
pp. 240-261) Nutzen ziehen; Frege diskutierte den naiven
Formalismus, der Hilberts verfeinerter Version vorausging,
und machte ihn lächerlich. Mathematiker jedoch fühlen sich
bei solchem dialektischen Feuerwerk nicht wohl (vgl. [HB],
p. 15, Z. 15-19): und haben selten Talent dafür, weder passiv
noch aktiv. Viele von ihnen glauben (worauf schon in § 2
hingewiesen wurde), daß die formalistische Doktrin nützlich
sei, daß sie einen « befreienden » Einfluß habe - wie mir
neulich in einem Gespräch gesagt wurde. Aber sie können dazu gebracht werden, jenen Einfluß konkreter zu « belegen »,
z.B. von der Anwendung der Nicht-Euklidischen Geometrie oder
der Nicht-Standard Analysis zu reden. An diesem Punkt kann
man eben ganz einfach erklären, daß *diese* Anwendungen sicherlich nicht von der formalistischen Doktrin abhängen! Ganz
im Gegenteil! Die Modelle, um die es geht, werden ja im
Euklidischen Raum bzw. im Kontinuum definiert, und jede Anwendung der Modelle kann folglich sehr wohl in « Standard- »
Begriffen formuliert werden. Und wegen der Existenz solcher
Modelle die Standardbegriffe abzulehnen, wäre dem « Argument » ähnlich, der Begriff der ganzen Zahl sei unbestimmt,
weil es auch andere interessante Dinge gibt, die das Induktionsaxiom nicht erfüllen. (Oder für logisch geschulte
Leser: wir können Gödels konstruktible Mengen L anwenden,
ohne $V = L$ anzunehmen; wir *beschränken* uns einfach auf L.)
Für weitere Überlegungen siehe §§ 9-10.

9. *Umstellungen angesichts des tatsächlichen Erkenntnisstandes*,

also angesichts der Unhaltbarkeit der formalistischen Präzisionsdoktrin. Einerseits müssen wir zugeben, worauf schon

in § 3 hingewiesen wurde, daß *wir keine allgemeine Antwort auf
die philosophischen Fragen* (aus § 3) haben. Dies könnte natürlich das Widerstreben erklären, die Doktrin aufzugeben.

Andererseits werden wir dazu geführt, (traditionelle und
durch neue Forschungsergebnisse nahegelegte) Fragen zu betrachten, die von der Doktrin als « nicht-mathematisch »
zurückgewiesen werden, weil sie nicht in formalen Begriffen
ausgedrückt sind. Hat man keine theoretischen Gründe gegen
die Objektivität solcher Begriffe wie dem des *Kontinuums* oder
dem der *Dimension*, so ist es natürlich, z.B. zu fragen:

(i)   ob Axiome für einen gegebenen Begriff *wahr* sind,

(ii)   ob eine vorgelegte Definition *richtig* ist,

(iii)   ob die Aussage A oder ihre Negation wahr ist, falls
        A von den bisher betrachteten Axiomen formal unabhängig ist; und (falls wir diese Frage nicht entscheiden können) welche *Folgerungen* aus A wahr sind.

Frage (iii) ergibt sich, weil viele formale Unabhängigkeitsbeweise durch Konstruktion von Modellen geführt werden, und
weil wir *erkennen*, daß diese Modelle verschieden von den
intendierten Begriffen sind. Es ist eine Erfahrungstatsache,
daß man in solchen Dingen ehrlich sein kann! Wenn uns ein
« Nicht-Standard » Modell gezeigt wird, können wir ehrlich
sagen, daß es nicht intendiert war. (Wir kennen sehr wohl
andere Fälle, in denen wir ein Wort gedankenlos benutzten
und uns klar wurde, daß wir eine Zweideutigkeit übersehen
hatten - wenn uns zwei verschiedene Interpretationen vorgelegt wurden.) Es kann nützlich sein zu wissen, daß der intendierte Begriff nicht formal definierbar ist (wenn dem halt
so ist); aber diese Tatsache berührt die Objektivität des
Begriffs nicht mehr als die Irrationalität von $\sqrt{2}$ Zweifel
an der Existenz von $\sqrt{2}$ berechtigt.

Wenn wir schon einmal von Zweifeln reden - man kann *sehr wohl*
im Zweifel darüber sein, ob das weitverbreitete Gerede über
die Aufspaltung von Begriffen wegen der Existenz von Nicht-Standard-Modellen überhaupt einen Sinn hat. Schließlich wer-

den diese Modelle, wie schon in § 8 betont wurde, in Standardbegriffen beschrieben, d.h. mit Benutzung der intendierten Begriffe, und die Beschreibung wird verstanden!

Obwohl der Formalist - Positivist die Fragen (i) - (iii) als *nicht-mathematisch* zurückweist, möchte er natürlich *irgendetwas* dazu sagen; vgl. das Ende von § 8. Ad (i) - (ii): er möchte die *Auswahl der Axiome und Definitionen* erklären, aber natürlich nicht mit den Begriffen, die in (i) - (ii) verwendet werden. Ad (iii): gewöhnlich wird geantwortet, es spiele keine Rolle, ob man A oder ¬A zu den Axiomen hinzufügt (übersieht dabei aber, daß Konsistenz nicht das einzige Auswahlkriterium ist); wie jedoch in § 17 klar werden wird, führt eine strenge Analyse von (iii) auch zu einem interessanten formalen Problem.

Im nächsten Teil werden wir *ein* Beispiel einer *rein formalistischen Erklärung der Auswahl formaler Regeln* (des gewöhnlichen Prädikatenkalküls) behandeln und sie mit der üblichen *mathematischen Rechtfertigung* vergleichen. Die folgende kurze Bemerkung wird zeigen, daß Formalisten selten ihre allgemeinen « Erklärungen » der Wahl von Regeln und Theorien wissenschaftlich überprüfen.

Bemerkung: Obwohl der Formalismus Unrecht hat, hat er unzweifelhaft zu unserem Wissen in der Grundlagenforschung beigetragen - solange er *streng* analysiert wurde: die in der formalistischen Grundlegung verwendeten Begriffe mußten formuliert werden, bevor man die Mängel dieser Grundlagentheorie *beweisen* konnte. (Es ist nur allzu menschlich, daß die Phantasie mit den Leuten davonlief und zur Doktrin (ver-)führte.) Im Gegensatz hierzu sind einige Erweiterungen (der Ansprüche) des Formalismus *ganz oberflächlich*; insbesondere bei *Versuchen, die Auswahl von Axiomen und Definitionen oder* - allgemeiner - *den Aufbau von Theorien nach formalistischen Prinzipien zu analysieren*. Diese - so scheint es - gedankenlosen Versuche erinnern an marxistische « Erklärungen » des wissenschaftlichen Fortschritts, die vor einiger Zeit in Mode waren und der (eigenen) Erfahrung offensichtlich widersprechen. Vom Formalismus wird behauptet, *ästhetischer* « *Appeal* » und insbe-

sondere *Einfachheit* seien zentral. Aber dadurch verschiebt
man nur die Schwierigkeit einer Erklärung auf die der Entdeckung ästhetischer Gesetze oder aber man hat einfach keine Erklärung der schlagenden *Tatsache*, daß die Definitionen,
die zu einer einfachen Theorie führen, natürlich gegeben
sind, *bevor* die Theorie entwickelt wird. Die ganze Frage
wird weiterhin durch das triviale Faktum verwirrt, daß
ästhetischer Appeal und Einfachheit *offensichtlich* als *sekundäre* Auswahlprinzipien eine Rolle spielen, insbesondere in
einem sehr theoretischen Gebiet, wo es keine wirklich
« dringenden » Probleme gibt. Sowieso können wir nicht
alle Begriffe untersuchen, deren Objektivität wir akzeptieren;
und wir werden uns häufig auf jene beschränken, deren Theorie wir ansprechend finden und mit Lust und Liebe handhaben.

10. *Trennung der mathematischen Praxis von ihrer logischen Analyse:
eine Abschweifung* (die die Diskussion in § 8 ergänzt)

Ohne hier über Ursache und Wirkung entscheiden zu wollen
und ohne entscheiden zu wollen, *warum* die formalistische
Doktrin eine große Anziehungskraft ausübt, möchte ich
dennoch darauf hinweisen, (i) daß sie einen nützlichen
Zweck im Denken der Mathematiker erfüllt, und (ii) wie
dieser Zweck (glücklicherweise) auch ohne eine falsche Doktrin erreicht werden kann.

Viele Mathematiker sehen ein, daß für die meisten von ihnen
das Studium der Grundlagen nicht nur unnötig, sondern oft
wirklich schädlich ist - ohne notwendigerweise gute, explizite Gründe für ihre Meinung zu haben. Die formalistische
Doktrin gibt einen theoretischen Grund für die Trennung,
indem sie entweder behauptet, die traditionellen Grundlagenfragen hätten keinen Sinn oder jemand anders würde sie in
irgendeiner nicht-mathematischen Weise erledigen; vgl. § 12.

Durch eine Trennung von der Philosophie wird offensichtlich
nicht viel gewonnen, wenn diese Trennung selbst auf schlechter Philosophie beruht. Insofern z.B. Fragen der *Erkenntnis*

betroffen sind, was nützt es einem Mathematiker gesagt zu bekommen, daß seine Argumente formalisiert und dadurch (im Hilbertschen Sinne) gerechtfertigt werden *können*, wenn er (i) sie nicht formalisiert und (ii) trotzdem von den Folgerungen überzeugt ist? Für *diese* Überzeugung muß die Evidenz woanders liegen (vgl. § 6).

Es ist nicht schwierig, diese Evidenz auf einer einfachen, praktischen Ebene zu finden und somit die Trennung durchzuführen. Die Antwort kann nicht dramatisch sein, da sie nur konstatiert, was ständig getan wird: der Mathematiker überlegt sich sein Argument und sieht, ob er es versteht.

Diese einfache, praktische Antwort schließt natürlich nicht eine theoretische Analyse in einem allgemeinen grundlagentheoretischen Rahmen aus. Aber im allgemeinen wird die theoretische Analyse Fragen der praktischen Evidenz kaum berühren: so wenig wir die Welt um uns herum anders *anschauen*, nachdem wir von einer neuen grundlegenden Theorie der Materie gehört haben, so wenig ändert eine neue grundlagentheoretische Analyse die Weise, wie wir vertraute mathematische Gegenstände *auffassen* (z.B. ganze Zahlen oder geordnete Paare). Aber *gelegentlich*, und das ist typisch für das Verhältnis von Praxis und (Grundlagen) Theorie, wird die Theorie ein *Gebiet* der Praxis völlig verändern.

II. Präzise Analyse der Formalistischen Doktrin

Der Hauptzweck dieses Teils besteht darin, die Begriffe und Ergebnisse zusammenzustellen, die heute für eine wohlinformierte Diskussion der Doktrin benötigt werden. Was formalistische Grundlegung bedeutet, wird erklärt (i) durch die Formulierung von *Adäquatheitsbedingungen* für eine vorgeschlagene formale Repräsentation des mathematischen Denkens und (ii) durch eine Analyse der Mittel, die für die *Verifikation* dieser Bedingungen benötigt werden. Das erste Problem entspricht der alten Frage, in welchem Maße unsere Gedanken durch die Worte, die wir zu ihrem Ausdruck benutzen, widergespiegelt (oder - gleichbedeutend - repräsentiert) werden; das zweite Problem enthält in delikater Weise die alte Wahl zwischen *a priori* (mathematischen) Beweisen und statistischen Fallstudien. Zur Orientierung erinnern wir an die beiden Stadien, die zur formalistischen Grundlagentheorie und späterer Forschung über sie führten (Hilbertsches Programm und Gödelscher Unvollständigkeitssatz).

Die Darstellung wird relativ präzis und technisch sein, d.h. sie wird « unvertrautes » Material einführen; ohne jeden Zweifel ist sie technisch und präziser als die üblichen Diskussionen grundlagentheoretischer « großer » Fragen und « Haltungen ». Wenn der Leser keine Erfahrung mit dieser Art von Präzision hat, wird er die Darstellung *mit Recht* für pedantisch und die Pedanterie für verfehlt halten.

Das ist ganz natürlich! Ich erinnere mich sehr wohl an die Zeit vor ungefähr 20 Jahren, als Mathematiker, wenn sie kleine Theoreme aus der Modelltheorie hörten, nach einer präzisen Beschreibung von Sprache der ersten Stufe fragten (genau wie Pilatus nach der Wahrheit fragte), aber (wie Pilatus) der Antwort gewöhnlich nicht zuhörten. Wenn - einige Augenblicke später - von einem Begriff behauptet wurde, er sei in der beschriebenen Sprache nicht definierbar, beklagten sie sich über die Vagheit des Begriffs der Definierbarkeit. Im Gegensatz hierzu ließen sich dieselben Leute ohne weiteres genauso ermüdende Details bei der Beschreibung von Ringen oder Modulaxiomen in einem Buch über Algebra gefallen (besonders bei der Vorbereitung zum Beweis eines « großen » Theorems). Die Schwierigkeit ist klar: man kann nicht alles lernen und man muß Erfahrung oder außergewöhnliche Urteilskraft haben, um in einem konkreten Fall einzusehen, daß sich die Mühe hier lohnt (aber nicht in vielen, scheinbar ähnlichen Fällen).

Es wird manchmal entgegnet, daß keine Analogie zwischen « großen Fragen » oder « grundlegenden Haltungen » und « großen » Theoremen bestehe. *Schauen wir uns doch die Fakten an!* Die Antwort auf eine große Frage wie « Was ist Materie?» erfordert ganz sicherlich, daß wir unsere Aufmerksamkeit ungewöhnlich hohen Geschwindigkeiten (Relativität), kleinen Größen (Quantenmechanik) und hohen Energien (Kernstruktur) zuwenden. Und man erinnere sich: das Hilbertsche Programm *kann* ja für den großen Teil der allgemein bekannten Mathematik durchgeführt werden; also kann man das Programm nur in der Höheren Mathematik *testen*.

Warnung an den Leser. Da wegen des ersten Teils kein Grund mehr für *allgemeine* Zweifel an vertrauten abstrakten Begriffen besteht, werden sie im weiteren frei benutzt werden; *nachdem* wir einen Begriff entwickelt haben, können wir spezifische Zweifel, die erhoben worden sind, betrachten.

11. *Formale Repräsentation des Mathematischen Denkens.*

Ein *formales Objekt* ist eine endliche Folge von Elementen: alle ihre Eigenschaften, außer formaler Identität und Nicht-Identität, werden vernachlässigt (folglich muß man formale Identität erkennen können, um an solchen Objekten zu operieren); Ziffernfolgen und Buchstabenfolgen eines gegebenen Alphabets sind typische formale Objekte. Formale *Operationen* an solchen Objekten, insbesondere charakteristische Funktionen von Beziehungen zwischen ihnen, sind durch rein mechanische Regeln bestimmt; Rechenregeln für die numerische Addition und Multiplikation sind typisch. In Texten über rekursive Funktionen, z. B. [KL], wird der Begriff der formalen Regel systematisch analysiert.

Die *Repräsentation* des Denkens in einem gegebenen Zweig der Mathematik ist bestimmt (i) durch ein *formales System*, das aus einer formalen Syntax oder *Sprache* zusammen mit *Ableitungsregeln* besteht, und (ii) durch eine *Interpretation* oder Realisierung der Sprache mit Hilfe der in diesem Zweig verwendeten Begriffe.

Eine *Formel* F (der Sprache) repräsentiert eine *Aussage* P (englisch « proposition») oder eine *Relation* R, je nachdem ob F freie Variablen enthält oder nicht. F repräsentiert P(bzw. R) extensional, wenn die Interpretation von F *äquivalent* zu P (bzw. *gleich* R) ist (im Falle der Relation R bedeutet das, daß man von der Art, in der R definiert ist, absieht und nur die Menge der n-Tupel betrachtet, die in der Relation R stehen). Die Formel F repräsentiert P (bzw. R) intensional, wenn die Interpretation von F und P den gleichen Sinn haben (bzw. wenn die Interpretation von F und R der gleiche Begriff sind, wobei R jetzt nicht mengentheoretisch behandelt wird).

Offensichtlich ist die Forderung nach extensionaler Repräsentation sehr schwach, da alle wahren Aussagen äquivalent sind.

Eine *formale Ableitung* D (englisch « derivation ») repräsentiert einen *Beweis* B, wenn B durch eine Folge von Aussagen ausgedrückt wird, die durch die Formeln von D repräsentiert werden; da Beweise geistige Akte sind, wird die angemessene Repräsentation normalerweise intensional sein. Die Repräsentation des Denkens, die gerade beschrieben wurde, *induziert* eine *syntaktische* Relation zwischen den *Wörtern, die in dem gegebenen Zweig der Mathematik inhaltlich verwendet werden,* und den *formalen Objekten des Systems*, die die gleiche Bedeutung haben. Nun gibt es wohl nichts Einfacheres als die *erwähnte* Definition, die die inhaltliche Bedeutung der Wörter benutzt; aber die so definierte syntaktische Relation wird i.a. sehr kompliziert sein: dies entspricht der Tatsache, daß die (mathematische) Umgangssprache viele logisch unwesentliche Züge aufweist, die in der entsprechenden formalen Sprache unterdrückt werden. Kurz, man darf nicht vergessen, daß die *Repräsentation Bedeutung, nicht syntaktische Struktur bewahrt*.

Die logische Theorie betont heutzutage die syntaktische Komplexität der Relation « die gleiche Bedeutung haben », aber sie zieht nicht die offensichtliche Folgerung! Gerade wegen dieser Komplexität ist die Erfahrungstatsache so nützlich, daß wir Bedeutungen verstehen, relativ einfache Gesetze für sie haben und mit ihnen frei und zuverlässig operieren. Mathematiker sind sich sehr wohl bewußt, daß abstrakte Begriffe notwendig sind, um das Denken einsichtig zu machen; und dazu muß man solche Begriffe verwenden können, ohne sich jedesmal auf irgendeine « Explikation » zu beziehen.

Diskussion. An diesem Punkt ist es leicht in jene, schon in Teil I (§ 5 oder § 8) diskutierte Art von *petitio principii* zu verfallen, indem man nämlich *annimmt*, daß die in der Erklärung von Repräsentationen benutzten Begriffe schon deshalb nicht präzis seien, weil sie nicht formal sind. Man vergißt zu leicht, daß formale Sprache und formale Ableitungen eingeführt werden, weil sie Aussagen und Beweise ausdrücken; ein Argument, das mit gegebenen Ableitungsregeln formalisiert werden kann, ist nicht deshalb überzeugend, weil es mit *irgendwelchen* Regeln formalisiert wurde, sondern weil wir *gesehen* haben, daß die formalen Regeln Gültigkeit bewahren. Nur wenn wir gleichzeitig die Gültigkeit der Regeln einsehen, konstituiert die Verifikation der Tatsache, daß eine Folge von Formeln gemäß gegebener formaler Regeln aufgebaut ist, einen Beweis. Kurzum: *Beweise*, wie sie hier (und im gewöhnlichen Leben und in der Mathematik) verstanden werden, sind keine linguistischen Objekte; vgl. auch die Abschweifung in § 16(a).

Ein subtilerer Irrtum besteht in folgendem: offenbar kann nicht behauptet werden, daß die in der Erklärung benutzten Wörter (« Aussage », « Beweis ») in einem ganz beliebigen Kontext einen präzisen Sinn haben, z.B. in Kontexten, wo wir ganz einfach zögern würden, diese Wörter überhaupt zu verwenden; aber es ist falsch anzunehmen, daß sie deshalb auch in der Mathematik oder gar in einem Zweig der Mathematik mit einer eingeschränkten formalen Sprache nicht präzis oder präzisierbar seien.

Tatsächlich ist doch die Mathematik, ganz naiv betrachtet, durch ihre besondere Präzision ausgezeichnet; und es kommt noch hinzu, daß die formalen Sprachen sich von anderen Kontexten dadurch unterscheiden, daß sie eine vollkommen präzise Grammatik und ein einfaches Vokabular haben. Wegen dieser Unterschiede bestehen jedenfalls *prima facie* bessere Aussichten (als i.a.), daß solche Begriffe wie der der intensionalen Gleichheit in einem engeren Kontext[7] präzise analysiert werden können (Ende der Diskussion).

Hat man einmal die Repräsentation von Aussagen, Eigenschaften und Beweisen verstanden, sozusagen als Bestandteil der Daten, so geht man zur *Repräsentation der grundlegenden logischen Relationen* weiter. Die bisher am eingehendsten unter-

---

7) Zum Beispiel können wir irgendein bekanntes System von Regeln, die Prädikatenlogik etwa, hernehmen und untersuchen, ob zwei formale Ableitungen den gleichen Beweis repräsentieren. (Hier wird natürlich vorausgesetzt, daß die Formeln des Systems schon entsprechend - wie man auch sagt: semantisch - interpretiert worden sind. Das Problem ist hier nicht wesentlich verschieden von der Frage, welche Paare geschlossener Kurven (die hier den formalen Ableitungen « entsprechen » sollen) die gleiche Fläche einschließen. Es wird schon wilde lineare Punktmengen geben, die wir kaum noch « Kurven » nennen würden, und die wahrscheinlich überhaupt keine wohldefinierte Fläche bestimmen; zumindest für keine Definition der « Fläche », die einige Grundeigenschaften des Flächenbegriffs erfüllen. Aber deshalb ist jene Frage, beschränkt auf eine bestimmte Klasse von Kurven, sicher nicht immer unvernünftig. (Einen interessanten Beitrag zur Untersuchung der intensionalen Gleichheit findet man in [T]; es handelt sich aber nicht um die Gleichheit von Beweisen, die durch formale Ableitungen repräsentiert werden, sondern von Regeln endlichen Typs, die durch Terme gewisser formaler Systeme repräsentiert werden.) Vgl. auch das PS.

suchte Relation dieser Art ist die der *Folgerung* : eine *strikte* Repräsentation wird durch eine formale Relation C (englisch << consequence >>) erreicht, für die C (F,G) dann und nur dann gilt, wenn die Aussage G, ausgedrückt durch G, eine Folgerung jener Aussage F ist, die durch F ausgedrückt wird. Häufiger haben wir nur eine *Semi* - Repräsentation: G ist dann und nur dann eine Folgerung von F, wenn in dem System eine *Ableitung* D der Formel G von F *existiert*.

Eine heiklere Bedingung bestände hierin: Für jeden Beweis B in dem betrachteten inhaltlichen Teil der Mathematik soll es eine formale Ableitung D geben, die B repräsentiert (oder zumindest für solche Beweise, die in der zu Grunde liegenden formalen Sprache ausgedrückt werden können).

Die Unterscheidung zwischen der Repräsentierbarkeit oder der *Vollständigkeit* in bezug auf (i) die Folgerungsrelation und (ii) Beweise ist absolut wesentlich für die elementarste, schon in Teil I erwähnte Anwendung der formalistischen Konzeption zur Beantwortung der Frage: << Ist das mathematische Denken mechanisch? >>. Eine positive Antwort erforderte (ii), während (i) lediglich erweist, daß ein Teilgebiet mechanisiert werden kann - *soweit es sich um Ergebnisse handelt*.

12. *Evidenz für die Repräsentation der logischen Folgerung: ein Paradigma*

Der Leser wird mit einem formalen System der Prädikatenlogik vertraut sein; vgl. [KL]. Unser einziges Ziel in diesem Abschnitt ist es, uns die Evidenz für die Annahme anzusehen, daß das betrachtete System eine Semi-Repräsentation der logischen Folgerung liefert.

Wenn man den Gültigkeitsbegriff und also den Folgerungsbegriff versteht, liefert der Gödelsche Vollständigkeitssatz einen *mathematischen Beweis* der geforderten Semi-Repräsentation. (Die Eigenschaften des Gültigkeitsbegriffs, die man tatsächlich braucht, werden in Theorem 5 in [KK], p.234 aufgeführt.) Es ist schwierig, sich *überzeugendere* Evidenz vorzustellen.

Das viel heiklere Problem besteht darin, Evidenz anzuführen, die unabhängig von jenem Verständnis des Gültigkeitsbegriffs ist. Und gerade das braucht man in einer formalistischen Grundlagentheorie; Fallstudien auf zwei Ebenen werden dazu benutzt.

Zunächst kann man Untersuchungen wie die der *Principia Mathematica* anstellen und einfach nachsehen, daß die Beweise, die in der Praxis als logische Schlüsse akzeptiert worden sind, tatsächlich repräsentiert werden können. Übrigens wird dieses Ziel von PM selbst nicht erreicht, weil die formalen Details zu schlampig sind. (Es sei bemerkt, daß man lange Zeit wirklich nur diese Art von Evidenz hatte, und zwar während der 5o Jahre zwischen Freges Formulierung seiner formalen Regeln und Gödels Beweis ihrer Vollständigkeit.) Ich glaube, daß es wirklich schwer ist, solche Studien statistisch auszuwerten: Wie hätte man, etwa 1929, die (statistische) Evidenz für die Vollständigkeit (a) der Prädikatenlogik der ersten Stufe, bzw. (b) der Arithmetik der ersten Stufe eingeschätzt? Es gab ja keine Ausnahmen: weder zu (a) noch zu (b). 193o bewies Gödel (a) und 1931 widerlegte er (b).

Häufiger wird von Formalisten vorgeschlagen, den Beweis des Vollständigkeitssatzes indirekt auszunutzen; und zwar so: Zuerst wird er in einem passenden formalen System S (der Mengenlehre) formalisiert (statt ihn so wie er inhaltlich gemeint war zu akzeptieren). Nun liege eine Ableitung der (mengentheoretischen) Gültigkeit der logischen Aussage A vor und daher, wegen des formalisierten Vollständigkeitsbeweises, auch eine Ableitung der Formel $\tau(B)$, die in S die Aussage B hat:

    Die Formel A hat eine Ableitung in der Prädikatenlogik

repräsentiert (für Details solcher Repräsentationen siehe z.B.[KK], pp.252-253). Frage: Ist B wahr?, also gibt es tatsächlich eine Ableitung der Formel A (in der Prädikatenlogik)? Zur Beantwortung dieser Frage soll die Zuverlässigkeit der in S abgeleiteten Folgerungen (hier: von $\tau(B)$) empirisch durch Fallstudien untersucht werden, und zwar jener << zweiten >> Art, die S und nicht die logischen Regeln selbst betreffen.

Nochmals: Welche statistischen Prinzipien sollen bei dieser
Analyse unserer << Erfahrung >> mit S benutzt werden? Wenn
solche Prinzipien nicht explizit formuliert werden, besteht
prima facie der Verdacht, daß die Rechtfertigung dieser Prinzipien genau dieselbe Art abstrakter Überlegungen erfordert,
die von der Doktrin zurückgewiesen werden. Wie dem auch sei,
es werden solche statistische Studien einfach nicht gemacht;
daher haben wir nicht einmal eine ungefähre Vorstellung davon, was in dieser << empirischen >> Auswahl der gewöhnlichen
Schlußregeln involviert ist (vgl. die Bemerkung in [KK]
auf p.233).

Diese Schwierigkeiten sind wirklich, wie ein Franzose sagen
würde, *satisfaisant pour l'esprit* : Warum sollte man die Details
eines Systems der Prädikatenlogik überhaupt ernst nehmen,
wenn man seine Interpretation zurückweist? Oder genauer gesagt, wenn man es dennoch täte, würde man die Details nicht
von einem ganz anderen Gesichtspunkt aus betrachten? — Z.B.
9ua   Approximation an das *wirkliche* Denken der Mathematiker.
Man würde nicht einfach *annehmen*, daß die beste Approximation
gerade durch ein System geliefert wird, das für einen illegi-
timen Begriff vollständig ist!

Bis zu einem gewissen Grade handelt die *formalistische Doktrin*
in Übereinstimmung mit der obigen Kritik; sie betrachtet
Fragen der Repräsentation als nicht-mathematisch; sie schlägt
vor, Aussagen, Beweise usw. durch entsprechende formale Objekte zu *ersetzen* und betrachtet nur Behauptungen der folgenden Form als mathematisch:

Eine bestimmte formale Regel, angewendet auf ein gewisses
formales Objekt, führt zu diesem oder jenem Ergebnis; z.B.
eine vorgelegte Folge von Formeln ist eine Ableitung gemäß
bestimmter formaler Regeln.

Aber wir haben gerade gesehen, daß dieser Vorschlag *leeres
Gerede* ist. Wer soll schon jene hypothetische << nichtmathematische >> Arbeit zur Auswahl der formalen Regeln
machen? — außer den Mathematikern, die ihre gewöhnliche Ma-

thematik betreiben, oder den Leuten, die mit dem Begriff der
Gültigkeit arbeiten? Was die << Ersetzung >> abstrakter Begriffe anbetrifft, was soll sie leisten? Das *einzig* klare
Kriterium, das in die Untersuchungen tatsächlich eingreift,
ist die Repräsentation des abstrakten Folgerungsbegriffs
selbst.

Diesen unausgegorenen Standpunkt, diesen *naiven* Formalismus
kritisierte schon Frege. Die gleiche Kritik trifft auf den
gleichermaßen naiven *Neo*-Formalismus in Bourbakis Werk zu
(weniger jedoch auf den interessanten Artikel [B]). Diese
<< Auferstehung >> ist ziemlich leicht zu verstehen.

Hilbert, der sich der Schwächen des *naiven* Formalismus bewußt war, formulierte eine wissenschaftliche und kohärente
Modifikation; er stellte eine *Vermutung* oder ein Programm auf,
wodurch die *Autonomie* eines echten Teils der Mathematik gerechtfertigt werden sollte; eines Teils der Mathematik, der
im Gegensatz zum naiven Formalismus nicht nur Rechnungen enthält, sondern auch *Allsätze*.

Mehr als 5o Jahre nach Freges Kritik bewies Gödel sein Unvollständigkeitstheorem, das Hilberts Programm theoretisch
unplausibel machte. Praktisch wurde es aufgegeben. Das Programm, das die Formalisierung betonte, war natürlich sehr
bekannt; Freges Kritik jedoch nicht. Und wie die Menschen
eben sind, haben sie aus Hilberts Version gerade die Thesen
des naiven Formalismus zurückbehalten.

13. *Das Hilbertsche Programm : Ein wissenschaftliches Unternehmen*

(Für eine detaillierte Beschreibung siehe z.B. [KK], pp.255-
258, oder [K2], pp. 233-237.) Anstatt gedankenlos vom
<< Vertrauen >> zu formalen Systemen zu reden, das durch
(nie gemachte) Fallstudien gestützt werden sollte, wandte
sich Hilbert der Frage zu:

Was ist die elementarste Art der Evidenz um zu zeigen, daß die in den üblichen Gebieten der Mathematik hergeleiteten Folgerungen richtig sind?

Offensichtlich muß diese Frage ein wenig analysiert werden. Um kohärent zu sein (im krassen Gegensatz zum naiven Formalismus, der die Prädikatenlogik verwendet und ihre Interpretation verwirft [8]), betrachtet Hilbert nur diejenigen *Folgerungen*, die (formale Übersetzungen von) *Aussagen* sind, *die mit elementaren Begriffen formuliert sind*; in der Terminologie von § 12 bedeutet das: Die Folgerungen werden durch Formeln $\tau(A)$ ausgedrückt, wobei A eine jener elementaren Aussagen ist. Für solche Aussagen A und ein gegebenes System S wollte er zeigen:

(∗) Wenn D eine beliebige Ableitung der Formel $\tau(A)$ ist, dann gilt A.

Man bemerke, daß die Formalisierbarkeit eines nicht-formalen Zweiges hier eine absolut wesentliche Rolle spielt, nämlich dadurch, daß *sie eine Formulierung von* (∗) *mit elementaren Begriffen ermöglicht*. Für formale Systeme ist es wesentlich, daß die Relation

D *ist eine formale Ableitung von* $\tau(A)$

ganz elementar ist. Im Rückblick ist es *zweifellos diese fundamentale Rolle formaler Systeme, die den Ausdruck « Hilberts formalistische Philosophie » rechtfertigt*. Es ist nicht der strenge Formalismus aus § 12, da (∗) eine *Allaussage* für *beliebige D* ist; für einen Beweis von (∗) muß man unbedingt Begriffe, nicht nur formale Regeln verstehen.

Offensichtlich wäre es nutzlos nur zu fordern, daß die Aussage (∗) ihrerseits formal repräsentiert und in irgendeinem anderen formalen System S_1 abgeleitet wird; denn dann wäre zu zeigen, daß die Folgerungen aus S_1 richtig sind; usw.

Man bemerke, daß Hilberts Programm tatsächlich *ein* wenn auch nur partielles Prinzip zur *Auswahl* von Axiomen in sich schließt; man wählte Axiome, für die (∗) mit elementaren Mitteln bewiesen werden kann. (Für den Zusammenhang mit Hilberts besser bekanntem *Problem der Widerspruchsfreiheit*, siehe [KK], p. 253.)

---

[8] Es scheint nicht allgemein bekannt zu sein, daß der Begriff der Vollständigkeit innerhalb des Hilbertschen Rahmens nicht eindeutig ist; vgl. [K2], p. 255.

Präzisierungen. Zunächst schien es, als ob das Programm keine *wesentlichen* Präzisierungen erfordern würde. Hilbert erwartete, grob gesprochen, es würde nur ganz *evident* elementare Prinzipien brauchen. Einerseits würden solche Prinzipien in allen Teilen der Höheren Mathematik vorkommen, und daher die intendierte Übersetzung τ genügend eindeutig bestimmen, die ja in die Formulierung von (*) eingeht; kurz, die präzise Form von (*) sollte keine *technischen* Schwierigkeiten bereiten. Darüber hinaus würden die Prinzipien *philosophisch* dadurch ausgezeichnet sein, daß ohne sie (zu verstehen) überhaupt keine Wissenschaft betrieben werden kann. Um es präziser zu sagen: Zweideutigkeiten würden sicherlich vermieden, wenn man mit Hilfe bestimmter vertrauter elementarer Methoden (z.B. jenen, die in der Primitiv Rekursiven Arithmetik formuliert sind; [HB], Bd 1, § 7) alle Aussagen der Form (*) *formal entscheiden* könnte; d.h. wenn man sie (mit den einschlägigen Methoden) entweder beweisen oder widerlegen könnte.

Diese letzte Annahme wird durch das Gödelsche Unvollständigkeitstheorem widerlegt: nicht-elementare Methoden gestatten den Beweis von Aussagen, die zwar mit elementaren Begriffen formulierbar, aber nicht mit elementaren Methoden beweisbar sind, insbesondere nicht mit denen der Primitiv Rekursiven Arithmetik.

14. *Jenseits des Hilbertschen Programms: Neue Probleme.*
Eines darf man nicht vergessen: das Hilbertsche Programm war (im Gegensatz zum naiven Formalismus) kein leerer Wahn: es hat zu präzisem Fortschritt geführt. Es (oder, besser, die hinter ihn stehende Annahme; vgl. das Ende von § 13) wurde durch ein glänzendes Theorem widerlegt, nicht durch die Art scherzhafter Bemerkungen, die der naive Formalismus herausfordert. *Einige* der Anwendungen, die Hilbert für sein Programm im Auge hatte, waren natürlich nicht durchdacht; z.B. hätte selbst sein Erfolg (wegen § 10) nicht zu der von Hilbert erwünschten endgültigen Lösung aller Grund-

lagenfragen der Mathematik geführt. Aber demgegenüber kann
das Hilbertsche Programm für *einige* Gebiete der inhaltlichen
Mathematik, in der abstrakte Objekte betrachtet werden,
mit schlagendem Erfolg durchgeführt werden, ([KK] , p.260
und für eine technische Darstellung [K3]).

Bedenkt man all dies, so ist es ganz natürlich, noch einmal
die Begriffe zu untersuchen, die Hilbert zur Formulierung
seines Programms benutzte; besonders den der *elementaren
Methoden*. Was sind sie? Gewiß hatte Hilbert etwas damit im
Sinn: aber war seine Analyse (insbesondere sein Beharren auf
Endlichkeit und *konkreter Anschauung*) seinem eigenen Gedanken
treu? Schließlich sind doch bekanntlich (worauf Hilbert
auch selbst hingewiesen hat), gewöhnliche Rechnungen mit
großen endlichen Zahlen höchst unverläßlich. Und selbst
wenn seine Analyse subjektiv richtig war, was ist die objektive Bedeutung der Methoden, die er im Sinn hatte?

Diese Fragen wären nicht so beunruhigend, wenn das Programm
für die gesamte Mathematik durchgeführt worden wäre, wie
Hilbert es ja beabsichtigt hatte. Aber das Wesen des Problems ändert sich, wenn wir einen Schritt weitergehen:
nämlich untersuchen, *welche* Methoden benötigt werden, um das
Hilbertsche Programm für verschiedene Teile (Formalisierungen)
der Mathematik durchzuführen.

Jetzt ist neben der Auswahl der formalen Regeln die *Wahl der
Methoden*, die für einen Beweis von (∗) in § 13 gebraucht
werden, von zentraler Bedeutung. In der Literatur über
Grundlagentheorien gibt es sicherlich keinen Mangel an
Vorschlägen für solch eine Wahl bevorzugter Methoden; die
von Brouwer eingeführten, intuitionistischen Methoden sind
vielleicht am besten bekannt. Natürlich hat man eine alt-
bekannte Methode, Fragen auszuweichen, die Zweck und Bedeutung dieser Methoden betreffen. Man redet sich ein, sie
seien die *einzig* sinnvollen, gültigen Methoden. Nahezu alles,
was in Teil I über die formalistische Doktrin gesagt wurde,
trifft auch hier zu; und es besteht auch hier ein Konflikt

mit der Erfahrung. Um eine gute Antwort zu finden (und ich
glaube, es gibt eine), muß man eben etwas schärfer nachdenken.

15. *Das Verwischen von Unterscheidungen.*

Der ganze § 14 hängt von *Unterscheidungen* zwischen verschiedenen Methoden oder, gleichbedeutend, Arten von Evidenz und
ihrer Bedeutung ab. *Innerhalb* der Mathematik haben die letzten
100 Jahre gezeigt, daß sich das übliche axiomatische Vorgehen
gut eignet für die Analyse von Unterschieden zwischen *Methoden* (in erster Linie - nicht unterschieden in den Sätzen, die
bewiesen wurden; z.B. wurde zwischen algebraischen und analytischen Beweisen scharf unterschieden, als die Analysis
wegen der Verwendung unendlich kleiner Größen zweifelhaft
war.) Die axiomatische Analyse zeigt, daß *ein* wichtiger
Aspekt jener Unterschiede durch die *Allgemeinheit der Ergebnisse*
ausgedrückt wird: die letzteren können auf *interessante* mathematische Objekte angewendet werden, für die die Methoden nicht
intendiert waren. Kurzum, die Unterscheidungen haben offensichtliche Bedeutung für die *mathematische Praxis.*

Es ist keineswegs evident, daß die in § 14 gebrauchten Unterscheidungen mathematisches Interesse haben. Wenn sie es
hätten, wäre dies eine « Zugabe » . Denn was uns in § 14
beschäftigte,war ihr *logisches* oder *grundlagentheoretisches*
Interesse, womöglich der Nutzen der Mathematik *in* der
Erkenntnistheorie, nicht umgekehrt. Die Problematik, die beim
jetzigen Stand der Dinge Fortschritte verspricht, betrifft
das philosophische Interesse jener Unterscheidungen.

Unterscheidungen zu verwischen, ist wohl sehr beliebt; z. B.
wurde ein früherer Erzbischof von Canterbury kritisiert, als er
darauf hinwies, daß ein allwissender Gott nicht unbedingt
blind sein müsse, wenn er auch eventuell anders als wir über
das fühle, was er sehe. (Wir sind gleich in der Liebe Gottes,
nicht in seinem Angesicht.) Außerdem ist es schwieriger,

Unterschiede zu formulieren, als sie zu verwischen: jemand
sagte einmal, wenn man zwei ganz beliebige Objekte aus
hinreichend großer Entfernung anschaut, dann sehen sie
schon gleich aus. Aber selbst wenn man all dies zugibt und
dazu noch die Gültigkeit und Relevanz der speziellen Unterscheidungen aus § 14 anerkennt, so fragt man sich doch: gibt
es einen vernünftigen Grund hinter der Tendenz, *diese* Unterscheidungen zu verwischen?

Von dem hier entwickelten Standpunkt aus ist die Antwort
einfach: Ja! Die bekannte, aber falsche Behauptung, daß die
Unterscheidungen (auch, oder hauptsächlich) den *Zuverlässig-
keitsgrad* des Wissens betreffen, soll berichtigt werden.
Aber dazu braucht man die Unterscheidungen selbst gar nicht
zu verwerfen; nur muß man darauf gefaßt sein, daß eine erfolgreiche Analyse *subtilere* Eigenschaften verwendet als grobe
Zuverlässigkeit.[9]

---

9) Die Situation erinnert vielleicht an die Zeit, als materielle Objekte
für wirklicher als Licht gehalten wurden (wobei « Wirklichkeit » in
der Metaphysik der « Zuverlässigkeit » in der Erkenntnistheorie, also
hier, entspricht); obwohl diese Analyse des Unterschieds von Materie
und Licht mit Bezug auf deren Wirklichkeit oder Existenz falsch ist -
ist der Unterschied selbst sicher wichtig. Um hier etwas Konkretes
vor Augen zu haben, könnte sich der Leser hier im einzelnen überlegen,
welche Schwierigkeiten einer wissenschaftlichen Untersuchung jenes
Unterschieds in einem frühen Stadium der Entwicklung im Wege lagen.
Die Schwierigkeit bestand keineswegs darin, obwohl das oft behauptet
wird, mögliche Tests zu finden; vielmehr darin, daß man im voraus
wußte, daß sie mit den damals vorhandenen Mitteln negativ ausfallen
würden! Offensichtlich trifft unser Beispiel noch mehr Fragen, die
die Existenz von uns unabhängiger mathematischer Objekte betreffen,
aber wegen § 3 hier nicht weiter diskutiert werden. (Das Wort « Objekt »
soll Objektivität andeuten und natürlich nicht, daß Begriffe materielle
Substanzen seien!)

III. *Beispiele und ihre Implikationen*
In diesem Teil sollen einige Entdeckungen zusammengestellt
werden, auf die, explizit oder implizit, in den beiden ersten
Teilen des Artikels bezug genommen wurde. Wie in Teil II
wird das *Inhaltliche detaillierter* dargestellt als dies (insbesondere bei Mathematikern) üblich ist. Aber sowohl der üblichen Praxis zu folgen, als auch von ihr abzuweichen, kann
Sinn und Verstand haben.
Gewöhnlich geht man von der Überzeugung aus, so etwas wie
informale Strenge gäbe es gar nicht oder es bestände überhaupt *keine Aussicht für eine kohärente allgemeine Einstellung* zu
diesen Fragen. (Ich meine hier keineswegs unbewußte Haltungen! Sowohl A.Robinson [R] als auch P.I.Cohen [C] haben
kürzlich betont, daß ihre jeweilige Einstellung inkonsistent
sei; was sie nicht abhielt, ihre Meinungen ausführlich vorzutragen.) Bei solchen Überzeugungen wäre es offensichtlich
verfehlt, nicht-formale Argumente ähnlich detailliert wie
formale zu führen. Hier darf man aber nicht vergessen, daß
jeder von uns *entdecken* mußte, daß es so etwas wie ein praktisch vollständiges formales Argument gibt! Obwohl eine
<< Beweisskizze >> durch präzise Definitionen und Unterscheidungen ergänzt werden muß, wird - und *das ist eine Sache der
Erfahrung* - ein Punkt erreicht, an dem ein Beweis klar ist.
(Wie in § 7 wird dies nicht durch die Existenz von Versehen
in Frage gestellt und noch weniger dadurch, daß wir manchmal
das Problem *ändern*, wie man sagt, << das >> Theorem mit schwächeren Annahmen beweisen.) *Einige* von uns stellen fest - und
das ist wiederum eine Sache der Erfahrung - daß andere, nicht
unbedingt wir selbst, einem Argument *die* Form geben können,
die << klassisch >> endgültig ist. Die Situation in bezug auf
informale Strenge ist ähnlich und erklärt die Abweichung von
der üblichen Praxis: *Einige* von uns finden - und auch das ist
eine Sache der Erfahrung - daß wir tatsächlich zu einer undoktrinären[10] Einstellung gelangen, die sowohl verhältnismäßig allgemein *als auch* (im Detail) kohärent ist.

---

10) Die - in der Mathematik oft abrupte - Einführung von Definitionen bei
der Formulierung einer These oder Theorie erscheint dem Laien manchmal
doktrinär; aber sie ist nur dann doktrinär, wenn die Terminologie
<<(ideologisch) belastet>> ist; vgl. [K3], p.360.

16. Angebliche Irrtümer in unseren intuitiven Eindrücken.

Wie schon in § 6 erwähnt, beruht ein Argument für die formalistische Doktrin auf der angeblichen Unzuverlässigkeit unserer intuitiven Überzeugungen in der Vergangenheit. Ich betrachte hier drei der am häufigsten zitierten Beispiele. (Um Mißverständnisse zu vermeiden, betone ich, daß jeder dieser Fälle schwierige und interessante Fragen aufwirft ; aber, so scheint mir, es ist ein Fehler , das Interesse an ihnen in irgendwelchen falschen intuitiven Eindrücken zu suchen.)

(a) Mengentheoretische Paradoxien.

Sie weisen auch nicht auf die geringste Spur von Unzuverlässigkeit intuitiver Überzeugungen hin, zumindest nicht der Überzeugungen von Cantors Zeitgenossen (die seinen Ideen mißtrauten). Wir können nicht gleichzeitig die weit verbreitete Ansicht teilen, daß Cantor ein mißverstandener Märtyrer war, und die ebenso weit verbreitete Ansicht, daß die Paradoxien ein erstaunliches Versagen der logischen Intuition zeigen. Wenn überhaupt, so waren Cantors Zeitgenossen übervorsichtig, insofern sie die Beschränkung auf konkretere und konstruktivere Begriffe für notwendig hielten. Für eine Darstellung der (informal) strengen Schritte, die zu einer Analyse des Mengenbegriffs führten, siehe [KK], pp. 210-213. Es ist besonders lehrreich, Zermelos Arbeit von 1908 [Z1] mit der von 1930 [Z2] zu vergleichen, um den Fortschritt in seinem (inhaltlichen) Verständnis der mengentheoretischen Begriffe deutlich zu sehen. Abschweifung über (Tarskis Untersuchung der) Wahrheitsdefinitionen für formale Sprachen L; Tarskis Paradoxie. (Dieser Abschnitt ergänzt die Diskussion in § 11 über den Vorrang des Inhalts gegenüber der syntaktischen Form und die Fußnote zu § 11 über die Einschränkung des Anwendungsbereichs allgemeiner logischer Prädikate.) Im Gegensatz zur traditionellen Situation wird heute eine Wahrheitsdefinition T (für L) gewöhnlich <<syntaktisch>> eingeführt als eine Eigenschaft von Folgen von Symbolen aus L (kurz: L - Folgen). Solange L - zumindest stillschweigend - zusammen mit einer Interpretation gegeben ist, induziert T automatisch eine

Eigenschaft der Aussagen, die durch L-Folgen ausgedrückt
werden. Mittels solcher Interpretationen (und der in ihnen
verwendeten Begriffe, z.B. der mengentheoretischen Begriffe
bei der klassischen, von Tarski untersuchten Interpretation)
kann man Wahrheitsdefinitionen mit all den Eigenschaften
aufstellen, die offensichtlich aus der intendierten Deutung
von T folgen. Diese Eigenschaften wären keineswegs
« offensichtlich », wenn man T wirklich syntaktisch als eine
Eigenschaft von L-Folgen betrachten wollte! Außerdem wäre es
dann natürlich anzunehmen, daß L auch eine L-Folge T' enthält, die die Definition von T repräsentiert. Gerade diese
Annahme führt zu Tarskis Paradoxie (die er selbst, nebenbei
bemerkt, angemessener als Undefinierbarkeitsresultat beschreibt); denn es gibt dann eine L-Folge t, die gemäß der
Interpretation von L, die L-Folge $\neg T'(t)$ definiert; also
erfüllt T' an der Argumentsstelle t nicht die « offensichtliche » Adäquatheitsbedingung. Aber repräsentiert t denn
überhaupt eine Aussage? und wenn ja, welche? Wenn T als
Eigenschaft von Aussagen und nicht von Symbolfolgen aufgefaßt wird, dann muß diese Frage beantwortet werden, bevor
man ernsthaft von einer Paradoxie für unsere intuitiven Überzeugungen sprechen kann. Anders gewendet: man muß sich fragen,
was man mit Wörtern meint; ohne diese alltäglichen Vorsichts-
maßnahmen kann von einer dramatischen « Inkonsistenz » der
Alltagssprache keine Rede sein. Selbst wenn man dies alles
eingesehen hat, so bleibt es doch (um zu wiederholen, was
ich zu Beginn von § 16 gesagt habe) durchaus möglich, daß in
diesem Gebiet noch eine *fundamentale* Entdeckung zu machen ist.
(Wenn zwèi Personen vom gleichen Punkt auf der Erde eine Reise
beginnen, die eine nach Westen, die andere nach Osten geht
und sie sich später treffen, so ist das nicht « paradox » :
aber wenn man noch nicht weiß, daß die Erde rund ist, so
gibt es hier etwas zu entdecken).

Die « fundamentale » Frage, die oben erwähnt wurde, scheint
die Logik partiell definierter Prädikate oder undefinierter
(bedeutungsloser) « Aussagen » zu betreffen. Wie so oft bei
fundamentalen Fragen kann man auch dieser gewöhnlich aus-
weichen, wenn sie das Gebiet, in dem wir uns auskennen, nur

am Rande berührt; z.B. konnte die Typentheorie, in der
Formeln $x \in y$ keinen Sinn haben, wenn die Typen von x und y
nicht kohärent sind, durch die folgende Konvention
leicht modifiziert werden: ordne den als sinnlos zurückgewiesenen *atomaren* Formeln den Wahrheitswert « falsch » zu
und bestimme den Wahrheitswert zusammengesetzter Aussagen in
der üblichen Weise. Aber solche Konventionen und ähnliche
Kunstgriffe sind nutzlos, wenn die problematische Frage zum
Hauptgegenstand der Untersuchung wird. Auf die formalen
« Wahrheits-» definitionen können wir die obige Konvention
offensichtlich nicht übertragen; d.h. $T'(t)$ falsch nennen,
wenn t eine sinnlose Formel bezeichnet, *und* die (klassische)
Äquivalenz $T_0 \longleftrightarrow T'(t_0)$ fordern, wo T_0 die durch t_0
definierte L-Folge ist. (Ohne die willkürliche Konvention ist
$\neg T_0$ offensichtlich sinnlos, wenn T_0 es ist; die Äquivalenz
$T_0 \longleftrightarrow T_0$ ist hier wie im gewöhnlichen Leben gar nicht
schockierend). Es ist sicher nicht erstaunlich, daß die Annahme, alle « grammatikalisch korrekt gebildeten » Ausdrücke
bedeuteten etwas, zu Paradoxien führt. Z.B. ist der Ausdruck
« die größte natürliche Zahl » , d.h. « dasjenige n, für das
$\forall m \ (m \leq n)$ gilt » sicherlich grammatikalisch korrekt gebildet; aber er führt zu einer « Paradoxie » da für jedes
$m \neq 0$, $2m > m$ gilt, also $n \neq 0$ nicht gilt; d.h. $n = 0$.
Andererseits gilt aber $n \neq 0$, da $m > 0$ ist, wenn $m = 1$.

Es wird natürlich nicht behauptet, daß wir die Syntax und
Semantik der (deutschen) Alltagssprache theoretisch genauso
gut verstehen, wie den bestimmten Artikel in der formalen
Arithmetik; denn hier haben wir Russells Existenz und Eindeutigkeits*kriterien* und *Prinzipien für ihre* Anwendung; z.B.
wird « dasjenige n, für das $\forall m \ (m \leq n)$ gilt » aus dem
präzisen Grund verworfen, daß $\exists n \forall m \ (m \leq n)$ in bekannter
Weise widerlegt werden kann. (Man sollte nicht vergessen, daß
unser Verstehen des bestimmten Artikels im Deutschen viel
weniger explizit ist; sogar seiner Grammatik, wie man aus
Unterhaltungen mit Franzosen und Russen weiß).

(b) *Das Gödelsche Unvollständigkeitstheorem*
(vgl. [KK], pp. 265-266).

Das Theorem zeigt, daß es kein zur arithmetischen Wahrheit äquivalentes formales Kriterium gibt; sogar dann nicht, wenn man sich auf elementare (d.h. erststufige) Aussagen über die Addition und Multiplikation beschränkt. Die Verwendung des Theorems für eine Kritik der formalistischen Doktrin ist ein glänzendes Beispiel informaler Strenge. Hier sind wiederum zwei bekannte Ansichten nicht miteinander verträglich: die eine besteht darauf, daß das Gödelsche Unvollständigkeitstheorem unseren intuitiven Überzeugungen widerspricht, während die andere darauf besteht, daß die Mechanisierung (schon von Teilen) des mathematischen Denkens eine überraschende Entdeckung war. Trivialerweise wäre die Entdeckung vollständiger formaler Systeme für gewisse elementare Teile der Mathematik (wie die Aussagen-und Prädikatenlogik, oder die elementare euklidische Geometrie) weniger bemerkenswert gewesen, wenn sie nach unseren intuitiven Überzeugungen zu erwarten gewesen *wäre!* Man kann wohl kaum behaupten, daß irgend jemand intuitive Überzeugungen bezüglich der Mechanisierbarkeit *spezifischer* Gebiete des mathematischen Denkens hatte; aber sicher sieht das elementare logische Schließen auf den *ersten Blick* nicht mechanisch aus. Das für unsere intuitiven Eindrücke in diesem Gebiet Überraschendste ist wohl die Entdeckung der Ausdruckskraft der Sprache der Prädikatenlogik (der ersten Stufe): für den Nichtmathematiker wegen ihres kleinen Vokabulars und der präzisen grammatikalischen Regeln; für den praktischen Mathematiker, weil er noch bis vor 20 Jahren nicht glauben konnte, daß wichtige Konzepte ohne den (zweitstufigen) *Teilmengenbegriff* formuliert werden könnten (vgl. den Anfang von Teil II).

(c) *Cantors Entdeckung der Gleichmächtigkeit von Einheitsintervall und Einheitsquadrat.*

Sie wird häufig so dargestellt, als widerlege sie die intuitiv durchaus überzeugende Unterscheidung von verschiedenen

Dimensionen, die erst 30 Jahre später durch Brouwers Beweis der Nichtexistenz einer topologischen Abbildung «*gerettet*» werden sei. Aber wer hat denn je die intuitive Überzeugung gehabt, der Dimensionsbegriff ließe sich mit Hilfe ein-eindeutiger Abbildungen charakterisieren? War es nicht bemerkenswert, daß schon die Einschränkung auf topologische Abbildungen *genügt*? Hier sollte man sich daran erinnern, daß Dedekind in seiner postwendenden Antwort auf Cantors Brief, in dem die Entdeckung mitgeteilt wurde, den unstetigen, d.h. nicht-topologischen Charakter der Cantorschen Abbildung betonte; vgl. p.4 in [M].

Woher kommt denn dieses Bedürfnis nach Sensationen, nach dramatischen Darstellungen? Ich selbst habe den Eindruck, daß es mit dem Grau des akademischen Lebens zusammenhängt. Aber wie dem auch sei, ist es nicht viel befriedigender, daß so viele intuitive Überzeugungen, wie sie im natürlichen Licht der Vernunft erscheinen, einer Analyse standhalten? (Diese Überzeugungen gewinnen wir übrigens häufig durch etwas Nachdenken über relativ allgemeine «*oberflächliche*» Erfahrungen). Natürlich müssen sie präzisiert werden, aber die dazu nötigen Schritte sind oft im wesentlichen *eindeutig* bestimmt. Es ist eine Sache, diese Überzeugungen durch eine (wie Hilbert es nannte) *Tieferlegung der Fundamente* zu analysieren, es ist eine andere, diese Überzeugungen und damit, soweit ich sehen kann, die Möglichkeit der Erkenntnis selbst in Frage zu stellen; vgl. Fußnote zu § 6.

17. *Formale Unabhängigkeitsbeweise*

Einige der zweifellos eindrucksvollsten Konstruktionen der mathematischen Logik werden als *Widerspruchsfreiheits-* oder *Unabhängigkeitsbeweise* formuliert; z.B. Gödels Beweis der Konsistenz der Kontinuumshypothese CH relativ zu den üblichen Zermelo-Fraenkelschen Axiomen ZF der Mengenlehre oder Cohens Beweis der Konsistenz von $\neg CH$ relativ zu ZFC, das ist ZF mit dem Auswahlaxiom. Ohne den geringsten Zweifel zeigen diese Beweise, daß wir CH mit unserer *gegenwärtigen Analyse des Mengen-*

begriffs nicht entscheiden können, jedenfalls nicht, um es präziser auszudrücken, mit der in ZFC explizit formulierten Analyse. Unsere Frage ist: *Was können wir sonst noch daraus folgern?* Entsprechend dem Zweck dieses Artikels wollen wir auch unsere Folgerungen mit denen eines Formalisten *vergleichen*. Um Mißverständnisse zu vermeiden: Unsere Folgerungen *benutzen* natürlich auch mathematische Ergebnisse und zwar ein formales Theorem, das jeder Mathematiker ohne weiteres versteht (und schätzt); zur Frage steht eher das Interesse, das das Theorem für den *konsequenten* Formalisten haben *sollte*. Wir müssen hier auf einen Unterschied gefaßt sein, da ein Konflikt zwischen mathematischer Praxis und formalistischer Doktrin besteht - wie wir ja aus der Einleitung wissen.

Natürlich *nehmen* wir nicht einfach *an*, daß ein mathematischer Beweis von grundlagentheoretischem Nutzen sein muß, weil er eindrucksvoll ist; noch daß sein eventueller grundlagentheoretischer Nutzen von der üblichen Formulierung seines Inhalts abgelesen werden kann, d.h. hier von der Formulierung als formalem Unabhängigkeitsresultat. Sehr oft (obwohl sicher nicht in diesem Fall) kann es schwieriger sein, die angemessene Formulierung als die formale Konstruktion zu finden; jene mag sogar mathematisch nützlicher sein, wenn erst sie uns klar zeigt was weiter zu tun ist. Gerade deshalb muß man es vermeiden, der (wenn auch üblichen) Formulierung des Inhalts eines (offenbar interessanten) Beweises eine unbegründete Bedeutung beizumessen; wenn wir es tun, dann ist es höchstwahrscheinlich, daß wir gar nicht dazu kommen, nach echten grundlagentheoretischen oder mathematischen Anwendungen zu suchen. Jetzt kehren wir zu unserer Aufgabe zurück und fragen einfach:

Hat man gezeigt, daß die Formel A von existierenden formalen Systemen unabhängig ist, welche Gründe gibt es, um zwischen A und ¬A zu wählen? Die wohlbekannte Antwort des doktrinären Formalisten ist: *überhaupt keine* (mathematischen); er redet höchstens noch von *Einfachheit* oder häufiger von *Nützlichkeit* für unsere gewöhnlich nicht spezifizierten Zwecke. Die Schwächen dieser Antworten wurden in der *Bemerkung* aus § 9 und am Ende von § 12 diskutiert. Eigentlich sollte der Formalist konsequent weitergehen. Wäre nämlich formale Konsistenz das Hauptkriterium (oder gar das einzige), *so könnte man wirklich nicht zwischen den gängigen formalen Systemen und denen, die man durch Erweiterung mit A oder ¬A erhält, wählen.* (Jedenfalls nicht mit oberflächlichen Gründen; eine volle Analyse der in § 13 erwähnten statistischen Prinzipien wäre hier möglicherweise relevant).

Unsere Antwort, die schon in § 9 (iii) formuliert wurde, besteht in Folgendem. Wenn möglich, werden wir entscheiden, *ob A wahr oder falsch ist.* Wenn wir das nicht können (wie wir heute auch die Vermutung über Primzahlzwillinge[11] nicht entscheiden können) werden wir zumindest die *Zwecke formulieren, welche die Auswahl bestimmen sollen.* Da wir nicht an die formalistische Doktrin gebunden sind, können *wir* bei dieser Formulierung den *Begriff der Wahrheit verwenden!* Wir erwarten sicherlich *einige* interessante Folgen eines Unabhängigkeitsbeweises; denn schließlich wissen wir über die Kontinuumshypothese *mehr* als über die berühmten ungelösten Probleme der traditionellen Mathematik, von denen wir ja nicht einmal wissen, ob sie formal unentschieden sind.

Als erstes wollen wir zu der merkwürdigerweise vernachlässigten *Rechtfertigung der Konsistenzeigenschaft* eines Systems (als hinreichend, da sie offenbar notwendig ist) zurückgehen, nämlich folgende: *Wenn ein System S für die Arithmetik adäquat ist,* (in dem präzisen Sinn, daß es bezüglich numerischer Aussagen (elementar) beweisbarerweise vollständig ist, [KK],pp.256-258) *und ein* Π_1^0-*Satz*[13] *A mit S konsistent ist, dann ist A wahr.* (Ein typisches Beispiel für solch ein A ist eine authentische « Identität » wie die Fermat'sche Vermutung; die Riemann-Hypothese ist formal *äquivalent* zu solch einem A). Der Grund ist ganz einfach: wenn es ein Gegenbeispiel zu A gäbe, so wäre es - als wahre, rein numerische Behauptung - und daher auch ¬A in

---

11) Es wäre denkbar, daß diese Vermutung und auch ihre Negation etwa mit der üblichen axiomatischen Mengenlehre (wie bei <u>CH</u>) verträglich sind - im Gegensatz zur Fermatschen oder der Riemannschen Vermutung; vgl. weiter im Text die « grundlegende » Eigenschaft der Konsistenzbedingung.

12) Von hier an benutzen wir die übliche Terminologie zur Beschreibung von Formelklassen.

S ableitbar (« Adäquatheits» bedingungen analysieren explizit
die Eigenschaften von S, die für die eben erwähnten Ableitungen
benötigt werden). Offenbar läßt sich i.a. die Beziehung
zwischen Konsistenz und Wahrheit bei Π_1^0-Sätzen nicht auf logisch komplexere Sätze ausdehnen, da es schon Σ_1^0-Sätze gibt.
die ω - inkonsistent (also falsch), aber konsistent sind. Dagegen ist zu erwarten, daß zumindest hier und da ein Wider-
spruchsfreiheits*beweis* eines Systems die Wahrheit auch von
darin ableitbaren Sätzen größere Komplexität sichert.
Deshalb stellen wir für ein System Σ der Mengenlehre und eine
(von Σ) unabhängige Formel A folgende Frage: *Welche Art mengentheoretischer Aussage ist wahr, wenn sie aus der zweifelhaften Aussage A
bzw. aus ¬A in Σ ableitbar ist?* Darauf wird *eine* Antwort durch sogenannte *konservative Erweiterungsresultate* gegeben: Wir suchen eine
Klasse C_A von Aussagen B mit der Eigenschaft, daß falls B von
Σ ∪ {A} ableitbar ist, dann ist B schon von Σ allein ableitbar;
analog für « ¬A » anstelle von « A ». Da wir die Gültigkeit
von Σ eingesehen haben, wissen wir also, daß die Sätze aus C_A
bzw. $C_{\neg A}$, die in Σ ∪ {A} bzw. Σ ∪ {¬A} abgeleitet werden
können, wahr sind - obwohl wir nicht wissen, ob A selbst
wahr oder falsch ist. Kurzum, wir *wissen* wirklich etwas, wenn
ein Satz B aus C_A in Σ ∪ {A} ableitbar ist. Es stellt sich
heraus, daß wir für A=CH und Σ=ZF oder Σ=ZFC bemerkenswert
nützliche Klassen C_A oder $C_{\neg A}$ haben. (Das neueste Resultat [P]
zeigt, daß C_A alle Π_1^2-Formeln enthält; dieses Ergebnis ist
bestmöglich, da CH selbst zu einer Σ_1^2-Formel äquivalent ist;
die Klasse $C_{\neg A}$ ist viel « kleiner » ; sie enthält alle
Π_3^1-Sätze, vgl. die Fußnote auf p.376 in [K3] aber nicht alle
Σ_3^1-Sätze, da ¬CH die (Σ_3^1-) Behauptung impliziert, daß es
nichtkonstruktible reelle Zahlen gibt).[12]

---

13) Diese Schranken für C_A und $C_{\neg A}$ gelten für Σ = ZFC; falls Σ = ZF, so
ist die Erweiterung durch ¬CH noch für Π_3^1-Sätze konservativ (aber nicht
mehr für alle «wesentlich» Π_3^1-Sätze; vgl.[K3],$_1$p.376, Fußnote 35). Die
Erweiterung durch CH führt jedenfalls zu neuen Π_4^1-Theoremen, insbesondere
zum Auswahlaxiom für beliebige Teilmengen des Kontinuums, während es in
ZF selbst nicht einmal für alle Π_2^1-Mengen ableitbar ist.

Es lohnt sich, in Details zu gehen und insbesondere zu fragen:
Welche *zusätzliche* Arbeit erfordert das konservative Erweite-
rungs- gegenüber dem Konsistenzresultat; welche zusätzliche
Analyse des Konsistenz*beweises*? Konkreter, für welche Klassen
C_A sind konservative Erweiterungsergebnisse « im wesentlichen »
trivial, und was bedeutet « im wesentlichen » ?
Wegen der Eigenschaft der *Konsistenz* (und der Adäquatheit von Σ)
für die Arithmetik) ist jede konsistente Erweiterung automatisch
konservativ für rein numerische Sätze B, denn entweder kann B
oder ¬B in Σ abgeleitet werden; nun sei B in Σ ableitbar; wäre
¬B in $\Sigma \cup \{\pm A\}$ ableitbar, so erhielten wir einen Widerspruch
(in $\Sigma \cup \{\pm A\}$).
Für Π_1^0-Aussagen B wie die Fermatsche Vermutung sind konsistente
Erweiterungen nicht automatisch konservativ ([K3],p.363). Aber
mit der obigen « Rechtfertigung » der Konsistenzeigenschaft
erhalten wir: wenn ein reiner Allsatz in $\Sigma \cup \{\pm A\}$ ableitbar ist,
dann ist er schon mit den Methoden des relativen Konsistenzbe-
weises *und* der Annahme der Konsistenz von Σ ableitbar. (Das
beruht auf der Tatsache l.c. , daß ein Π_1^0-Satz, falls er in
einem für die Arithmetik adäquaten System S ableitbar ist,
schon mit elementaren Mitteln aus der Formel Cons S abgeleitet
werden kann. Cons S drückt die Widerspruchsfreiheit von S aus.)
Über Π_1^0-Sätze hinaus gibt uns bloße Konsistenz keine Ergebnisse, nach Gödel gibt es ja (wie oben schon erwähnt wurde)
konsistente, jedoch ω-inkonsistente Aussagen. Um eine konservative Erweiterung für Klassen C_A zu erhalten, wenn C_A
Σ_1^0-Sätze enthält, muß man also den Konsistenzbeweis genau
untersuchen. Tatsächlich bilden die *Klassen* C_A, $C_{\neg A}$, *für die das
konservative Erweiterungsergebnis* aus dem Konsistenzbeweis ent-
nommen werden kann, ein *nützliches Kriterium* zur *Unterscheidung*
verschiedener « Konsistenz-» beweise. (Es besteht kein besonders enger Zusammenhang mit dem elementaren Charakter des
Beweises, wie wir gleich sehen werden).

Wenden wir das Vorgehen des letzten Abschnitts sozusagen in
der entgegengesetzten Richtung an, so finden wir, daß es im
allgemeinen nicht lohnt, sich zu sehr um eine Verbesserung des
« automatischen » Ergebnisses für Π_1^0-Sätze zu mühen. Dieses
automatische Resultat kann als eine Art konservatives Erweite-

rungsresultat formuliert werden:

Ist eine Π_1^0-Formel in $\Sigma \cup \{A\}$ ableitbar, dann ist sie auch in $\Sigma \cup \{\text{Cons } \Sigma\}$ ableitbar, vorausgesetzt, daß der relative Widerspruchsfreiheitsbeweis auch in $\Sigma \cup \{\text{Cons } \Sigma\}$ formuliert werden kann (was gewöhnlich möglich ist, z.B. dann, wenn nur die Existenz eines Modells für Σ angenommen wird).

Lohnt sich die Elimination der zusätzlichen Hypothese Cons Σ? Wir wissen natürlich vom Gödelschen Unvollständigkeitstheorem her, daß die Konsistenz von $\Sigma \cup \{\text{Cons } \Sigma\}$ (in Σ) nicht *formal* aus Cons Σ ableitbar ist. Und es wäre *denkbar*, daß eine delikate statistische Untersuchung von Σ einen bedeutend *größeren* Grad von Evidenz für die Konsistenz von Σ ergäbe als für die von $\Sigma \cup \{\text{Cons } \Sigma\}$. Aber *das ist für unsere tatsächliche Evidenz* (bei der axiomatischen Mengenlehre Σ) *einfach nicht wahr*: die tatsächliche Evidenz (die in [Z2] zusammengestellt ist), rechtfertigt nicht nur Cons Σ, sondern auch Cons ($\Sigma \cup \{\text{Cons } \Sigma\}$). Hier anzunehmen, der Grad der Evidenz sei *wesentlich* mit formaler Unableitbarkeit verbunden, wäre nur noch ein weiteres Beispiel jener Art von *petitio principii*, die in diesem Artikel immer wieder diskutiert wird.

(Zusatz, Oktober 1974)
Die Erfahrung lehrt, daß viele Logiker die Überlegungen des letzten Absatzes geradezu pervers finden. Was kann es denn schaden, so wird eingewendet, wenn man die überflüssige Annahme Cons Σ eliminiert? (Was übrigens mit ein wenig Erfahrung in der Beweistheorie meistens ganz einfach ist, wenn es überhaupt geht). Was sollen denn die ganzen Geschichten von tatsächlicher und möglicher Evidenz? Nun, wenn von Schaden die Rede sein soll, so besteht er natürlich nicht in der Elimination selbst, sondern in der *Kurzsichtigkeit* zu der diese beiträgt, indem sie uns in einem Fall erlaubt, einem *grundlegenden Problem auszuweichen* (nämlich der allgemeinen Frage nach der Evidenz für Konsistenzaussagen) - und dann sind wir fassungslos, wenn wir Aussagen begegnen, für die es keine (formalen) relativen Konsistenzbeweise gibt. Es scheint mir -

in der Grundlagentheorie, wenn nicht in der mathematischen
Praxis - ganz oft nützlich zu sein, sich eine Problematik
in Situationen klarzumachen, in denen man sich schon gut
auskennt, die gar nicht « dringend » ist; wie z.B. hier
die Problematik der Evidenz für Cons Σ und Cons ($\Sigma\upsilon\{$Cons $\Sigma\}$).

In der Logik und im Grenzgebiet von Logik und Algebra (s. den
Überblicksartikel $[$K3$]$) finden wir viele Anwendungen von
konservativen Erweiterungsresultaten. Der erste Beweis der
Entscheidbarkeit formal p-adischer Körper $[$AK$]$ benutzte
z.B. CH (wobei zu bemerken ist, daß Entscheidbarkeit eine
Π_2^o-, aber keine Π_1^o-Aussage ist; folglich hätte hier bloße
Konsistenz der CH nicht genügt, um die tatsächliche Entscheid-
barkeit zu sichern). In den traditionellen Gebieten der
Mathematik gibt es, soweit ich weiß, keine bemerkenswerten
Anwendungen solcher Resultate. Diese Tatsache bedeutet aber
vielleicht nicht viel, da die Experten in diesen Gebieten,
die die Urteilskraft besitzen, um wirklich bemerkenswerte
Probleme auszuwählen, sich wiederum bei den konservativen
Erweiterungsresultaten nicht auskennen.

Tatsächlich kennen sie gewöhnlich nicht einmal die Sprache,
in der diese Resultate formuliert sind! d.h. in der die
Klassen C_A beschrieben werden.

Zum Abschluß ist noch zu bemerken, daß die Nützlichkeit der
konservativen Erweiterungsresultate selbst ein amüsantes
Problem für eine logische Analyse darstellt. Ihrer ganzen
Natur nach sind sie natürlich in folgendem Sinne nicht *notwendig*: nach Definition gibt es eine Ableitung von B schon
in Σ, falls B in C_A liegt und aus A (in Σ) ableitbar ist;
folglich « könnte » jene Ableitung ohne das meta-mathema-
tische Resultat gefunden werden. Häufig « sieht » man jedoch, daß die Ableitung von B in $\Sigma\upsilon\{A\}$ einfacher ist als
in Σ (die die Elimination liefert). Nur gelegentlich kann
man das konservative Erweiterungsresultat mit bekannten präzisen Begriffen analysieren, z.B. mit dem der Länge, indem
man die kürzeste Ableitung von B in Σ mit einer in $\Sigma\upsilon\{A\}$ gegebenen vergleicht. Es sind keine endgültigen quantitativen

Ergebnisse bekannt; besonders deshalb nicht, weil wir hauptsächlich an der Frage interessiert sind, ob Ableitungen in $\Sigma \cup \{A\}$ leichter zu finden sind und keineswegs annehmen können, daß kurze Ableitungen einfach zu finden sind - etwa deshalb, weil wirklich lange Ableitungen es sicher nicht sind! (Vgl. aber das PS).

18. *Konstruktives Schließen:* eine Ergänzung zu § 14.

Dieser Paragraph liefert ein Beispiel einer inhaltlichen Analyse von etwas anderem Charakter als die früheren Beispiele, die praktisch sofort überzeugend waren; und zwar sowohl die expliziten Beispiele in § 12 und § 16 als auch jene, die implizit in den Fußnoten zu § 3 und § 11 enthalten sind - nämlich Turings Analyse des *mechanischen Verfahrens* und Riemanns Analyse der *Fläche* (mit den von Hausdorff entdeckten Grenzen). Hier (noch mehr als in § 17) wird aus einer völlig undurchsichtigen Situation eine überzeugende Folgerung sozusagen *herausgequetscht!* Es handelt sich um folgendes:

Wir wollen die logischen Gesetze des *konstruktiven* Schließens finden, d.h. in den Begriffen von § 12 eine *Semi-Repräsentation* der konstruktiven Folgerungsrelation. Ein natürlicher Kandidat für solch eine Repräsentation ist die Ableitbarkeit (aus Axiomen) in Heytings System der intuitionistischen Logik, das z.B. in $[\,KL\,]$ beschrieben wird.

Eine präzise Beschreibung des konstruktiven Denkens ist wesentlich für das in § 14 diskutierte Hilbertsche Programm, insbesondere für « negative » Resultate, die zeigen, daß gewisse Gebiete des nicht-konstruktiven Denkens nicht (im Hilbertschen Sinne) auf konstruktive Prinzipien reduzierbar sind.

Vor allem darf man nicht vergessen, daß die ganze Idee des konstruktiven Denkens gar nicht klar ist, und zwar weder allgemein begrifflich noch im einzelnen. Die doktrinäre Kritik Brouwers und anderer an den üblichen mathematischen Begriffen

(denen diese Kritik « sinnlose » metaphysische Annahmen
über eine externe mathematische Wirklichkeit unterschiebt)
lenkt, bewußt oder unbewußt die Aufmerksamkeit von der
Problematik ab, die durch die Grundbegriffe der konstruktiven
Mathematik *aufgeworfen* wird.

In der konstruktiven Mathematik werden in Aussagen Eigenschaften von *Beweisen* behauptet, d.h. von geistigen Akten
(vgl. § 11). Aber wir haben sicherlich keine gute Antwort
auf die Frage: Was für Strukturen sind Beweise? Ganz bestimmt haben wir keine so gute Antwort wie die von Zermelo
[Z2] auf die Frage: Was sind Mengen? (Mengen sind Objekte,
die man von einem Bereich von Individuen oder noch konkreter,
von der leeren Menge ausgehend durch Iteration der Potenzmengenoperation erhält).

Als Beispiel eines ganz spezifischen, sozusagen beinahe
« technischen » Mangels sei erwähnt, daß wir nicht einmal
eine Analyse des Begriffs der *aussagenlogischen Operation* haben, im Gegensatz zur mengentheoretischen Mathematik, wo
eine aussagenlogische Operation eine *Wahrheitsfunktion* ist.
Hier haben wir wegen der (funktionalen) Vollständigkeit
(z.B. [KK], p. 9, Aufgabe 1) einen guten Grund, uns auf
die üblichen Operationen *Negation*, *Konjunktion* (eventuell)
Disjunktion und *Implikation* zu beschränken; im konstruktiven
Fall haben wir keinen.

Trotz unserer Ratlosigkeit gegenüber diesen fundamentalen
Fragen sind wir doch fähig, und das ist eine Tatsache der
Erfahrung, die Gültigkeit der Heytingschen Gesetze einzusehen; dazu braucht man eben nur außerordentlich einfache
(oberflächliche) Eigenschaften des Begriffs des konstruktiven Schließens. Es ist deshalb umso bemerkenswerter, daß
wir *für nichttriviale Teile* der konstruktiven Logik zeigen
können, daß *keine neuen konstruktiv gültigen Prinzipien zu den
existierenden formalen Systemen hinzugefügt werden können*; vgl. Remark
3.1., Theorem 4 und 5 in [K1]; « neu » in dem Sinne,
daß sie nicht nach den Heytingschen Gesetzen ableitbar sind.
Die dabei wesentlichen mathematischen Konstruktionen sind

bekannt, u.a. der in § 12 erwähnte Gödelsche Beweis des gewöhnlichen Vollständigkeitssatzes. Die neuen Tricks, die benötigt werden, um daraus ein zwingendes Resultat auch für die konstruktive Logik « herauszuquetschen », benutzen (i) eine « beweistheoretische » Verschärfung des Gödelschen Beweises in [HB], Bd. 2 (vgl. Remark 4.3 auf p. 323 in [K1]) und (ii) wesentlich die Idee hinter dem Scherz gegen Scholz in § 8 (vgl. p. 319 oben in [K1]).

19. *Der gegenwärtige Stand der Grundlagenforschung: Eine Bilanz*

Zweifellos zeigen die obigen Beispiele, daß eine Anzahl von Fragen, die von der formalistischen Doktrin zurückgewiesen werden, überzeugende und zwar *mathematische* Antworten haben. In einem losen Sinne sind diese Antworten « grundlagentheoretisch », weil Fragen über Logik traditionellerweise als grundlagentheoretisch betrachtet werden. Aber ohne auch nur für einen Augenblick das Interesse dieser Fragen zu leugnen, so ist hier doch zu bedenken, *inwieweit diese Antworten zur Grundlagenforschung im eigentlichen Sinne des Wortes beitragen.* Das soll heißen, inwieweit sie für die Frage (aus § 3): « Was ist Mathematik? » relevant sind.

Nun müßten wir für eine wirklich überzeugende Antwort natürlich schon wissen, was Mathematik ist. Zur Orientierung wollen wir eine Frage betrachten, wie sie etwa zur Zeit der Griechen aufgefaßt wurde: « Was ist (der Baustoff der) Materie? » (Insofern es sich hier um Forschungsmethoden handelt, scheint der Vergleich auch dann angemessen zu sein, wenn man den Unterschied zwischen mathematischen und physikalischen Objekten voll und ganz anerkennt). Eine lange Entwicklung ging unserer heutigen « atomaren » Antwort auf diese Frage voraus: Materie wurde in verschiedenen Weisen klassifiziert; physikalisch in feste, flüssige, gasförmige Materie; chemisch in verschiedene Substanzen; und Gesetze wurden mit Hilfe dieser Klassifikation formuliert, die - nebenbei bemerkt - oft mindestens ebensoviele « Grenz »fälle

aufwiesen wie unsere traditionellen Unterscheidungen zwischen
Arten mathematischen Wissens. Es wurden die Gesetze der Statik und Hydrostatik, der Punkt- und Kontinuumsmechanik und
der Optik entdeckt, und so fort. Aber obwohl diese Beiträge
von permanentem wissenschaftlichen Wert sind, sind sie - als
Schritte *zur* heutigen Atomtheorie - ganz offensichtlich in
ihrer Art verschieden von solchen Beiträgen wie der molekularen Gastheorie oder der Entdeckung des Elektrons, Rutherfords Atommodell oder, ganz einfach, der « groben » Atomtheorie. Newtons wohlbekannte Bemerkung, daß er sich wie
ein kleiner Junge fühlte, der am Strand mit Kieseln spielt -
klingt merkwürdig bescheiden, wenn man an sein Selbstbild
denkt, das unverblümte Biographien vermitteln. Aber mit
der oben gemachten Unterscheidung ist die Bemerkung ganz
natürlich. Wir wissen sehr wohl, daß Newton an den « fundamentalen » Fragen interessiert war: « Was ist Materie? »
oder « Was ist Licht? »; er gab sogar sehr allgemeine
Räsonnements für den Atomismus (siehe z.B. einen Anhang von
[O]) und schlug eine *Korpuskulartheorie* des Lichts vor. All
das ändert nicht das hier fundamentale Faktum, daß *nichts,
was zu seiner Zeit bekannt war (seine eigenen Beiträge eingeschlossen)
einer Antwort auf diese Fragen auch nur nahe kam.*

Ich glaube, daß praktische Fazit ist ganz klar. Einerseits
kann man mit Recht sagen, daß die Frage: « Was ist (der
Baustoff der) Materie? » immer schon vollkommen vernünftig
war (und wahrscheinlich konnte man auch jederzeit mit Witz
und literarischer Begabung etwas Interessantes zu diesen
Fragen sagen). Andererseits kann man mit gleichem Recht sagen, daß keine Aussicht auf *wesentliche Antworten* bestand, bevor man nicht einen gewissen Corpus spezialisierten Wissens
gewonnen hatte - z.T. natürlich bei Untersuchungen zu
falschen Antworten.

Nach dieser Orientierung an Beiträgen zur Entwicklung der
Atomtheorie wollen wir jetzt zu unserer Frage: « *Was ist
Mathematik?* » zurückkommen und Arbeiten darüber mit jenen
Beiträgen vergleichen. Sicher gibt es *einige* solcher Arbei-

ten und (entsprechende) Antworten auf unsere Frage, die
zumindest den Anschein erwecken, einen wesentlichen Beitrag
zu liefern, also als Antwort (oder Grundlagen*theorie*) in Betracht kommen; z.B. die wohlbekannte Antwort, daß die
Mathematik Mengenlehre ist (vgl. auch die weiteren Ausführungen in [K2], p. 214 oben). Natürlich heißt das noch
lange nicht, daß deshalb die Antwort oder « Theorie »
richtig ist: es gibt ja wahre und falsche Theorien! Außerdem muß man beachten, daß Grundlagentheorien - im Gegensatz zu den « fundamentalen » physikalischen Theorien -
eher normativ benutzt als überprüft werden. Es kommt nicht
einmal zu jener « indirekten » Kontrolle, die in manchen
Gebieten der Wissenschaft durch « dringende » Probleme
(die die Theorie lösen soll) ausgeübt wird. So etwas gibt
es gar nicht in der höheren Mathematik, wie schon am Ende
von § 9 erwähnt wurde. Mathematiker *verwenden* Begriffe (wie
den Mengenbegriff) über die sie nachgedacht haben und im
praktischen Sinne des Wortes gut handhaben. Sie versuchen
gar nicht, sie auf ihre Adäquatheit hin zu *testen*. So besteht also *prima facie* der Verdacht, daß selbst eine ganz
inadäquate Grundlagentheorie in der Mathematik überleben
würde; länger jedenfalls (wenn es hier ein vernünftiges
Vergleichsmaß gibt) als eine « gleichermaßen » inadäquate
Fundamentaltheorie in der Physik, da schließlich mehr Leute mit physikalischen als mit mathematischen Objekten zu
tun haben.

Es scheint mir ganz gut möglich zu sein, daß der gegenwärtige Stand der Mathematischen Logik dem oben beschriebenen
« klassifikatorischen » Stadium der Physik entspricht.
Einige unserer Klassifikationen, obwohl ohne Zweifel gültig,
mögen sich als unwesentlich herausstellen; etwa so wie die
Einteilung von Dingen nach Farbe und Form, die uns in der
Umwelt ganz besonders auffallen, physikalisch gar nicht
entscheidend ist.

Die Mathematische Logik wird nicht nur für die *Lösung* von
Problemen über diese Klassifikationen benötigt, z.B. des
konstruktiven Denkens, sondern schon zur (präzisen) *Formu-*

lierung dieser Klassifikationen. Vielleicht erklärt dies
die scheinbar paradoxe (und enttäuschende) Tatsache, daß
die im natürlichen Licht der Vernunft grundlagentheoretisch
besonders wichtig erscheinenden Beiträge der Logik so häufig
unmittelbare Korollare von Definitionen sind und nicht die
mathematisch anziehendsten Beweise.

Um zum Abschluß ein überzeugendes Beispiel des rudimentären
Zustandes unseres heutigen Wissens zu geben, sei an die oft
gestellte Frage erinnert: « Inwiefern ist die Arbeit von
Logikern mathematisch? » Gewöhnlich werden Philosophen
und vor allem die species vulgaris der Evergreen-Mathematiker behaupten, daß die hübscheren Ergebnisse und Beweise
zu « ihrem » jeweiligen Gebiet gehören (was vielleicht
an die Kontroverse im 18. Jahrhundert über die Grenzen
zwischen Physik und Chemie erinnert; auf die ich schon einmal in [K2] auf p. 207 oben hinwies. Zumindest *prima
facie* würde man erwarten, daß keine sinnvolle Diskussion die-
dieses Problemkreises ohne eine Antwort auf die Frage:
« Was ist Mathematik? » auskommen wird. Was man heute zu
diesen Dingen vernünftigerweise sagen kann, ist wohl nur
folgendes: Einerseits gibt es in der Logik viele hübsche
Sachen, bei denen man richtige Mathematik benutzt (obwohl
z.B. die erwähnte hochinteressante Arbeit [Z2] sehr wenig
davon enthält); andererseits aber werden *außerdem* noch inhaltliche Überlegungen einer Art benutzt, die zumindest
oberflächlich betrachtet, völlig anders aussehen als jene,
an die man von der Mathematik her gewöhnt ist.

LITERATUR

[AK]   J. Ax und S. Kochen, Diophantine problems over local fields, Amer. J. Math. 87 (1965), 605 - 648.

[B]   N. Bourbaki, L' architecture des mathématiques, pp. 35 - 47, in: Les grands courants de la pensée mathématique, éd. Le Lionnais, Cahiers du Sud, Paris 1948.

[C]   P.J. Cohen, Comments on the foundations of set theory, Proc. of Symposia in Pure Mathematics (Vol. XIII, Part I) of the AMS, 1971, pp. 9 - 16.

[F]   G. Frege, Kleine Schriften, Hrsg. I. Angelelli, Hildesheim (1967).

[G]   K. Gödel, Über formal unentscheidbare Sätze der Principia Mathematica und verwandter Systeme I, Monatshefte für Math. u. Physik 38 (1931), 173 - 198.

[HB]   D. Hilbert und P. Bernays, Grundlagen der Mathematik, 2. Auflage, Berlin, Bd. 1 (1968), Bd. 2 (1970).

[KL]   S.C. Kleene, Introduction to meta-mathematics, Princeton (1952).

[K1]   G. Kreisel, Elementary completeness properties of intuitionistic logic, JSL 23 (1958), 369 - 387 and p. VI (Die offene Frage 3.1 auf p. 322 ist gelöst, s. JSL 27, p. 139, § 2, und die offene Frage 8.1 auf p. 329 kann gelöst werden mit G.E. Mints, Analog of Herbrand's theorem for prenex formulas of constructive predicate calculus, pp. 47 - 51 in: Seminars in mathematics, V.A. Steklov Mathematical Institute, Leningrad, vol. 4, Hrsg. Slisenko, New York 1969.

[K2] G. *Kreisel*, Mathematical logic: what has it done for the philosophy of mathematics? pp. 201 - 272 in: Bertrand Russel, philosopher of the century, London (1967). (Teile des Materials werden zuvor in dem Aufsatz *Hilbert's Programme* dargestellt, der in Dialectica 12 (1958), 346 - 372, erschien.)

[K3] G. *Kreisel*, A survey of proof-theory, JSL 33 (1968), 321 - 388.

[KK] G. *Kreisel* und J.-L. *Krivine*, Modelltheorie, Berlin 1972.

[M] H. *Meschkowski*, Probleme des Unendlichen (Werk und Leben Georg Cantors), Braunschweig (1967).

[O] J.R. *Oppenheimer*, Science and the common understanding, Reith lectures, BBC, New York (1953).

[P] R.A. *Platek*, Eliminating the continuum hypothesis, JSL 34 (1969), 219 - 225.

[R] A. *Robinson*, Formalism 64 in: Logic, Methodology and Philosophy of Science, Amsterdam (1965), pp. 228 - 246.

[S] H. *Scholz*, pp. 324 - 340 in: Mathesis universalis; Abhandlungen zur Philosophie als strenger Wissenschaft, Basel und Stuttgart 1961.

[T] W.W. *Tait*, Intensional interpretations of

	functionals of finite type I, JSL 32 (1967), 198 - 212.
[VN]	J. von Neumann, Zur Hilbertschen Beweistheorie, Math. Zeitschrift 26 (1927), 1 - 46.
[Z1]	E. Zermelo, Untersuchungen über die Grundlagen der Mengenlehre I, Math. Annalen 65 (1908), 261 - 281.
[Z2]	E. Zermelo, Über Grenzzahlen und Mengenbereiche, Fundamenta Mathematica 16 (1930), 29 - 47.

POSTSKRIPT (Okt. 1974)

Einige Fragestellungen, die in diesem Aufsatz nur angeschnitten werden konnten, sind in den letzten Jahren wesentlich weitergeführt worden. Es handelt sich vor allem um eine Theorie der Beweise selbst (im Gegensatz zur Hilbert'schen Beweistheorie, der es hauptsächlich um Beweis*regeln* und Beweis*barkeit* mit eingeschränkten - metamathematischen - Mitteln geht). Wie zu erwarten, besteht das Hauptproblem darin, passende Begriffe, also relevante Eigenschaften von und Beziehungen zwischen Beweisen, einzuführen. Für diesen Zweck scheinen die Gentzen'schen formalen Systeme des sogenannten *natürlichen Schließens* geeigneter zu sein als die vielleicht besser bekannten *Sequenzenkalküle*. Besonders bemerkenswert scheinen mir die neueren Ergebnisse, die Fußnote 7 und den letzten Absatz von § 17 betreffen.

1. Äquivalenzrelationen zwischen Ableitungen, die gewissen intensionalen Beziehungen zwischen Beweisen entsprechen.

(a) Für verschiedene Paare von Termen cum Rechenregeln (wie in der in Fußnote 7 erwähnten Arbeit von Tait [T]) und Ableitungen cum Normalisierungs- oder Schnitteliminationsregeln wurden *Homomorphismen* aufgestellt, die den losen Vergleich in Fußnote 7 präzisieren. Der Gedanke geht auf S. 313 - 314 in [CF] zurück: genaueres findet man in [Pr]. Die *Wahl* der Rechen-, bzw. Normalisierungsregeln ist bis jetzt noch nicht befriedigend begründet worden; Versuche [Pr], sie aus sogenannten operativen Interpretationen der logischen Partikel abzuleiten, sind ausgesprochen abwegig, wenn es sich um eine Theorie des natürlichen Beweisens handeln soll, da wir in der Praxis sicher *nie* die operativen Interpretationen meinen. Aber für spezielle Typen von Termen und Ableitungen, nämlich Terme mit *numerischen* Werten und Ableitungen von *Existenzsätzen* (besonders im intuitionistischen Fall), wurden vernünftige Adäquatheitsbedingungen aufgestellt und bewiesen; vgl. [K4] und [Mi]. Genau genommen, handelt es sich hier nicht um eine Beziehung zwischen Ableitungen, sondern zwischen Ableitungen, Formeln (die den betreffenden Existenzsatz ausdrücken) und Termen (die jene Realisierung des Existenzsatzes definieren, die den Beweis *liefert*).

(b) Der Begriff der *logischen Form* eines Beweises wurde von Statman [St] präzisiert. Durch Normalisierung kann zwar im allgemeinen die logische Form eines Beweises *geändert* werden, aber zwei Beweise der *gleichen logischen Form* gehen immer in Beweise der gleichen Form über. Diese Tatsache konnte Statman im Kapitel 3 von [St] eindrucksvoll ausnützen. Als Gegenstück dazu werden in [KT] Fragen über Beweise untersucht, bei denen die logische Form *nicht entscheidend* ist und *daher* die üblichen Normalisierungsregeln *unpassend* sind. ([KT] benützt « intensional » Unterscheidungen auch dazu, Ergebnisse über sogenannte selbstbezügliche Sätze zu verschärfen.)

2. Zur Frage (am Ende von § 17), was man denn durch konservative Erweiterungen gewinnt, hat Statman im Kap. 1 von [St] einen Beitrag von prinzipieller Bedeutung gemacht. Er betrachtet sozusagen das Paradigma solcher Erweiterungen, nämlich durch Hinzunahme von *expliziten Definitionen* und « Axiomen », die diese Definitionen (beweisbarerweise) erfüllen. In Übereinstimmung mit der Erfahrung zeigt er, daß dadurch Beweise *qualitativ vereinfacht* werden können, wobei als Maß der Komplexität der *topologische Genus* der Ableitung benützt wird. (Grob gesprochen mißt der Genus die *Verschachtelung* von Schlüssen, bei denen einem, wie man weiß, der Kopf zu spinnen anfängt.)

LITERATUR zum PS

[CF]   H.B. *Curry* and R. *Feys*, <u>Combinatory</u> <u>Logic</u>,
        Amsterdam 1958

[K4]   G. *Kreisel*, A survey of proof Theory II,
        pp. 109 - 170 in: Proc. Second Scand.
        Logic Symp., Hrsg. Fenstand, Amsterdam
        1971

[KT]   G. *Kreisel* and G. *Takeuti*, On formally
        self refuential propositions for cut. free
        classical analysis and related systems,
        Dissertations 118 (1974) 1 - 50

[Mi]   G.E. *Mints*, On E - Theorems, Zapiski 40
        (1974) 101 - 118

[Pr]   D. *Pranitz*, Ideas and Results in proof
        Theory, pp. 237 - 309 in: Proc. Second
        Scand. Logic Symp., Hrsg. Fenstad,
        Amsterdam 1971

[St]   R. *Statman*, Structural complexity of proofs,
        Dissertation, Stanford 1974

RENE THOM

Geboren am 2. September 1923 in Montbéliard

1943-1946 Schüler der Ecole Normale Supérieure (Naturwissenschaften)

1946 Agrégé der mathematischen Wissenschaften

1951 Doktor der mathematischen Wissenschaften (Paris)

1953 a.o. Professor an den Universitäten Grenoble und

1954-1957 Strasbourg

1957-1963 Professor an der Universität Strasbourg

1963-1973 Abgeordnet zum IHES (Institut des Hautes Etudes Scientifiques Bures-sur-Yvette, Essonne)

Nationale und internationale Auszeichnungen:

Preis der Académie des Sciences

1967 Prix des Laboratoires

1971 Großer Preis der mathematischen und physikalischen Wissenschaften

1958 Fields-Medaille (Verleihung auf dem Kongreß von Edinburgh 1958) in Anerkennung seiner Arbeiten auf dem Gebiet der Differentialtopologie und der Kobordismustheorie.

1967 Korrespondierendes Mitglied der Akademie der Wissenschaften von Brasilien

1970 Ehrendoktor der Universität Warwick (England)

1970 L.J. Brouwer-Medaille, verliehen durch die Akademie der Wissenschaften der Niederlande

Thoms Buch "Stabilité structurelle et morphogénèse", Benjamin et Edisciences, 1972, besitzt sicherlich einen zu spekulativen Charakter, als daß man schon gegenwärtig seine Bedeutung objektiv beurteilen könnte. Aufgrund der von ihm aufgezeigten Perspektiven für eine Theoretisierung der Biologie und der Linguistik, ist jedoch zu hoffen, daß dieses Werk dazu beitragen wird, neue Entwicklungen der Mathematik selbst anzuregen.

Die Katastrophen-Theorie: Gegenwärtiger Stand und Aussichten

René Thom

Einleitung:

Man darf wohl sagen, daß in der ersten Hälfte des Jahrhunderts die theoretische Physik und in jüngerer Zeit die Molekularbiologie die tiefsten Einsichten in die Natur gewonnen haben. Indessen ist ein altes und fundamentales Problem der Naturerkenntnis immer noch ungelöst geblieben, nämlich das der Morphogenese, der Entstehung der Formen. Dieselbe Wissenschaft, die so weit im Verständnis der subatomaren Vorgänge fortgeschritten ist, weiß erstaunlich wenig darüber, warum etwa das Wasser spritzt; und hätten wir nicht die Vielfalt der biologischen Formen ständig vor Augen: Die Biochemie gäbe uns keinen Anhaltspunkt für den Glauben, daß dergleichen möglich sei.

René Thom ist aufgrund seiner mathematischen Entdeckung über strukturelle Stabilität zu der Überzeugung gelangt, daß das Geheimnis der Morphogenese mathematischer Natur sein müsse, und er hat seine Ideen hierüber zuerst in den Artikeln (1), (2) und schließlich in seinem Buch (3) über Strukturelle Stabilität und Morphogenese dargestellt. Der gesamte Gedankenkomplex wird gewöhnlich, nach einem seiner Grundbegriffe, als 'Katastrophentheorie' bezeichnet.

Niemand, am wenigsten René Thom, behauptet, daß damit nun das Problem der Morphogenese gelöst sei. Eine wachsende Zahl von Mathematikern glaubt aber, daß Thom wirklich einen Wesenszug der Morphogenese aufgedeckt hat und daß es sich lohnt im Einzelnen zu erforschen, welche Rolle seine strukturell stabilen Modelle in den verschiedensten Zusammenhängen spielen könnten.

K. Jänich

(1) Une théorie dynamique de la morphogénèse, Towards a theoretical biology, 1, (herausgegeben von C.H. Waddington, Edinburgh University Press, 1968), 152-179.
(2) Topological models in biology, Topology, 8 (1969), 313-335.
(3) Stabilité structurelle et morphogénèse, (Benjamin, New York 1972).

Gibt es im eigentlichen Sinne eine 'Katastrophen-Theorie'?
In den Anwendungen (Physik, Biologie, Humanwissenschaften)
kann man die Katastrophentheorie nicht als Theorie in der
gewohnten Bedeutung des Wortes ansehen, das heißt als Gesamtheit von Hypothesen, aus denen sich *neue*, experimentell
nachprüfbare Folgerungen ziehen lassen. In diesen Gebieten
ist das Katastrophenmodell zugleich viel weniger und viel
mehr als eine wissenschaftliche Theorie; man muß es als
eine *Sprache* ansehen, eine Methode, die erlaubt, die empirischen Daten zu klassifizieren, sie systematisch zu erfassen, und die für diese Phänomene einen Ansatz bietet,
wie man sie verständlich erklären kann. In der Tat, jede
beliebige Phänomenologie kann durch ein geeignetes Modell
der Katastrophentheorie erklärt werden.Und - darauf hat
mich der englische Biologe L. Wolpert sehr hartnäckig hingewiesen - eine Theorie, die alles erklärt, erklärt nichts.
Das zeigt einfach, daß man von dem Modell nicht denselben
Dienst erwarten muß, wie von einem quantitativen Gesetz
der Physik oder wie von einer Erfahrungstatsache in der
Art der experimentellen Methode von Claude Bernard in der
Biologie. Wir wollen im folgenden versuchen, für jede besondere Disziplin genauer anzugeben, welchen besonderen
Dienst man von dem Modell erwarten kann und welchen Gewinn
man vernünftigerweise hoffen darf, aus seiner Verwendung
zu ziehen.

Wenn es also klar ist, daß es in den Anwendungsgebieten
keine Katastrophen-Theorie gibt, gibt es denn nur eine
'Katastrophentheorie' in der reinen Mathematik? Auch hier
noch kann man zweifeln. In der Tat, dort wo die Theorie
die eigentlich mathematische Strenge gewonnen hat, ist sie
in lauter verschiedene Gebiete zerfallen, die von den gesonderten Zweigen der Mathematik abhängen (Dynamische Systeme, Theorie der Singularitäten differenzierbarer Abbildungen, Partielle Differentialgleichungen, Gruppenoperationen ... usw.), und von dem ursprünglichen Modell sind
nur sehr allgemeine Ideen geblieben, wie der generische Zustand, Transversalität , die universelle Entfaltung ... .

So also, scheint mir, bietet sich die Situation derzeit dar.

Die Katastrophentheorie in der Mathematik

Das Ausgangsmodell, nämlich das des 'metabolischen' Feldes von lokalen Dynamiken, beruft sich wesentlich auf die Bifurkationstheorie dynamischer Systeme. Aber in neueren Ergebnissen dieser Theorie offenbart sich eine Pathologie, die man zunächst nicht erwartet hatte: Nicht-Dichte der strukturell stabilen Flüsse, generische Existenz von unendlich vielen Attraktoren in einer kompakten Mannigfaltigkeit (Gegenbeispiel von Newhouse) und topologische Instabilität dieser Attraktoren, Jets von Singularitäten von Vektorfeldern, welche nicht stabilisierbar sind, von Kodimension drei an (F. Takens); all diese Ergebnisse zeigen an, wie weithin die mathematischen Grundlagen des Modells noch ungesichert sind. Dennoch läßt eine vertiefte Untersuchung noch Gründe zu hoffen.

Man weiß, daß jedem Attraktor eine lokale Ljapunov-Funktion zugeordnet ist (sie spielt die Rolle einer lokalen Entropie). Es ist vernünftig zu denken, daß nur *die* Attraktoren stabil genug sind, eine empirische Morphologie zu erzeugen, deren Ljapunov-Funktion nicht zu entartete Jets hat.
Zum Beispiel im Beispiel von Newhouse, wo unendlich viele Attraktoren auftreten, hat die zugehörige globale Ljapunov-Funktion notwendig flache Jets (Die neuere Idee, strukturelle Stabilität zu einer Filterung der Mannigfaltigkeit zu assoziieren, entspricht der Existenz einer diskreten Ljapunov-Funktion ...).
Ebenso sind im Hamilton-Formalismus, insofern er den Formalismus der Quantenmechanik darstellt, die einzigen experimentell feststellbaren 'stationären Zustände' die mit einer 'lokalen Hamiltonfunktion', die zentral ist und einen nicht zu entarteten Jet hat. In gewissem Sinne existiert der Attraktor nur dank seiner Ljapunov-Funktion, und man kann auch fordern, daß, wenn das dynamische System gestört wird, wenn der Attraktor durch Bifurkation verschwindet, daß dann die lokale

Ljapunov-Funktion ebenfalls eine *nicht zu entartete* Bifurkation
erleidet. Zu verlangen, daß die Ljapunov-Funktionen nur algebraisch isolierte Singularitäten haben, heißt Theorie der
Elementar-Katastrophen treiben. Daß diese Theorie nicht genügt, ist nur zu offenbar, wie das Beispiel der Hopf-Bifurkation eines Punktattraktors auf der Ebene zeigt. Das ganze
Problem läuft also darauf hinaus, den Charakter "nicht zu
großer Entartung" einer Bifurkation abzuschätzen. Aus diesem
Gesichtspunkt ist das Auftreten neuer Symmetrie-Gruppen durch
Bifurkation (wie der Gruppe S^1 im Falle der Hopf-Birfurkation)
wohl ein noch recht schlecht verstandenes Phänomen. Vielleicht
muß man es mit der so geheimnisvollen Rolle der zu komplexen
Hyperflächensingularitäten zugeordneten Lieschen Gruppen zusammenbringen, von denen wir noch reden werden.

Unter den besonders drängenden Problemen, welche die Katastrophentheorie in der Mathematik stellt, wollen wir nennen:

(i)   Die Theorie der universellen Entfaltung einer Singularität zusammengesetzter Abbildungen.
(ii)   Die universelle Entfaltung des Keims der Operation
        einer Lieschen Gruppe auf dem euklidischen Raum.
(iii)   Die Bifurkation von Singularitäten G-invarianter
        Funktionen.

Diese Probleme scheinen besonders wichtig für die Physik
(Die Fragen (i) und (ii) für die Quantenmechanik: Siehe
die Dissertation von Pham; die Frage (iii) für die Phasenübergänge).

Schließlich, trotz neueren Fortschritten, gibt es noch
viele offene Probleme beim Studium algebraischer oder komplex analytischer (a fortiori reeller) Singularitäten.
Außer den immer offenen Problemen, die mit der Klassifikation verbunden sind, erwartet die Äquisingularität noch
immer ihre algebraische Definition. Man hat die Singularitäten komplexer Funktionen bis zur Kodimension 8 klassifizieren können (Arnol'd, Siersma). Hierbei hat Arnol'd bemerkt, daß, sofern kein Modul in der Singularität erscheint,
man dieser eine klassische Liesche Gruppe G folgendermaßen

zuordnen kann:

(1) In zwei Variablen führt die Auflösung (à la Hironaka) der Singularität einen Graphen aus projektiven Geraden ein; dieser Graph ist dann isomorph zum Dynkin-Diagramm der Gruppe G.

(2) Betrachtet man die Diskriminantenmenge D in der universellen Entfaltung U von $\mathfrak{f}$, so ist das Komplement $U - D$ topologisch ein $K(\pi,1)$, wo π die Zopfgruppe der Weylschen Gruppe von G ist.

Schließlich bleiben in der differenzierbaren Theorie die Verallgemeinerungen des Boardman-Symbols zu beschreiben, die man braucht, um die minimale Stratifikation einer analytischen Menge (oder eines Morphismus) zu definieren. Zu diesem Problem ist kein Fortschritt zu verzeichnen, seit den Versuchen von B. Morin.

Physik (und Chemie)

Viele Phänomene der Physiko-Chemie unterliegen dem Urteil der Katastrophentheorie. Aber ein Problem beherrscht alle anderen: Das der *Phasenübergänge*. In der Statistischen Mechanik kennt man den Begriff der Phasen nur auf dem unendlichen Raum, weil es sich um einen Zustand handelt, der bei Translation (oder unter der Operation einer Translationsuntergruppe mit kompaktem Fundamentalbereich) invariant bleibt. Man muß diesen Begriff daher zunächst lokalisieren, mittels des Begriffs einer Pseudo-Gruppe. Dann gilt es, die Natur der Singularitäten genauer zu bestimmen, die sich "generisch" für die Flächen ergeben können, welche die lokalen Phasen begrenzen. Bezeichnet G die lokale Isomorphiegruppe der Pseudogruppe K einer lokalen Phase, dann operiert, im Katastrophen-Modell, die Gruppe G auf dem Raum der inneren Variablen, und das der Phase zugeordnete Minimum wird durch eine G-invariante Funktion beschrieben. Die Bifurkation G-invarianter Funktionen also (Problem (iii) oben) wird die Transformation der Phase K in eine andere Phase K' beschreiben.

Sehr oft ist K' eine Unterpseudogruppe von K, und das entspricht dem, was die Physiker Symmetriebruch (breaking of symmetry) nennen. Ich habe vorgeschlagen, die Dualität von Welle und Korpuskel der Quantenmechanik entsprechend zu deuten: Ein Feld wäre ein Mittel, das sich in zwei (lokalen) Phasen zeigen kann: Eine homogene Phase, die unter der Gruppe D der Bewegungen invariant ist, und eine korpuskulare Phase, die unter der Gruppe SO(a) invariant ist, wenn das Partikel am Ort a ist. Eine solche Betrachtungsweise hat den Vorteil, den Quanten-Formalismus auf den der klassischen (statistischen) Mechanik zurückzuführen. Übrigens gibt diese begriffliche Vereinfachung wohl kaum Aussichten zur Lösung der Schwierigkeiten der gegenwärtigen Physik, Schwierigkeiten, die an dem grundlegend quantitativen Charakter dieser Disziplin liegen.

Beim Übergang Flüssigkeit - Gas legt das Van der Waals-Modell ein Potential V^4 über dem Raum der 'Kontrollvariablen' (p,T) nahe. Jedoch ist wie man weiß, dieses Modell nicht exakt, in der Umgebung des kritischen Punktes. Das mag daran liegen, daß es mehr als eine innere Variable gibt oder auch - wie ich vorgeschlagen habe - daran, daß man ein metabolisches anstatt eines 'statischen' Modells benutzen muß. Unter den Studiengebieten, die von Katastrophen abzuhängen scheinen, wollen wir nennen: Die komplexen Konfigurationen der Schockwellen (**Mach**-Reflexion) ; die Versetzung der Kristallgitter und der flüssigen Kristalle; die Geomorphologie und die Morphologie der Himmelsobjekte (Galaxien, Sonneneruptionen...), komplexe chemische Gleichgewichte und die schnelle chemische Kinetik.

Die Physiker erheben zwei Einwände gegen die Anwendung des Katastrophen-Modells, die übrigens verbunden sind: Der erste ist der klassische quantitative Einwand: Physik ist nur, wo ein Gesetz durch Gleichungen ausgedrückt werden, und damit durchs Experiment nachgeprüft werden kann. Der zweite ist: Die Natur ist nicht 'generisch' wie es die unsinnige Genauigkeit der physikalischen Gesetze zeigt (nach dem so angemessenen Ausdruck von E. Wigner). Zunächst ist zu antworten, daß, sei es nur um die Größen, die in den Gleichungen auftreten, physikalisch zu interpretieren, in der Physik (wie auch sonst) gewisse qualitative Betrachtungen unerläßlich sind. Im übrigen müssen die Gleichungen, die die physikalischen Gesetze ausdrücken, unabhängig von den Einheiten sein, die dazu dienen, diese Größen zu messen. Daher ist jedes quantitative physikalische Gesetz notwendig an eine Gruppe von Homothetien auf den zugrundeliegenden Variablen gebunden, beruft sich also notwendig auf den lokal affinen Charakter von Raum-Zeit. Nun gibt es keinen Grund anzunehmen, daß die äußeren Variablen, die eine Katastrophe entfalten, lokal so eine lokale Gruppe von Homothetien zulassen. Man kann übrigens manchmal eine solche einparametrige Homöomorphismengruppe definieren: Das ist das Prinzip der 'scaling hypothesis' in der Theorie des kritischen Punktes zum Beispiel. Aber diese einfache Tatsache der Dimensionierung physikalischer Größen zeigt, daß es genaue quantitative Gesetze nur insoweit geben kann, wie das studierte Phänomen der Geometrie von Raum-Zeit verpflichtet ist; daher sind die einzigen streng gültigen physikalischen Gesetze, die der Gravitation, des klassischen Elektromagnetismus, an die Geometrie von Raum-Zeit gebunden, wie es die allgemeine Relativität ausdrückt (Die Quantenmechanik selbst, soweit sie quantitativ streng ist, drückt ohne Zweifel gewisse Regelmäßigkeiten in der - metrischen oder topologischen - Regulation von Raum-Zeit aus). Zu fordern, daß jedes Naturphänomen von einem quantitativen Gesetz beherrscht sei, heißt in Wahrheit fordern, daß jedes Phänomen auf die Geometrie von Raum-Zeit zurückzuführen sei. Ich mag wohl Geometer von Beruf sein, aber dies Postulat finde ich denn doch ein bißchen übertrieben.

Biologie

Das Studium der embryologischen Entwicklung war es, das zur Schöpfung der Katastrophentheorie geführt hat. Dennoch scheinen diese Ideen keine großen Fortschritte im Kreise

biologischer Forschung gemacht zu haben. Ein Hauptgrund
hierfür: Der psychologische Abgrund, der das gegenwärtige
biologische Vorgehen von jedem theoretischen Denken trennt.
Der experimentierende Biologe braucht keinerlei Theorie, um
Tatsachen zu finden: Jede Art Material gibt Raum zu praktisch unerschöpflich vielen Experimenten. Von der chemischen
Zusammensetzung der Darmgase des Meerschweinchens bis zur
Ultrastruktur des Centriols, vom Wurzelwachstum der Zehrwurz zum ACTH-Gehalt in den Gliedern des Axolotl-Embryos,
alles gibt Anlaß zu Experimenten, zur Veröffentlichung in
einer Spezialzeitschrift. Der einzige ein bißchen theoretische Teil der Biologie, die Genetik, findet sich durch das
'zentrale Dogma' auf das Studium einer besonderen Morphologie
zurückgeführt, der chemischen Zusammensetzung der DNS. Daher
der allgemein verbreitete Glaube, daß die biochemische Analyse allein genügen werde , über den 'genetischen Kode' jede
Entwicklung der lebenden Formen aufzuklären. Zur Zeit ist
die Biologie nur ein riesiger Friedhof von Tatsachen, unbestimmt verbunden durch eine kleine Zahl Leerformeln wie:
'in der DNS kodierte Information', 'differenzierte Stimulation der Gene...' usw. Sicher war der Beitrag der Molekularbiologie beträchtlich; aber diese Disziplin hatte die verheerende psychologische Folge, den 'biochemischen Geisteszustand' zu begünstigen: Er besteht darin, für jedes Lebensphänomen ein spezifisches verantwortliches materielles Agens
zu suchen (Nukleinsäure, Enzym, induzierende oder hemmende
Substanz), und ist das Agens einmal gefunden und isoliert
(an Kandidaten fehlt es im allgemeinen nicht), so ruht man
sich auf seinen Lorbeeren aus, ohne sich um die Mechanismen
zu kümmern, die, wenn es notwendig ist, die Erscheinung oder
das Verschwinden besagter Substanz oder ihre morphologischen
Verwandlungen hervorrufen. Die globale Beschreibung eines
Regulations-Schemas, in das eine ziemlich große Anzahl Variablen eingeht, erfordert eben eine vieldimensionale Darstellung, wofür offenbar der zeitgenössische Biologe nicht die
begriffliche Ausrüstung mitbringt. Der Katastrophentheoretiker, der sich vor allem für die raum-zeitliche Entwicklung
der Form des Embryos interessiert, ohne sich viel um dessen

biochemische Zusammensetzung zu kümmern, hat wenig gemein
mit dem Biochemiker, dessen Interessen genau entgegengesetzt sind. Und ein wahrer Dialog unter Tauben hebt an:

Der Experimentator: Wenn Ihre Modelle zu etwas taugen, müssen
sie neue Tatsachen vorhersehen, und nichts wäre mir lieber, als Ihnen die entsprechenden Experimente zu machen.

Der Theoretiker: Vor dem Schauen nach neuen Tatsachen habe
ich das Bedürfnis, um sie zu verstehen, die Masse des
schon Bekannten zu systematisieren. Es nützt nichts, dem
so schon ungeheuren experimentellen Ergebnis noch etwas
hinzuzufügen, wenn man nicht zuvor eine Theorie hat, die
das Bekannte erklärt - und vor allem das ganz Klassische
darunter, was sich in jedem elementaren Lehrbuch findet.

Der Experimentator: Doch kann Ihre theoretische Konstruktion
einen Nutzen haben, irgendeine Beziehung zum Konkreten?

Der Theoretiker: Sie dient zu verstehen, was geschieht.

Der Experimentator: Verstehen interessiert mich nicht, wenn
ich keine Idee zum Experiment daraus ziehen kann ...

Der Theoretiker: Sie müssen sich überzeugen lassen, daß die
biologischen Fortschritte weniger an einer Bereicherung
um experimentelle Daten hängen, als vielmehr an einer
Erweiterung der Fähigkeit, die biologischen Tatsachen
geistig nachzuahmen, an der Schöpfung einer neuen
'Intelligenz' des Biologen. Das braucht zweifellos einige
Zeit, eine Generation vielleicht ... .

Der Hauptgrund, der die Katastrophentheorie so unzugänglich
für Experimente macht, ist, daß wir die Natur der Parameter
nicht kennen, welche die großen Katastrophen der Embryologie
entfalten, die berühmten 'epigenetischen Gradienten'. Schon
im Fall der hydrodynamischen Brechung (Brandung) kann man
die zutreffenden Parameter nicht direkt explizit angeben,
denn sie sind banaler Natur und hängen eng von den Anfangs-
bedingungen ab, die eine fokussierende Wirkung in der Zukunft haben. Ebenso geht es wahrscheinlich in der Embryologie,

wo die Parameter überdies kinetischer Natur sein können, und
daher der biochemischen Analyse-Technik entgehen. Aus all
diesen Gründen hat man genug Anlaß zur Annahme, daß sich der
Abgrund zwischen Theorie und Erfahrung nicht so bald ausfüllen wird. Für lange Zeit wird die theoretische Modellbildung in Blüte stehen, praktisch unabhängig von der Labor-
forschung.

Man mag das bedauern. Denn ganz ohne konkrete Stütze kann
sich das Modellbilden auf künstliche, unnötig komplizierte
Konstruktionen einlassen. Die Katastrophentheorie, so sagten
wir, ist eine Sprache; wie die Sprache Äsops kann sie Gutes
oder Böses aussagen, und wo es keine experimentelle Nach-
prüfung geben wird, wird nur ein ästhetisches Empfinden für
die geistige Ökonomie erlauben, die Spreu vom Weizen zu trennen. Obwohl solche Mängel unvermeidlich eintreten werden,
muß man fortfahren, Modelle für die Embryologie, für die
Morphogenese allgemein zu bilden. Und dies weniger, um unmittelbar den Biologen dafür zu interessieren (das braucht
Zeit), als um die Theorie selbst zu vervollkommnen. Schon
fühlt man in der Physiologie ein stärkeres Bedürfnis nach
Modellen. Sicher richtet auch da der biochemische Geist,
mit seinen Enzymen und spezifischen Substanzen, sein Unheil
an; aber den Physiologen ist ihr theoretisches Elend stärker
bewußt als ihren Kollegen der Molekularbiologie, sie können
dem Regulationsproblem nicht durch täuschendes Gerede aus-
weichen. So wäre ich auch nicht erstaunt, wenn die ersten
deutlichen Erfolge der Katastrophentheorie bei der Beschreibung der großen organischen Regulationen auftreten. Aus diesem Gesichtspunkt ist E.C. Zeeman's Theorie der Herztätig-
keit besonders vielversprechend.

Aber, wie gesagt, der stärkste Grund, die Bildung von Modellen für das Leben zu verfolgen, liegt in der Ausbildung
der Theorie der Regulation und Reproduktion. Unsere gegenwärtigen Vorstellungen darüber, wie die Katastrophen untereinander verbunden sind, über die globale Zusammenordnung
der mehrdimensionalen Regulationsfiguren (was ich vorge-

schlagen habe, die 'logoi' zu nennen) sind noch ganz in den Anfängen. Ohne Zweifel macht in der Embryologie die vitale Dynamik von Verfahrensweisen Gebrauch, die man sehr gerne gut verstehen und explizit angeben würde. Denn dieselben Verfahrensweisen können weniger sichtbar auch anderswo eine Rolle spielen, etwa in den Grundlagen der Physik. Die reduktionistische Hypothese - wer weiß - muß man vielleicht eines Tages umkehren: Die Vitalphänomene könnten uns gewisse Rätsel über die Struktur der Materie oder der Energie erklären. Immerhin wollen wir doch nicht vergessen, daß das Prinzip der Erhaltung der Energie zum ersten Mal von Robert von Mayer ausgesprochen wurde, einem Mediziner ....

Humanwissenschaften: Psychologie, Soziologie

Von der Physiologie ist nur ein Schritt zur Ethologie, der Wissenschaft vom Verhalten der Tiere, und für den Menschen, zur Psychologie. Auch hier sind die Aussichten, die Theorie anzuwenden, beträchtlich. Man ist weniger versucht, in reduktionistischem Geist einen materiellen Träger für allgemeine psychologische Faktoren zu fordern, wie für die Agressivität, die Aufmerksamkeit, ... Übrigens ergibt sich die Formalisierung des Verhaltens in morphogenetischen Feldern, in Chreoden, ziemlich unmittelbar, denn diese Morphologie ist genau zwischen der organischen Morphologie, welche die Biologie beschreibt, und der Morphologie der sprachlichen Beschreibung gelegen, die man für Menschen und höhere Tiere machen kann. So sind denn auch viele Fragen reif zur 'katastrophischen' Behandlung. Selbstverständlich darf man daraus nicht schließen, daß diese Modelle damit schon eine praktische Anwendung hätten (siehe Schluß). In der Soziologie sind die Aussichten weniger gut, denn der zugrundeliegende Raum, die soziale Morphologie im eigentlichen Sinne, ist noch nicht klar und explizit beschrieben.

Linguistik, Semantik, Philosophie

Die Katastrophentheorie wirft ein gewisses Licht auf die
Natur der Sprache (betrachtet als Morphologie organischen
Ursprungs, welche die äußere Wirklichkeit nachahmt). Sie
erklärt so die syntaktischen Strukturen, die Natur des Verbs
als grammatischer Kategorie. In dem Maße, wie man die 'Regulationsfigur' (den logos) der äußeren Wesen besser verstehen
wird, der belebten oder unbelebten, wird man auch besser
die Natur der Begriffe verstehen, die sich darauf beziehen,
und die analogische vereinfachte Strukturen davon sind. Dann
wird man die Welt des Substantivs, des Lexikons erkunden
können, die noch das große unbekannte Land der Semantik ist.
Lassen wir doch mal der Spekulation die Zügel schießen: Die
Katastrophentheorie läßt uns die Möglichkeit einer mehrdimensionalen Sprache ahnen, mit unendlich viel komplexeren
syntaktischen Möglichkeiten als die gewöhnliche Sprache, wo
ein gut Teil der Gedankenführung formalisierbar wäre wie ein
Kalkül. Ja besser noch könnte man sich eine neue Mathematik
vorstellen, wo das Vorgehen des Mathematikers durch einen
stetigen Weg beschrieben würde, wobei die Abschnitte des Gedankenganges nur qualitativen katastrophalen Veränderungen
auf diesem vieldimensionalen Raum entsprächen.

Auf dem Gebiet der Philosophie im eigentlichen Sinne, der
Metaphysik, kann die Katastrophentheorie sicherlich keine
Antwort auf die großen Fragen geben, die den Menschen quälen.
Aber sie begünstigt eine dialektische, eine Herakliteische
Anschauung des Universums, einer Welt, die ständiger Schauplatz des Kampfes zwischen 'logoi' ist, zwischen Archetypen.
Zu einer von Grund auf polytheistischen Anschauung führt sie
uns: In allen Dingen muß man die Hand der Götter zu erkennen
wissen. Und hier denn auch wird sie die unausweichliche Grenze ihrer praktischen Wirksamkeit finden. Vielleicht wird
sie dasselbe Schicksal haben, wie die Psychoanalyse. Ohne
Zweifel sind die Entdeckungen Freuds in der Psychologie wohl
im wesentlichen wahr. Und dennoch hat die Kenntnis dieser
Tatsachen selbst nur sehr wenig praktische Wirkung gehabt

(besonders für die Heilung von Geisteskrankheiten). So wie sich der Held der Odyssee nur gegen den Willen eines Gottes, nämlich Poseidons stellen konnte, indem er die Gegenmacht einer Göttin, nämlich Athenes anrief, so können auch wir nur die Wirkung eines Archetyps dadurch einschränken, daß wir ihm einen antagonistischen Archetyp entgegenstellen, zu zweifelhaftem Kampf mit ungewissem Ausgang. Eben die Gründe, die uns in manchen Fällen erlauben, unsere Wirkungsmöglichkeiten auszudehnen, verurteilen uns in anderen Fällen zur Ohnmacht. Man wird vielleicht beweisen können, daß gewisse Katastrophen unausweichlich sind, wie die Krankheit oder der Tod. Das Wissen wird nicht mehr notwendig die Verheißung des Erfolges, des Überlebens haben; es kann uns ebensowohl versichern, daß wir scheitern werden, daß wir enden.

Kapitel II. Methoden und Struktur der Mathematik

Die Architektur der Mathematik

Nicolas Bourbaki

1. *Mathematik oder Mathematiken?*

Einen Überblick über den ganzen gegenwärtigen Bereich der mathematischen Wissenschaft zu geben, ist ein Unternehmen, das auf den ersten Blick wegen des Umfangs und der Vielfalt des Gegenstandes fast unüberwindliche Schwierigkeiten bietet. Wie in allen anderen Wissenschaften hat auch die Zahl der Mathematiker und ihrer Arbeiten seit dem Ende des 19. Jahrhunderts stark zugenommen. So wird die mathematische Wissenschaft jedes Jahr durch eine Unmenge neuer Resultate bereichert, sie breitet sich unaufhaltsam aus und verzweigt sich in immer neuen Theorien. Kein Mathematiker könnte alle Einzelheiten dieser Entwicklung verfolgen. Viele Mathematiker lassen sich daher in einer Ecke des mathematischen Reiches nieder, die sie niemals verlassen; sie ignorieren fast völlig, was nichts mit ihrem Spezialgebiet zu tun hat, und können die Sprache und Ausdrucksweise von Kollegen, die in einer anderen Ecke arbeiten, nicht verstehen. Sogar unter den mathematisch Höchstgebildeten gibt es keinen, der sich in gewissen Gegenden der unermeßlichen Welt der Mathematik nicht verloren fühlte. Männer wie Poincaré oder Hilbert, die fast jedem Gebiet der Mathematik das Zeichen ihres Genius aufprägten, bilden eine ganz seltene Ausnahme.

Dem Uneingeweihten ein genaues Bild von dem zu geben, was die Mathematiker selbst nicht ganz erfassen können, ist somit unmöglich. Es ist aber sinnvoll zu fragen, ob dieses üppige Gedeihen der Mathematik geeignet ist, ihren Organismus zu festigen und ihre Einheit zu fördern, oder ob es das Anzeichen einer der Mathematik eigenen fortschreitenden Aufsplitterung ist, ob die Mathematik etwa ein babylonischer Turm wird, in dem lauter autonome Teile nach Ziel, Methode und Sprache immer weiter auseinanderstreben. Die Frage lautet also: haben wir heute noch eine einheitliche Mathematik oder mehrere getrennte Mathematiken?

Obwohl diese Frage heute vielleicht drängender ist als je zuvor, ist sie keineswegs neu, sondern fast vom Beginn der mathematischen Wissenschaft an gestellt worden. Denn, ganz abgesehen von angewandter Mathematik, hat es immer einen Dualismus zwischen dem Ursprung der Geometrie und dem der Arithmetik gegeben (mindestens in ihren elementaren Aspekten), weil die letzte zuerst eine Wissenschaft des Diskreten war, die erste aber immer eine Wissenschaft der kontinuierlichen Ausdehnung; diese beiden Aspekte führten zu zwei getrennten Standpunkten, die sich seit der Entdeckung der Irrationalzahlen bekämpft haben. In der Tat war es gerade diese Entdeckung, die den ersten Versuch vereitelte, die Wissenschaft zu vereinheitlichen, und die Arithmetisierung der Pythagoräer ("alles ist Zahl") scheitern ließ.

Es würde zu weit führen, den wechselvollen Schicksalen aller Versuche einer einheitlichen Auffassung der Mathematik von der Zeit des Pythagoras bis zum heutigen Tag nachzuspüren. Überdies würde diese Aufgabe besser für einen Philosophen als für einen Mathematiker passen. Ein gemeinsames Kennzeichen dieser Versuche, die gesamte Mathematik in ein zusammenhängendes Ganzes zu fassen (man denke an Plato, an Descartes oder Leibniz, an die Arithmetisierung oder die Logistik des 19. Jahrhunderts) ist dies, daß sie alle unternommen worden sind in Anlehnung an ein mehr oder weniger umfassendes philosophisches System und daß sie immer ausgegangen sind von apriorischen Ansichten über die Beziehung der Mathematik zu der zweifachen Welt: der äußeren Welt und der Welt des Denkens. Das Beste, was wir tun können, ist, daß wir den Leser hier auf die historisch-kritische Studie von *L. Brunschvicg*[1] verweisen. Unsere eigene

Aufgabe ist bescheidener und weniger umfangreich; wir wollen nicht die Beziehungen der Mathematik zur Wirklichkeit oder den großen Kategorien des Denkens untersuchen; wir beabsichtigen vielmehr, allein im Bereich der Mathematik zu bleiben, und werden versuchen, die oben aufgeworfene Frage zu beantworten, indem wir die Verfahrensweisen der Mathematik selbst analysieren.

2. *Logischer Formalismus und axiomatische Methode*

Nach dem mehr oder weniger offensichtlichen Scheitern der verschiedenen erwähnten Systeme schien es am Anfang dieses Jahrhunderts ein vergeblicher Versuch, die Mathematik als eine Wissenschaft mit einheitlicher, wohlbestimmter Zielsetzung und Methode zu begreifen; die Mathematik schien damals mehr "eine Ansammlung von Disziplinen zu sein, die sich auf besonderen, genau bestimmten Begriffen aufbauen". Diese Disziplinen sind dabei untereinander durch "tausend Verbindungswege" verknüpft, die ermöglichen, daß die Methoden einer Disziplin auch andere befruchten[2]. Dementgegen glauben wir heute, daß die innere Entwicklung der mathematischen Wissenschaft ihre verschiedenen Teile zu einer engeren Einheit geführt hat, indem etwas wie ein zentraler Kern geschaffen wurde, der in sich geschlossener ist, als es je der Fall war. Der wesentliche Punkt dieser Entwicklung war das systematische Studium der Beziehungen zwischen den verschiedenen mathematischen Theorien; es hat zu dem geführt, was allgemein als die '*axiomatische Methode*' der Mathematik bekannt ist.

Auch die Ausdrücke 'Formalismus' und 'formalistische Methode' werden dafür oft gebraucht; aber es ist wichtig, sich von vornherein vor der Verwirrung zu hüten, die der Gebrauch dieser schlecht definierten Begriffe verursachen kann und

---
1) L. Brunschvicg, Les étapes de la philosophie mathématique, Paris, Alcan 1912.
2) L. Brunschvicg, a.a.O., S. 447

die nur allzu häufig von den Gegnern der axiomatischen
Methode ausgenützt wird. Jedermann weiß, daß die Mathematik bei oberflächlicher Betrachtung als eine 'lange
Kette von Gründen' erscheint, wovon schon Descartes sprach.
Jede mathematische Theorie ist eine Aneinanderreihung von
Sätzen, deren jeder aus den vorhergehenden abgeleitet
wird; dies geschieht im Einklang mit den Regeln jenes
logischen Systems, das unter dem Namen 'formale Logik'
seit der Zeit des Aristoteles codifiziert und den besonderen Zielen des Mathematikers bequem angepaßt ist.

Es ist deshalb eine Binsenwahrheit zu sagen, daß dieses
'deduktive Schließen' ein die Mathematik einigendes Prinzip
ist. Eine so oberflächliche Bemerkung kann der offenbaren
Vielfalt der verschiedenen mathematischen Theorien sicher
nicht gerecht werden, so wenig wie man z. B. Physik und
Biologie deshalb, weil beide die experimentelle Methode
anwenden, zu einer einzigen Wissenschaft vereinigen könnte.
Die Methode, eine Sache mit Hilfe von Syllogismenketten
zu entwickeln, ist nur ein Transformations-Mechanismus,
der ebenso gut auf die eine wie auf eine andere Gruppe
von Prämissen anwendbar ist; sie kann nicht dazu dienen,
diese Prämissen selbst zu charakterisieren. Mit anderen
Worten, die syllogistische Methode ist nur die äußere Form,
die der Mathematiker seinen Gedanken gibt, das Vehikel, das
diese Gedanken anderen zugänglich macht[1] oder, kurz, die
Sprache, die der Mathematik angepaßt ist; das ist alles, und
keine weitere Bedeutung ist damit verbunden. Die Regeln
dieser Sprache aufzustellen, ihr Vokabular festzulegen und
ihre Syntax zu klären, ist außerordentlich nützlich und
bildet nun jenen Aspekt der axiomatischen Methode, der mit
Recht 'logischer Formalismus' (oder auch 'Logistik') genannt werden kann. Aber wir betonen, daß es nur ein Aspekt

---

1) In der Tat weiß jeder Mathematiker, daß ein Beweis nicht wirklich
'verstanden' worden ist, wenn man nur Schritt für Schritt die Korrekt-
heit der Deduktionen, aus denen er besteht, verifiziert hat, sich aber
nicht bemüht hat um eine klare Einsicht in die Ideen, die dazu geführt
haben, gerade diese besondere Kette von Deduktionen zu konstruieren
und sie jeder anderen vorzuziehen.

dieser Methode ist, und tatsächlich der am wenigsten interessante.

Was die axiomatische Methode sich als wesentliches Ziel setzt, ist nun gerade das, was logischer Formalismus allein nicht geben kann, nämlich die Durchschaubarkeit der Mathematik bis in die Tiefe. Ähnlich wie die experimentelle Methode von dem apriorischen Glauben an die Permanenz der Naturgesetze ausgeht, so ist der Eckstein der axiomatischen Methode die Überzeugng, daß Mathematik weder eine zufällig sich entwickelnde Aneinanderreihung von Syllogismen ist, noch eine Sammlung von mehr oder weniger 'schlauen' Tricks, zu denen man durch glückliche Kombinationen kommt, wobei rein technische Fertigkeit gewinnt.Wo der oberflächliche Beobachter nur zwei oder mehrere ganz getrennte Theorien sieht, die einander durch das Eingreifen eines genialen Mathematikers 'unerwartete Unterstützung'[1] gewähren, da lehrt uns die axiomatische Methode, nach den tiefliegenden *gemeinsamen Gründen* einer solchen Entdeckung zu suchen, die *gemeinsamen Ideen* dieser scheinbar sehr verschiedenen Theorien zu finden, die oft unter einer Anhäufung von Einzelheiten begraben sind, diese Ideen hervorzuholen und sie ins richtige Licht zu setzen.

3. *Der Begriff der Struktur*

In welcher Form kann dies geschehen? Hier kommt die axiomatische Methode der experimentellen Methode am nächsten. Wie diese holt die axiomatische Methode ihre Kraft aus der Quelle des Cartesianismus, indem sie sich bemüht , 'die Schwierigkeiten zu trennen, um besser mit ihnen fertig zu werden'. Sie versucht so bei der Entwicklung einer Theorie, die hauptsächlichen Triebfedern ihrer Argumente klarzulegen; indem sie diese isoliert und in abstrakter Form (d.h. axiomatisch) formuliert, kann sie dann die daraus entstehenden

---

[1] L. Brunschvicg, a.a.O. S. 446

Folgen entwickeln. Danach zu der betrachteten Theorie zurückkehrend, kann sie die isolierten Bestandteile wieder vereinigen und nachforschen, wie sie sich gegenseitig beeinflussen. An diesem klassischen Hin- und Hergehen zwischen Analyse und Synthese ist nichts Neues; die Originalität der Methode liegt allein in der Art ihrer Anwendung.

Um das eben skizzierte Verfahren an einem Beispiel zu erläutern, nehmen wir eine der ältesten und zugleich einfachen axiomatischen Theorien, nämlich die *Theorie der abstrakten Gruppen*. Betrachten wir z. B. die folgenden *drei Operationen*:

(1) die *Addition der reellen Zahlen*, deren Summe (positiv, negativ oder Null) in der üblichen Art definiert werde ;

(2) die *Multiplikation der ganzen Zahlen 'modulo einer Primzahl p'*, wobei die betrachteten Elemente die ganzen Zahlen 1, 2, ..., $p-1$ sind und das 'Produkt' von zwei solchen Zahlen definiert wird als der Rest bei der Division ihres gewöhnlichen Produkts durch p;

(3) die *'Zusammensetzung' von Translationen im dreidimensionalen Euklidischen Raum*, wobei die 'Resultierende' (das 'Produkt') von zwei Translationen S, T (in dieser Reihenfolge) definiert wird als die Translation, die man erhält, wenn man zuerst die Translation T ausführt und dann die Translation S.

In jeder dieser drei Theorien läßt man, jeweils durch ein besonderes Verfahren, *zwei Elementen* x, y (in dieser Reihenfolge) der betrachteten Menge (das ist im ersten Fall die Menge der reellen Zahlen, im zweiten Fall die Menge der Zahlen 1, 2, ..., $p-1$, im dritten Fall die Menge aller Translationen) *ein wohlbestimmtes drittes Element* entsprechen; wir wollen übereinkommen, dieses dritte Element in allen drei Fällen mit $x \tau y$ zu bezeichnen. Das Symbol $x \tau y$ bedeutet also (1) die Summe von x und y, wenn x und y reelle Zahlen sind, (2) ihr Produkt 'modulo p', wenn x und y natürliche Zahlen $\leq p-1$ sind, (3) ihre Resultierende, wenn x und y Translationen sind. Wenn wir nun die mannigfachen Eigenschaften dieser *'Operation* τ *'* in jeder der drei Theorien untersuchen, entdecken wir einen bemerkenswerten *Parallelismus*; in jeder dieser besonderen Theorien hängen diese Eigenschaften in bestimmter Weise untereinander zusammen. Die Analyse dieser logischen Zusammenhänge führt uns dazu, eine kleine Zahl von ihnen auszuwählen, die voneinander unabhängig sind (d.h. keine ist eine logische Folge von allen andern). Zum Beispiel[1] kann man die drei folgenden Eigenschaften nehmen, die wir mit Hilfe unserer (den drei Theorien gemeinsamen) symbolischen Schreibweise ausdrücken, die man aber auch sehr leicht in die besondere Sprache jeder der drei Theorien übersetzen könnte:

(a) Für alle Elemente x, y, z, gilt $x \tau (y \tau z) = (x \tau y) \tau z$ ("Assoziativität" der Operation $x \tau y$).

(b) Es gibt ein Element e so, daß für jedes Element x gilt $e \tau x = x \tau e = x$ (für die Addition der reellen Zahlen ist e die Zahl 0; für die Multiplikation 'modulo p' ist e die Zahl 1; für die Zusammensetzung von Translationen ist e die "identische" Translation, welche jeden Punkt des Raumes fest läßt).

(c) Zu jedem Element x gibt es ein Element x', so daß $x \tau x' = x' \tau x = e$ ist (für die Addition der reellen Zahlen ist x' die Zahl $-x$; für die Zusammensetzung von Translationen ist x' die zu x 'inverse' Translation, d.h. die Translation, die jeden durch x verschobenen Punkt an seinen ursprünglichen Ort zurückbringt; für die Multiplikation 'modulo p' folgt die Existenz von x' aus einer sehr einfachen arithmetischen Überlegung[2].

---

1) In dieser Wahl ist nichts Absolutes; mehrere Axiomensysteme sind bekannt, die dem einen, was wir explizit anführen, 'äquivalent' sind, so daß die Axiome eines jeden dieser Systeme logisch aus den Axiomen irgend eines anderen dazu äquivalenten Systems folgen.

2) Wir bemerken, daß die Reste, die bei der Division der Zahlen x, x^2, ..., x^n, ... durch p entstehen, nicht alle verschieden sein können; indem man die Tatsache ausdrückt, daß zwei dieser Reste gleich sind, zeigt man leicht, daß eine Potenz x^m von x existiert, deren Rest gleich 1 ist. Wenn nun x' der Rest bei der Division von x^{m-1} durch p ist, so schließen wir, daß das Produkt von x und x' 'modulo p' gleich 1 ist.

Es folgt dann, daß *alle Eigenschaften, welche mit Hilfe der gemeinsamen Symbolik auf gleiche Weise in den drei Theorien ausgedrückt werden können, gleichartige logische Folgen der obigen drei Grundeigenschaften sind.* Versuchen wir z.B. zu zeigen, daß in allen drei Theorien aus $x\tau y = x\tau z$ folgt: $y = z$. Man könnte das in jeder der Theorien durch eine ihr eigene Überlegung beweisen. Aber wir können auch das folgende, in allen drei Fällen gleichzeitig anwendbare Schlußverfahren einschlagen: aus der Beziehung $x\tau y = x\tau z$ leiten wir ab (wobei x^- die oben definierte Bedeutung hat) $x^-\tau(x\tau y) = x^-\tau(x\tau z)$; daraus folgt sodann durch Anwendung von (a) $(x^-\tau x)\tau y = (x^-\tau x)\tau z$; mit Hilfe von (c) nimmt diese Beziehung die Form $e\tau y = e\tau z$ an, und schließlich ergibt sich durch Anwendung von (b) $y = z$, was zu beweisen war. Bei dieser Herleitung ist die spezielle Bedeutung der betrachteten Elemente, x, y, z völlig außer acht gelassen worden; wir haben uns nicht dafür interessiert, ob sie reelle Zahlen sind oder natürliche Zahlen $\leq p-1$ oder Translationen; die einzige wichtige Voraussetzung war, daß die Operation $x\tau y$ für diese Elemente die Eigenschaften (a), (b) und (c) hat. Man sieht leicht ein, daß es bequem wäre, ein für allemal die logischen Folgerungen aus den drei Eigenschaften (a), (b), (c) zu entwickeln, und wäre es auch nur, um in den Einzelfällen ermüdende Wiederholungen solcher Schlußketten zu vermeiden. Aus Gründen sprachlicher Bequemlichkeit ist es natürlich wünschenswert, eine *gemeinsame Terminologie* für die drei obigen Mengen zu erfinden. Man sagt, daß eine Menge, in der eine Operation $x\tau y$ mit den drei Eigenschaften (a), (b), (c) definiert ist, eine Gruppenstruktur besitzt (oder, kurz, daß sie eine Gruppe ist). Die Eigenschaften (a), (b), (c) werden die *Axiome*[1] *der Gruppenstruktur* genannt, und die Entwicklung ihrer Folgerungen bedeutet das Aufstellen der *axiomatischen Gruppentheorie.*

---

[1] Es versteht sich von selbst, daß keine Verbindung mehr besteht zwischen dieser Interpretation des Wortes 'Axiom' und seiner traditionellen Bedeutung 'evidente Wahrheit'.

Es kann nun klargemacht werden, was allgemein unter einer *mathematischen Struktur* zu verstehen ist. Den verschiedenartigen Vorstellungen, die mit diesem Gattungsnamen bezeichnet werden, ist gemeinsam, daß sie angewandt werden können auf *Mengen von Elementen*, deren Natur[1] nicht festgelegt ist; um eine mathematische Struktur zu definieren, nimmt man *eine oder mehrere Relationen* zwischen diesen (nicht weiter definierten) Elementen als gegeben an[2] (im Fall der Gruppen war dies die Relation $z = x\tau y$ zwischen drei beliebigen Elementen); dann postuliert man, daß die gegebene Relation (oder die gegebenen Relationen) gewisse Bedingungen erfüllen, welche explizit festgesetzt werden und welche die *Axiome*

---

1) Wir nehmen hier einen naiven Standpunkt ein und befassen uns nicht mit den dornigen, halb philosophischen, halb mathematischen Fragen, die durch das Problem der 'Natur' der mathematischen 'Wesen' oder 'Gegenstände' aufgeworfen werden. Es genüge die Feststellung, daß die axiomatischen Untersuchungen des 19. und 20. Jahrhunderts allmählich den anfänglichen Pluralismus der Vorstellungen von diesen 'Wesen' - die man zuerst als ideale 'Abstraktionen' heterogener Sinneserfahrungen auffaßte - ersetzt haben durch eine einheitliche Vorstellung, indem allmählich alle mathematischen Begriffe zuerst auf den Begriff der natürlichen Zahl und dann, in einem zweiten Stadium, auf den Begriff der Menge zurückgeführt wurden. Der Begriff der Menge, der lange Zeit als 'ursprünglich' und 'undefinierbar' galt, ist der Gegenstand endloser Auseinandersetzungen gewesen, infolge seines außerordentlich allgemeinen Charakters und auf Grund der sehr unbestimmten Vorstellungen, die er hervorruft; die Schwierigkeiten verschwanden erst, als im Licht der jüngsten Arbeiten über logischen Formalismus der Mengenbegriff selbst verschwand und mit ihm auch alle metaphysischen Pseudoprobleme bezüglich mathematischer 'Wesen' unterging. Nach diesem Standpunkt sind mathematische Strukturen eigentlich die einzigen 'Gegenstände' der Mathematik. Der Leser findet weitere Ausführungen zu diesem Punkt bei J. Dieudonné, Les méthodes axiomatiques modernes et les fondements de mathématiques, Revue Scientifique, 77, 224 (1939), und H. Cartan, Sur le fondement logique des mathématiques. Revue Scientifique 81, 3 (1943).

2) In der Tat ist diese Definition der Struktur für die Bedürfnisse der Mathematik nicht allgemein genug; es ist auch nötig, den Fall zu betrachten, daß Relationen, die eine Struktur definieren, nicht nur zwischen den Elementen der betrachteten Menge postuliert werden, sondern auch zwischen Teilmengen dieser Menge, und sogar noch allgemeiner zwischen den Elementen von Mengen eines noch höheren 'Grades', wenn wir die Terminologie der 'Hierarchie der Typen' anwenden. Wegen weiteren Einzelheiten zu diesem Punkt vgl. N. Bourbaki, Elements de mathématique, t.I. (fasc. de résults), Actual. Scient. et Industr., no.846.

der betrachteten Struktur sind[1]. Die *axiomatische Theorie einer so gegebenen Struktur* aufstellen, läuft dann hinaus auf die *Deduktion der logischen Folgerungen aus den Axiomen dieser Struktur*, ohne Berücksichtigung irgendeiner weiteren Hypothese über die betrachteten Elemente oder die Natur dieser Elemente.

4. *Die großen Strukturtypen*

Die Relationen, die den Ausgangspunkt für die Definition einer Struktur bilden, können von sehr verschiedener Art sein. In der Gruppenstruktur tritt eine einzige Relation $x\tau y$ auf, die man ein *'Kompositionsgesetz'* nennt, d.h. eine Beziehung zwischen *drei* Elementen, durch die das dritte Element $x\tau y$ eindeutig in Abhängigkeit von den beiden ersten Elementen x und y bestimmt ist. Wenn die in die Definition einer Struktur eingehenden Relationen solche 'Kompositionsgesetze' sind, spricht man von einer *algebraischen Struktur*. Ein Beispiel dafür ist die *Körperstruktur*, die durch *zwei Kompositionsgesetze* mit geeigneten Axiomen definiert wird; die Addition und Multiplikation der reellen Zahlen definieren eine solche Körperstruktur in der Menge dieser Zahlen.

Einen anderen wichtigen Typus stellen die Strukturen dar, die durch eine *Ordnungsbeziehung* bestimmt sind; das ist eine Relation zwischen *zwei Elementen*, x, y, die meistens ausgedrückt wird in der Form 'x *ist höchstens gleich* y' und deren Bestehen wir allgemein durch xRy darstellen werden. Es wird hier durchaus nicht angenommen, daß die Relation xRy eines der beiden Elemente x, y eindeutig als Funktion des anderen bestimmt. Die *Axiome*, denen die Ordnungsbeziehung xRy genügen muß, sind folgende:
(a) für jedes x gilt xRx
(b) aus xRy und yRx folgt $x = y$;
(c) aus xRy und yRz folgt xRz.

Ein naheliegendes Beispiels einer Menge mit einer solchen Ordnungsstruktur ist die Menge der ganzen Zahlen (oder

---

[1] Genau genommen sollte man im Fall der Gruppen zu den Axiomen außer den oben formulierten Eigenschaften (a), (b), (c), noch die Tatsache rechnen, daß die Relation $z = x\tau y$ ein und nur ein z bestimmt, wenn x und y gegeben sind. Gewöhnlich betrachtet man diese Eigenschaft als stillschweigend impliziert durch die Form, in der die Relation geschrieben wird.

die Menge der reellen Zahlen), wobei das Symbol R durch das Zeichen ≤ ersetzt wird. Aber es muß beachtet werden, daß wir die folgende Eigenschaft, die mit der alltäglichen Vorstellung von 'Ordnung' untrennbar verbunden scheint, *nicht* in das Axiomensystem aufgenommen haben: "Für jedes Paar von Elementen x und y gilt entweder xRy oder yRx." Mit anderen Worten, es wird *der Fall zugelassen, daß x und y nicht vergleichbar sind*. Das mag auf den ersten Blick paradox scheinen, aber man kann leicht Beispiele sehr wichtiger *Ordnungsstrukturen* geben, in denen dieses Phänomen wirklich auftritt. Das ist z.B. der Fall, wenn X und Y *Teilmengen derselben Menge* bezeichnen und die Relation XRY als 'X *ist in Y enthalten*' interpretiert wird; oder wenn x und y positive ganze Zahlen sind und xRy bedeutet 'x teilt y '; ebenso wenn $f(x)$ und $g(x)$ reellwertige Funktionen sind, definiert in einem Intervall J $a \leq x \leq b$, während $f(x)$ R$g(x)$ interpretiert wird als '$f(x) \leq g(x)$ für jedes x aus J'. Diese einfachen Beispiele zeigen auch die große Vielfalt der Bereiche, in denen Ordnungsstrukturen auftreten, und begründen damit auch das Interesse, das ihrem Studium zukommt.

Wir wollen noch ein paar Worte sagen über einen dritten großen Strukturtypus, nämlich die *topologischen Strukturen* (oder *Topologien*); sie geben eine *abstrakte mathematische Formulierung unserer intuitiven räumlichen Vorstellungen der Begriffe Umgebung, Grenzwert und Stetigkeit*. Der Grad der Abstraktion, der für die Formulierung der Axiome dieser topologischen Strukturen erforderlich ist, ist entschieden größer als in den vorhergehenden Beispielen; der nur einführende Charakter dieses Artikels erfordert, interessierte Leser auf spezielle Darstellungen zu verweisen[1].

---

1) N. Bourbaki, Eléments de mathématique, t. III (introduction et chap. I) Actual. Scient. et Industr., no. 858. - Deutsche Leser seien außerdem auf das Büchlein verwiesen: W. Franz, Topologie I (Allgemeine Topologie), Sammlung Göschen, Bd. 1181, Berlin 1960.

5. Die Standardisierung der mathematischen Technik

Wir haben wohl genug gesagt, um dem Leser zu ermöglichen, sich eine einigermaßen genaue Vorstellung von der *axiomatischen Methode* zu machen. Es sollte aus dem Vorhergehenden klar sein, daß ihr auffallendstes Merkmal ist, eine *betraechtliche Ökonomie des Denkens* zu bewirken. Die Strukturen sind Werkzeuge für den Mathematiker; sobald er zwischen den Elementen, die er studiert, *Relationen* erkannt hat, die bekannten *Axiomen* genügen, hat er sofort das ganze *Arsenal von allgemeinen Sätzen* zur Verfügung, die zu den Strukturen dieses Typus gehören. Früher mußte er in jedem Einzelfall selbst die Waffen schmieden, mit denen er seine Probleme angreifen konnte; die Wirksamkeit dieser Waffen hing dabei von seinem persönlichen Talent ab, und oft waren sie überflüssigerweise mit einengenden Hypothesen belastet, die von den zufälligen Besonderheiten des untersuchten Problems herrührten. Man könnte fast sagen, daß die nur auf die wesentlichen, nämlich strukturellen Daten der Probleme gerichtete axiomatische Methode weiter nichts ist als das 'Taylorsystem' der Mathematik.

Das ist jedoch eine sehr schlechte Analogie; der Mathematiker arbeitet weder wie eine Maschine noch wie der Arbeiter am Fließband. Wir müssen vielmehr immer wieder die fundamentale Rolle hervorheben, die im Forschen des Mathematikers jene eigentümliche, von gewöhnlichen Sinnesanschauungen ganz verschiedene Art von *Intuition* spielt [1], die aller eigentlichen Verstandestätigkeit vorausgeht und die in dem richtigen Erspüren des normalen Verhaltens besteht, das er von seinen mathematischen Wesen glaubt erwarten zu dürfen. Wesen, mit denen er durch lange Bekanntschaft so vertraut geworden ist wie mit den Wesen der wirklichen Welt. Nun trägt jede Struktur ihre eigene Sprache in sich, die voll ist von besonderen intuitiven Anspielungen, herrührend von jenen Theorien, aus denen diese Struktur durch die oben

---

[1] Wie jede Intuition täuscht sich auch diese häufig.

beschriebene axiomatische Analyse hergeleitet wurde. Den
Forscher, der plötzlich diese Struktur in den studierten
Phänomenen entdeckt, berührt eine jähe Verwandlung, die
mit einem Schlag den intuitiven Gang seiner Gedanken in
eine ganz unerwartete Richtung lenkt und die mit neuem Licht
die mathematische Landschaft, in der er sich bewegt, erhellt. Denken wir - um ein altes Beispiel zu nehmen - an
den Fortschritt, den am Anfang des 19. Jahrhunderts die
geometrische Darstellung der komplexen Zahlen bewirkte. Von
unserem Gesichtspunkt aus lief das einfach hinaus auf die
Entdeckung einer wohlbekannten topologischen Struktur in
der Menge der komplexen Zahlen, nämlich der Struktur der
Euklidischen Ebene mit allen darin eingeschlossenen Anwendungsmöglichkeiten; in den Händen von Gauß, Abel, Cauchy
und Riemann gab das der Analysis in weniger als einem Jahrhundert neues Leben. Solche Beispiele haben sich in den
letzten fünfzig Jahren wiederholt ereignet. Wir erwähnen
den Hilbertschen Raum und, noch allgemeiner, die Funktionenräume, welche Mengen mit topologischen Strukturen versahen,
deren Elemente nicht mehr Punkte, sondern Funktionen sind;
ferner die Theorie der Henselschen p-adischen Zahlen, wo auf
noch erstaunlichere Weise die Topologie in ein Gebiet eindrang, das bis dahin par excellence das Reich des Diskreten
und Diskontinuierlichen war, nämlich in die Menge der ganzen
Zahlen; wir erwähnen schließlich das Haarsche Maß, welches
das Anwendungsgebiet des Integralbegriffs ungeheuer erweiterte und eine sehr tiefgehende Analyse der Eigenschaften
der kontinuierlichen Gruppen ermöglichte. All das sind entscheidende Beispiele von mathematischen Fortschritten, von
Wendepunkten, an denen ein genialer Einfall einer Theorie
eine neue Richtung wies, indem darin eine *Struktur* entdeckt
wurde, die in ihr a priori keinerlei Rolle zu spielen schien.

Das Ergebnis alles dessen ist, daß Mathematik weniger denn
je auf ein rein mechanisches Spiel mit isolierten Formeln
beschränkt ist; mehr denn je beherrscht die mathematische
Intuition das Entstehen von Entdeckungen. Aber von nun an
besitzt sie jene mächtigen Werkzeuge, welche ihr die Theo-

rie der großen Strukturtypen liefert; mit einem einzigen
Blick überschaut sie riesige Bereiche, die jetzt durch die
axiomatische Methode vereinheitlicht sind, früher aber in
völlig chaotischem Zustand waren.

6. *Ein allgemeiner Überblick*

Wir wollen nun versuchen, unter der Führung der axiomatischen Vorstellungsweise die ganze mathematische Welt zu überblicken. Es ist klar, daß wir uns nicht mehr an die traditionelle Ordnung der Dinge halten werden, die sich wie die erste Benennung der Tierarten darauf beschränkte, jene Theorien nebeneinander zu stellen, welche die größte äußere Ähnlichkeit zeigten. Waren bisher Algebra, Analysis, Zahlentheorie und Geometrie scharf voneinander geschiedene Provinzen der Mathematik, so werden wir z. B. sehen, daß die Theorie der Primzahlen zu der Theorie der algebraischen Kurven eng benachbart ist oder daß die Euklidische Geometrie an die Theorie der Integralgleichungen grenzt. Das *Ordnungsprinzip* wird dabei die Vorstellung einer *Hierarchie von Strukturen* sein, die vom Einfachen zum Komplizierten und vom Allgemeinen zum Besonderen geht.

Im Mittelpunkt unseres mathematischen Kosmos finden sich die *großen Strukturtypen*, von denen die wichtigsten oben erwähnt wurden; sie könnten *Mutterstrukturen* heißen. Jeder dieser Typen umfaßt eine beträchtliche Vielfalt. Man muß unterscheiden zwischen der allgemeinsten Struktur des betrachteten Typus, mit der kleinsten Anzahl von Axiomen und den Strukturen, die man erhält durch Bereicherung des Typus mit zusätzlichen Axiomen, aus deren jedem sich eine Fülle von neuen Folgerungen ergibt. So enthält die *Gruppentheorie* außer den allgemeinen Sätzen, die für alle Gruppen gelten und nur von den oben aufgezählten Axiomen abhängen, eine besondere Theorie der *endlichen Gruppen* (die man erhält durch das zusätzliche Axiom, daß die Zahl der Gruppenelemente endlich ist), ferner eine besondere Theorie der

Abelschen Gruppen (in denen $x \tau y = y \tau x$ gilt für jedes
x und y) und ebenso eine Theorie der *endlichen Abelschen Gruppen*
(wo diese beiden Zusatzaxiome gleichzeitig gelten). Ähnlich
betrachtet man in der Theorie der *geordneten Mengen* besonders
diejenigen Mengen, in denen (wie bei der Menge der ganzen
Zahlen oder jener der reellen Zahlen) *irgend zwei Elemente
vergleichbar* sind und welche deshalb *vollständig geordnet* heißen.
Unter diesen wieder widmet man besondere Aufmerksamkeit den
Mengen, welche *wohlgeordnet* heißen (in denen, wie bei der
Menge der natürlichen Zahlen, jede Teilmenge ein '*kleinstes
Element*' besitzt). Eine analoge Abstufung gibt es auch unter
den *topologischen Strukturen*.

Um diesen innersten Kern herum erscheinen dann jene Strukturen, die *mehrfache Strukturen* genannt werden könnten. Sie
enthalten zwei oder mehrere der großen Mutterstrukturen
gleichzeitig, die aber nicht einfach nebeneinander gestellt
sind (was nichts Neues ergeben würde), sondern organisch
miteinander durch ein oder mehrere Axiome verbunden sind.
So entsteht die *topologische Algebra*, in der Strukturen studiert werden, in denen gleichzeitig ein oder mehrere Kompositionsgesetze und eine Topologie auftreten und durch die
Bedingung verbunden sind, daß die algebraischen Operationen
(für die betrachtete Topologie) stetige Funktionen der
Elemente sind, auf die sie angewandt werden. Nicht weniger
wichtig ist die *algebraische Topologie*, in der gewisse im Raum
durch topologische Eigenschaften definierte Punktmengen
(wie Simplexe, Zyklen usw.) selbst als Elemente betrachtet
und Kompositionsgesetzen unterworfen werden. Ebenso fruchtbar ist die Kombination von Ordnungsstrukturen und algebraischen Strukturen; sie führt einerseits zur Teilbarkeits-
und Idealtheorie, andererseits zur Integration und zur
'Spektraltheorie' oder zu den Operatoren, wobei auch noch
die Topologie ins Spiel kommt.

Weiterhin kommen wir schließlich noch zu den *speziellen
Theorien*. In diesen erhalten die Elemente der betrachteten
Menge, welche in den allgemeinen Strukturen völlig unbestimmt

geblieben sind, eine genauer charakterisierte Individualität. Erst an dieser Stelle gelangen wir zu den *Theorien der klassischen Mathematik*: der Analysis der Funktionen einer reellen oder komplexen Variablen, der Differentialgeometrie, der algebraischen Geometrie, der Zahlentheorie. Diese Theorien besitzen aber nicht mehr ihre frühere Autonomie; sie sind jetzt *Kreuzungspunkte* geworden, an denen *mehrere allgemeinere mathematische Strukturen* zusammentreffen und aufeinander einwirken.

Um die richtige Perspektive zu erhalten, müssen wir dieser raschen Skizze sogleich die Bemerkung anfügen, daß sie nur eine sehr rohe Annäherung an den tatsächlichen Stand der heutigen Mathematik ist; die Skizze ist schematisch und ebenso idealisiert wie erstarrt.

Schematisch - weil in der tatsächlichen Entwicklung die Dinge nicht in so einfacher und systematischer Weise vor sich gehen, wie oben beschrieben wurde. Es kommen unter anderem, unerwartete Rückbewegungen vor, bei denen eine spezialisierte Theorie, wie jene der reellen Zahlen, bei der Konstruktion einer allgemeinen Theorie, wie der Topologie oder Integration, unerläßliche Hilfe leistet.

Idealisiert - weil es keineswegs zutrifft, daß in allen Gebieten der Mathematik die Rolle jeder der großen Strukturen klar erkannt und herausgearbeitet ist: in gewissen Theorien (z. B. in der Zahlentheorie) bleiben zahlreiche isolierte Ergebnisse, die zu klassifizieren oder auf befriedigende Weise mit bekannten Strukturen zu verbinden, bisher nicht möglich war.

Schließlich *erstarrt* - denn nichts liegt der axiomatischen Methode ferner als eine statische Auffassung der Wissenschaft. Wir wollen den Leser nicht veranlassen zu denken, daß wir den Anspruch erheben, ein endgültiges Stadium der Wissenschaft umrissen zu haben. Die *Strukturen* sind *nicht unveränderlich*, weder in ihrer Anzahl noch in ihrem wesentlichen Inhalt. Es ist wohl möglich, daß die künftige Entwicklung der Mathe-

matik die Zahl der Fundamentalstrukturen vermehrt, indem
sie die Fruchtbarkeit neuer Axiome oder gewisser Kombinationen von Axiomen offenbart. Wir können einen *bedeutenden
Fortschritt* von der *Erfindung neuer Strukturen* erwarten, wenn wir
den Fortschritt bedenken, den heute bekannte Strukturen
seinerzeit verursacht haben. Andererseits sind diese heute
bekannten Strukturen keineswegs vollendete Gebäude; es
wäre tatsächlich sehr verwunderlich, wenn ihre ganze Essenz
aus ihren Prinzipien schon herausgeholt worden wäre. Erst
mit diesen unerläßlichen Einschränkungen können wir das
innere Leben der Mathematik besser gewahr werden, ihre *Einheitlichkeit* ebenso wie ihre *Vielfalt* . Die Mathematik gleicht
so einer großen Stadt, deren Außenbezirke und Vororte dauernd in etwas chaotischer Weise in das umgebende Land eindringen, während das Zentrum von Zeit zu Zeit neu aufgebaut
wird, jedesmal nach einem klarer gefaßten Plan und in
einer neuen, großartigen Ordnung, wobei die alten Viertel
mit ihrem Labyrinth von Gassen niedergerissen werden und
zur Peripherie hin neue, direktere, breitere und bequemere
Straßen angelegt werden.

7. *Rückblick auf die Vergangenheit und Schluß*

Die neue Denkweise, die wir in den vorhergehenden Paragraphen darzustellen versuchten, wurde nicht auf einmal
gebildet ; sie ist vielmehr nur ein Stadium in einer Entwicklung, die seit mehr als einem halben Jahrhundert
andauert und die ernsthafter *Gegnerschaft*, unter Philosophen ebenso wie unter den Mathematikern selbst, nicht entgangen ist. Viele *Mathematiker* haben lange Zeit in der
Axiomatik nichts anderes sehen wollen als müßige logische
Haarspalterei, die nicht in der Lage ist, irgendeine
Theorie zu befruchten. Diese kritische Haltung kann wahrscheinlich durch einen rein historischen Zufall erklärt
werden. Die ersten axiomatischen Verfahren, diejenigen,
welche den größten Aufruhr verursachten (sie rühren in
der Arithmetik von *Dedekind* und *Peano* , in der Euklidischen

Geometrie von *Hilbert* her), behandelten *univalente Theorien*,
d.h. solche, deren Gegenstand durch das Axiomensystem
völlig bestimmt ist; aus diesem Grunde konnten sie auf
keine andere Theorie angewandt werden außer auf diejenige ,
aus der sie herausgeholt worden waren (ganz im Gegensatz
zu dem, was wir z.B. bei der Gruppentheorie gesehen haben).
Wenn sich dasselbe bei allen anderen Strukturen herausgestellt hätte, so wäre der Vorwurf der Unfruchtbarkeit,
der der axiomatischen Methode gemacht wurde, voll gerech=
fertigt gewesen [1] . Aber die weitere Entwicklung der
Methode hat ihre volle Wirksamkeit offenbart; und die
Abneigung, der sie immer noch hie und da begegnet, kann
nur dadurch erklärt werden, daß es dem Geist natürlicherweise schwer wird zuzugeben,daß bei der Behandlung eines
konkreten Problems auch eine Betrachtungsweise, die nicht
direkt durch die gegebenen Elemente nahegelegt wird
(und zu der man nur durch einen höheren und häufig schwierigen Grad von Abstraktion gelangen kann), sich als angemessen und fruchtbar erweisen kann.

Was die Einwände der *Philosophen* angeht, so hängen sie zusammen mit einem Gebiet, das zu betreten wir uns wegen
unzureichender Kompetenz hüten müssen, nämlich mit dem
großen *Problem der Beziehungen zwischen der empirischen und der
mathematischen Welt* [2]. Daß eine innige Verbindung besteht
zwischen experimentellen Phänomenen und mathematischen
Strukturen, scheint auf die unerwartetste Weise voll
bestätigt zu werden durch die jüngsten Entdeckungen der
zeitgenössischen Physik. Aber wir wissen gar nichts über
die Gründe dieser Tatsache (angenommen, man könnte wirklich

---

1) Es trat auch, besonders am Anfang der Axiomatik, ein ganzes Heer
von Monsterstrukturen auf, die völlig ohne Anwendung waren; ihr einziges Verdienst war, daß sie die genaue Tragweite jedes Axioms zeigten,
indem sie feststellten, was geschieht, wenn man es wegläßt oder abändert.
Es lag natürlich die Versuchung nahe zu schließen, daß dies die einzigen
Ergebnisse waren, die man von der axiomatischen Methode erwarten konnte.

2) Wir berücksichtigen hier nicht die Einwände, die entstanden sind aus
der Anwendung der Regeln der formalen Logik auf das Schließen in den
axiomatischen Theorien; diese hängen zusammen mit logischen Schwierigkeiten, denen man in der Mengenlehre begegnete. Es genüge, darauf hinzu-

diesen Worten eine Bedeutung beimessen), und wir werden vielleicht nie etwas darüber wissen. Es gibt allerdings Erfahrungen, welche die Philosophen zukünftig in diesem Punkt zu größerer Vorsicht veranlassen könnten; vor den revolutionären Entwicklungen der modernen Physik wurde große Mühe auf den Versuch verwandt, die Mathematik aus experimentellen Tatsachen abzuleiten, insbesondere aus der unmittelbaren Raumanschauung. Aber einerseits hat die Quantenphysik gezeigt, daß diese makroskopische Anschauung der Wirklichkeit die ganz andersartigen mikroskopischen Erscheinungen völlig verdeckt, Erscheinungen, die mit Gebieten der Mathematik zusammenhängen, welche gewiß nicht zum Zweck ihrer Anwendung auf die experimentelle Wissenschaft ausgedacht worden waren. Und andererseits hat die axiomatische Methode gezeigt, daß die 'Wahrheiten', aus denen man die Mathematik zu entwickeln hoffte, nur spezielle Aspekte von allgemeinen Begriffsbildungen waren, deren Bedeutung nicht auf diese Bereiche beschränkt war. So zeigte es sich am Ende, daß diese innige Verbindung von Mathematik und Wirklichkeit, deren harmonische innere Notwendigkeit wir bewundern sollten, nichts weiter war als eine zufällige Berührung zweier Disziplinen, deren wirkliche Beziehungen viel tiefer verborgen sind, als a priori angenommen werden konnte.

Vom axiomatischen Gesichtspunkt aus erscheint die *Mathematik* so als eine *Schatzkammer von abstrakten Formen*, den *mathematischen Strukturen*; und es trifft sich so - ohne daß wir wissen warum -, daß gewisse Aspekte der empirischen Wirklichkeit in diese Formen passen, als wären sie ihnen ursprünglich angepaßt worden. Natürlich kann nicht geleugnet werden, daß die meisten dieser Formen ursprünglich einen sehr bestimmten anschaulichen Inhalt hatten; aber erst dadurch, daß dieser anschauliche Inhalt absichtlich ausge-

---

2) weisen, daß diese Schwierigkeiten überwunden werden können in einer Weise, die nicht den geringsten Zweifel läßt an der Richtigkeit der Schlußweisen. Die Arbeiten von J. Dieudonné und H. Cartan (Zitate s. Anm. 1), S.148) sind für diesen Punkt wertvoll.

schaltet wurde, ist es möglich gewesen, diesen Formen jene
Wirksamkeit zu verleihen, die zu entfalten sie fähig waren,
und sie vorzubereiten für neue Deutungen und für die Entwicklung ihrer vollen Kraft.

Nur in diesem Sinne des Wortes 'Form' kann man die axiomatische Methode einen 'Formalismus' nennen. Die Einheitlichkeit, welche die Axiomatik der Mathematik verleiht, ist
nicht der Panzer der formalen Logik, nicht die Einförmigkeit
eines leblosen Skeletts; sie ist der nährende Saft eines
auf der Höhe seiner Entwicklung befindlichen Organismus,
das schmiegsame und fruchbare Forschungsinstrument, zu
dem alle diejenigen, welche (nach den Worten von Lejeune-
Dirichlet) sich immer bemüht haben, "Ideen, an die Stelle
von Rechnungen zu setzen".

ANDREAS DRESS

Andreas Dress, geb. 1938 in Berlin, z.Zt. tätig an der Universität Bielefeld als o. Professor für Mathematik;
Beiträge zu verschiedenen Gebieten der Algebra, gelegentlich orientiert an topologischen Fragestellungen und Methoden.

Ein Brief

Andreas Dress   Holterdorf, den 29.12.1973

Lieber Michael!

Du hast mich gebeten, für das von Dir geplante Buch einen Beitrag zu liefern, in welchem ich als 'Algebraiker' meine Erfahrungen bei den Versuchen, 'Mathematik zu machen', darzustellen versuchen solle, insbesondere hinsichtlich etwa der Frage, ob oder inwieweit die Orientierung bei den Versuchen, gewisse Fragestellungen zu bearbeiten, unmittelbar aus den konkret vorliegenden Problemen gewonnen wurde oder eher aus einer fachspezifischen, begrifflichen Systematik und Methodik, oder auch, wie die historisch hinreichend verbürgte Kraft immer stärker abstrahierender, formaler Ansätze - ein Beispiel über das wir ja schon öfters geredet haben, ist hier etwa Hilberts früher Beitrag zur Invariantentheorie - in der eigenen mathematischen Arbeit konkret erfahren wird und für diese evtl. auch planmäßig nutzbar gemacht und entwickelt werden kann (Stichworte, unter denen derlei gelegentlich angesprochen wird, wären hier etwa auch 'Intuition' und 'Routine').

Leider sehe ich mich nicht in der Lage, hierzu 'Allgemeingültiges' zu sagen, auch wenn Allgemeingültigkeit nur in der sehr abgeschwächten Form eines publikationsreifen Aufsatzes angestrebt wird. Ich habe mich deswegen entschieden, auf Deine Fragen lieber in der Form eines Briefes einzugehen, die mir der Vorläufigkeit und vermutlichen Unausgewogenheit meiner Antworten weit angemessener erscheint als die eines Aufsatzes. Du magst dann mit diesem Brief verfahren, wie es Dir geeignet erscheint.

Zunächst eine generelle Bemerkung über derlei Versuche, sich
selbst und anderen gegenüber Rechenschaft davon abzulegen,
was man eigentlich betreibt, wenn man 'Mathematik macht'.
Mir scheint, daß ein solcher Versuch zumindest so lange
nur einen sehr vorläufigen und unvollkommenen Charakter
haben wird und haben muß, wie es an einer wissenschaftlich
fundierten und allgemein anerkannten und in Brauch genommenen Theorie und Sprache zur Beschreibung geistiger
Prozesse mangelt. Eine solche Theorie müßte sowohl die
historisch-sozialen und die individuell-psychischen Dimensionen solcher Prozesse einbeziehen als auch die eher
internen Gesetzmäßigkeiten, die solche Prozesse zu steuern
helfen. (Hierzu versucht natürlich so gut wie jede Erkenntnistheorie einen Beitrag zu liefern; ich selbst denke
z.B. besonders an Deinen und Thomas Neumanns Aufsatz über
formale und inhaltliche Logik oder E. Brieskorns Versuche,
die der Mathematik inhärente Dialektik zu artikulieren.)

Erst in einer solchen Theorie und Sprache könnten wohl Begriffe wie 'Abstraktion, dialektischer Prozeß, Komplexität,
Interesse, Intuition, Routine, Anschauung ...' einen hand-
habbaren, präzisen und unzweifelhaften Sinn gewinnen. Da
zumindest ich über eine solche Sprache nicht verfüge und
mich auch nicht getraue, meinerseits derlei zu entwickeln
und zum Gebrauch vorzuschlagen, auch von keiner solchen allgemein anerkannten und in Brauch genommenen Sprache weiß,
bleibt mir nichts anderes übrig, als mich bekannter, in
ihrem 'Beschreibungswert' stets zweifelhafter Modellvorstellungen oder Metaphern zu bedienen und mich dabei möglichst eng und deutlich an den konkreten Beispielen zu
orientieren, zu deren Beschreibung diese Modellvorstellungen schließlich dienen sollen. Insbesondere sollten deshalb die folgenden Ausführungen nicht universalistisch ge-
neralisierend mißverstanden werden: Es kann nicht darum
gehen, Thesen aufzustellen, die generell mathematische Tätigkeit beschreiben sollen und folglich durch ein einziges
Gegenbeispiel widerlegt werden könnten. Vielmehr möchte ich
nur einige, mir besonders wichtig erscheinende Aspekte

mathematischer Tätigkeit erläutern. Abweichende Auffassungen und weitere, vielleicht auch gegensätzliche Beispiele, die anderen wichtig sein mögen, würden in diesem Sinne das von mir Angestrebte wohl eher bereichern als widerlegen.

Um nun etwas konkreter zu werden, laß mich damit beginnen, ein Bild etwas auszuspinnen, über das wir uns schon gelegentlich unterhalten haben: Möchte man aus einem Brett einen Nagel ziehen, so bedient man sich günstig einer geeigneten Zange, legt danach die Zange wieder beiseite und verfügt nach Wunsch über das nagelfreie Brett.

Welchen Beitrag liefert ein solcher Vorgang zum Verständnis einer Zange? Einerseits gewiß mehr als der Versuch, das 'Wesen einer Zange' durch reine und anwendungsfreie Betrachtung eines solchen Werkzeugs als eines Dinges an sich zu erkennen, da eine Zange schließlich dazu da ist, um benutzt zu werden, andererseits gewiß nicht genug, nicht nur, weil eine Zange mehr als diese eine Anwendungsmöglichkeit besitzt (obschon eine systematische Übersicht über die jeweils bekannten und erprobten Anwendungsmöglichkeiten von unzweifelhafter Wichtigkeit sein dürfte), sondern weil zum bewußten Verständnis einer Zange und ihrer Anwendungsmöglichkeiten auch - und zwar in ausgezeichneter Weise - das Verständnis von so etwas wie dem 'Prinzip' gehört, nach dem sie konstruiert ist und arbeitet [1]).

Daß zu diesem Verständnis des 'Prinzips' unabdingbar ein Verständnis der Art und Weise gehört, wie dieses Prinzip sich in denjenigen Verfahrensweisen ausdrückt, die den sinnvollen Gebrauch einer Zange ausmachen, oder - weniger technisch ausgedrückt - wie dieses Prinzip in den Umgang mit einer Zange eingeht, (ja daß man sogar von einer Art dialektischer Identität des 'Prinzips' und seiner Realisierung (Anwendung) als 'Verfahrensvorschrift' sprechen kann) ist wohl eigentlich selbstverständlich, sollte aber

---

1) Hier also etwa die Hebelgesetze und die Art und Weise, wie diese in den Bau einer Zange eingegangen sind und in ihren jeweiligen Gebrauch eingehen, aber auch so etwas wie die Festigkeit des benutzten Materials etc.

vielleicht doch eigens betont werden, um alle entsprechenden, möglichen Mißverständnisse von vornherein abzuwehren[1]. Diese auf das 'Prinzip' bezogene Komponente des Verständnisses einer Zange ist allerdings für den oben gedachten Benutzer zumindest solange von keiner besonderen Bedeutung, als es ohne weitere Schwierigkeiten gelingt, den Nagel mit der Zange aus dem Brett zu entfernen - er ist ohnehin nicht daran interessiert zu verstehen, was eine Zange denn nun sei, sondern eben an einem nagelfreien Brett - dagegen ist das Verständnis des 'Prinzips', nach dem eine Zange, und d.h. auch der Art und Weise, wie sie danach arbeitet, um so wichtiger, je mehr man daran interessiert ist, dieses Werkzeug (evtl. nach geeigneten Variationen, insbesondere Spezialisation oder Generalisation) in den verschiedensten Situationen, in denen derlei brauchbar sein mag, auch einsetzen zu können.

Mit anderen Worten: Will man ein Hilfsmittel, dessen man sich in einer bestimmten Situation mit Erfolg bedient hat, auch für weitere, mehr oder weniger ähnliche Probleme nutzbar machen (Transfer), so wird man mehr und mehr versuchen müssen, zu erfassen, wie und warum dieses Hilfsmittel 'funktioniert' hat, also das 'Prinzip' der Sache und d.h. sowohl die Gesetzmäßigkeiten, auf Grund deren das Hilfsmittel funktioniert hat, als auch die Art und Weise, wie diese Gesetzmäßigkeiten in dem Gebrauch des Hilfsmittels zum Zuge kamen (Abstraktion und Konkretion) - wobei letzteres eigentlich als Teil des Herausarbeitens der einer Sache zu Grunde liegenden Gesetzmäßigkeiten selbst verstanden werden

---
[1] In diesem Sinne möchte ich später auch von der 'dialektischen Identität', etwa des aus der Analysis vertrauten Theorems, daß die Ableitung einer differenzierbaren Funktion an den lokalen Extremen verschwindet, und seiner an der Schule fast bis zum Überdruß exerzierten Anwendung zur Behandlung von Minimax-Aufgaben sprechen. Die mangelnde Bewußtheit dieser 'dialektischen Identität' scheint mir einer der Hauptangriffspunkte der verbreiteten Praxis, sowohl der (zumindest von mir an eigenem Leibe erfahrenen) Schuldidaktik als auch der Hochschuldidaktik im Fache Mathematik zu sein, - Hauptangriffspunkte in dem doppelten Sinne, daß die gegenwärtige Praxis hier leicht anzugreifen ist, als auch, daß diesen Punkt tätig und konkret verändernd anzugreifen sehr fruchtbar sein dürfte. Allerdings darf man dabei nicht versuchen, aus einer dialektischen Identität eine undialektisch-ausgleichende Schulaufsatzsynthese des 'einerseits-andererseits' zu machen.

sollte. Also noch kürzer: Bewußter 'Transfer' ist insbesondere (wenn nicht gar nur) durch 'Abstraktion und Konkretion' möglich.

Hierbei ist allerdings wohl zu beachten, daß einer Sache meist nicht einfach *eine* Gesetzmäßigkeit oder *ein* Prinzip 'zu Grunde liegt', vielmehr läßt sich jede Sache als 'Schnittpunkt" einer ganzen Mannigfaltigkeit von Gesetzmäßigkeiten auffassen. Im allgemeinen gibt daher erst die jeweils gewünschte Richtung des Transfers die Orientierung, nach der die jeweils interessierende Gesetzmäßigkeit herausgefunden werden kann. Andererseits hat aber auch häufig die Entdeckung gewisser Gesetzmäßigkeiten Anwendungsmöglichkeiten erschlossen, die zuvor kaum geahnt werden konnten - so etwa die Nutzung des Elektromagnetismus zur Telegraphie und damit z.B. zur Navigation, einer Aufgabe, der sich unmittelbar zu widmen angesichts der Bedeutung der Schiffahrt und wegen des hohen, mit der Schiffahrt verbundenen Risikos zur Zeit Maxwells wohl als weit wichtiger angesehen worden wäre als die Beschäftigung mit den von Maxwell in Angriff genommenen Fragen (Poincaré soll irgendwo auf dieses Beispiel hingewiesen haben).

Insgesamt scheinen die auf Anwendungen abzielenden jeweiligen Bedürfnisse einerseits und das wissenschaftlich abstrahierende und konkretisierende Herausarbeiten von Gesetzmäßigkeiten andererseits auf so komplizierte (wenn man will dialektische) Weise ineinander verzahnt zu sein, daß es müßig erscheinen muß, hier einfach nach Prioritäten zu fragen.

Immerhin scheint die historische Entwicklung der (Natur-) Wissenschaften dafür zu sprechen, daß es sich im Zuge einer arbeitsteiligen Entfaltung der menschlichen (Produktions-) Fähigkeiten (Produktion ist hier im weitesten Sinne zu verstehen, nicht etwa nur als industrielle Produktion!) gelohnt hat, dieses 'Transfervermögen durch Abstraktion und Konkretion' weitgehend unabhängig und im Vorlauf gegenüber den jeweilig möglichen Anwendungsbereichen zu entwickeln und zu fördern, obschon die generelle Orientierung der Abstraktionsrichtung i.a. mehr oder weniger bewußt durch gewisse Vorstellungen über die intendierten Anwendungsbereiche bestimmt war, bzw. neue theoretische Fortschritte oder gar Durchbrüche sich stets auch durch Erschließung neuer Anwendungsmöglichkeiten ausgewiesen haben (so z.B. die eben erwähnte Maxwell'sche Theorie des Elektromagnetismus).

Die Entfaltung der Mathematik in den letzten drei Jahrhunderten ist ja wohl solcher aufeinander bezogenen Arbeitsteilung zu verdanken, und ich selbst verstehe meine eigene mathematische Tätigkeit durchaus als einen, wenn auch sehr geringen Beitrag innerhalb einer solchen arbeitsteilig sich entfaltenden Auseinandersetzung mit der Wirklichkeit und glaube,darin auch einen guten Teil der 'gesellschaftlichen Relevanz' solcher Tätigkeit erkennen zu dürfen, nach der heute so viel gefragt wird.

Die historischen Bemerkungen haben etwas abgeführt - es war zu verlockend, vom Beispiel der Zange herkommend, einiges zu der heute leider oft sehr vordergründig geführten Diskussion über die Anwendungsbezogenheit wissenschaftlicher Tätigkeit anzumerken. Ich möchte jedoch das Zangen-Beispiel und die daraus gezogenen Folgerungen über den Zusammenhang von Transfer, Abstraktion und Konkretion gerade in Bezug auf die Mathematik nicht nur historisch (bzw. zu einer immer problematischen Selbstrechtfertigung) verwenden, sondern auch ein wenig zur systematisch-begrifflichen Klärung mathematischer Tätigkeit.

Deswegen sei zunächst einmal versucht, den Gegenstand mathematischer Tätigkeit ein wenig abzugrenzen, d.h. - gemäß der obigen Erörterung - diejenigen Gesetzmäßigkeiten grob zu charakterisieren, die herauszufinden, in ihrem Zusammenhang zu beschreiben und anwenden zu können, Ziel der spezifisch mathematischen Form der Abstraktion und Konkretion sein dürfte. Vermutlich klassischer Auffassung weitgehend folgend, scheint es mir ganz generell unter den Gesetzmäßigkeiten, die der Realität - und zwar nicht nur der physikalischen

'Raum-Zeit-Realität', sondern der Realität in ihren verschiedensten Bezugsebenen - die also einer ganz unspezifisch verstandenen Realität zu Grunde liegen und von denen wir in unserem Umgang mit der Realität immer wieder Gebrauch machen, insbesondere solche von einem spezifisch formalen Charakter zu geben. Ein ganz elementares Beispiel ist etwa die Gesetzmäßigkeit, nach der wir, um die Anzahl der auf ein Tulpenfeld regelmäßig gepflanzten Tulpen zu bestimmen, diese mit der Anzahl der Längs- und Querreihen in Verbindung bringen, oder (schon ein wenig komplizierter) den Baumbestand eines Waldes mittels gewisser Stichprobenverfahren ermitteln. Ein weiteres Beispiel ist etwa die Gesetzmäßigkeit, die ein Kind ausnutzt, wenn es, um ein regelmäßiges Muster zu schneiden, sein Papier erst nach gewissen Regeln zusammenfaltet und dann das zusammengefaltete Papier nach Belieben, also evtl. höchst unregelmäßig einschneidet. (Hierbei fallen einem natürlich schon eine Fülle mathematischer Stichworte ein: Symmetriegruppen, Gruppenoperation und Quotientenraum, Fundamentalgebiet, Bild und Urbild bezüglich der kanonischen Projektion auf den Quotientenraum usw. Ich möchte hier jedoch nicht mißverstanden werden: Ich halte das Beispiel des Musterschneidens nicht für geeignet, eine methodisch-didaktische oder gar inhaltliche 'Motivation' für diese Begriffsbildungen abzugeben, und möchte diese schon gar nicht daraus in irgendeinem Sinne hergeleitet sehen. Meines Erachtens kann ein solches Beispiel [1] für die Mathematik nur einen marginal illustrativen Wert haben: Man kann daran erkennen, daß man mit gewissen, sehr einfachen Spezialfällen mathematischer Begriffsbildungen schon längst intuitiv vertraut ist, was die geistige Aneignung und Durchdringung solcher Begriffsbildungen vielleicht ein wenig erleichtert.)

Weitere solche 'spezifisch formalen' Gesetzmäßigkeiten liegen vielen Spielen zu Grunde, aber auch dem Zusammenhang der zwei Kurven, welche man erhält, wenn man etwa bei einer

---

[1] Ein anderes, geläufigeres Beispiel wäre etwa das Stundenzählen der Uhr für die Kongruenzrechnung.

Autofahrt eine Karte langsam und gleichmäßig an zwei Stiften entlang führt, deren einer die jeweils zurückgelegte Strecke und deren anderer die jeweilige Geschwindigkeit aufzeichnet (Fahrtenschreiber).

Ganz allgemein lassen sich diese Gesetzmäßigkeiten vielleicht (wiederum wohl klassischen Vorstellungen folgend) als solche des Raumes[1] und der Zahlen[2] beschreiben, wenn auch vielleicht die durch die Stichworte 'Symmetrie' und 'Wahrscheinlichkeit' angesprochenen Formen formaler Gesetzmäßigkeiten eine darüber hinausgehende Eigenständigkeit besitzen.

Wie soll man nun den allen solchen Gesetzmäßigkeiten gemeinsamen, oben als spezifisch formal bezeichneten Charakter - etwa im Unterschied zum Fallgesetz oder zum Hebelgesetz, die ja auch in gewisser Weise formaler Natur sind - genauer beschreiben? Vielleicht kann und sollte man sie als 'universell'

---

1) Hierbei sind natürlich neben den an die Metrik gebundenen (linearen oder auch differentialgeometrischen) Phänomenen auch solche (topologischen) Dinge mit einbezogen, wie etwa, daß erst ein geschlossener Zaun ein Innen vom Außen abgrenzt oder daß zwei ineinander verschlungene Ringe sich auf spezifische Weise von zwei nebeneinander liegenden Ringen unterscheiden. - H.Hopf soll seine Vorlesung über algebraische Topologie damit begonnen haben, mit Daumen und Zeigefinger beider Hände diese beiden Konfigurationen zu veranschaulichen und die Herausarbeitung ihres Unterschiedes als Aufgabe seiner Vorlesung hinzustellen.

2) Ich denke hier auch an solche zahlentheoretischen Aussagen, wie etwa, daß eine Primzahl p genau dann in der Form $n^2 + m^2$ (n,m∈N) darstellbar ist, wenn p = 2 oder p ≡ 1 (4) gilt, oder - um eine weniger gängige zu nehmen - daß für eine Primzahl p die Gleichung $2 \equiv n^3$ (p) für ein n∈N genau dann erfüllbar ist, wenn p = 2, p = 3, p ≡ -1 (3) gilt oder wenn p in der Form $a^2 + 27b^2$ (a,b∈N) darstellbar ist. Ich halte solche Aussagen und mehr vielleicht noch die Methoden, die zu ihnen führen, durchaus für einen Beitrag zur Beschreibung der Realität, - die in ihnen beschriebenen Gesetzmäßigkeiten also durchaus für solche, die 'der Realität zu Grunde liegen', auch wenn diese Aussagen nicht unmittelbar zum Zwecke 'gesellschaftlicher Bedürfnisbefriedigung' weiter konkretisiert werden können (falls denn Erkenntnis der Realität nur ein mittelbares gesellschaftliches Bedürfnis ist).
Vermutlich haben jedoch allein schon die Methoden, nach denen derlei Aussagen durch Abstraktion und Konkretion gewonnen wurden, eine kaum zu überschätzende, auch gesellschaftliche Bedeutung - und zwar vermute ich das allein schon wegen des (mit obigen Beispielen dokumentierten) offenbaren Erfolges der in diesen Methoden zum Zuge kommenden Form der Auseinandersetzung mit der Realität.

bezeichnen, wie Du neulich vorschlugst, da sie in ihrem Kern nicht durch Experimente bestätigt oder widerlegt werden können, sondern eben eine universelle, von Experimenten unabhängige Gültigkeit für sich in Anspruch nehmen. Man könnte vielleicht auch versuchen, sie als solche Gesetzmäßigkeiten zu charakterisieren, die eine vollständige und präzise Formulierung der Voraussetzungen, unter denen sie statt haben, erlauben, also immer dann zutreffen, wenn ihre Voraussetzungen erfüllt sind, ganz unabhängig von allen Nebenumständen, während alle übrigen, stärker inhaltlichen (wie ich sagen würde) oder weniger universellen (wie Du vielleicht lieber sagen möchtest) Gesetzmäßigkeiten in ihrem Zutreffen durchaus und in einer wohl kaum vollständig beschreibbaren Weise von den jeweiligen Nebenumständen abhängen. Dies bietet sich insbesondere an, wenn man diese Gesetzmäßigkeiten als Verfahrensvorschriften konkretisiert: Unter entsprechenden, vollständig angebbaren Voraussetzungen läßt sich das Gelingen eines Verfahrens (zumindest innerhalb angebbarer Grenzen), wenn es solche spezifisch formalen oder universellen Gesetzmäßigkeiten konkretisiert, garantieren (man denke z.B.an das Tulpenfeld), während man bekanntermaßen auch bei bester Kenntnis der Hebelgesetze nicht jeden Nagel auf kanonische Weise mit einer Zange glücklich aus einem Brett zu entfernen in der Lage ist.

Hier eine genaue Abgrenzung vorzunehmen, mag den Philosophen überlassen bleiben, deren Geschäft zu übernehmen, ich mich doch scheue. In jedem Falle hoffe ich, genügend Beispiele gegeben zu haben, um deutlich werden zu lassen, welche Gesetzmäßigkeiten ich 'spezifisch formal' nennen möchte.

Die Mathematik jedenfalls, soviel liegt jetzt ja wohl auf der Hand, kann innerhalb des oben beschriebenen Rahmens (Transfer, Abstraktion und Konkretion) als eine Wissenschaft verstanden werden, die sich der Fülle dieser in den verschiedensten Bezugsebenen der Realität zum Zuge kommenden, spezifisch formalen Gesetzmäßigkeiten (und deren innerem Zusammenhang) widmet. (Nebenbei sei hier bemerkt: 'Quantität', was zumindest von Nichtmathematikern und nicht ganz ohne Ursache gelegentlich als zentrales Thema der Mathematik angesehen wird oder jedenfalls wurde, ist in diesem Sinne nur deshalb

und nur insoweit Gegenstand der Mathematik, als 'Quantität'
in besonderem Maße und in besonders einfacher Weise formale
Bezüge zwischen verschiedenerlei Dingen herzustellen in der
Lage ist. Deshalb interessiert auch in der Mathematik nicht
die Zahl für sich, sondern die Art und Weise, wie sie Beziehungen stiftet, mit anderen Zahlen verglichen und verknüpft werden kann, kurz: Es interessieren die Zahlbereiche
und die ihnen inhärenten Gesetzmäßigkeiten, dagegen die Zahlen selbst nur insoweit, als sich in ihnen derlei Gesetzmäßigkeiten konkretisieren - so etwa in der Aussage
"$2^{19937} - 1$ ist eine Primzahl".

Aber selbst wenn die bisherigen Bemerkungen einiges Brauchbare über die Zielsetzung mathematischer Tätigkeit (Auf-
deckung, Untersuchung und Anwendung spezifisch formaler Gesetzmäßigkeiten) enthalten sollten, zum eigentlichen Thema,
nämlich einer mehr oder weniger generalisierenden Beschreibung mathematischer Tätigkeit selbst, tragen sie doch nur
indirekt bei. Gerade dafür aber hatte ich das Beispiel der
Zange so ausführlich erörtert: Meine These (jedenfalls für
diesen Brief) ist hier nämlich, daß der Zusammenhang von
Transfer, Abstraktion und Konkretion nicht einfach nur das
Verhältnis der Wissenschaften zur Realität (wenn auch grob
vereinfachend) zu beschreiben gestattet - von solchen allgemeinen Dingen weiß ich ja auch ohnehin zu wenig und mir
ist bei meinen eigenen Äußerungen dazu immer recht unbehag-
lich zumute -, sondern daß sich dieser Prozeß von Abstraktion,
Konkretion und Transfer in der Wissenschaft selbst, zumindest
in der Mathematik, stets von neuem auf immer höheren Stufen
wiederholt. Mathematische Tätigkeit besteht m.E. also nicht
nur im unmittelbaren Aufdecken solcher Gesetzmäßigkeiten
wie etwa derjenigen, die dem Unterschied zweier ineinander
verschlungener Ringe und zweier nebeneinander liegender
Ringe zu Grunde liegt, sondern mathematische Tätigkeit besteht darüberhinaus zu einem guten Teil darin, in einem
schon vorgelegten mathematischen Gedankengang - einem vorgelegten Beweis ebenso wie einem durchgerechneten Beispiel
oder auch nur einer heuristisch gestützten Überlegung - die

zu Grunde liegenden Gesetzmäßigkeiten zu erkennen und in ihrem Zusammenhang zu artikulieren (= Abstraktion), diese wieder mit der Fülle des darin (in bekanntem Doppelsinne) aufgehobenen, zumindest vergleichsweise Einzelnen und Konkreten lebendig (und d.h. sowohl in überlieferter als auch in neuer Weise) zu verknüpfen (= Konkretion), sowie - und dies besonders hinsichtlich des Methodischen - auf weitere, in gewisser Hinsicht vielleicht analoge Probleme zu übertragen (Transfer). Mathematische Tätigkeit bezieht sich also vermöge Abstraktion, Konkretion und Transfer stets auf den bereits erreichten und dem jeweiligen Mathematiker erschlossenen Entwicklungsstand der Mathematik selbst. Vermutlich kann sogar der wissenschaftliche, auf Kommunikation und Kumulation angewiesene Prozeß selbst bei der Bearbeitung solcher 'unmittelbarer' Fragestellungen wie der nach dem entscheidenden Unterschied der zwei verschiedenen Ringkonfigurationen nur dann vorankommen, wenn er sich eben in der oben versuchsweise beschriebenen Form auch auf sich selbst bezieht - zumindest zeigt ja gerade das Beispiel der Entwicklung der algebraischen Topologie von Poincaré und Brouwer über Alexandroff, Hopf und Lefschetz bis hin zum heutigen Stand den Erfolg eines solchen Vorgehens.

Ich möchte Dir - und das ist ja schließlich die eigentliche Aufgabe dieses Briefes - diese (vermutlich, ja hoffentlich gar nicht sehr originelle) Auffassung dessen, was wohl 'Mathematik machen' heißt, durch einige Beispiele erläutern.

Als erstes möchte ich aus den 'Vorlesungen über die Theorie der algebraischen Zahlen' von Erich Hecke eine Stelle zitieren, in der er den historischen Prozeß des Herausarbeitens der dem quadratischen Reziprozitätsgesetz zu Grunde liegenden Gesetzmäßigkeiten (bis zum Stand des Jahres 1923) recht eindringlich beschreibt.

Dort heißt es, nachdem Hecke unmittelbar zuvor das quadratische Restsymbol definiert hat (zitiert nach der 2.unveränderten Auflage, Leipzig 1954, S.58-60):

"Über dieses Restsymbol hat nun Legendre und vor ihm in speziellen Fällen schon Euler eine merkwürdige und für die ganze Arithmetik höchst folgenreiche Entdeckung gemacht, die man als das *quadratische Reziprozitaetsgesetz* heute so formuliert:

Fuer positive ungrade a, n ist

$$\left(\frac{a}{n}\right) = \left(\frac{n}{a}\right)(-1)^{\frac{a-1}{2} \cdot \frac{n-1}{2}}$$

Ueberdies gelten die sog. Ergaenzungssaetze

$$\left(\frac{-1}{n}\right) = (-1)^{\frac{n-1}{2}} \qquad n \text{ ungrade}, > 0$$

$$\left(\frac{2}{n}\right) = (-1)^{\frac{n^2-1}{8}} \qquad n \text{ ungrade}$$

Nachdem Legendre als erster einen, allerdings in einem wesentlichen Punkt unvollständigen Beweisversuch veröffentlicht hatte, gelang dem neunzehnjährigen Gauß (1796) der erste Beweis, den er 1801 in seinem klassischen Werk 'Disquisitiones arithmeticae' publizierte. Seitdem hat man eine große Menge verschiedener Beweise für das Reziprozitätsgesetz geliefert; das Verzeichnis bei Bachmann zählt 45 Nummern, von Gauß allein stammen acht Beweise.

Von der Entdeckung des Reziprozitätsgesetzes kann man die moderne Zahlentheorie datieren. Seiner Form nach gehört es noch der Theorie der rationalen Zahlen an, es läßt sich aussprechen als eine einfache Beziehung lediglich zwischen rationalen Zahlen; jedoch weist es seinem Inhalt nach über den Bereich der rationalen Zahlen hinaus. Schon Gauß selbst erkannte dies. Er versuchte zunächst, die arithmetischen Begriffsbildungen auf die ganzen komplexen Zahlen $a + b\sqrt{-1}$, wo a, b ganze rationale Zahlen sind, zu übertragen, und hier gelang ihm die Aufstellung und der Beweis eines ähnlichen Gesetzes für vierte Potenzreste. (Wahrscheinlich war es dieser Erfolg der komplexen Zahlentheorie, der ihn veranlaßte,

auch in den übrigen Teilen der Analysis die damals nur mit
Mißtrauen und nur gelegentlich benutzten komplexen Zahlen
als prinzipiell völlig gleichberechtigt mit den reellen Zahlen einzuführen). Er erkannte, daß jenes Legendresche Reziprozitätsgesetz einen speziellen Fall eines allgemeineren
und viel umfassenderen Gesetzes darstellt. Darum haben auch
er und viele andere Mathematiker immer wieder neue andere
Beweise gesucht, deren wesentliche Gedanken sich auch auf
andere Zahlbereiche übertragen ließen, in der Hoffnung, dadurch auch jenem allgemeineren Gesetz näher zu kommen. Den
letzten entscheidenden Schritt hat erst Kummer durch seine
Einführung der idealen Primfaktoren getan. Dann hat Dedekind
die allgemeine Theorie der Ideale in algebraischen Zahlkörpern begründet, und in der Gegenwart ist endlich durch Hilbert
und dessen Schüler Furtwängler die Aufstellung und der Beweis
des allgemeinsten Reziprozitätsgesetzes für q^{te} Potenzreste,
wo q eine Primzahl, geleistet worden.

Die Entwicklung der algebraischen Zahlentheorie hat nun wirklich gezeigt, daß der Inhalt des quadratischen Reziprozitätsgesetzes erst verständlich wird, wenn man zu den allgemeinen
algebraischen Zahlen übergeht, und daß ein dem Wesen des Problems angemessener Beweis sich auch am besten mit diesen höheren Hilfsmitteln führen läßt, während man von den elementaren
Beweisen sagen muß, daß sie mehr den Charakter einer nachträglichen Verifikation besitzen.

Deshalb soll hier auf eine Darstellung eines elementaren Beweises ganz verzichtet werden. Vielmehr stellen wir uns die
Aufgabe, die Begriffe der rationalen Zahlentheorie, insbesondere den der ganzen Zahl, auf andere Bereiche von Zahlen
zu übertragen, wobei sich dann auch neue Beziehungen zwischen
ganzen rationalen Zahlen allein ergeben werden, z.B. auch das
quadratische Reziprozitätsgesetz als ein Nebenresultat sich
von selbst darbieten wird."

Die weitere Entwicklung dieser Problematik während der letzten fünfzig Jahre scheint übrigens die Ansicht Heckes über den Grundzug dieser Entwicklung nur zu bestätigen.

Als nächstes möchte ich jetzt auf das Stichwort 'Grothendieckgruppe' zu sprechen kommen. Hierbei handelt es sich nicht so sehr um ein Untersuchungsobjekt, als vielmehr um ein Verfahren methodischer Abstraktion, das sich in letzter Zeit als äußerst fruchtbar und - wenn man so sagen darf - 'transferabel' erwiesen hat.

Mit zum ersten Mal tritt dieses mit dem Stichwort 'Grothendieckgruppe' angesprochene Verfahren methodischer Abstraktion bei der Einführung negativer Zahlen in der im Mittelalter von den arabischen Mathematikern entwickelten 'Algebra' in Erscheinung. Die ungeheure praktische Nutzbarkeit der Begriffsbildung der negativen Zahlen sowie ihre theoretische Bedeutung brauche ich wohl kaum zu erläutern, doch möchte ich auf die großen psychologischen Barrieren hinweisen, die gerade bei einer Interpretation der natürlichen Zahlen als Kardinalzahlen (= Mächtigkeiten endlicher Mengen) oder der positiven reellen Zahlen als Längen der Bildung negativer Zahlen entgegenstehen - Barrieren, die anscheinend so hoch sind, daß sich die Mathematiker bis Ende der fünfziger Jahre dieses Jahrhunderts, genauer bis zu Grothendieck's Beweis des 'Satzes von Riemann - Roch - Hirzebruch' gescheut haben, auch auf anderen Abstraktionsebenen Gebrauch von der Nützlichkeit dieses ebenso einfachen wie genialen Kunstgriffs zu machen, der in der Einführung nicht unmittelbar interpretierbarer 'Größen' (nämlich entsprechend den negativen Zahlen gewisser 'formaler Differenzen') zur einfacheren Beschreibung und Durchführung von für die unmittelbar gegebenen Objekte (entsprechend den endlichen Mengen oder Strecken) interessanten Operationen besteht und durch den es insbesondere ermöglicht wird, gewisse Kalkulationen an Hand der Objekte selbst - z.B. der Vektorraumbündel - vorzunehmen anstatt an Hand von gelegentlich nur schwer zugänglichen Invarianten dieser Objekte - z.B. der Chernklassen -, die in irgendwelchen vorab gegebenen, mit den betrachteten Objekten nicht unmittelbar zusammenhängenden Bereichen liegen.

Wie hoch diese psychologischen Barrieren sind, zeigen etwa
die in den dreißiger Jahren aufgestellten Definitionen des
Wittringes oder der Brauergruppe, welche - trotz ihrer Ver-
wandtschaft mit der Konstruktion von Grothendieckgruppen -
noch das deutliche Bestreben erkennen lassen, nur mit solchen 'Größen' zu rechnen, die im gegebenen Kontext unmittelbar interpretierbar sind.

Erst die Erfolge Grothendiecks, der von Atiyah und Hirzebruch entwickelten (topologischen) K-Theorie und etwa auch
der auf analogen Begriffsbildungen beruhenden, frühen Beiträge Swans zur ganzzahligen Darstellungstheorie bewirkten,
daß dieser Kunstgriff zu einem mittlerweile vertrauten Verfahren methodischer Abstraktion geworden ist und inzwischen
in einer kaum noch übersehbaren Fülle von Fragestellungen
mit Glück verwandt werden konnte. Dabei ist festzustellen,
daß es kein allgemeines Theorem über Grothendieckgruppen
gibt, das etwa in den einzelnen Spezialfällen zum Zuge käme,
vielmehr ermöglicht das mit dem Stichwort 'Grothendieckgruppe' bezeichnete Verfahren in den einzelnen Spezialfällen häufig gerade erst die Artikulation der verschiedenartigsten, in den jeweils betrachteten Situationen relevanten
Aussagen.

Das Ganze kann m.E. als Beispiel dafür dienen, wie ein in
einem relativ speziellen Fall erfolgreiches und der Situation angemessenes abstrakt-methodisches Vorgehen - als methodischer Kunstgriff verstanden und so auf die verschiedensten Problemstellungen übertragen - der mathematischen
Arbeit immer wieder neue Horizonte zu eröffnen vermag und
häufig eine kaum absehbare Fülle weiterer mathematischer
Fragestellungen verschiedenster Art zu artikulieren und zu
bearbeiten erlaubt, d.h. als Beispiel dafür, wie Transfer
gerade durch Abstraktion möglich wird.

Ähnliche Betrachtungen ließen sich wohl hinsichtlich der
Herausbildung der Begriffe 'Gruppe' (Galois-Lie-Klein...),

'Körper' (Dedekind-Steinitz...), 'Ideal' (Kummer-Dedekind...) und vieler anderer, uns heute geläufiger Begriffsbildungen anstellen.

Auch die Theorie der Spektralsequenzen scheint mir in diesem Zusammenhang von Interesse. Der von Leray stammende Begriff der Spektralsequenz erlaubt es, für eine Faserung den recht komplizierten Zusammenhang zwischen der Homologie des Basisraumes, der Fasern und des Totalraumes allgemein zu formulieren, und zwar derart, daß in jeder speziellen Situation die relevanten, meist einfacheren Zusammenhänge aus der allgemeinen Formulierung auf fast kanonische Weise gewonnen werden können.

Es hat sich mittlerweile herausgestellt, daß der durch Spektralsequenzen beschriebene Zusammenhang nicht nur zwischen der Homologie von Basisraum, Faser und Totalraum einer Faserung besteht, sondern auch in einer fast überraschenden Fülle z.T. völlig anderer Situationen. Dies zeigt einmal, daß es Leray gelungen ist, die zunächst fast undurchsichtige Form des angesprochenen Zusammenhangs der verschiedenen Homologiegruppen in 'richtiger' Weise abstrakt gefaßt zu haben, zum anderen zeigt sich, daß es gerade erst durch diese Form der 'richtigen' Abstraktion möglich wurde, die in den einzelnen Fällen möglichen oder nötigen konkreten Rechnungen systematisch durchzuführen. Man kann also diese Theorie als Beispiel dafür ansehen, wie Abstraktion gerade 'Konkretion' ermöglicht. Der durch diese Abstraktion ermöglichte Transfer liegt hier nicht so sehr im Methodischen des Ansatzes als gerade im Methodischen der Auswertung, also eben der Konkretion.

Schließlich noch ein paar Beispiele aus meiner eigenen Tätigkeit: Wie Du weißt, habe ich mich seinerzeit in Kiel dem dort betriebenen Studium der in den Grundlagen der Geometrie auftretenden Gruppen angeschlossen. Ich hatte kurz zuvor gerade Pontrjagins Buch über topologische Gruppen gelesen, so daß es für mich aus rein formalen Gründen nahelag, auch auf diesen geometrischen Gruppen vernünftige, z.B. etwa kompakte

Topologien zu untersuchen. Daß sich dabei mehr als bloße begriffliche Spielerei ergab, liegt wohl weniger an mir als daran, daß die dabei von mir in Zusammenhang gebrachten mathematischen Begriffe in sich selbst so etwas wie eine Art 'Vernunft der Sache' trugen, d.h. also zweckmäßige, gehaltvolle und angemessene Abstraktion waren, konkreter, daß die kompakte Topologie recht bald zu lokal kompakten Koordinatenkörpern und damit zu zahlentheoretischen Fragestellungen führte, die z.T. recht konkreter Natur waren und bei denen man etwa Sätze wie den von Hasse-Minkowski mit Erfolg verwenden konnte. Schon damals erwies sich das Studium einzelner Fälle, gekoppelt mit dem Versuch, unter Benutzung aller mir zur Verfügung stehenden Kenntnisse und Methoden jeweils im Einzelfall das allgemeingültige Prinzip zu erkennen, als eigentlich vorwärtstreibendes Moment: So entstand z.B. der relativ einfache Beweis dafür, daß bei einer endlichen Erweiterung K/k algebraischer Zahlkörper stets unendlich viele Primstellen aus k in K voll zerfallen, aus einer Analyse eines auf der expliziten Darstellung von $\sqrt{1+d}$ als 'formaler' Potenzreihe beruhenden Beweises dieser Aussage für quadratische Körpererweiterungen. Nach einem mehr zur Erweiterung meines Wissens unternommenen Ausflug in die Topologie zeigte sich das gleiche noch deutlicher mit Beginn meiner Untersuchungen zur Darstellungstheorie endlicher Gruppen: Den kuriosen Satz, daß der Burnside-Ring $B(G)$ (= 'Grothendieckring' der Permutationsdarstellungen) einer endlichen Gruppe G dann und nur dann nur triviale Idempotente besitzt, wenn G auflösbar ist, fand ich erst, aber dann auch fast unmittelbar, nachdem ich für $G = A_5$ (die nicht auflösbare Gruppe der Ordnung 60) $B(A_5)$ konkret berechnet hatte und sich dort die Existenz nicht-trivialer Idempotente herausstellte, obschon - wie sich dabei ergab - durch zuvor angestellte Routineüberlegungen (Bestimmung von Primidealen etc.) schon fast alle zum Beweis des allgemeinen Resultats notwendigen Hilfsmittel bereitlagen.

Ebenso brachten mich erst konkrete Rechnungen mit modularen Permutationsdarstellungen von Untergruppen der S_4 zu einer vernünftigen Vermutung bezüglich der Frage, wann zwei (mengentheoretische) Permutationsdarstellungen einer Gruppe isomorphe Permutationsdarstellungen über einem endlichen Körper oder auch über Z definieren, einer Vermutung, die dann auch wieder unter Zuhilfenahme von Routinemethoden (Lokalisation, Komplettierung etc.) recht bald bewiesen werden konnte. Andererseits zwang der Versuch, die Fülle der auf diese Weise nach einiger Zeit entstandenen Ergebnisse zur Darstellungstheorie endlicher Gruppen systematisch aufzuschreiben, zur Ausarbeitung eines gewissen Formalismus - nämlich des Formalismus der Mackey-Funktoren -, den ich wegen seiner großen Abstraktheit und der dadurch implizierten gewissen Beliebigkeit der Begriffsbildungen allerdings nur mit großem inneren Widerstreben zu Papier brachte. Daß ich dabei vielleicht doch Richtiges gesehen habe, scheint sich jetzt für mich in den Anwendungen dieses Apparats in der äquivarianten Homologietheorie durch tom Dieck und andere zu bestätigen; dennoch glaube ich, daß bei der Entwicklung abstrakter Begriffsapparate größte Behutsamkeit geboten ist, da wir uns sonst zu leicht in einer Inflation abstrakter Begrifflichkeit verlieren könnten.

Auch meine übrigen Arbeiten aus letzter Zeit ergaben sich bei dem Versuch, das Allgemeine im Einzelnen oder Speziellen zu erkennen und dabei von allem Gebrauch zu machen, was mir im jeweiligen Kontext zur Verfügung stand: So ließen sich etwa die Überlegungen von Porteous über Anosow-Mannigfaltigkeiten dadurch erheblich besser verstehen und auch herleiten, daß man seine Aussagen als Aussagen über einen gewissen Endomorphismenring deutete und dann als Korollar mehr oder weniger bekannter rein ringtheoretischer Aussagen gewann. Ebenso war die Berechnung des Ranges der 'Permutations-Klassen-Gruppe' einer endlichen Gruppe mehr oder weniger fertig, nachdem einmal für die nicht-abelsche Gruppe der Ordnung 21 gezeigt war, daß hier dieser Rang von 0 verschieden ist, wiederum weil sich die in diesem Spezialfall benutzten Methoden fast routinemäßig auf den allgemeinen Fall übertragen ließen.

Generell könnte ich also meine eigene mathematische Tätigkeit beschreiben als den je und je und in den verschiedensten Zusammenhängen angestellten Versuch, durch konkrete, allerdings an allgemeinen Fragestellungen orientierte Rechnungen Anhaltspunkte für eine generelle Behandlung dieser Fragestellungen zu gewinnen und dabei von in analogen Zusammenhängen bereits entwickelten Verfahren oder Begriffsbildungen so fruchtbaren Gebrauch wie möglich zu machen – d.h. sowohl routinemäßig gewisse, mehr oder weniger zugängliche und vermutlich wichtige Daten zu ermitteln, als auch in sogenannter 'freier Assoziation' gewisse Grundgedanken zu übertragen.

Wollte ich das weiter belegen, würde ich mich wohl allzusehr in Einzelheiten verlieren. Ich möchte deswegen lieber an dieser Stelle schließen und hoffe, daß meine Mühen, diesen Brief zu Papier zu bringen, für Deine Zwecke nicht ganz nutzlos gewesen sein mögen.

    Mit den besten Wünschen für Dein Buch
    und herzlichen Grüßen
        Dein Andreas

RICHARD COURANT

Richard Courant, geboren am 8. Januar 1888 in Lublinitz, Schlesien, studierte nach Absolvierung des humanistischen Gymnasiums Philosophie, Physik und Mathematik an den Universitäten Breslau, Zürich und Göttingen, wo er Assistent und Mitarbeiter von David Hilbert wurde und sich habilitierte.

Nach vierjährigem Militärdienst während des ersten Weltkrieges wurde er als Professor an die Universität Münster berufen. Er kehrte 1921 als Nachfolger von Felix Klein nach Göttingen zurück und widmete sich neben seiner Tätigkeit als Forscher, Lehrer und Autor dem Ausbau des dortigen Mathematischen Instituts.

Im Jahre 1933 wurde er von dem Nationalsozialistischen Regime aus der Stellung als Professor und Direktor dieses Institutes verdrängt und wirkte seitdem erst in Cambridge, England, dann seit 1934 an der New York University in New York, immer bestrebt, die Einheit zwischen angewandter und theoretischer Mathematik zu wahren.

Professor Courant ist am 27. Januar 1972 in seinem Wohnsitz in New Rochelle gestorben.

Die Mathematik in der modernen Welt

Richard Courant

Die zunehmende Bedeutung der Mathematik in der modernen
Welt spiegelt sich lebhaft in der steigenden Anzahl der
Mathematiker wider. Man schätzt, daß sich die Mitglieder-
zahlen in den einzelnen Organisationen für Berufsmathematiker in den USA seit 1900 verdreißigfacht haben. Heute gibt
es 4800 promovierte Mathematiker. In den letzten 25 Jahren
hat sich die Anzahl der Mathematiker, die außerhalb der
Universitäten in der Industrie und im Staatsdienst tätig
sind, verzwölffacht. Zehntausende von Arbeitern aller Quali-
fikationsstufen führen heute Tätigkeiten mit mehr oder weniger mathematischem Charakter aus. An den Universitäten
wählten 1962 im Vergleich zu 1956 dreimal so viele Studenten Mathematik als Hauptfach. Die Mathematik hat aufgehört,
ein Gebiet zu sein, das eine akademische Elite für sich in
Anspruch nimmt, sie ist vielmehr ein vielschichtiger Beruf
geworden, der immer mehr begabte Männer und Frauen anzieht.
In der Gegenwart ist der Umfang von Forschung und Lehre in
der Mathematik bedeutend ausgedehnt worden, und mathematische
Techniken sind weit in Gebiete außerhalb der mathematischen
Wissenschaft vorgedrungen, so z.B. in die Physik, in neue
Zweige der Technologie, in die Biologie und sogar in die
Ökonomie und die anderen Gesellschaftswissenschaften. Elek-
tronenrechner und Rechentechniken gaben Impulse für die
Forschung auf Gebieten, deren Bedeutung für die Mathematik
selbst und für alle Wissenschaften mit inhärenten Elementen
von Mathematik offensichtlich enorm ist und bisher nur teil-
weise verstanden wird.

Die gegenwärtige Rolle der Mathematik kann jedoch am besten

durch einen Vergleich mit ihren früheren Entwicklungsstufen
gewürdigt werden. Noch vor dreihundert Jahren machte die
Geometrie, die aus dem Altertum überkommen und in den dazwischen liegenden 2000 Jahren nur in geringem Maße erweitert worden war, den Hauptteil der Mathematik aus. Dann
setzte eine radikale und rasche Umwandlung der Mathematik
ein. Der strenge, axiomatische, deduktive Stil der Geometrie
wich induktiven, intuitiven Einsichten, rein geometrische
Begriffe machten Zahlbegriffen und algebraischen Operationen
Platz, die in der analytischen Geometrie, der höheren
Analysis und der Mechanik eine Rolle spielen. Es war die
kleine intellektuelle Aristokratie der neuen Mathematik,
die nun die Spitze der stürmischen Entwicklung der Wissenschaft bildete. Zur Zeit der französischen Revolution kam
es aufgrund der in reichem Maße angesammelten Resultate und
der erwiesenen Macht der mathematischen Wissenschaft zu
einer Erweiterung der schmalen Basis an Menschen, die für
wissenschaftliche Betätigung zur Verfügung standen: Lehrbücher wurden verfaßt, um die neue Mathematik einer größeren
Anzahl von Menschen zugänglich zu machen, man begann mit
der systematischen Ausbildung von Wissenschaftlern und
Mathematikern an den Universitäten und etablierte neue
Laufbahnen im Vollzug der Erweiterung des menschlichen
Wissens.

Die 'klassische' Mathematik, deren Ursprünge auf das 17. Jahrhundert zurückgehen, besitzt auch heute noch ihre Kraft und
ihre Schlüsselstellung. Als äußerst ergiebig hat sich die
Klärung und Verallgemeinerung der beiden Grundbegriffe der
höheren Analysis erwiesen: Es handelt sich hierbei erstens
um den Begriff der Funktion, der die gegenseitige Abhängigkeit zweier oder mehrerer Variablen betrifft, und zweitens
um den des Grenzwertes, der eine strenge Prüfung des intuitiven Stetigkeitsbegriffes mit sich bringt. Die Begriffe
der mathematischen Analysis, inklusive der Theorie der
Differentialgleichungen einer oder mehrerer Variablen,
ein wichtiges Werkzeug der Behandlung von Änderungsgeschwindigkeiten, durchdringen das gewaltig ausgedehnte Gebiet der
modernen Mathematik.

Die Mathematik spiegelt heute auch einen starken, bis zum Beginn des 19. Jahrhunderts zurückzuverfolgenden Trend wider, der dahingeht, die neuen Eroberungen im Sinne der in der Antike praktizierten mathematischen Strenge zu festigen. Dieses Bestreben hat eine intensive Arbeit an den Grundlagen der Mathematik zur Folge gehabt, die darauf ausgerichtet ist, die Struktur der Mathematik und die Bedeutung der 'Existenz' für die Gegenstände des mathematischen Denkens zu klären.

Es war nicht zu verhindern, daß durch die Ausweitung der Mathematik immanente Tendenzen zur Spezialisierung und Isolierung verstärkt wurden; die Mathematik ist durch einen Verlust an Einheitlichkeit und Zusammenhalt gefährdet. Das gegenseitige Verstehen unter Vertretern verschiedener Gebiete der Mathematik ist schwierig geworden, und der Kontakt der Mathematik mit anderen Wissenschaften hat nachgelassen. Dennoch werden weiterhin bemerkenswerte Fortschritte erzielt, meist von jungen Begabungen, die von einer Gesellschaft, welche die zunehmende Bedeutung der Mathematik erkennt, weitgehend unterstützt werden. Gleichzeitig hat der wachsende Umfang der mathematischen Betätigung eine verwirrende Lawine von Publikationen, eine Vielzahl von Tagungen, administrative Verwicklungen und kommerzielle Zwänge ausgelöst. Deshalb entsteht den Mathematikern die ernsthafte Verpflichtung, über das Wesen der Mathematik, ihre Motivationen und Ziele sowie über die Ideen nachzudenken, die die auseinanderstrebenden Interessen verbinden müssen. Die beste Gelegenheit hierzu können die Mathematiker in der Möglichkeit finden, ihre Arbeit einem breiteren Publikum zu erläutern.

Die Frage "Was ist Mathematik?" kann nicht durch philosophische Allgemeinheiten, semantische Definitionen oder journalistische Umschreibungen befriedigend beantwortet werden. Beschreibungen dieser Art werden ja auch der Musik oder der Malerei nicht gerecht. Niemand kann ein richtiges Verständnis für diese Künste aufbringen ohne einige Erfahrung mit Rhythmus, Harmonie und Struktur bzw. mit Form, Farbe und Komposition. Um die Mathematik verstehen zu können, ist der tatsächliche Kontakt mit ihrer Substanz in sogar noch höherem Maße erforderlich.

Wenn man dies beachtet, sind einige Bemerkungen allgemeiner Art dennoch möglich. Wie so oft gesagt wird, zielt die Mathematik auf fortschreitende Abstraktion, logisch strenge, axiomatische Deduktion und immer größere Verallgemeinerung. Eine solche Charakterisierung entspricht der Wahrheit, jedoch nicht der ganzen Wahrheit; sie ist einseitig, nahezu eine Karikatur der lebendigen Realität. Zunächst einmal besitzt die Mathematik kein Monopol auf Abstraktion. Die Begriffe Masse, Geschwindigkeit, Kraft, Spannung und Strom sind alle miteinander abstrakte Idealisierungen der physikalischen Realität. Mathematische Begriffe, wie beispielsweise Punkt, Raum, Zahl und Funktion sind lediglich offensichtlicher abstrakt.

Das Modell der strengen axiomatischen Deduktion, das die Mathematik aufgrund von Euklids "Elemente" solange geprägt hat, bildet die bemerkenswert attraktive Form, in der das Endprodukt des mathematischen Denkens oft dargestellt werden kann. Es bedeutet den höchsten Erfolg beim Durchdringen und Ordnen mathematischer Substanz und beim Freilegen ihrer strukturellen Grundlagen. Jedoch ist die Hervorhebung dieses Aspektes der Mathematik vollkommen irreführend, falls dadurch der Eindruck entsteht, daß Konstruktion, imaginative Induktion und Kombination sowie der schwer definierbare geistige Vorgang, den man Intuition nennt, eine untergeordnete Rolle für die produktive mathematische Betätigung oder das echte Verständnis spielen. Zwar bildet die deduktive Methode, die von scheinbar dogmatischen Axiomen ausgeht, im Mathematikunterricht ein abgekürztes Verfahren für das Erfassen eines großen Gebietes, aber die konstruktive, sokratische Methode, die vom Speziellen zum Allgemeinen führt und dogmatischen Zwang scheut, stellt einen sicheren Weg zum unabhängigen, produktiven Denken dar.

So wie die Deduktion durch Intuition ergänzt werden sollte,
so muß der Impuls zu fortschreitender Verallgemeinerung
durch Respekt und Liebe für das farbige Detail gemäßigt und
ausgeglichen werden. Das einzelne Problem sollte nicht dazu
herabgewürdigt werden, nur als spezielle Veranschaulichung
hochtrabender, allgemeiner Theorien zu dienen. In der Tat
gehen allgemeine Theorien aus der Betrachtung des Spezifischen hervor, und sie sind sinnlos, falls sie nicht dazu
dienen, den darunter liegenden spezifischen Inhalt aufzuklären und zu ordnen.

Die Wechselwirkung zwischen Allgemeinheit und Individualität, Deduktion und Konstruktion, Logik und Imagination - das
ist das fundamentale Wesen der lebendigen Mathematik. Jeder
einzelne dieser Aspekte der Mathematik kann im Mittelpunkt
einer gegebenen Leistung stehen. Bei einer weitreichenden
Entwicklung werden alle beteiligt sein. Allgemein gesprochen
wird eine solche Entwicklung von der 'konkreten' Basis aus
starten, dann durch Abstrahieren Ballast abwerfen und zu
den hohen, dünnen Luftschichten aufsteigen, wo Navigation
und Beobachtung leicht sind; nach diesem Flug erfolgt die
entscheidende Bewährungsprobe, die im Landen und im Erreichen spezifischer Ziele auf den in neuer Weise überblickten unteren Ebenen der individuellen 'Realität' besteht.
Kurz gesagt, der Flug in die abstrakte Allgemeinheit muß
vom Konkreten und Spezifischen aus starten und auch wieder
dahin zurückführen.

Diese Grundsätze werden durch die Entwicklung der mathematischen Wissenschaft dramatisch und überzeugend veranschaulicht. Mit dem Genie des wahren Analytikers abstrahierte
Johannes Kepler aus der Fülle der Beobachtungen Tycho Brahes
die elliptische Form der Planetenumlaufbahnen. Durch weitere Abstraktion leitete Isaac Newton aus diesen Modellen das
Gravitationsgesetz und die Differentialgleichungen der
Mechanik ab. Auf diesem hohen Niveau uneingeschränkter
mathematischer Abstraktion gewann die Mechanik eine enorme
Flexibilität. Beim Abstieg zu konkreten und spezifischen,
erdgebundenen Problemen hat sie in riesigen Gebieten, die

außerhalb ihres ursprünglichen Bereichs der Himmelsdynamik liegen, einen Erfolg nach dem anderen errungen.

Ähnlich machte Michael Faraday auf dem Gebiet des Elektromagnetismus eine Reihe experimenteller Entdeckungen, die er durch seine eigene geniale Interpretation miteinander verband. Aus letzterer wurden bald einige mathematische, qualitative Gesetze des Elektromagnetismus abstrahiert. Dann erriet James Clerk Maxwell in genialer Weise, daß sich hinter den Formulierungen für spezifische, einfache Gebilde ein sehr allgemeines quantitatives Gesetz verbirgt, das in einem System von Differentialgleichungen die magnetischen und elektrischen Kräfte und ihre Änderungsgeschwindigkeiten kombiniert. Diese Gleichungen, abstrahiert und losgelöst von spezifischen, greifbaren Fällen, mögen zunächst zu esoterisch für eine Anwendung erschienen sein. Es wurde jedoch bald deutlich, daß Maxwells Aufstieg zur Abstraktion den Weg für weitere Fortschritte in einer Reihe von Richtungen freigemacht hatte. Die Maxwellschen Gleichungen illustrierten die Wellennatur des elektromagnetischen Phänomens, regten Heinrich Hertz zu seinen Experimenten über die Fortpflanzung von Radiowellen an, bildeten die Grundlage für das Entstehen einer vollständigen, neuen Technologie und führten zu neuen Forschungsgebieten, wie z.B. dem heute sehr aktiven Gebiet der Magnetohydrodynamik.

Man kann nicht sagen, daß die Maxwellschen Gleichungen das Produkt eines systematischen, deduktiven Denkvorganges waren. Maxwells Leistung sollte jedoch auch nicht rein induktiven, sokratischen Prozessen zugeschrieben werden. Stattdessen muß er zu jenen seltenen Geistern gezählt werden, die Ähnlichkeit und Parallelen zwischen anscheinend von einander entfernten und unzusammenhängenden Tatsachen erkennen und durch das Verbinden offensichtlich ungleicher Elemente zu einem einheitlichen System bedeutende neue Einsichten gewinnen.

In der eigentlichen Mathematik verleiht ein entsprechender Bogen der Entwicklung, - der sich von der konkreten, individuellen Substanz über die Abstraktion und zurück zum Konkreten und Individuellen spannt -, einer Theorie ihren Sinn und ihre Bedeutung. Um diese grundlegende Tatsache zu verstehen, muß man sich vergegenwärtigen, daß die Begriffe 'konkret', 'abstrakt', 'individuell' und 'allgemein' in der Mathematik keine feste oder absolute Bedeutung haben. Sie beziehen sich in erster Linie auf die intellektuelle Herangehensweise, auf den Wissensstand und auf das Wesen mathematischer Substanz. Was zum Beispiel bereits als vertraut gilt, wird bereitwillig für konkret gehalten. Die Wörter 'Abstraktion' und 'Verallgemeinerung' beschreiben keine statischen Situationen oder Endergebnisse, sondern dynamische Prozesse, bei denen man von einer gewissen konkreten Ebene ausgeht und zu einer 'höheren' zu gelangen versucht.

Fruchtbare neue Entdeckungen in der Mathematik ergeben sich manchmal plötzlich und mit einem anscheinend relativ geringen Aufwand: Das Bild wird scharf durch Abstraktion aus konkretem Material und Freilegen der für die Struktur wesentlichen Elemente. Axiomatik, unabhängig von ihrer euklidischen Form, bedeutet genau dies. Ein Beispiel jüngeren Datums für die zweckmäßige Verwendung der Abstraktion ist die Verallgemeinerung der Hilbertschen 'Spektral'-Theorie durch John von Neumann und andere, aus dem, was sich als der Spezialfall 'beschränkter' linearer Operatoren erwies, auf 'unbeschränkte' Operatoren.

Diese weitreichende Entwicklung kann in einer Reihe von Abstraktionen verfolgt werden, die vom vertrauten konkreten Boden der analytischen Geometrie aus aufwärts führen. In der elementaren analytischen Geometrie eines dreidimensionalen Raumes mit den Koordinaten x_1, x_2, x_3 ist eine Ebene durch eine lineare Gleichung und eine Fläche 2. Grades, wie etwa die einer Kugel oder eines Ellipsoids, durch eine quadratische Gleichung (d.h. eine Gleichung, in der die höchste Potenz einer Unbekannten ihr Quadrat ist) in den Variablen x_1, x_2, x_3 charakterisiert. Zum Beispiel beschreibt eine Gleichung der allgemeinen Form $\lambda_1 x_1^2 + \lambda_2 x_2^2 + \lambda_3 x_3^2 = 1$

eine Fläche zweiten Grades, deren Mittelpunkt im Ursprung des Koordinatensystems liegt und deren drei Hauptachsen in die Richtung der Koordinatenachsen zeigen. Im Falle des Ellipsoids stehen die "Koeffizienten" λ_1, λ_2, λ_3 für feste, positive Zahlen; sie stellen die Ausdrücke $1/a_1^2$, $1/a_2^2$, $1/a_3^2$ dar, in denen a_1, a_2, a_3 die Halbachsen des Ellipsoids sind. Das Ellipsoid besteht genau aus jenen Punkten, für die die Werte der Variablen x_1, x_2, x_3 die Gleichung befriedigen. (vgl. Abb., S.189).

Nun erlaubt es einem die Algebraisierung der Geometrie ohne viel Aufhebens von einem Raum mit mehr als drei Dimensionen, sagen wir n Dimensionen, mit den Koordinaten x_1, x_2, x_3, ..., x_n zu sprechen. In diesem Raum sind Ebenen wiederum durch lineare Gleichungen und Flächen zweiten Grades durch quadratische Gleichungen in den Variablen x_1, x_2, x_3, ..., x_n definiert. Eines der wichtigsten Resultate der "linearen Algebra" ist es, daß Flächen zweiten Grades in die algebraische Normalform $\lambda_1 x_1^2 + \lambda_2 x_2^2 + \lambda_3 x_3^2 + ... + \lambda_n x_n^2 = 1$ gebracht werden können, und zwar durch eine entsprechende Transformation des Koordinatensystems (oder eine starre Bewegung der Figur), wodurch der Mittelpunkt der Figur in den Koordinatenursprung verlegt wird und ihre Hauptachsen längs der Koordinatenachsen verlaufen. Dieser Satz ist der Schlüssel für viele Anwendungen; zum Beispiel für die Theorie mechanischer und elektrischer Systeme, in denen die Schwingungen einer endlichen Anzahl n von Massenpunkten oder Stromkreiselementen um einen Gleichgewichtszustand herum eine Rolle spielen.

Physiker, wie z.B. Lord Raleigh, zögerten nicht, dieses Resultat, obwohl das mathematisch nicht gerechtfertigt war, in einer viel allgemeineren Weise anzuwenden, und zwar indem sie die Anzahl n der Dimensionen nach unendlich streben ließen. Dieser Schritt zu größerer Allgemeinheit und Abstraktion der zugrundeliegenden mathematischen Theorie hat sich für die Untersuchung von schwingenden Systemen als recht nützlich erwiesen, die nicht aus einer endlichen Anzahl von Massenpunkten oder Stromkreiselementen, sondern

$25x_1^2 + 22x_2^2 + 16x_3^2 + 20x_1x_2 - 4x_1x_3 - 16x_2x_3 - 62x_1 - 32x_2 - 44x_3 + 55 = 0$ | $25x_1'^2 + 22x_2'^2 + 16x_3'^2 + 20x_1'x_2' - 4x_1'x_3' - 16x_2'x_3' - 36 = 0$ | $\frac{1}{4}x_1''^2 + \frac{1}{2}x_2''^2 + x_3''^2 = 1$

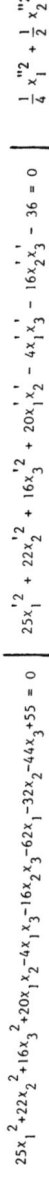

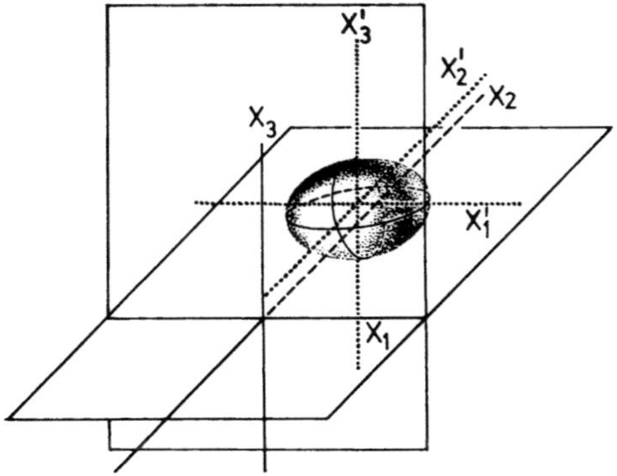

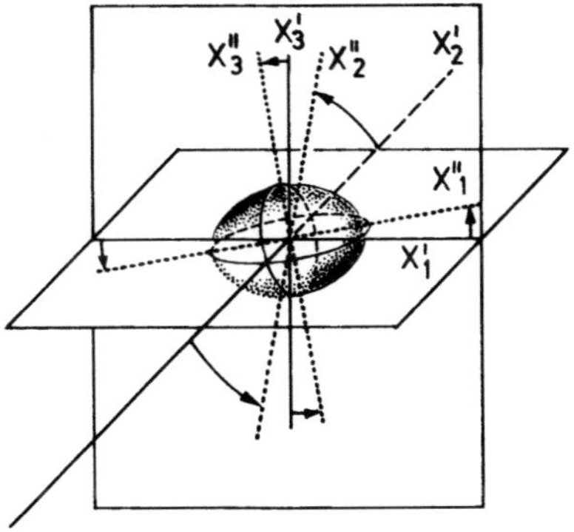

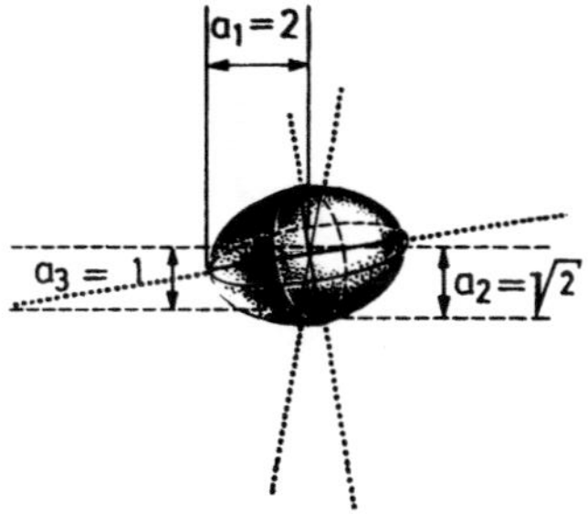

$x_1 = x_1' + 1$

$x_2 = x_2' + 1$

$x_3 = x_3' + 2$

$x_1' = \frac{1}{3}(-x_1'' + 2x_2'' + 2x_3'')$

$x_2' = \frac{1}{3}(2x_1'' - x_2'' + 2x_3'')$

$x_3' = \frac{1}{3}(2x_1'' + 2x_2'' - x_3'')$

$\lambda_1 = \frac{1}{a_1^2} = \frac{1}{4}$

$\lambda_2 = \frac{1}{a_2^2} = \frac{1}{2}$

$\lambda_3 = \frac{1}{a_3^2} = 1$

DIE ALGEBRA UND DIE GEOMETRIE der Transformation einer quadratischen Fläche in die Normalform ist am Fall eines Ellipsoids gezeigt, dessen Mittelpunkt sich im Punkt (1,1,2) des betrachteten Koordinatensystems befindet. Durch Parallelverschiebung kann das Koordinatensystem in eine neue Position gebracht werden (*gepunktete Achsen links*), so daß der Mittelpunkt der Ellipse in seinem Ursprung (0,0,0) liegt. Die Algebra dieser Parallelverschiebung erfordert, daß die Substitutionen die über dem mittleren Diagramm angegebene Gleichung erfüllen. Die Hauptachsen des Ellipsoids können mit den Achsen des parallelverschobenen Koordinatensystems zur Deckung gebracht werden, indem man dessen Achsen in die durch die gepunkteten Linien im mittleren Diagramm bezeichnete Lage dreht. Durch weitere Substitutionen erhält man die Gleichung in der Normalform, die rechts über dem Ellipsoid, das sie beschreibt, angeführt ist. Die Längen der Halbachsen (a_1, a_2, a_3) hängen, wie angegeben, mit den Koeffizienten der Terme in der Gleichung zusammen.

DER JORDAN'SCHE KURVENSATZ sagt aus, daß jede geschlossene Kurve, wie die hier abgebildete, einen inneren und einen äußeren Bereich begrenzt. Wenn man vom Inneren der Kurve eine Linie zum Äußeren zieht, ergibt sich eine ungerade Anzahl von Schnittpunkten; geht man vom Äußeren aus, erhält man eine gerade Anzahl.

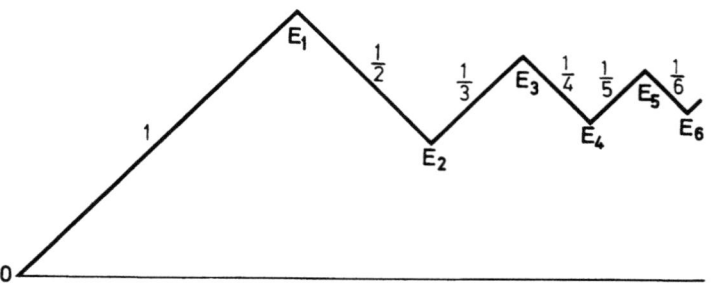

EINE UNENDLICHE ZICKZACKLINIE setzt sich aus aufeinanderfolgenden Strecken mit den Längen 1, 1/2, 1/3, 1/4, 1/5, 1/6 ... zusammen. Die Folge der Stammbrüche hat keine endliche Summe, und die Kurve selbst hat keine endliche Länge.

vielmehr aus einem Materiekontinuum bestehen wie z.B. einem
Draht, einer Membran oder einer Übertragungsleitung.

Hilbert, einer der wirklich großen Mathematiker der vorigen
Generation, erkannte, daß solche quadratischen Formen unendlich
vieler Variablen in einer vollständigen mathematischen
Theorie gesichert werden müßten. Bei seinen Bemühungen hielt
er es zunächst für notwendig, den Bereich der Variablen
durch die Forderung einzuschränken, daß die Summe ihrer
Quadrate 'konvergiert', d.h. einen endlichen Wert hat. Wenn
man dies auf andere Weise, mit Hilfe eines 'verallgemeinerten'
Satzes des Pythagoras ausdrücken will, so hieße das,
daß ein Punkt in einem 'Hilbert-Raum' von unendlich vielen
Dimensionen einen endlichen Abstand $h = \sqrt{x_1^2 + x_2^2 + x_3^2 + \ldots}$
vom Ursprung haben muß. Dann definierte Hilbert die quadratische
Form in unendlich vielen Variablen - die beschränkte
Form - als eine doppelt unendliche Summe der Form

$$a_{11}x_1^2 + a_{12}x_1x_2 + a_{13}x_1x_3 + \ldots$$
$$+ a_{22}x_2^2 + a_{23}x_2x_3 + \ldots$$
$$+ - - -.$$

in der der erste Index (d.h. der von x_1 in der ersten Zeile,
x_2 in der zweiten Zeile und so weiter) spaltenweise nach
unendlich geht, und der zweite Index (d.h. der von x_2 in
der ersten Zeile, x_3 in der zweiten Zeile und so weiter) entlang
jeder Zeile nach unendlich geht. Für diese doppelt unendliche
Summe gilt die entscheidende Beschränkung, daß sie für
jeden Punkt des Hilbert-Raums konvergieren muß.

In einem solchen Raum bleibt die Bedeutung vieler Begriffe
der endlich-dimensionalen Geometrie bezüglich der Eigenschaften
von Ebenen und der Flächen zweiten Grades erhalten.
Dies trifft besonders auf die Theorie der Hauptachsentransformation
quadratischer Formen zu. Hilbert zeigte, daß
jede quadratische Form in dieser Klasse durch Rotation des
Koordinatensystems in eine Normalform gebracht werden kann.
Analog zum endlich-dimensionalen Fall bezeichnete Hilbert
die Menge der Werte λ_1, λ_2, λ_3, ..., die in dieser Normalform
auftreten, als das 'Spektrum' der quadratischen Form.

Bei seiner Verallgemeinerung der Hauptachsentheorie von gewöhnlichen quadratischen Formen in n Variablen zu Formen in unendlich vielen Variablen entdeckte Hilbert viele neue Phänomene, wie z.B. das Auftreten kontinuierlicher mathematischer Spektren. Darüber hinaus war Hilberts Werk bei der Entstehung der Quantenmechanik von großem Nutzen. Sein Begriff der 'mathematischen Spektren' erwies sich als prophetisch wegen seiner Bedeutung für die Spektren von Energiezuständen in Atomen und der sie ausmachenden Elementarteilchen. Aber Hilberts Theorie der quadratischen Formen war der Aufgabe, die Quantenmechanik darzustellen, nicht ganz gewachsen; es stellte sich heraus, daß die dort auftretenden Formen 'unbeschränkt' waren.

An dieser Stelle führte von Neumann, der von Erhard Schmidt inspiriert war und mehr als die Älteren zur Abstraktion neigte, den Vorgang der Abstraktion noch um eine neue entscheidende Stufe weiter. Indem er Hilberts Begriff einer quadratischen Form als etwas, das konkret als unendlicher algebraischer Ausdruck aufgeschrieben werden kann, aufgab und stattdessen den Begriff abstrakt formulierte, war er in der Lage, die früheren Beschränkungen der Theorie zu vermeiden. Die auf diese Weise erweiterte Spektraltheorie Hilberts war nunmehr in der Lage, den greifbar konkreten Forderungen der modernen Physik zu entsprechen.

Die Entwicklung der Gruppentheorie, ein Hauptinteresse der zeitgenössischen Mathematik, erfolgte durch eine analoge Abstraktion. Die Anfänge der Gruppentheorie gehen auf ein Problem zurück, das die Mathematiker schon im Mittelalter fesselte: Das Lösen algebraischer Gleichungen von höherem als dem zweiten Grade durch algebraische Prozesse, d.h. durch Addition, Subtraktion, Multiplikation, Division und Wurzelziehen. Die Theorie der quadratischen Gleichungen war bereits den Babyloniern bekannt, und die Renaissance-Mathematiker Girolamo Cardano und Nicolò Tartaglia waren in der Lage, Gleichungen dritten und vierten Grades zu lösen. Bei der Lösung von Gleichungen fünften und höheren Grades traten jedoch unüberwindliche Hindernisse auf.

Anfang des 19. Jahrhunderts erfolgte ein neuer und tiefgreifender Angriff auf diese alten Probleme, und zwar durch Joseph Louis Lagrange, P. Ruffini und Niels Henrik Abel, sowie schließlich durch Evariste Galois, der die Probleme auf äußerst originelle Weise zu lösen versuchte. Diese neuen Versuche gingen von den bekannten Tatsachen aus, daß eine algebraische Gleichung n-ten Grades der Form $x^n + a_{n-1} x^{n-1} + \ldots + a_1 x + a_0 = 0$ n Wurzeln $r_1, r_2, \ldots, r_n$ hat, und daß diese n Wurzeln die Gleichung eindeutig bestimmen. (Wenn zum Beispiel 1 und 3 Wurzeln einer quadratischen Gleichung sind, dann ist $(x-1)(x-3) = x^2 - 4x + 3 = 0$ die durch die Wurzeln 1 und 3 bestimmte Gleichung.) Die Koeffizienten der Gleichung sind symmetrische Funktionen der Wurzeln; d.h., sie hängen nur von der Gesamtheit der Wurzeln ohne Rücksicht auf die Anordnung ab. (Zum Beispiel können in einer kubischen Gleichung $x^3 + ax^2 + bx + c = 0$ mit den Wurzeln r_1, r_2, r_3 die Koeffizienten $-a = r_1 + r_2 + r_3$ $b = r_1 r_2 + r_2 r_3 + r_3 r_1$, $c = r_1 r_2 r_3$ geschrieben werden, und falls r_1, r_2, r_3 permutiert werden, ändern sich a, b und c nicht.)

In jahrelanger Arbeit mit Gleichungen dieser Art stellte sich heraus, daß der Schlüssel zu dem Problem, die Wurzeln der Gleichungen durch die Koeffizienten auszudrücken, nicht nur in der Untersuchung symmetrischer Ausdrücke, sondern in viel entscheidenderem Maße in der Untersuchung nicht vollkommen symmetrischer Ausdrücke und in der Analyse der jeweiligen Symmetrien liegt, die sie besitzen. Der Ausdruck $E = r_1 r_2 + r_3 r_4$ bleibt zum Beispiel nicht bei allen beliebigen Permutationen der vier Symbole r_1, r_2, r_3, r_4 unverändert. Wenn man jedoch die Indices 1 und 2 oder 3 und 4 untereinander austauscht, dann ist E invariant, d.h. bleibt unverändert. Vertauscht man jedoch 3 und 4 miteinander, dann ist der resultierende Ausdruck von E verschieden. Andererseits kommt es durch das Hintereinanderausführen von zwei Permutationen, durch die E verändert und insgesamt wieder hergestellt wird, zu einer Permutation, die E offenbar invariant läßt. Die Menge dieser Permutationen, die Galois eine 'Gruppe' nannte, stellt die dem Ausdruck E zugehörigen Symmetrien dar. Galois erkannte genial, daß das Verstehen von Permutationsgruppen der Schlüssel zu einer tieferen Theorie der algebraischen Gleichungen war.

Nicht lange danach entdeckten Mathematiker Permutationsgruppen auf anderen Gebieten. Die Menge der sechs Bewegungen, die ein gleichseitiges Dreieck in sich selbst überführen, bildet zum Beispiel eine Gruppe. Andere Gruppen wurden als fundamentale Strukturelemente in den meisten Zweigen der Mathematik entdeckt.

Damit solche Gruppen in allen ihren verschiedenen Gestalten und Erscheinungsformen in einem einzigen Begriff erfaßt werden konnten und der noch größere Bereich der unentdeckten Möglichkeiten im voraus eingeschlossen war, war es erforderlich, daß der zugrundeliegende Gruppenbegriff in höchst abstrakter Form formuliert wurde. Dies geschah dadurch, daß man eine Menge mathematischer Objekte dann als Gruppe bezeichnet, wenn eine Regel für das 'Verknüpfen' zweier Elemente dieser Menge gegeben ist, so daß wieder ein Element S der Menge erhalten wird; diese Regel muß assoziativ sein, d.h. $(ST)U = S(TU)$. Darüber hinaus muß die Menge ein "Einheitselement" I enthalten, welches, wenn es mit irgendeinem anderen Element S der Menge verknüpft wird, S ergibt, d.h. $IS = SI = S$. Schließlich muß für jedes Element S in der Menge ein 'inverses' Element S^{-1} vorhanden sein, so daß die Verknüpfung SS^{-1} das Einheitselement ergibt, d.h. $SS^{-1} = I$.

Die spezifische 'substantielle' Natur der Gruppe wird natürlich durch diese abstrakte Definition ganz unbestimmt gelassen. Die Elemente können aus Zahlen, Rotationen geometrischer Körper, Deformationen von Räumen (solche Deformationen können durch lineare oder andere Transformationen der Koordinaten definiert sein) oder, wie oben, aus Permutationen von n Gegenständen bestehen.

Im ganzen gesehen muß der Gruppenbegriff sowie die Klärung und Vereinheitlichung, die er in den verschiedenen Zweigen der Mathematik ermöglichte, zu den hervorragendsten Schöpfungen der letzten 150 Jahre gezählt werden. Ein großer Teil der Bemühungen wurde auf den dazwischenliegenden Sektor des Entwicklungsbogens, nämlich auf die Strukturanalyse der abstrahierten Begriffe verwendet. Die Arbeit hat jedoch durchwegs zur Aufhellung spezifischerer, konkreterer Gebiete, etwa der Zahlentheorie und der Algebra, beigetragen. Einer der bemerkenswerten Erfolge in diesem Rahmen war Felix Kleins berühmte, in den siebziger Jahren des 19. Jahrhunderts erfolgte Klassifizierung der verschiedenen Zweige der Geometrie nach den Transformationsgruppen, unter denen bestimmte geometrische Eigenschaften invariant bleiben.

Ein bedeutendes Anwendungsgebiet hat die abstrakte Gruppentheorie in den noch konkreteren Problemen der Elementarteilchenphysik gefunden. Hier bietet sich die Anwendungsmöglichkeit aufgrund der komplizierten Gruppe der offenen und versteckten Symmetrien, die in der Konfiguration und der Wechselwirkung der Elementarteilchen vorhanden sind. Der Erfolg der Gruppentheorie, mit deren Hilfe eine große Menge von Daten geordnet und das Vorhandensein neuer Elementarteilchen vorausgesagt werden konnte, ist ein überzeugender Beweis für den Nutzen der Abstraktion bei der Suche nach harten Fakten.

Die Intuition, jene schwer zu fassende vitale Triebkraft, ist in der kreativen Mathematik stets vorhanden und sie motiviert und leitet selbst die abstraktesten Denkvorgänge. In ihrer bekanntesten Erscheinungsform, der geometrischen Intuition, hat sie sich in vielen der bedeutenden, neueren Fortschritte in der Mathematik, die in der Geometrie erzielt worden sind oder sich aus Arbeiten auf geometrischem Gebiet ergeben haben, manifestiert. Dennoch besteht in der Mathematik ein starker Zwang dazu, die sichtbare Rolle der Intuition durch präzises und strenges mathematisches Schließen zu reduzieren, oder, wie man vielleicht besser sagen sollte, zu unterstützen.

Die Topologie, das jüngste und dynamischste Gebiet der Geometrie, veranschaulicht auf spektakuläre Weise das fruchtbare Wirken dieser Spannung zwischen Intuition und Verstand. Ihr Inventar bestand aus einigen isolierten, aber wichtigen Entdeckungen aus früherer Zeit - z.B. das einseitige Möbiussche Band -, bis sich die Topologie im 19. Jahrhundert zu einem Gebiet ernsthafter Forschung entwickelte. Lange Zeit hindurch war sie nahezu vollkommen eine Angelegenheit der geometrischen Intuition, des Zerschneidens und Kittens von Flächen bei dem Versuch, sich ein Bild von der Substanz der Topologie zu machen, d.h. von den Eigenschaften von Flächen, die sich bei willkürlicher stetiger Deformation nicht verändern. Sehr früh in ihrer Entwicklung wurde diese neue Disziplin jedoch durch Georg Friedrich Bernhard Riemann in den Mittelpunkt des Interesses gerückt. In seinem Aufsehen erregenden Werk über die Theorie algebraischer Funktionen einer komplexen Variablen (eine Variable, die die imaginäre Zahl $\sqrt{-1}$ enthält) zeigte er, daß die topologischen Eigenschaften dessen, was man heute Riemannsche Flächen nennt, für ein wirkliches Verständnis dieser Funktionen sehr wichtig sind.

Während des 19. Jahrhunderts entdeckten Forscher eine lange Reihe topologischer Eigenschaften von Flächen mit zwei, drei und dann n Dimensionen und untersuchten sie systematisch. Noch auf mehr oder weniger intuitiver Basis bauten Anfang dieses Jahrhunderts der große Mathematiker Henri Poincaré und andere ein faszinierendes Gebäude der topologischen Theorie auf. Diese Arbeit vollzog sich in engem Kontakt mit der Entwicklung der Gruppentheorie und fand Anwendung in anderen Gebieten der Mathematik sowie in der Entwicklung der mathematischen Wissenschaften zu immer größerer Vervollkommnung. Man bediente sich ihrer zum Beispiel in der Himmelsmechanik, insbesondere bei der Konstruktion von Planetenbahnen im durch Gravitationsfelder gekrümmten Raum.

Die Topologen merkten bald, daß sie unbedingt ihr Handwerkszeug verfeinern mußten, um die Produkte geometrischer Intuition im Rahmen der modernen mathematischen Präzision festzuhalten - ohne dabei ihre zwingende Schönheit zu zerstören.

Diese Aufgabe wurde in den ersten Jahrzehnten unseres Jahrhunderts nahezu im Alleingang von dem niederländischen Mathematiker L.E.J. Brouwer gelöst. Dank seiner ungeheuren Anstrengung wird die Topologie heute ebenso wie die euklidische Geometrie den Forderungen nach Strenge gerecht, und Fortschritte auf diesem Gebiet erzielt man auf der soliden Basis logisch einwandfreien mathematischen Schließens.

Im Zentrum der Schwierigkeiten, mit denen Brouwer sich auseinanderzusetzen hatte, stand das Dilemma, das durch den Begriff der Stetigkeit verursacht wurde. Jeder hat eine sichere intuitive Vorstellung von der Stetigkeit, zum Beispiel die Glätte einer Kurve. Wer sich jedoch noch nicht lange mit der höheren Analysis befaßt hat, verliert seine Zuversicht bereits zu Beginn seines Versuches, die Stetigkeit in eine genaue mathematische Formulierung zu fassen. Die Aufgabe bietet deshalb Schwierigkeiten, weil die geometrische Intuition der Stetigkeit und der mathematisch logische Begriff sich nicht vollständig decken. Eine strenge Definition bringt ganze Gebiete von Fällen, vielleicht Grenzfällen, zutage, wo die Intuition durch Paradoxien beeinträchtigt wird. Es ist zum Beispiel leicht, stetige Kurven (in dem genauen Sinne der Definition) zu konstruieren, die keine Länge haben (siehe untere Abbildung auf S.190), die nirgendwo eine Richtung besitzen oder die sich, ohne sich selbst zu schneiden, in einem Quadrat entlangziehen und dabei jedem Punkt desselben beliebig nahekommen. Merkwürdige Konstruktionen dieser Art machen besonders deutlich, wie notwendig sorgfältiges mathematisches Schließen beim Beweis der topologischen Eigenschaften von Flächen oder anderen Gegenständen ist, die komplexen stetigen Verformungen ausgesetzt sind.

Für den Nicht-Topologen ist diese Notwendigkeit nicht sofort intuitiv erkennbar. Betrachten wir zum Beispiel einmal den berühmten Satz von C. Jordan, der aussagt, daß jede sich nicht überschneidende stetige, geschlossene Kurve in einer Ebene zwei separate Bereiche begrenzt - das Innere und das

Äußere der Kurve. Jeder Wissenschaftler, Ingenieur und Student, der einen naiven, gesunden Verstand besitzt, wird den Versuch, einen solchen Satz zu beweisen, als eine unnötige, selbst auferlegte, nahezu masochistische Übung betrachten. Dennoch empfand Jordan beim Verfassen seines klassischen Lehrbuches über Analysis lebhaft die Notwendigkeit eines Beweises, und er legte einen vor. Die Subtilität des Problems kann man daran ermessen, daß Jordans Beweis sich als nicht ganz korrekt herausstellte. Ebenso wird niemand bezweifeln, daß die Dimension einer zwei- oder dreidimensionalen geometrischen Figur bei jeder beliebigen stetigen Deformation unverändert bleibt. Dennoch zählt der genaue Beweis dieser Tatsache, dem die allgemeine Annahme rein abstrakter Stetigkeit zugrundeliegt, zu den bedeutendsten Leistungen Brouwers.

Es ist natürlich möglich, die Schwierigkeiten, die der Stetigkeitsbegriff aufweist, durch Beschränken der Gruppe der stetigen Deformationen teilweise zu umgehen, und zwar indem man zum Beispiel 'Glätte' oder Differenzierbarkeit anstelle von reiner Stetigkeit verlangt. Dies ist mit großem Erfolg praktiziert worden. Die sogenannte Differentialtopologie hat in jüngster Zeit hervorragende Resultate erzielt. Die Untersuchung von Deformationen, bei der die Forderung nach 'vernünftiger' Glätte zugrunde gelegt wurde, hat eine Klassifizierung topologischer Strukturen ergeben, die sich erheblich von derjenigen unterscheidet, die mit der Forderung nach vollkommen allgemeiner Stetigkeit erzielt worden wäre.

Diese Entwicklungen können auch als Anzeichen für eine gesunde Abwendung von dem Trend nach schrankenloser Allgemeinheit begrüßt werden. Seit dem Erscheinen von Georg Cantors Arbeiten auf dem Gebiet der Mengenlehre in den letzten Jahrzehnten des 19. Jahrhunderts hatte dieser Trend stets viele Mathematiker beherrscht. Einige große unter ihnen, namentlich Poincaré, haben ihn erbittert als eine Bedrohung für die Mathematik bekämpft, besonders deshalb, weil er zu ungelösten Paradoxien führt. Wenn Poincarés militante Kritik sich auch als übermäßig restriktiv und sogar rückschrittlich erwiesen hat, so war sie dennoch heilsam, da sie konstruktive Mathematiker ermutigte, die sich mit spezifischen und greifbaren Gegenständen befaßten.

Verschiedenartige Motivationen stimulieren die mathematische Aktivität bei demselben Individuum oder bei verschiedenen Menschen. Sicherlich löst die Tatsache, daß ein großer Teil der Mathematik - besonders die Analysis - in der physikalischen Realität verankert ist, starke Motivationen und Anregungen aus. In anderen Bereichen der Wirklichkeit ist die Situation nicht viel anders. In der Zahlentheorie und der Algebra ist es die fesselnde Realität der Welt der Zahl, die im menschlichen Geist so tief verwurzelt ist. Noch weiter entfernt von der physikalischen Realität, so könnte man denken, ist die Wirklichkeit der logischen Prozesse, die beim mathematischen Denken eine Rolle spielen. Dennoch haben sich Grundbegriffe, die aus esoterischer Arbeit auf dem Gebiet der mathematischen Logik hervorgegangen sind, für das Verstehen und sogar für die Konstruktion von automatischen Rechenmaschinen als nützlich erwiesen.

Kurz gesagt, die Mathematik muß ihre Motivation aus konkreter, spezifischer Substanz beziehen und bestrebt sein, wieder zu irgendeiner Schicht der 'Realität' zurückzukehren. Der Flug in die Abstraktion muß etwas mehr als eine bloße Flucht sein; das Abheben vom Boden sowie das Wiederaufsetzen sind beide unerläßlich, selbst wenn nicht immer alle Phasen der Flugbahn von ein und demselben Piloten gesteuert werden können. Die Substanz für eine Unternehmung reinster mathematischer Natur kann oft aus der greifbaren physikalischen Realität stammen. Daß die Mathematik, ein Produkt des menschlichen Verstandes, bei der Beschreibung und dem Verstehen der physikalischen Welt so wertvolle Dienste leistet, ist eine erregende Tatsache, die mit Recht das Interesse der Philosophen auf sich gezogen hat. Wenn man einmal philosophische Fragen beiseite läßt, so darf jedoch die Beschäftigung mit physikalischen Problemen oder das offensichtliche Fehlen einer solchen Beschäftigung nicht als Unterscheidungsmerkmal für die Arten der Mathematik und der Mathematiker benutzt werden.

Es kann in der Tat keine scharfe Trennungslinie zwischen 'reiner' und 'angewandter' Mathematik gezogen werden. Es darf nicht einerseits eine Klasse von Hohen Priestern der unverfälschten mathematischen Schönheit geben, die allein ihren eigenen Neigungen frönt, und andererseits eine Klasse von Arbeitern, die anderen Zielen dient. Klassenunterschiede dieser Art sind bestenfalls das Symptom menschlicher Beschränktheit, die die meisten Menschen davon abhält, weite Interessengebiete nach Belieben zu durchstreifen.

Obwohl die Substanz der Mathematik unteilbar ist, muß man doch zugeben, daß es deutliche Unterschiede darin gibt, wie ein und derselbe Wissenschaftler oder verschiedene Wissenschaftler einem Problem gegenüber eingestellt sind. Die Haltung des Puristen, die jeder wissenschaftlich orientierte Mensch zumindest hin und wieder einnehmen wird, verlangt kompromißlose Vollkommenheit. Keine Lücken oder Unebenheiten können bei der Lösung eines Problems geduldet werden, und das Resultat muß sich aus einer ununterbrochenen Kette makellosen Schließens ergeben. Falls er bei dem Versuch auf unüberwindliche Hindernisse stößt, dann neigt der Purist dazu, sein Problem neu zu formulieren oder es durch ein anderes zu ersetzen, mit dessen Schwierigkeiten er vermutlich fertig werden kann. Er kann sein Problem sogar so 'lösen', indem er das, was er unter Lösung versteht, neu definiert; dies ist in der Tat ein durchaus üblicher, vorläufiger Schritt, er kann zur wirklichen Lösung des ursprünglichen Problems hinführen.

Bei der angewandten Forschung ist die Lage anders. Zunächst einmal kann hier das Problem nicht so freizügig modifiziert oder umgangen werden; was verlangt wird, ist eine glaubwürdige, zuverlässige Antwort. Deshalb muß der Mathematiker sich notfalls mit einem Kompromiß zufrieden geben. Er muß willens sein, Vermutungen in die Folge des mathematischen Schließens zu interpolieren und bezüglich der Unsicherheit der numerischen Evidenz Nachsicht üben. Aber selbst bei

einer in hohem Maße durch die Praxis motivierten Studie,
z.B. der Analyse von Strömungen, die Unstetigkeiten aufgrund
äußerer Einwirkungen enthalten, kann eine grundlegende
mathematische Untersuchung erforderlich sein um aufzufinden,
wie man die Frage formulieren kann. Reine Existenzbeweise
können in der angewandten Forschung auch wichtig sein; wenn
man in Erfahrung bringt, daß eine Lösung existiert, so kann
einem das die erforderliche Zuversicht geben, daß das mathematische Modell geeignet ist. Schließlich sind in der angewandten Mathematik Näherungen gang und gäbe; diese sind
unumgänglich bei dem Versuch, physikalische Prozesse in
mathematischen Modellen widerzuspiegeln.

Um die Übertragung der Realität in die abstrakten Modelle
der Mathematik handhaben und den dadurch erhaltbaren Genauigkeitsgrad abschätzen zu können, ist durch Erfahrung angereicherte Intuition erforderlich. Dazu kann oft auch das
Formulieren echter mathematischer Probleme gehören, die
viel zu schwierig sind, als daß man sie mit den vorhandenen
Möglichkeiten der Wissenschaft lösen könnte. Dergestalt ist
etwa das Wesen des intellektuellen Abenteuers und die Befriedigung, die der Mathematiker empfindet, der mit Ingenieuren und Naturwissenschaftlern an der Bewältigung der
'realen' Probleme arbeitet, die immer dann auftauchen, wenn
der Mensch sein Verständnis der Natur und seine Herrschaft
über sie erweitert.

MICHAEL ATIYAH

geboren am 22.4.1929

Er erwarb den Grad des M.A. und des Ph.D. am Trinity College in Cambridge.

1954-58	Research Fellow am Trinity College, Cambridge
1963-69	Savilian Professor der Geometrie an der Universität Oxford
1969-72	Professor für Mathematik am Institute for Advanced Study, Princeton
seit 1973	Royal Society Research Professor am Mathematischen Institut der Universität Oxford

M. Atiyah war Gastdozent in Harvard 1962-63 und 1964-65.
Er war Mitglied des Institute for Advanced Study, Princeton, 1955-56, 1959-60 und 1967-68 und ist Ehrendoktor der Universitäten Bonn und Warwick.
Seit 1966 ist er Mitglied des Exekutiv-Komitees der International Mathematical Union.
Er ist Fellow der Royal Society sowie auswärtiges Mitglied der American Academy of Arts and Sciences und der Schwedischen Königlichen Akademie.
Auf dem Internationalen Mathematiker-Kongreß 1966 in Moskau wurde M. Atiyah die Fields-Medaille verliehen und 1968 die Royal Medal der Royal Society. Bei der Verleihung der Fields-Medaille wurde er als "das Beispiel eines Mathematikers" geehrt, "bei dem sich Klarheit der Konzeptionen und Zusammenschau von Phänomenen harmonisch mit schöpferischer Vorstellungskraft verbinden, und ebenso mit der Ausdauer, die zu großen Leistungen führt." (H. Cartan)

M. Atiyah hat zahlreiche Artikel in mathematischen Zeitschriften veröffentlicht.

Wandel und Fortschritt in der Mathematik

Michael F. Atiyah

Der Mathematiker veröffentlicht die Ergebnisse seiner Forschungen in Fachzeitschriften. In diesen wissenschaftlichen Arbeiten werden Theoreme bewiesen, die vorher nicht bekannt waren. Für einen Laien scheint die mathematische Literatur erstaunlich umfangreich zu sein, glaubt er manchmal doch sogar, es gäbe in der Mathematik überhaupt nichts Neues mehr zu erforschen.

In den Mathematical Reviews, die in den USA erscheinen, werden alle in der Welt veröffentlichten mathematischen Arbeiten besprochen. Im Jahre 1967 wurden 17141 Titel aufgenommen. Wieso gibt es so viele ungelöste Probleme? Um was geht es in der heutigen Mathematik?

Für einen Mathematiker, der bisher nur in Fachzeitschriften über seine Forschungsergebnisse geschrieben hat, ist es eine ungewohnte Aufgabe, sich an einen größeren Kreis zu wenden, der hauptsächlich aus Nichtmathematikern besteht. Sicher werden unter den Lesern viele sein, die in ihrem Beruf gelegentlich oder auch fast täglich Teilgebieten der Mathematik begegnen. Dieser Kontakt mit der Mathematik ist in den einzelnen Fächern verschieden intensiv und auch sehr verschiedenartig. Alle stellen jedoch fest, daß ein breiter Graben liegt zwischen der Mathematik, wie sie dem wissenschaftlich arbeitenden Nichtmathematiker begegnet, und der Mathematik, wie sie von den reinen Mathematikern studiert wird.

Aus diesem Grunde scheint ein Versuch der Mühe wert, in allgemeinverständlichen Worten einen Überblick zu geben, um

was es sich bei der heutigen Mathematik handelt, wie sie
sich aus der Mathematik der Vergangenheit entwickelt hat und
in welcher Beziehung sie zum wissenschaftlichen Leben im
allgemeinen steht. Dies sind natürlich weitgespannte Fragen,
weshalb es vermessen wäre, sie in einem kurzen Artikel erschöpfend behandeln zu wollen. Daher möge man verzeihen, daß
hier zugunsten eines einheitlichen Gesichtspunktes ein Leit-
gedanke ausgewählt wird, obwohl es ohne Zweifel auch viele
andere Blickwinkel gibt, unter denen eine Betrachtung
ebensogut denkbar und vertretbar wäre. Ich will zufrieden
sein, wenn ich Nichtmathematikern bis zu einem gewissen
Grade eine Idee vom Inhalt der modernen Mathematik vermitteln kann.

Es ist nicht zu erwarten, daß alle meine mathematischen
Kollegen, sofern sie diese Zeilen lesen, mit der Auswahl
dieser These einverstanden sind. Vielleicht werden sie
jedoch zum Nachdenken über diese These und die damit zusammenhängenden allgemeinen Fragen angeregt.

Die These, die ich vorschlagen möchte, lautet:

Die Entwicklung der Mathematik kann am besten als eine
natürliche Reaktion auf die wachsende Schwierigkeit und
Komplexität der Probleme verstanden werden, mit denen sie
sich befassen muß. Soweit diese Probleme, direkt oder indirekt, ihren Ursprung in den Naturwissenschaften oder anderen Wissenschaften haben, spiegelt diese Komplexität an
sich schon die zunehmende Kompliziertheit und Differenziertheit der modernen Wissenschaften wider.

Wir wollen mit einer Betrachtung der frühen Entwicklungsstufe der Mathematik beginnen, etwa in dem Jahrhundert vor
Newton, der 1643 geboren wurde. Man kann sagen, daß damals
das typische Problem darin bestand, eine Zahl, den Wert
einer unbekannten Größe, zu finden, wenn bestimmte, diese
Zahl betreffende Daten oder Gleichungen gegeben waren. Im
wesentlichen waren irgendwelche einfachen algebraischen
Gleichungen aufzustellen und zu lösen, im einfachsten Fall

eine Gleichung ersten Grades wie

$$3x - 6 = 0$$

aus der man den Wert der Unbekannten x berechnen kann, nämlich x = 2, oder eine Gleichung zweiten Grades wie

$$x^2 - 5x + 6 = 0$$

aus der folgt, daß die Unbekannte x gleich 2 oder gleich 3 ist.

Die Mathematiker jener Tage beschäftigten sich mit der Lösung von Gleichungen höheren Grades, und tatsächlich ist die Geschichte der Mathematik jener Zeit zum großen Teil die Geschichte der Gleichungen dritten und vierten Grades.

Aber die einzelne unbekannte Größe oder Variable war begrifflich und mathematisch ganz unzureichend für die Naturwissenschaft des 17. Jahrhunderts. Was gebraucht wurde, war der Begriff einer Funktion. Eine Funktion ist ein Gesetz der Abhängigkeit einer Variablen von einer anderen Variablen, wie etwa bei einem sich bewegenden Gegenstand die Abhängigkeit des zurückgelegten Weges von der Zeit. In der Tat läuft das Auffinden einer unbekannten Funktion im wesentlichen darauf hinaus, eine unendliche Zahl von Werten einer unbekannten Variablen zu finden. Hierum bemühen sich alle Naturwissenschaftler, wenn sie aus vielen einzelnen Ablesungen eine Kurve zusammenstellen.

Denken wir an das Fallgesetz (Galilei, 1564-1642). Nach einer Fallzeit von t Sekunden hat ein frei fallender Körper - bei Vernachlässigung des Luftwiderstandes - den Weg von $4,9 \cdot t^2$ Metern zurückgelegt. Ordnet man jeder Zahl t den Wert $4,9 \cdot t^2$ zu, dann erhält man eine Funktion, hier das Gesetz der Abhängigkeit des zurückgelegten Weges von der Zeit beim freien Fall. Diese Zuordnungsvorschrift heiße f. Der t zugeordnete Wert wird $f(t)$ genannt.

$$f(t) = 4,9 \cdot t^2$$

Den zurückgelegten Weg kann man nur für einzelne Werte von t messen. Mit Hilfe vieler Messungen kann man das Gesetz erraten. Die Funktion f ermöglicht die Berechnung des zurückgelegten Weges für jeden Wert von t.

Das Neue am mathematischen Begriff der Funktion war, sie - in unserem Beispiel also die Funktion f - als ein einziges mathematisches Objekt anzusehen. Seine Einführung war ein entscheidender Schritt vorwärts und befähigte die Mathematiker, die komplizierteren Fragen zu behandeln, die durch die Anfänge der modernen naturwissenschaftlichen Forschung aufgeworfen wurden.

In der zweiten Hälfte des 17. Jahrhunderts entstand die Differential- und Integralrechnung, im wesentlichen durch die Arbeit von Newton und Leibniz. Von dieser Zeit bis in das 19. Jahrhundert war das typische mathematische Problem, eine unbekannte Funktion zu finden, wenn bestimmte, diese Funktion betreffende Daten und Gleichungen gegeben waren. Diese Gleichungen wurden gewöhnlich mit Hilfe von Ausdrücken der Differential- und Integralrechnung formuliert. So wurde das Studium von Differential- und Integralgleichungen entscheidend für den Fortschritt der physikalischen Wissenschaften. Die Theorie der Funktionen wurde zum Hauptanliegen der Mathematiker. Wir können hier keine Beispiele von komplizierten Differential- und Integralgleichungen geben. Die meisten Leser werden jedoch die Ableitung f' einer Funktion f von der Schule her kennen. f' ist selbst wieder eine Funktion. Für die vorhin erwähnte Funktion f mit

$$f(t) = 4,9 \cdot t^2$$

ist f' die Funktion, die zur Zeit t den Wert $9,8 \cdot t$ hat.

$$f'(t) = 9,8 \cdot t$$

$f'(t)$ ist die Geschwindigkeit in Meter pro Sekunde, die der frei fallende Körper nach t Sekunden hat. Die Berechnung von f', wenn f bekannt ist, oder die Berechnung von f, wenn f' bekannt ist, sind die Grundaufgaben der Differential- und Integralrechnung.

Was bisher gesagt wurde, ist natürlich allgemein bekannt. Es sollte damit nur eine gewisse historische Perspektive gege-

ben werden. Wir wollen jetzt die Mathematik der letzten
hundert Jahre unter dem Licht der aufgestellten These betrachten.

Was ist an die Stelle der Theorie der Funktionen und der
Untersuchung von Funktionen mit Hilfe von Differential- und
Integralgleichungen getreten? Warum spielen heute andere
Gebiete der Mathematik eine ähnlich fundamentale Rolle wie
früher die Theorie der Funktionen?
Um zu verstehen, was geschehen ist, sollten wir den Standpunkt des Mathematikers einnehmen. Seine Aufgabe bestand
darin, Funktionen zu studieren. Aber mit der Zeit traten
mehr und mehr Typen von Funktionen auf, praktischen oder
theoretischen Ursprungs, und sie wurden immer komplizierter.
Insbesondere mußte der Mathematiker statt einer Funktion
einer Variablen oft viele Funktionen vieler Variablen und sie
verbindende Differential- und Integralgleichungen betrachten.
Denken wir etwa an die Hydrodynamik, wo sich bewegende, räumlich ausgedehnte Flüssigkeiten oder Gase behandelt werden.
Druck, Dichte und die drei Geschwindigkeitskomponenten sind
abhängig von Ort und Zeit. Da der Ort durch drei Raumkoordi-
naten gegeben wird, erhält man als Beispiel ein System von
fünf Funktionen von vier Veränderlichen.

Vom theoretischen Standpunkt aus bestand die Aufgabe des
Mathematikers offensichtlich darin, etwas Ordnung in dieses
Chaos zu bringen. Er mußte neue Methoden ersinnen, um mit
dieser immer größer werdenden Komplexität fertig zu werden.
Was konnte er tun?

Ich möchte auf drei verschiedene Entwicklungen in der modernen Mathematik hinweisen, die, wie ich glaube, durch
dieses Problem der fortschreitenden Komplexität motiviert
wurden und die darauf Teilantworten geliefert haben. Sicher
gibt es auch noch andere Entwicklungsrichtungen in der
Mathematik, die man in ähnlicher Weise betrachten könnte.
Die erste und vielleicht am einfachsten zu erklärende Methode
ist die konsequente Ausnutzung der symmetrischen Eigenschaften, die eine vorgegebene mathematische Problemstellung hat.
Jeder hat eine intuitive Vorstellung davon, was Symmetrie

bedeutet. Symmetrie kann natürlich in ganz verschiedenen Zusammenhängen vorkommen. Sie kann bei physikalischen und mathematischen, bei geometrischen und algebraischen Sachverhalten vorhanden sein. Zum Beispiel sind

$$x^2 + y^2 + z^2$$

und

$$xy + zt$$

algebraische Ausdrücke mit Symmetrieeigenschaften. In dem ersten Ausdruck ist die Symmetrie vollständig, die drei Variablen spielen identische Rollen, bei einer beliebigen Permutation (Vertauschung) von x, y und z - es gibt insgesamt 6 - geht der algebraische Ausdruck $x^2+y^2+z^2$ in sich über. Im zweiten Fall handelt es sich nur um eine Teilsymmetrie. Zum Beispiel läßt die Permutation, welche x in x, y in z, z in y und t in t überführt, den algebraischen Ausdruck nicht unverändert. Es gibt insgesamt 24 verschiedene Permutationen von x, y, z, t. Man kann leicht feststellen, daß davon genau die folgenden 8 Permutationen den Ausdruck xy + zt unverändert lassen. (Die Regeln a+b = b+a und ab = ba dürfen verwandt werden.)

$$\begin{pmatrix} xyzt \\ xyzt \end{pmatrix} \quad \begin{pmatrix} xyzt \\ yxzt \end{pmatrix}$$

$$\begin{pmatrix} xyzt \\ xytz \end{pmatrix} \quad \begin{pmatrix} xyzt \\ yxtz \end{pmatrix}$$

$$\begin{pmatrix} xyzt \\ ztxy \end{pmatrix} \quad \begin{pmatrix} xyzt \\ ztyx \end{pmatrix}$$

$$\begin{pmatrix} xyzt \\ tzxy \end{pmatrix} \quad \begin{pmatrix} xyzt \\ tzyx \end{pmatrix}$$

Dabei deutet zum Beispiel

$$\begin{pmatrix} xyzt \\ tzyx \end{pmatrix}$$

die Permutation an, die x in t, y in z, z in y und t in x überführt.

Unter einer Bewegung versteht man eine Abbildung der Ebene
bzw. des Raumes auf sich, die zwei beliebige Punkte stets in
zwei Punkte gleichen Abstands überführt. Zwei ebene bzw.
räumliche geometrische Figuren heißen kongruent, wenn sich
eine Bewegung ausführen läßt, mit der die eine Figur in die
andere überführt werden kann. Die Gesamtheit aller Bewegungen,
die eine geometrische Figur in sich überführen, also die
Gesamtheit der Selbstkongruenzen der Figur, nennt man die
Symmetriegruppe der Figur. Im Falle des gleichseitigen Dreiecks, des Quadrats und des regulären Fünfecks müssen alle
Bewegungen, die zur Symmetriegruppe gehören, den Mittelpunkt
festlassen und die Eckpunkte permutieren. Durch die Vertauschung der Eckpunkte ist die Bewegung bereits festgelegt, im
Falle des gleichseitigen Dreiecks kommen alle 6 Vertauschungen der Eckpunkte vor, im Falle des Quadrats von der 24
möglichen Vertauschungen nur 8 Vertauschungen, nämlich die
zyklischen Vertauschungen, die sich aus den Drehungen um
0, 90, 180 und 270 Grad ergeben, und die 4 Vertauschungen,
die den Spiegelungen an den 4 Symmetrieachsen entsprechen.

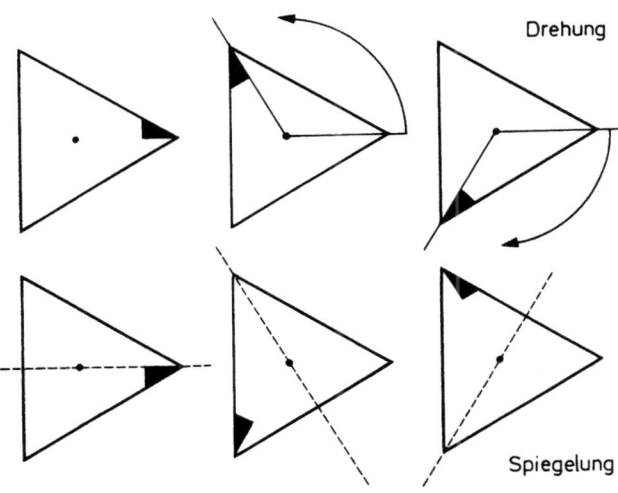

Für die Kugel besteht die Symmetriegruppe aus allen Bewegungen des Raumes, die den Mittelpunkt der Kugel festlassen. Dazu gehören insbesondere alle Drehungen um irgendeinen Drehwinkel um eine beliebige durch den Mittelpunkt gehende Achse. Zwei Punkte des Raumes lassen sich durch eine Bewegung, die zu dieser Symmetriegruppe gehört, genau dann ineinander überführen, wenn sie vom Mittelpunkt M der Kugel den gleichen Abstand haben. Ist ein Problem kugelsymmetrisch, dann wird deshalb der Abstand vom Mittelpunkt die entscheidende Größe sein.

Wie sicher einleuchtend ist, wird ein Problem sehr vereinfacht, wenn man vor Beginn der Untersuchung weiß, daß das Problem einen bestimmten Symmetrietyp hat. Hierdurch kann häufig die Anzahl unbekannter Variablen oder Funktionen drastisch reduziert werden. Das gerade diskutierte Beispiel der Kugelsymmetrie kommt im Zusammenhang mit elektrischen Ladungen vor: Wenn man die Feldstärke an einer Stelle P, verursacht durch eine Ladung im Punkt M, untersucht, beruft man sich auf die Kugelsymmetrie (Mittelpunkt M) und schließt, daß die Feldstärke eine Funktion der Entfernung von P und M sein muß.

Diese wenigen Bemerkungen deuten bereits darauf hin, daß ein mathematisches Studium der Symmetrie von großem Nutzen sein müßte, um Ordnung in komplizierte Situationen zu bringen. Außerdem möchte man eine einzige abstrakte Theorie der Symmetrie haben, die alle die verschiedenen geometrischen und algebraischen Fälle der Symmetrie erfaßt. Daß eine solche Zusammenfassung möglich sein könnte, wird durch Beispiele motiviert.

So hat etwa der algebraische Ausdruck $x^2+y^2+z^2$ vom Standpunkt der Symmetrie aus mehr mit einem gleichseitigen Dreieck, also mit einer *geometrischen* Figur, gemein als mit dem algebraischen Ausdruck $xy+zt$.

In $x^2+y^2+z^2$ bzw. in dem gleichseitigen Dreieck können die drei Variablen x,y,z bzw. die drei Eckpunkte beliebig vertauscht werden.

Mit anderen Worten, Symmetrie hat mehr mit den Wechselbeziehungen der Objekte untereinander zu tun als mit ihrer Natur. Eine geometrische Figur und ein algebraischer Ausdruck können also dieselbe Art von Symmetrie haben.

Der algebraische Ausdruck $xy+zt$ und das Quadrat lassen übrigens ebenfalls Symmetriegruppen gleicher Art zu. Wir bezeichnen die Eckpunkte des Quadrats wie folgt:

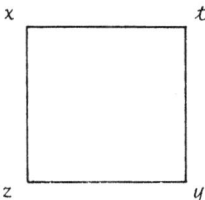

und sehen dann, daß es sich in beiden Fällen um dieselben 8 Vertauschungen der 4 Symbole x, y, z, t handelt, die vorher aufgezeigt wurden.

Das Studium der abstrakten Symmetrie hat sich schon seit den Resultaten von Galois (1811-1832) über die Permutation der Wurzeln einer algebraischen Gleichung stark entwickelt. Es wird als 'Gruppentheorie' bezeichnet und ist jetzt eines der zentralen Gebiete der Mathematik.

Eine Gruppe wird axiomatisch durch Eigenschaften definiert, die bei einer Symmetriegruppe offensichtlich erfüllt sind. Eine Gruppe G ist eine Menge von irgendwelchen abstrakten Objekten, für die eine Verknüpfung definiert ist, d.h. für Objekte a, b der Gruppe G ist ein Objekt $a \circ b$ der Gruppe erklärt. Für eine Symmetriegruppe (denken wir etwa an die Selbstkongruenzen einer geometrischen Figur) ist $a \circ b$ die Selbstkongruenz, die man erhält, wenn man erst die Selbstkongruenz b und danach die Selbstkongruenz a ausführt. So könnte etwa beim Quadrat b die Drehung um 90 Grad und a die Drehung um 180 Grad sein, $a \circ b$ ist dann die Drehung um 270 Grad. Die Gruppenverknüpfung soll gewisse Axiome erfüllen z.B. $a \circ (b \circ c) = (a \circ b) \circ c$, die, wie gesagt, bei einer Symmetriegruppe offensichtlich richtig sind.

Die Gruppentheorie ist typisch für den modernen Geist in der

Mathematik, und der Begriff einer Symmetriegruppe ist so
grundlegend für das 20. Jahrhundert, wie es der Begriff
einer Funktion noch für das 19. Jahrhundert war.

Es ist nicht verwunderlich, daß es zahlreiche wichtige Anwendungen der Gruppentheorie (Symmetrietheorie) in der
Kristallographie und der Quantenchemie gibt. In allerletzter
Zeit hat sie zu überraschenden neuen Entwicklungen in der
Physik der Elementarteilchen geführt. In jedem Falle steht
fest, daß sie einen Weg zeigt, um mit der wachsenden Komplexität der mathematischen und physikalischen Probleme
fertig zu werden.

Eine ganz andere Methode zur Behandlung komplizierter Probleme liegt im Gebrauch der Wahrscheinlichkeit. Wenn die Zahl
der unbekannten Variablen sehr groß ist, gibt man den Versuch
auf, das Problem vollständig zu lösen, und begnügt sich mit
einer Antwort, durch die ein Maß der Wahrscheinlichkeit gegeben wird.

Natürlich reicht die Wahrscheinlichkeitstheorie in ihren einfacheren Formen weit zurück in die Geschichte der Mathematik,
aber erst die Anforderungen der Naturwissenschaften in den
letzten hundert Jahren machten sie schnell zu einem wichtigen
Zweig der Mathematik. Zur Zeit besitzt die Wahrscheinlichkeitstheorie eine abstrakte Form. Sie muß in gleicher Weise für
alle Fälle gelten, wo man es mit einer großen Zahl von Objekten zu tun hat, ob diese Objekte nun die Wiederholungen eines
Experimentes (wie beim Würfeln) oder die Moleküle eines Gases
(wie in der Thermodynamik) oder die Einzelpersonen einer Bevölkerung (wie in der Ökonomie) sind. Die Theorie beschreibt
also z.B. physikalische Erscheinungen wie die Brownsche Bewegung der Moleküle und zufällige Störungen im Funkverkehr,
macht aber auch Aussagen über die Wartezeiten von Flugzeugen
vor der Landung auf einem Flugplatz, über die günstigste Bestellstrategie für ein Warenlager und über die Zuverlässigkeit eines aus vielen Einzelteilen zusammengesetzten elektronischen Apparates.

In allen diesen Fällen ist die Wahrscheinlichkeitsverteilung der grundlegende Begriff, der die klassische Idee der Funktion ersetzt hat.

Da die Anwendungsmöglichkeiten und die Bedeutung der Wahrscheinlichkeitstheorie im allgemeinen gut bekannt sind, soll hierüber nicht mehr gesagt sein, sondern zu einer dritten, weniger bekannten Entwicklung übergegangen werden.

Diesen dritten großen Zweig der Mathematik, dessen Entstehung wir im Licht der am Anfang aufgestellten These sehen wollen, könnte man qualitative Mathematik nennen. Untersucht man eine Funktion, ist man oft mehr an ihren allgemeinen Merkmalen als ihrem Verhalten im einzelnen interessiert. Betrachten wir die graphischen Darstellungen einiger Funktionen auf dieser Seite.

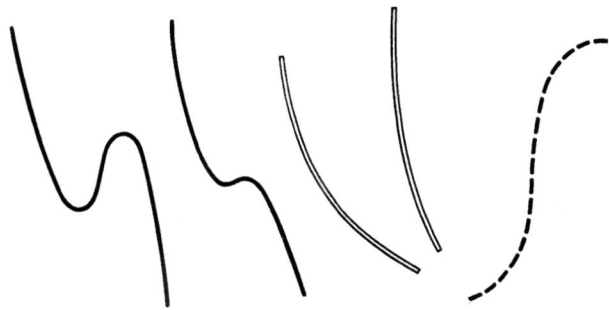

Die ersten beiden Funktionen sind von der gleichen Art, die nächsten zwei gehören zu einer anderen Art, die letzte zu einer dritten. Als weiteres Beispiel untersuchen wir die Funktionen $x^2 + ky^2$, wobei k eine von Null verschiedene Konstante ist (d.h. die Funktionen, die dem Punkt der Ebene mit den Koordinaten (x,y) den Wert $x^2 + ky^2$ zuordnen). Alle diese Funktionen mit positiver Konstante k sind in gewissem Sinne gleichartig, aber sie unterscheiden sich qualitativ von den Funktionen, die sich ergeben, wenn k negativ ist. Zur Veranschaulichung stellen wir zwei dieser Funktionen in einem räumlichen Koordinatensystem auf der Seite 214 dar, und zwar einmal für $k = \frac{1}{5}$, und dann für $k = -\frac{1}{5}$. Im ersten Fall hat man im Punkte $x = y = 0$ ein Minimum, im anderen Fall einen sogenannten Sattelpunkt.

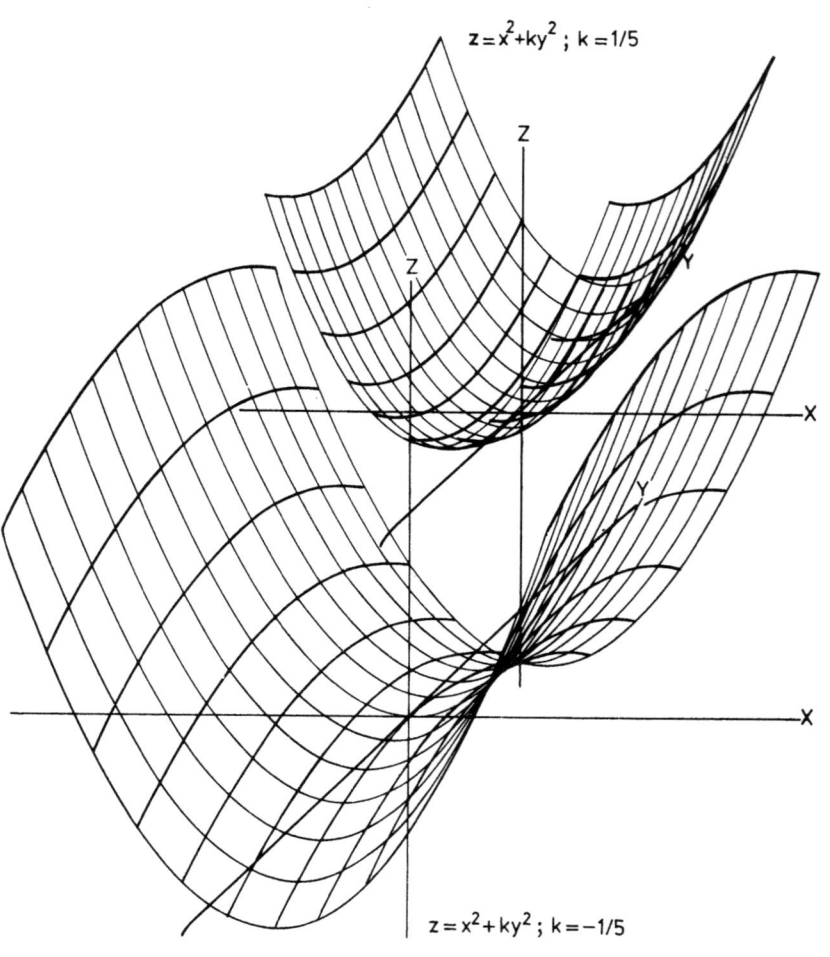

Die qualitative Mathematik untersucht die allgemeinen Merkmale der Funktionen und ordnet nach Kriterien ein, die schön an so einfachen Beispielen wie in der Abbildung auf S. deutlich werden: die ersten beiden Funktionen sind von gleicher Art, die nächsten zwei gehören zu einer anderen, die letzte zu einer dritten. Das Beispiel oben zeigt Funktionen $z = x^2 + ky^2$. Für verschiedene, aber positive Werte von k erhält man im Nullpunkt des Achsenkreuzes ein Minimum, für negative k jedoch einen sogenannten Sattelpunkt. Je nach dem Vorzeichen von k resultieren also zwei verschiedene Arten. Die hier wiedergegebenen Figuren wurden im Institut für Instrumentelle Mathematik der Universität Bonn mit Hilfe von Automaten aufgezeichnet.

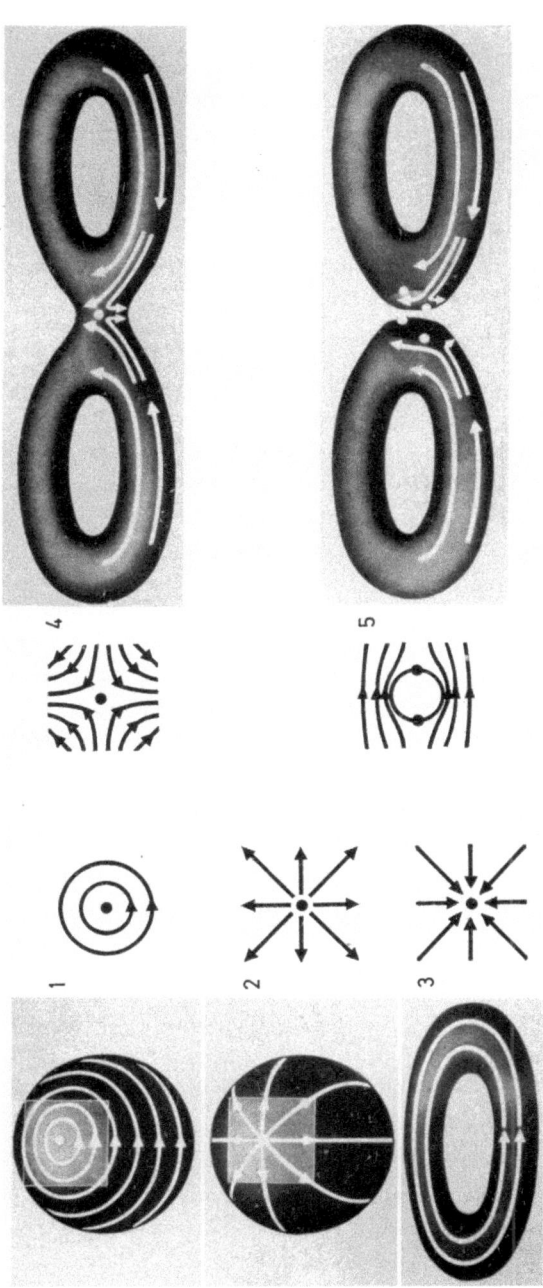

Ein aufschlußreiches Beispiel der qualitativen Klassifikationen bieten die Oberflächen einer Kugel, eines Ellipsoids, eines Torus und einer Brezel. Die qualitativen Unterschiede zeigen sich zum Beispiel im Verhalten einer strömenden Flüssigkeit auf beiden Flächen. (Physikalische Erwägungen über die Komprimierbarkeit werden außer acht gelassen.) Bei Kugel und Ellipsoid gibt es immer wenigstens einen Stagnationspunkt. Der Torus kann jedoch ohne Stagnationspunkt umflossen werden. Deshalb gehören diese Flächen zu verschiedenen Typen. Bei der Brezeloberfläche gibt es wie bei der Kugeloberfläche stets wenigstens einen Stagnationspunkt, doch im Gegensatz zu dieser können keine Strömung, bei der nur Stagnationspunkte der Arten (1), (2), (3) auftreten. Möglich ist eine Strömung mit zwei Stagnationspunkten der Art (4), wie sie sich aus den Strömungsbildern (5) zweier mit einem Loch versehener Torusflächen ergibt, wenn man diese längs der Lochränder zur Brezel vereinigt.

Werden die Fragen komplizierter, so ist es oft unrealistisch, eine genaue, quantitative Antwort zu erwarten, und man begnügt sich daher gern mit einer qualitativen Antwort, wie sie durch die obigen einfachen Zeichnungen illustriert wird. Eine weitere qualitative Eigenschaft einer Funktion besteht darin, ob sie periodisch ist oder nicht: Gilt $f(x+a) = f(x)$ für wenigstens ein a und alle x, so nennt man die Funktion f periodisch. Geometrisch entspricht dies dem Unterschied eines Kreises von einer unendlichen Geraden.

Ein etwas interessanteres Beispiel ist die Unterscheidung zwischen der Oberfläche der Kugel, des Ellipsoids, des fahrradschlauchähnlichen Torus und der Brezel, wie sie auf Seite 215 eingehend erläutert wird. So zeigt sich, daß die ersten beiden zum gleichen qualitativen Typ gehören, wenn auch die betreffenden Konstanten (Achsenlängen) verschiedene Werte haben. Die dritte und vierte sind andere Typen.

Es mag überraschend erscheinen, daß es möglich ist, solche qualitativen Begriffe mathematisch zu behandeln, aber es ist tatsächlich möglich und bildet den Inhalt der Topologie, eines der Hauptzweige der heutigen Mathematik. Man könnte etwa sagen, daß es das Ziel der Topologie ist, Funktionen (oder Konfigurationen oder andere mathematische Objekte) in Typen einzuteilen oder zu klassifizieren und zu versuchen, die gemeinsamen Merkmale aller Funktionen desselben Typs zu finden. Was unter dem Typ einer Funktion zu verstehen ist, ändert sich natürlich gemäß der Natur des Problems, aber die einfachen Beispiele, die hier angeführt wurden, geben einen gewissen Begriff davon, um was es sich handelt.

Angesichts der Bedeutung, die in den Anfängen der Mathematik den Zahlen beigemessen wurde, pflegt man es als selbstverständlich anzusehen, daß die Mathematik unweigerlich quantitativ ist, und die qualitative Seite, von der gerade gesprochen wurde, bedeutet für manche Menschen eine gewisse Überraschung. Das entscheidende Merkmal der Mathematik ist jedoch die Genauigkeit, und man kann bei Klassifikationsproblemen ebenso genau sein wie bei Zahlenproblemen.

Man muß zugeben, daß die Topologie bisher noch nicht viel Anwendung in den Naturwissenschaften gefunden hat. Andererseits war sie von ungeheurem Wert für Mathematiker aller Richtungen. Sie hat in vielen verschiedenen Zweigen einen Rahmen zur Ordnung und Systematisierung geliefert und uns zu einem tieferen Verständnis verholfen. Indirekt und auf lange Sicht muß sich auch in der praktischen Anwendung ihr Einfluß geltend machen.

So sei noch erwähnt, daß der bedeutende französische Mathematiker René Thom diese qualitativen Begriffe zum Zwecke ihrer Anwendung in der Biologie entwickelt hat. Er hat auch bereits Vorträge darüber gehalten, und ein Buch wird in nächster Zukunft erscheinen. Hier könnte der Beginn einer wichtigen Entwicklung liegen.

Die drei Zweige der Mathematik, die hier erwähnt wurden, nämlich die Gruppentheorie, die Wahrscheinlichkeitslehre und die Topologie, sind typische Hauptgebiete der modernen Mathematik. Sie alle behandeln abstrakte Begriffe (Symmetrie, Wahrscheinlichkeitsmaße, qualitative Klassifikationen), die erheblich anspruchsvoller sind als die Begriffe Zahl und Funktion. Diese Abstraktheit der modernen Mathematik wird oft kritisiert, und ich muß zugeben, daß die Abstraktion teilweise zu weit geht, aber ich wollte zeigen, daß sich die abstrakten Begriffe als natürliche Antwort auf den Druck der Ereignisse ergaben.

Ohne sie wäre die Mathematik jetzt schon von einer Menge komplizierter Einzelheiten erdrückt und in unzählbare, nicht miteinander verbundene Sonderfälle aufgespalten.

Wir sehen also, daß sich die Natur der Mathematik ändert. Neue Begriffe, die vor hundert Jahren noch kaum bekannt waren, stehen jetzt im Mittelpunkt. Dies bedeutet aber nicht, daß sich der Grundgehalt der Mathematik völlig geändert hätte.

Wir beschäftigen uns noch immer mit Zahlen und algebraischen Gleichungen, mit Funktionen und Differentialgleichungen, aber wir haben jetzt eine Vielfalt neuer Werkzeuge zu unserer Verfügung.

Wir können Probleme in Angriff nehmen, die unsere Vorgänger als hoffnungslos kompliziert angesehen hätten. Wir besitzen einen größeren Überblick und können die zugrundeliegenden Einheiten in der Mathematik erkennen, die früher nur unklar wahrgenommen wurden.

Dieser Aufsatz soll nicht ohne den Dank an Herrn Professor Dr. Friedrich Hirzebruch und andere Mathematiker der Universität Bonn abgeschlossen werden, die mir bei der Übersetzung und Bearbeitung des Manuskripts und der Vorbereitung der Figuren geholfen haben.

E. BRIESKORN

1956-1961 Studium der Mathematik und Physik in München und Bonn

1963 Promotion in Bonn

1962-1968 Assistent an den Mathematischen Instituten in Erlangen und Bonn und am Massachusetts Institute of Technology

1968 Habilitation für das Fach Mathematik an der Universität Bonn

1969-1973 o.Professor am Mathematischen Institut der Universität Göttingen

1974 Mitarbeiter des Sonderforschungsbereichs Theoretische Mathematik und Gastprofessor am Mathematischen Institut der Universität Bonn

In meiner mathematischen Arbeit interessieren mich besonders solche Fragen, bei denen es auf die Kombination verschiedener reichhaltiger Strukturen und auf die konkrete Konstruktion und Untersuchung von Objekten mit solchen Strukturen ankommt. So haben sich durch meine Arbeiten über die topologischen Eigenschaften komplex-analytischer Räume in ihren singulären Punkten neue Beziehungen zwischen Problemen und Methoden aus mehreren verschiedenen Gebieten ergeben, u.a. zwischen komplexer Analysis, algebraischer Geometrie, Differentialtopologie und Theorie der Lieschen Gruppen.

Die methodologischen Probleme, auf die die Mathematiker bei ihrer Arbeit stoßen, führen natürlich zur Reflexion über grundsätzliche Fragen aus der Philosophie der Mathematik. Für mich ist ein anderer Grund für die Bemühung um solche Fragen wichtiger: Die Einsicht, daß die Auseinandersetzung über diese Probleme auch ein Teil der allgemeinen gesellschaftlichen und politischen Auseinandersetzungen ist, die in den letzten Jahren zunehmend auch in den Universitäten stattfinden.

Über die Dialektik in der Mathematik

Egbert Brieskorn

> "Wie meinst du das?" fragte die Raupe streng.
> "Erkläre dich!" "Ich fürchte, ich kann mich
> nicht erklären", sagte Alice, "denn ich bin gar
> nicht ich, sehen Sie". "Ich sehe es nicht",
> sagte die Raupe.
> ("Alices Adventures Under Ground" von Lewis
> Carroll, Übersetzung von Christian Enzensberger)

Die Frage nach dem Wesen der Mathematik

Die Frage nach dem Wesen der Mathematik ist eine philosophische Frage, die den Mathematiker nicht gleichgültig lassen kann. Ihre Beantwortung hat praktische Konsequenzen, auch für die Mathematik. Sie hat Konsequenzen für den einzelnen Mathematiker, der in der Antwort ein bestimmendes Moment für die Grundrichtung seiner Forschung findet. Dies gilt in besonderem Maße für die Mathematiker, die durch die Tiefe ihrer Einsicht mehr als andere der Entwicklung der Mathematik ihre Richtung gegeben haben. Es ist weiterhin eine Frage, deren Beantwortung mit darüber entscheidet, wie Mathematik vermittelt wird, wie sie in Veröffentlichungen und Büchern dargestellt, an Schulen und Hochschulen gelehrt wird. Und es ist schließlich eine Frage, deren Klärung für die Herstellung der richtigen Beziehung zwischen der Entwicklung der mathematischen Theorie und ihrer Anwendung in der Praxis wichtig ist.

Darum kann es niemandem, und am wenigsten den Mathematikern, gleichgültig sein, daß sich Auffassungen von der Bedeutung der Mathematik entwickelt und in starkem Maße durchgesetzt haben, die zwar wichtige Einsichten über die Mathematik enthalten, jedoch die Natur der Mathematik im ganzen so wenig erfassen, daß man sie nicht als die Wahrheit über das Wesen dieser Wissenschaft ansehen kann.

Gegenüber solchen Auffassungen soll im folgenden eine mög-

lichst umfassende Sicht der Mathematik vertreten werden, die
zwar in ihren Grundzügen und vielen Einzelheiten nicht neu
ist, in den gegenwärtigen Auseinandersetzungen an unseren
Universitäten mit ihren durch falsches Bewußtsein bestimmten Fronten jedoch kaum klar vertreten wird. Diese Auffassung
soll die Mathematik in den Gesamtzusammenhang menschlichen
Handelns stellen und die Praxis der Mathematiker, die Inhalte der Mathematik und ihre lebendige geschichtliche Entwicklung berücksichtigen. Natürlich kann in einem einzelnen Beitrag wie diesem kein alle Aspekte umfassendes Bild der Mathematik entworfen werden. Wir werden nur gewisse Züge hervorheben können, vor allem die, die nicht allen Mathematikern bewußt sind, während andere, allen bekannte Züge, wie z.B. die
wichtige Rolle der Verwendung der Symbole in der Mathematik,
stillschweigend als Teil unseres Bildes vorausgesetzt werden.
Unser wichtigstes Ziel ist es, zu zeigen, daß die Entwicklung
der Mathematik als die Entfaltung einer Vielfalt gegensätzlicher Tendenzen aufgefaßt werden kann, und die Entfaltung
entgegengesetzter Denkbewegungen zur mathematischen Methode
selbst gehört. Wir hoffen, daß im Vergleich mit den sonst
vertretenen statischen Konzeptionen mit einer solchen dialektischen Auffassung ein umfassenderes und tieferes Verstehen
der Entwicklung der Mathematik erreicht wird.

Dabei ist es selbstverständlich, daß bei einer so umfassenden Fragestellung Beschränkungen schon durch den Umfang dieses Beitrags unvermeidlich sind. Schlimmer sind die Mängel,
die sich aus den beschränkten Kenntnissen und Einsichten des
Verfassers in philosophischen Fragen, in der Geschichte der
Mathematik, in Fragen der Anwendungen und in den Problemen
der Berufspraxis der Mathematiker ergeben, wobei die Analyse
der Berufspraxis ohnehin noch in den Anfängen zu stecken
scheint (vgl.24). Man kann nur hoffen, daß diese Arbeit
trotzdem etwas zur Klärung der Probleme beiträgt.

Zu den notwendigen Beschränkungen gehört, daß es unmöglich
ist, sich hier mit der ganzen Vielfalt von Meinungen auseinanderzusetzen, welche von Mathematikern und Philosophen

zur Frage nach der Natur der Mathematik im Laufe der Jahrhunderte vorgebracht worden sind. Einen Eindruck davon vermittelt z.B. die Zitatensammlung von Moritz (2o).

Unzureichende Grundlegungsversuche

Insbesondere ist es hier nicht möglich, sich ausführlich mit den verschiedenen Versuchen der Grundlegung der Mathematik auseinanderzusetzen, die sich im wesentlichen als Versuche zur Überwindung der um die Jahrhundertwende entstandenen Grundlagenkrise entwickelten. Die Grundlagenkrise war in den Antinomien der Mengenlehre aufgebrochen, deren Ursache man,in einer allerersten Vereinfachung, in der Spannung zwischen dem Endlichen und dem Unendlichen sehen kann. - Wir werden noch sehen, daß dies eine Vereinfachung ist und daß sich in der Mengenlehre so gut wie alle dialektischen Gegensätze durchdringen. - Die Hauptrichtungen unter den Grundlegungsversuchen waren bekanntlich Logizismus, Formalismus und Intuitionismus. Der Logizismus will die Mathematik auf formale Logik reduzieren. A.N. Whitehead:"Mathematik im weitesten Sinne ist die Entwicklung aller Arten von formalen, denknotwendigen, deduktiven Schlußweisen". Und B.Russel 1903 auf Seite 1 von 'Principles of Mathematics':"Die reine Mathematik ist die Klasse aller Sätze der Form 'p impliziert q', wo p und q Sätze sind, die eine oder mehrere Variablen enthalten, ..., und wobei weder p noch q irgendwelche Konstanten außer logischen Konstanten enthalten". Der Logizismus ist überholt. So sagt etwa Hermann Weyl 1944 in einer Diskussion über das Verhältnis der verschiedenen Grundlegungsversuche (36):" Das ist zur Zeit die Lage des Problems - es ist keine endgültige Lösung in Sicht. Aber was auch die Zukunft bringen mag, über eine Tatsache besteht kein Zweifel: Daß Brouwer und Hilbert das Problem der Grundlagen der Mathematik auf eine höhere Ebene verlagert haben. Eine Rückkehr zum Standpunkt der Principia Mathematica von Russel-Whitehead ist undenkbar". Und N.Bourbaki in (5):"Es ist deshalb eine Binsenwahrheit zu sagen, daß dieses 'deduktive Schließen' ein die Mathema-

tik einigendes Prinzip ist. Eine so oberflächliche Bemerkung
kann der offenbaren Vielfalt der verschiedenen mathematischen
Theorien sicher nicht gerecht werden, sowenig wie man z.B.
Physik und Biologie deshalb, weil beide die experimentelle
Methode anwenden, zu einer einzigen Wissenschaft vereinigen
könnte".

Die Intuitionisten und die mit ihnen geistesverwandten Konstruktivisten sind der Meinung, daß die Antinomien vom bedenkenlosen Operieren mit mathematischen Aussagen herrühren, deren Bedeutung nicht klar ist, insbesondere mit Aussagen über unendliche Mengen und über die Existenz mathematischer Objekte. Die hinter der intuitionistischen Kritik stehende Haltung wird von E.A.Bishop in (4) wie folgt zum Ausdruck gebracht:"Wenn ich durch einen positiven Ausdruck die Eigenschaft zu beschreiben versuche, an der es der heutigen Mathematik fehlt und deren Fehlen ich als 'Schizophrenie' bezeichnet habe, dann fällt mir immer wieder das Wort 'Integrität' ein. Nicht die Integrität eines isolierten Formalismus, der sich rühmt, sich stets an seinen eigenen Maßstäben für ein hohes Niveau zu messen, sondern eine Integrität, die eine gemeinsame Basis für die Forschung in reiner Mathematik, in angewandter Mathematik und in solchen mathematisch orientierten Disziplinen wie der Physik sucht, die die Bedeutung einer jeden neuen Entwicklung möglichst voll zu erfassen sucht und die sich in erster Linie von inhaltlichen Überlegungen leiten läßt anstatt vom Wunsch nach Eleganz und formaler Attraktivität, eine Integrität, die darauf achtet, daß die mathematische Darstellung der Realität nicht zu einem Spiel entartet und die Rolle der Mathematik in der heutigen Gesellschaft zu verstehen sucht. Es mag sein, daß sich diese Integrität nicht realisieren läßt, aber das ist nicht wichtig. Ich möchte den Konstruktivismus als einen Versuch sehen, wenigstens gewisse Aspekte dieser idealisierten Integrität zu verwirklichen. Wenigstens hat dieser Anspruch den Vorteil, daß er den Konstruktivismus möglicherweise daran hindern kann, auch wieder ein Spiel zu werden, wozu in der Vergangenheit einige Konstruktivisten tendiert haben". Ob man der Mehrheit der Mathematiker einen solchen Mangel an Integrität unterstellen muß, soll hier dahingestellt bleiben. Mindestens dürfte Bishop recht haben, wenn er den 'Experten', das heißt wohl den von der 'analytischen Philosophie' beeinflußten Experten für Grundlagenforschung und Philosophie der Mathematik vorwirft:"Die Experten identifizieren heutzutage gewohnheitsmäßig und selbstverständlich das weite Feld der Mathematik mit den Resultaten dieses oder jenes formalen Systems. Das Beweisen betrachten sie als das Manipulieren von Ketten von Symbolen. Die Philosophie der Mathematik besteht in der Entwicklung, im Vergleich und in der Untersuchung von formalen Systemen. Konsistenz ist das Ziel. Die Folge ist, daß die Bedeutung ihren Wert verliert, und daß sie auf der primären Ebene sogar völlig verschwindet".

Man wird schwer bestreiten können, daß es wünschenswert wäre, wenn Mathematiker und Philosophen, die sich mit Philosophie der Mathematik befassen, nach der Integrität streben würden, die Bishop fordert. Natürlich muß man die Konstruktivisten selbst auch an ihrer Forderung messen. Und dann stellt man folgendes fest: Die Intuitionisten und die Konstruktivisten bemühen sich, den logischen Operationen, den Existenzaussagen usw. eine klare, unmißverständliche Bedeutung zu geben, und das geschieht durch Verweis auf endliche Konstruktionen. Nur Aussagen mit einer solchen Bedeutung halten sie für sinnvoll. Das weitere Programm sieht wie folgt aus, nach Bishop: "Um es zusammenzufassen: Die erste Aufgabe besteht darin, soviel wie möglich von der schon existierenden klassischen Mathematik konstruktiv zu wenden. Während das geschieht, sollten wir in zunehmendem Maße unsere Aufmerksamkeit auf Fragen der Effizienz unserer Algorithmen richten und die Kluft zwischen konstruktiver Mathematik auf der einen Seite und numerischer Mathematik und Computer-Wissenschaft auf der anderen Seite überbrücken. Da die konstruktive Mathematik gerade davon handelt, was theoretisch berechenbar ist, sollte sie eine zuverlässige philosophische Grundlage für die Computer-Wissenschaft liefern."

Was nun die konstruktivistische Umarbeitung der klassischen Mathematik angeht, also den einzigen meines Wissens bisher in größerem Umfang in Angriff genommenen Programmpunkt, so zeigt Bishop im gleichen Zusammenhang, daß die Konstruktivisten von ihrem Standpunkt aus hier inzwischen Erhebliches geleistet haben, und daß die konstruktivistische Umarbeitung oft zu einer Verbesserung und Verschärfung der klassischen Resultate geführt hat. Trotzdem muß man feststellen, daß derjenige Teil der klassischen Mathematik, für den eine konstruktivistische Wendung versucht worden ist, nur einen winzigen Bruchteil dieser klassischen Mathematik ausmacht. Dabei ist mit 'klassisch' hier die herkömmliche, nicht-konstruktivistische Mathematik gemeint, also auch unsere heutige Mathematik, die sich ständig weiter entwickelt und deren Reichtum an neuen Theorien von der viel komplizierteren intuitionistischen Mathematik nicht einzuholen ist. Aber auch bei den Teilen der klassischen Mathematik, die teilweise konstruktivistisch umgearbeitet worden sind, wie z.B. bei der reellen Analysis, gelten viele wichtige, zentrale klassische Sätze in der intuitionistischen Version nicht mehr, und die als Ersatz zur Verfügung stehenden analogen Resultate sind nicht so stark und sehr viel komplizierter.

Allein schon aus diesen Gründen wird meines Erachtens die konstruktivistische Mathematik niemals in größerem Umfang als theoretische Grundlage für angewandte und numerische Mathematik dienen können, wird sie niemals, wie Bishop fordert, die Kluft zwischen sich und diesen Gebieten überbrücken können. Es ist fast tragisch: Gerade diejenigen, die wie Bishop nach der Bedeutung ihrer Arbeit fragen, für die Mathematik nicht Selbstzweck ist, sondern in ihrer gesellschaftlichen Funktion gesehen werden soll, gerade die können diese Ziele nicht erreichen, weil sie von solchen philosophischen Positionen und damit von einem solchen Vorverständnis von Mathematik ausgehen, durch welche eine richtige Einschätzung der gesellschaftlichen Funktion der Mathematik und die Erfüllung dieser Funktion praktisch unmöglich werden.

Der wichtigste Aspekt dieses besonderen konstruktivistischen bzw. intuitionistischen Verständnisses von Mathematik im Vergleich zu anderen Wissenschaften scheint mir von Hermann Weyl in (35) gut auf eine kurze Formel gebracht zu sein: "Den Aussagen der theoretischen Physik eignet aber sicherlich nicht jener Charakter, den Brouwer von den mathematischen verlangt, daß nämlich jede ihren eigenen, restlos in der Anschauung vollziehbaren Sinn in sich trage; sondern dort steht, wenn es mit der Erfahrung konfrontiert wird, nur das System als Ganzes in Frage". Wir meinen, daß hier der Grundfehler des Intuitionismus und Konstruktivismus liegt: In seiner Reduktion des Sinnvollen auf den viel zu engen Bereich der einzeln als unmittelbar anschaulich sinnvoll erscheinenden mathematischen Operationen. Wenn auch in dem hierin liegenden Verweis auf die Tätigkeit des Mathematikers als konstituierendes Element des Sinnes und in dem Bestehen auf inhaltlichem Verständnis ein rationaler Kern enthalten ist, so ist doch andererseits die Beschränkung auf die isolierten Operationen, die unzureichende Erfassung der Mathematik als eines ganzen Systems wissenschaftlicher Tätigkeit, das in die Gesamtheit aller Erkenntnistätigkeit und allen praktischen Handelns einzuordnen ist, eine rational nicht begründbare Reduktion mit verhängnisvollen Folgen.

Wie steht es nun mit dem Formalismus? Er will nicht, wie es der Intuitionismus tut, den größten Teil der klassischen Mathematik aufgeben, sondern er will sie möglichst vollständig retten. Dazu soll, so Hilberts Programm, die ganze klassische Mathematik in einem Axiomensystem strikt formalisiert werden, und dessen Konsistenz dann unter völliger Absehung von seiner Bedeutung in einer Metamathematik mit strikt intuitionistischen Methoden bewiesen werden. Die Gödelschen Unvollständigkeitssätze haben gezeigt, daß dieses Programm nicht durchführbar ist, und es hat den Anschein, daß es auch nicht durchführbar sein wird, wenn man einige erhebliche Abstriche macht. Man kann wohl sagen, daß der philosophische Grund für das Scheitern des Hilbertschen Programmes seine Überschätzung der axiomatischen Methode ist.

Weyl über Hilbert in (36):"Manchmal schien er mit seinem
Lob der axiomatischen Methode sagen zu wollen, daß sie in
Zukunft die konstruktive oder genetische Methode als ver-
altet erscheinen lassen und verdrängen würde. Ich bin sicher,
daß er das wenigstens in späteren Jahren nicht wirklich
meinte". Das ist sicher richtig: Ein so großer Mathematiker
wie Hilbert konnte einfach nicht die Mathematik als bedeu-
tungsloses Spiel mit Formeln ansehen, das zeigt sich schon
darin, wie er in seinem berühmten Vortrag (17) auf dem internationalen Mathematiker-Kongreß in Paris "die hohe Bedeutung
bestimmter Probleme für den Fortschritt der mathematischen
Wissenschaft im allgemeinen und die wichtige Rolle, die sie
bei der Arbeit des einzelnen Forschers spielen", hervorhebt.
Und es zeigt sich auch in seinem eben dort angedeuteten
historischen Verständnis der Entwicklung der Mathematik, an
der Betonung des Wechselspiels zwischen Verallgemeinerung
und Spezialisierung, zwischen Denken und Erfahrung. Leider
haben geringere Geister mit dem Namen 'Formalismus' dann
ihr ganz anderes Verständnis von der Mathematik als Formelspiel propagiert, mit den Folgen, die Bishop in dem oben
zitierten Artikel anklagt. Wenn man diese Art von Formalismus und den Konstruktivismus im Blick auf ihr Verhältnis
zur klassischen Mathematik vergleicht, kann man das Ergebnis
in folgende grobe Formel fassen: Beim konstruktivistischen
Versuch der Rettung der Mathematik bleibt die klassische
Mathematik auf der Strecke, weil die Bedeutung mathematischer
Aussagen durch ein einseitig am Endlich-Konstruktiven ausge-
richtetes und subjektiv-idealistisch begründetes Sinnkrite-
rium bestimmt wird. Beim Formalismus bleibt die Bedeutung
auf der Strecke, und die klassische Mathematik wird nicht
gerettet, sondern entartet wegen einseitiger Betonung der
axiomatischen Methode zum Formelspiel. Intuitionisten und
Formalisten scheitern so letzten Endes bei der Behandlung
der in den Antinomien aufgebrochenen Widersprüche, weil sie
versuchen, die Frage der Bedeutung mathematischer Aussagen
innermathematisch oder auf einer unzureichenden philosophischen Basis zu lösen, ohne Bezug auf die Bedeutung der
Mathematik für das menschliche Handeln, ohne Bezug auf die

Praxis. So wird dann zum Schluß sogar die innermathematische
Praxis von beiden verkürzt und verzerrt.

Doch der außerordentliche Fortschritt der Mathematik, der
durch die Einführung des Mengenbegriffs möglich wurde, ist
durch die Unmöglichkeit der Begründung der Mengenlehre durch
Formalismus und Intuitionismus nicht aufgehalten worden.
Vielmehr haben die Mathematiker in der Mengenlehre den Gebrauch von mengentheoretischen Konstruktionen durch verschiedene, sorgfältig gewählte Axiomensysteme so eingeengt, daß
er für die meisten Zwecke ausreicht und daß die Antinomien,
die durch zu unvorsichtiges Operieren mit Mengen aufgetreten
waren, verschwinden. Daß in Zukunft keine neuen Antinomien
auftreten, kann man allerdings nur hoffen. In der übrigen
Mathematik operieren die allermeisten Mathematiker mit der
inzwischen erworbenen Vorsicht auch weiter in naiver Weise
mit der Mengenlehre. Die individuelle Begründung für diese
Haltung ist wohl vom einen zum anderen sehr verschieden.
Hermann Weyl meint in (35), sie entspreche dem philosophischen
Standpunkt des naiven Realismus.

Der Gebrauch der Mengenlehre hat sich in unserem Jahrhundert
so weitgehend durchgesetzt, daß sie zu einer universellen
Sprache geworden ist, in der so gut wie alle Mathematik dargestellt und mitgeteilt wird. Bei Nichtmathematikern hat
dies leider zu der bei uns allzuhäufig vertretenen Meinung geführt, die Mathematik sei einfach eine Entfaltung des Mengenbegriffs, oder, noch schlimmer, sie sei das gleiche wie
Mengenlehre. Es ist dies eine schädliche Auffassung, die nur
um weniger besser ist als der Logizismus, und sie ist mutatis
mutandis mit den gleichen Argumenten zurückzuweisen wie dieser.

Der Bourbakismus

Die umfassende Verwendung des Mengenbegriffs im Verein mit
der axiomatischen Methode führte in unserem Jahrhundert zu
einer noch nie dagewesenen Vereinheitlichung der Mathematik,

die sich im vergangenen Jahrhundert in zahlreiche Theorien differenziert hatte. Höchster Ausdruck dieser Tendenz zur Vereinheitlichung war das Programm von N.Bourbaki, das dieser seit 1939 mit der Veröffentlichung der 'Eléments de Mathématique' auszuführen versucht. Einen anschaulichen Bericht über Bourbakis Einfluß und Besonderheiten findet man z.B. bei Halmos (14), (vgl.auch 26). Bourbaki hat sein Programm in einem Aufsatz mit dem Titel 'Die Architektur der Mathematik' veröffentlicht (wir zitieren nach der deutschen Übersetzung (5)). Ziel Bourbakis ist der einheitliche Aufbau der Mathematik mittels der axiomatischen Methode, wobei die Axiomensysteme, die durch Wechselspiel von Analyse und Synthese gewonnen werden, mathematische 'Strukturen' beschreiben.

Bourbaki charakterisiert die axiomatische Methode wie folgt: "Es kann nun klargemacht werden, was allgemein unter einer *mathematischen Struktur* zu verstehen ist. Den verschiedenartigen Vorstellungen, die mit diesem Gattungsnamen bezeichnet werden, ist gemeinsam, daß sie angewandt werden können auf *Mengen von Elementen*, deren Natur nicht festgelegt ist; um eine mathematische Struktur zu definieren, nimmt man *eine oder mehrere Relationen* zwischen diesen (nicht weiter definierten) Elementen als gegeben an (im Fall der Gruppen war dies die Relation $z = x \tau y$ zwischen drei beliebigen Elementen); dann postuliert man, daß die gegebene Relation (oder die gegebenen Relationen) gewisse *Bedingungen* erfüllen, welche explizit festgesetzt werden und welche die Axiome der betrachteten Struktur sind. Die *axiomatische Theorie einer so gegebenen Struktur* aufstellen, läuft dann hinaus auf die *Deduktion der logischen Folgerungen aus den Axiomen dieser Struktur*, ohne Berücksichtigung irgendeiner weiteren Hypothese über die betrachteten Elemente oder die Natur dieser Elemente". Mittels dieser Methode will Bourbaki die Gesamtheit der Mathematik nach einem einheitlichen Prinzip organisieren: "Das *Ordnungsprinzip* wird dabei die Vorstellung einer *Hierarchie von Strukturen* sein, die vom Einfachen zum Komplizierten und vom Allgemeinen zum Besonderen geht".

Die Stufen dieser Hierarchie von Strukturen: Im Zentrum stehen die 'Mutterstrukturen', wie zum Beispiel die Gruppenstruktur. Die Haupttypen solcher Strukturen sind algebraische Strukturen, topologische Strukturen und Ordnungsstrukturen. Danach kommen die 'mehrfachen Strukturen', wie zum Beispiel topologische Algebra, in denen mehrere Mutterstrukturen organisch miteinander kombiniert sind. Schließlich kommen die Theorien im eigentlichen Sinne des Wortes:"Erst an dieser Stelle gelangen wir zu den *Theorien der klassischen Mathematik* : der Analysis der Funktionen einer reellen oder komplexen Variablen, der Differentialgeometrie, der algebraischen Geometrie, der Zahlentheorie. Diese Theorien besitzen aber nicht mehr ihre frühere Autonomie; sie sind jetzt *Kreuzungspunkte* geworden, an denen *mehrere allgemeinere mathematische Strukturen* zusammentreffen und aufeinander einwirken". Mit gewissen Einschränkungen, über die noch zu reden sein wird, leistet diese Darstellung nach Bourbaki folgendes:"Erst mit diesen unerläßlichen Einschränkungen können wir das *innere Leben der Mathematik* besser gewahr werden, ihre *Einheitlichkeit* ebenso wie ihre *Vielfalt*". Den Hauptvorteil der axiomatischen Methode sieht Bourbaki in der dadurch erzielten Denkökonomie, daß sie dem Forschungsmathematiker, der in einem untersuchten Phänomen durch Intuition eine der bereits entwickelten Strukturen erkennt, mit der schon fertigen Theorie dieser Struktur Werkzeuge zur Bearbeitung seines Problems zur Verfügung stellt. "Man könnte fast sagen, daß die nur auf die wesentlichen, nämlich strukturellen Daten der Probleme gerichtete axiomatische Methode weiter nichts ist als das 'Taylorsystem' der Mathematik".

Damit kommen wir zur Kritik des Programms von Bourbaki. Muß es nicht seltsam anmuten, wenn Bourbaki solchermaßen die Einführung des Taylorismus in die Mathematik propagiert, und wenn dann an anderer Stelle gleichzeitig eines seiner ausgezeichnetsten Mitglieder für sich und seinesgleichen alle Rechte des kreativen Genius postuliert, und zwar mit den folgenden Worten:"Trink! Diesem Rat folgt der Mathematiker mit Freuden, gern glaubend, daß er unmittelbar an den Quellen des Wissens seinen Durst wird stillen können,

und überzeugt, daß diese immer klar und reichlich fließen
werden - indes die anderen angewiesen sind auf den trüben
Strom der schmutzigen Wirklichkeit. Und wenn man ihm den
Hochmut seiner Haltung vorwirft, wenn man ihn aufruft, seinen Teil zu tun, wenn man ihn fragt, warum er auf jenen
hohen Gletschern ausharrt, wohin ihm niemand anders als
seinesgleichen folgen kann, wird er mit Jacobi antworten:
Zur Ehre des menschlichen Geistes".(34) Gewiß können dem
großen Mathematiker André Weil nur wenige auf jene eisigen
Gletscher folgen. Es folgen ja auch nur wenige große Mathematiker einem Stahlwerker in die glühende Hölle der Reparaturschicht in einem Siemens-Martin-Ofen. Aber die Worte
von A.Weil sind wenigstens deutlich. Bourbaki äußert sich
nicht ganz so klar zu diesem Thema. Zunächst will er sich
überhaupt nicht äußern:"Unsere eigene Aufgabe ist bescheidener und weniger umfangreich; wir wollen nicht die Beziehungen der Mathematik zur Wirklichkeit oder den großen Kategorien des Denkens untersuchen; wir beabsichtigen vielmehr,
allein im Bereich der Mathematik zu bleiben und werden versuchen, die oben aufgeworfene Frage zu beantworten, indem
wir die Verfahrensweisen der Mathematik selbst analysieren."
Aber dann äußert er sich doch:"Daß eine innige Verbindung
besteht zwischen experimentellen Phänomenen und mathematischen
Strukturen, scheint auf die unerwartetste Weise voll bestätigt zu werden durch die jüngsten Entdeckungen der zeitgenössischen Physik. Aber wir wissen gar nichts über die Gründe dieser Tatsache (angenommen, man könnte wirklich diesen
Worten eine Bedeutung beimessen), und wir werden vielleicht
nie etwas darüber wissen". Und Weiter:"Vom axiomatischen
Gesichtspunkt aus erscheint die Mathematik so als eine
Schatzkammer von abstrakten Formen, den *mathematischen Strukturen*;
und es trifft sich so - ohne daß wir wissen warum -, daß
gewisse Aspekte der empirischen Wirklichkeit in diese Formen passen, als wären sie ihnen ursprünglich angepaßt worden. Natürlich kann nicht geleugnet werden, daß die meisten dieser Formen ursprünglich einen sehr bestimmten
anschaulichen Inhalt hatten; aber erst dadurch, daß dieser anschauliche Inhalt absichtlich ausgeschaltet wurde,

ist es möglich gewesen, diesen Formen jene Wirksamkeit zu verleihen, die zu entfalten sie fähig waren, und sie vorzubereiten für neue Deutungen und für die Entwicklung ihrer vollen Kraft."

In allen diesen Zitaten wird die Weigerung ausgesprochen, "die Beziehungen der Mathematik zur Wirklichkeit oder der großen Kategorien des Denkens" zu untersuchen und in das zu entwickelnde Bild von der mathematischen Wissenschaft mit einzubeziehen. Der Mathematiker trennt sich, in dem Zitat von A.Weil, hochmütig von denen, die sich mit der Realität befassen. Und damit trennt sich - da ja der Beruf vieler Mathematiker in der Anwendung von Mathematik besteht - der 'kreative' Mathematiker von demjenigen, der die von diesem geschaffene Mathematik 'nur' noch anwendet. So kann es dazu kommen, daß die ursprünglich fortschrittliche Tendenz, die in der Entwicklung einer mathematischen Arbeitstechnik liegt, welche Bourbaki mit dem Taylorismus vergleicht, umschlägt in ein hemmendes Moment, in die Trennung von kreativer mathematischer Forschung einerseits und die Vermittlung von vorgegebenem Wissen und fertigen Techniken andererseits. Diese für unsere Universitäten inzwischen schon charakteristische Trennung und die Trennung der reinen von der angewandten Mathematik sind - das bestätigen die Auskünfte der in der Praxis tätigen Mathematiker - ein Hemmnis für die Anwendung der Mathematik. Die "Fähigkeit, auf Grund einer gegebenen Problemstellung einen theoretischen Ansatz zu entwickeln", deren Herausbildung z.B. in den Überlegungen zu einem mathematischen Grundstudium vom Wissenschaftsrat in (37) gefordert wird, die wird bei einer nur auf die Vermittlung der Kenntnis bereits vorhandener Strukturen gerichteten Ausbildung gerade nicht entwickelt. Gerade in den zitierten Überlegungen des Wissenschaftsrates und in anderen staatlichen Ansätzen zu einer Reform der Mathematikausbildung, auch an den Schulen, wird aber gleichzeitig Mathematik in einseitiger Weise als Strukturmathematik dargestellt, tritt der Widerspruch zwischen dem Versuch einer Orientierung der mathematischen Ausbildung auf die Praxis und einer die Praxis nicht genügend einbeziehenden Wissenschaftstheorie zu Tage und führt zu dem widerspruchsvollen Versuch, durch Reduktion auf die Vermittlung von Grundwissen über die vorhandenen Strukturen und Theorien eine große Zahl von Schülern und Studenten für die Praxis auszubilden. Taylorismus für die vielen und Kreativität für die wenigen: Es ist wohl nicht zu weit hergeholt, da eine Analogie zu sehen zwischen den wissenschaftlichen Produktionsverhältnissen und denen der materiellen Produktion. Und unter diesen Bedingungen verkommt die Konzeption Bourbakis, die dieser immerhin mit einer Reihe von Einschränkungen versehen hat, dann sehr leicht zu jenem 'Warenhaus abstrakter Formen', der Strukturen, die man unerklärlicherweise auf die Wirklichkeit anwenden kann, und diese Anwendung ist dann in der Tat auch manchmal ziemlich 'schmutzig'.

Als der glänzende Mathematiker, der er ist, sieht Bourbaki natürlich, daß sein Konzept, die Einheit und Vielfalt der Mathematik in einem hierarchischen System von axiomatisch definierten Strukturen zu fassen, Gefahren in sich birgt: "Um die richtige Perspektive zu erhalten, müssen wir dieser raschen Skizze sogleich die Bemerkung anfügen, daß sie nur eine sehr rohe Annäherung an den tatsächlichen Stand der heutigen Mathematik ist; die Skizze ist schematisch und ebenso idealisiert wie erstarrt.
Schematisch - weil in der tatsächlichen Entwicklung die Dinge nicht in so einfacher und systematischer Weise vor sich gehen, wie oben beschrieben wurde. Es kommen, unter anderem, unerwartete Rückbewegungen vor, bei denen eine spezialisierte Theorie, wie jene der reellen Zahlen, bei der Konstruktion einer allgemeinen Theorie, wie der Topologie oder Integration, unerläßliche Hilfe leistet.
Idealisiert - weil es keineswegs zutrifft, daß in allen Gebieten der Mathematik die Rolle jeder der großen Strukturen klar erkannt und herausgearbeitet ist: In gewissen Theorien (z.B. in der Zahlentheorie) bleiben zahlreiche isolierte Ergebnisse, die zu klassifizieren oder auf befriedigende Weise mit bekannten Strukturen zu verbinden, bisher nicht möglich war.
Schließlich *erstarrt* - denn nichts liegt der axiomatischen

Methode ferner als eine statische Auffassung der Wissenschaft. Wir wollen den Leser nicht veranlassen zu denken, daß wir den Anspruch erheben, ein endgültiges Stadium der Wissenschaft umrissen zu haben. Die *Strukturen sind nicht unveraenderlich*, weder in ihrer Anzahl noch in ihrem wesentlichen Inhalt. Es ist wohl möglich, daß die künftige Entwicklung der Mathematik die Zahl der Fundamentalstrukturen vermehrt, indem sie die Fruchtbarkeit neuer Axiome oder gewisser Kombinationen von Axiomen offenbart. Wir können einen *bedeutenden Fortschritt* von der *Erfindung neuer Strukturen* erwarten, wenn wir den Fortschritt bedenken, den heute bekannte Strukturen seinerzeit verursacht haben. Andererseits sind diese heute bekannten Strukturen keineswegs vollendete Gebäude; es wäre tatsächlich sehr verwunderlich, wenn ihre ganze Essenz aus ihren Prinzipien schon herausgeholt worden wäre".

Man sollte Bourbaki diese von ihm selbst gemachten Einschränkungen konzedieren und anerkennen, daß das von ihm entworfene Bild der Hierarchie von Strukturen mit diesen Einschränkungen ein zutreffendes Bild vom augenblicklichen Zustand der Mathematik liefert, genauer: des Teils der Mathematik, der nicht mehr in besonders lebhafter Entwicklung begriffen ist. Aber Bourbakis Behauptung, nichts liege der axiomatischen Methode ferner als eine statische Konzeption der Wissenschaft, muß schon angesichts der Erfahrungen mit dem Formalismus, gegen den er sich selber abgrenzt, Widerspruch finden. Bourbaki verwendet zwar, wenn er von der Tätigkeit des Mathematikers spricht und wenn er beschreibt, was seine Konzeption der Mathematik leisten soll, dialektische Begriffspaare wie 'Einheit und Vielfalt', 'Analyse und Synthese', 'Allgemeines und Besonderes' usw., aber innerhalb seines Konzeptes der Hierarchie von Strukturen kommt der dialektische Charakter dieser Begriffe nicht voll zum Tragen. Beschreibt und erklärt Bourbakis Modell wirklich die Entwicklung der Wissenschaft? Der Aufbau der axiomatischen Theorie einer gegebenen Struktur, sagt er, entspreche der Deduktion der logischen Konsequenzen ihrer Axiome. Aber was sind denn die logischen Konsequenzen der Axiome, etwa der Axiome, die eine differenzierbare Struktur beschreiben? Wenn man unter 'Logik' das versteht, was Bourbaki wohl darunter verstehen würde, also wohl formale Logik, dann kann man unter einer logischen Konsequenz doch wohl nur das Resultat eines Systems von logischen Schlüssen, also eine bewiesene mathematische Aussage, oder aber eine formale Definition verstehen, in der der zu definierende Begriff mittelbar oder unmittelbar auf die undefinierten Grundbegriffe des Axiomensystems zurückgeführt wird. Zwar lassen sich die mathematischen Konstruktionen formal meist als Existenzbeweise oder als Definitionen auffassen, aber jeder Mathematiker weiß doch, daß die Definitionen und typischen Konstruktionen einer Theorie uns nicht als reife Früchte vom Baum der logischen Erkenntnis in den Schoß fallen, sondern daß sie durch Intuition und Erfahrung, manchmal auch in einer langen geschichtlichen Entwicklung, gefunden werden müssen. Mit einer formalen Auffassung der Definitionen und Konstruktionen als einer 'logischen Konsequenz der Axiome' ist absolut nichts über ihr Zustandekommen gesagt. Es wäre z.B. wohl mehr als absurd, zu behaupten, daß etwa die 'Henkelkörperzerlegungen' von differenzierbaren Mannigfaltigkeiten, ein wichtiges Hilfsmittel beim Beweis tiefliegender Sätze wie der verallgemeinerten Poincaréschen Vermutung, eine formal-logische Konsequenz der Axiome für eine differenzierbare Mannigfaltigkeit sei und daß damit in irgendeiner Weise erklärt sei, wie und warum man zu dieser Konstruktion gekommen ist. Übrigens war es in diesem Fall auch so, daß die Ansätze zu dieser Konstruktion schon 1904 von Poincaré gefunden wurden, also lange vor der formalen Definition einer differenzierbaren Mannigfaltigkeit durch Whitney im Jahre 1936. Und genau so verhält es sich mit den Sätzen einer Theorie. Die großen Mathematiker erraten oft intuitiv ihre Sätze, lange bevor sie sie beweisen. So schreibt zum Beispiel Gauß im Vorwort zu Eisenstein's Mathematische Abhandlungen (12):"Die höhere Arithmetik bietet einen unerschöpflichen Reichtum an interessanten Wahrheiten dar, und zwar an solchen, die nicht vereinzelt, sondern in innigem Zusammenhange stehen, und immer neue, ja unerwartete Verknüpfungen erkennen lassen, je weiter die Wissenschaft sich

ausbildet. Ein großer Teil ihrer Lehren gewinnt auch einen
neuen Reiz durch die Eigenthümlichkeit, daß gewichtige Lehrsätze in einfach ausgeprägtem Inhalt uns leicht durch Induction zugeführt werden, deren Begründung doch so tief liegt,
daß man erst nach vielen vergeblichen Versuchen dazu gelangt,
und dann meistens erst auf beschwerlichen künstlichen Wegen,
während die einfacheren Methoden lange verborgen bleiben."
Bourbakis Aussage über den axiomatischen Aufbau einer Theorie
als Deduktion der logischen Konsequenzen der Axiome sagt
nichts, aber auch gar nichts über das Zustandekommen der
Theorie, solange 'logisch' im Sinne von formaler Logik verstanden wird. Anders wäre es bei einem Verständnis von Logik,
das 'die großen Kategorien des Denkens' einbegriffe - aber
das schließt Bourbaki ja gerade aus.

Ein anderes wichtiges Moment, das die Entwicklung der Mathematik vorantreibt und dessen Bedeutung immer wieder von vielen Mathematikern betont worden ist, ist die plötzliche Entdeckung verborgener Beziehungen zwischen ganz verschiedenen
Theorien. Bourbakis Beschreibung dieses Vorgangs stellt die
Dinge, vom historischen Standpunkt gesehen, auf den Kopf,
indem der Grund für diese Verbindung der Theorien in der
Existenz gemeinsamer Strukturelemente in beiden Theorien gesehen wird, die zu einer Struktur gehören, welche in der
Hierarchie der Strukturen über beiden Theorien liegt. Historisch ist aber eine solche Entdeckung meist gerade erst der
Grund für die Ausarbeitung einer solchen Struktur. Zwar liefert Bourbakis 'Erklärung' im nachhinein ein gewisses Verständnis, indem sie konstatiert, daß die in den zahlreichen
Verbindungen zwischen den Theorien sich manifestierende Einheit in einem weiteren Abstraktionsprozeß erfaßt und wirksam
gemacht werden kann. Eine wirkliche Erklärung wird daraus
aber nur, wenn man einen Grund dafür angibt, warum sich die
Einheit in der Hierarchie der Strukturen historisch herausbildet, kurz, wenn man die Herkunft der Strukturen erklärt.
Daß die wirkliche Entwicklung der Mathematik nicht nur nach
der axiomatischen Methode verläuft, ist von den Mathematikern
immer wieder betont worden. So z.B. Courant in (1o):"Irgend-

wie, offen oder versteckt, selbst vom starrsten formalistischen oder axiomatischen Standpunkt aus, bleibt die konstruktive Anschauung doch immer das eigentliche, belebende Element in der Mathematik." (Vergleiche z.B. auch Halmos (15)).

"Die Bourbaki-Hoffnung, daß mathematische Strukturen auf natürliche Art und Weise aus der Mengenhierarchie folgen, ist zweifellos nur eine Illusion. Niemand kann sich vernünftigerweise des Eindrucks erwehren, daß die wichtigsten mathematischen Strukturen als fundamentale Daten der Außenwelt erscheinen, und daß ihre inkommensurable Verschiedenheit die einzige Rechtfertigung in der Realität findet", so René Thom, der von allen lebenden Mathematikern vielleicht den tiefsten mathematischen Beitrag zum Verstehen der Realität geleistet hat, in 'Modern Mathematics: An educational and philosophic error?' (32).

Wenn wir ein wenig vereinfachen, erhalten wir aus der ganzen vorangegangenen Diskussion das folgende Ergebnis: Die vom Formalismus geprägte Konzeption der positivistischen Wissenschaftstheorie gibt noch nicht einmal ein zutreffendes statisches Bild von der Mathematik. Das Bild, das der Mathematiker Bourbaki entwirft, enthält sozusagen eine angenähert richtige Vorstellung von ihrer Kinematik, aber nicht von ihrer Dynamik. Anstatt in der Entwicklung der Mathematik das Wechselspiel von Analyse und Synthese, von Deduktion und Induktion, von axiomatischer Methode und Konstruktion zu sehen, betont Bourbaki einseitig jeweils nur die eine der beiden Tendenzen.

Wenn man sich nach den Gründen fragt, warum ein so bedeutender Mathematiker wie Bourbaki, der in seiner eigenen Forschung so wichtige Beiträge zur Entwicklung der Mathematik geliefert hat, zu einem so einseitigen Bild der Mathematik kommt, und wieso eine solche Auffassung so weite Verbreitung findet, dann muß man angesichts der zitierten Selbstzeugnisse folgendes vermuten: Das gesellschaftliche Sein eines hochspezialisierten wissenschaftlichen Arbeiters kann diesen dazu bestimmen, ein falsches Bewußtsein von der gesellschaftlichen Bedeutung seiner Arbeit zu entwickeln. Eine Begleiterscheinung dieses falschen Bewußtseins ist gewöhnlich die offene Parteinahme für eine mehr oder minder idealistische Philosophie oder die Illusion, sich der Notwendigkeit der philosophischen Interpretation der eigenen Tätigkeit und damit der Alternative "Materialismus-Idealismus" entziehen zu können. Schärfster Ausdruck dieses falschen Bewußtseins ist das Ignorieren der Beziehungen der Theorie zur Realität oder die Verachtung der Realität - ironischerweise sogar gepaart mit der Klage, aus der Realität kämen neuerdings nicht genügend Impulse für die Entwicklung der Theorie (so etwa (34)). Diese Weigerung, den Realitätsbezug zur Kenntnis zu nehmen, schlägt schließlich auf die Beschreibung der Theorie zurück, und an die Stelle der Vielfalt der widerstreitenden Tendenzen in der Entwicklung der Mathematik tritt ein Bild, das nicht mehr die wirkliche lebendige Mathematik in ihrer Vielfalt beschreibt und deshalb von jeder inneren Spannung, von allen Gegensätzen frei ist. So kommt es denn, daß ein gebildeter Verfechter des Bourbakismus, R.Queneau, feststellen zu können glaubt (25):"Die Dialektik bringt die Natur der Mathematik nicht zum Ausdruck; sie gilt für das Agens, aber nicht für das Objekt wissenschaftlicher Tätigkeit."

In diesem Mißverständnis von Wissenschaft ist sein Grund mit ausgesprochen: Die Trennung von Subjekt und Objekt, die Fiktion, man könne vom einen reden und vom anderen schweigen.

Die dialektische Methode

Wenn wir ein umfassendes und richtiges Bild von der Natur der Mathematik erhalten wollen, müssen wir zwei Forderungen aufstellen:
(1) Wir dürfen nicht versuchen, uns auf eine rein innermathematische Beschreibung der Mathematik zu beschränken. Wir müssen unser Problem in einen philosophischen Zusammen-

hang stellen, der uns gestattet, die entscheidende Frage
nach der Beziehung zwischen mathematischer Theorie und Realität zu stellen.
(2) Wir müssen versuchen, die Erfahrungen der Mathematiker
und die Geschichte der Mathematik in ihrem Reichtum, ihrer
Vielfalt, ihrer Einheit und Gegensätzlichkeit in unser Bild
hineinzunehmen. Dann wird dieses Bild der Mathematik dynamisch werden, und die Besonderheit dieser Wissenschaft wie
ihre Einordnung in den Zusammenhang mit allem anderen menschlichen Denken und Handeln wird deutlich werden.

Zur ersten Forderung, zum philosophischen Standpunkt: Die
verschiedenen Arten von Wissenschaftstheorien, innerhalb
derer heute meist die Grundlagenprobleme der Mathematik behandelt werden, können schon wegen ihrer Beschränktheit unseren Forderungen nicht genügen. Einen guten Eindruck von
dieser Art von 'Philosophie der Mathematik' geben (3) und
(3o). Wir wollen uns hier nicht im einzelnen mit derartigen
Wissenschaftstheorien auseinandersetzen und verweisen zu
ihrer Kritik zum Beispiel auf (22) und (28). Die Frage nach
der Beziehung zwischen mathematischer Theorie und Realität,
zwischen Theorie und Praxis, wird von dieser Art Wissenschaftstheorie als sinnlos abgelehnt oder gar nicht erst
gestellt. Und dieselben Wissenschaftstheoretiker, die uns
jenes wirklichkeitsfremde Bild der Mathematik anbieten, das
Bishop so vernichtend kritisiert, dieselben Leute erzählen
uns, die früher von der Philosophie zu dieser Frage entwickelten erkenntnistheoretischen Positionen seien vorwissenschaftlicher Unsinn. Nun, das braucht uns nicht davon abzuhalten,
uns auf eine solche Position zu berufen, wenn sich herausstellt, daß sie zum Verständnis der Natur unserer Wissenschaft etwas Wichtiges beiträgt.

In der Philosophie hat sich im Laufe einer langen Entwicklung ein uns allen geläufiges und für erkenntnistheoretische
Fragen grundlegendes Gegensatzpaar herausgebildet: die Gegenüberstellung von Geist und Materie. Natürlich haben diese
Worte in der Geschichte der Philosophie die verschiedensten

Bedeutungen gehabt. Wir wollen dazu hier nur soviel sagen,
daß wir diesen Gegensatz auffassen als den Gegensatz zwischen
individuellem bzw. gesellschaftlichem Bewußtsein und der objektiven, von diesem Bewußtsein unabhängigen Realität. In
erkenntnistheoretischer Hinsicht ist dieser Gegensatz unver-
mittelbar, nicht aber in der Analyse der gesellschaftlichen
Rolle von Wissenschaft, weil hier immer zu berücksichtigen
ist, daß Bewußtseinsprozesse hinsichtlich ihrer biologischen
und gesellschaftlichen Grundlagen nicht von materiellen Sub-
straten gelöst werden können. Daher muß man unterscheiden
zwischen der Materie-Bewußtseins-Beziehung und der Subjekt-
Objekt-Beziehung, in der das Subjekt immer als gegenständ-
lich handelndes, damit materielles Wesen erscheint, auch
dort, wo es vor allem theoretische Interessen verfolgt. Im
Sinne dieser Positionsbestimmung ist der Standpunkt, den wir
im folgenden einnehmen, materialistisch. Diese wenigen Bemerkungen müssen an dieser Stelle zur Bestimmung des philosophischen Standorts, von dem aus wir die Beziehung der
wissenschaftlichen Theorie zur Realität bestimmen wollen,
genügen.

Nun zu unserer zweiten Forderung, die Dynamik in der Entwicklung der Mathematik zu begreifen! Seit den Anfängen der
Philosophie hat es Denker gegeben, die das Wesen der Welt im
ständigen Wechsel der Erscheinungen, im Fließen und Werden
gesehen haben, das sich im Kampf der Gegensätze vollzieht.
Dieses dialektische Denken beginnt mit Heraklit, und es findet seinen vorläufig vollständigsten Ausdruck in der Dialektik Hegels. Allerdings war die Dialektik Hegels auch der
höchste Ausdruck des Idealismus. Man mußte sie erst materialistisch wenden, damit man den Zusammenhang zwischen der
Dialektik der Ideen und der Realität, der Realität von Natur
und Gesellschaft, wirklich verstehen konnte. Das haben Marx,
Engels und Lenin getan. Besonders wichtig in unserem Zusammenhang ist dabei die Auseinandersetzung Lenins mit der He-
gelschen Dialektik in seinen 'Philosophischen Heften', besonders die Konspekte zu Hegels 'Wissenschaft der Logik' (19).
Diese Arbeit enthält viele, sehr wichtige Ideen, die für die

Frage nach der Natur der Wissenschaften von grundsätzlicher
Bedeutung sind. Aus ihr stammen die meisten Anregungen für
das, was im folgenden zur Dialektik der Mathematik gesagt
werden soll - so viele, daß darauf verzichtet wird, sie alle
durch Zitate hervorzuheben. Von dieser Basis gehen wir aus,
und wir hoffen, daß die Mathematiker in der Darstellung der
Mathematik im Rahmen dieser materialistischen Dialektik ein
lebendiges und realistisches Bild ihrer Wissenschaft erkennen.

In unserer Darstellung wird das Schwergewicht auf der Herausarbeitung der Dialektik der Ideen in der Mathematik liegen,
während wichtige andere Fragen nur im Grundsätzlichen berührt
werden. Deswegen sei zur Vervollständigung des Bildes auf
einige Arbeiten mit ähnlichem Ansatz verwiesen, ohne daß damit
Übereinstimmung in Einzelfragen behauptet werden soll. Zum
Verhältnis von Mathematik und Technik verweisen wir auf
P.Labérenne (18), ferner ebenfalls dazu und zu historischen
Fragen auf D.J.Struik (31), und allgemein zu philosophischen
Problemen der Mathematik auf die Beiträge hierzu in (28) und
(29). Leider sind dies wegen der beschränkten Literaturkenntnisse des Verfassers nur mehr oder weniger zufällige Hinweise.

Worin besteht die dialektische Methode ?

Die Dialektik ist eine Methode zum Erfassen der Einheit der
Gegensätze als des Prinzips jeder Bewegung, jeder Veränderung.
Hegel:"Etwas ist also lebendig, nur insofern es den Widerspruch in sich enthält, und zwar diese Kraft ist, den Widerspruch in sich zu fassen und auszuhalten." Für Mathematiker
ist es vielleicht nicht überflüssig zu bemerken, daß mit
'Widerspruch' hier natürlich nicht 'logischer Widerspruch'
gemeint ist, sondern Gegensatz. Die wichtigsten Momente der
dialektischen Methode sind wohl die folgenden:

(1) Die zu betrachtenden Dinge, Erscheinungen und Vorgänge
sollen in ihrer eigenen gesetzmäßigen Entwicklung begriffen
und in der ganzen Mannigfaltigkeit ihrer Beziehungen zu ande-

ren Dingen, Erscheinungen und Vorgängen betrachtet werden. Dabei kommt es darauf an, die Einheit, den notwendigen Zusammenhang aller Seiten, Kräfte, Tendenzen des gegebenen Gebiets der Erscheinungen zu begreifen.

(2) Die Entwicklung ist zu begreifen als Resultat der gegensätzlichen Wirkung der einander widersprechenden Kräfte und Tendenzen in jeder Erscheinung, als die Geschichte der Entstehung und Entfaltung der Gegensätze.

(3) Die Gegensätze bilden eine Einheit. Sie können ineinander übergehen, umschlagen. Die Gegensätze sind relativ. Die verschiedenen Gegensätze berühren und durchdringen einander. Beispiele: das Verhältnis von Inhalt und Form, von Quantität und Qualität.

(4) Charakteristisch für die dialektische Methode ist das Verständnis der Negation als eines Moments der Entwicklung, als Moment des Zusammenhangs, der Erhaltung des Positiven. Das heißt: Die Negation ist die Ersetzung einer Setzung durch ihren Gegensatz. Dadurch wird die ursprüngliche Setzung aufgehoben, und zwar aufgehoben im Doppelsinn von überholt und erhalten. Diese Erhaltung ist ein Aspekt der Einheit der Gegensätze. Dieser Prozeß wiederholt sich immer wieder, und man erfaßt dadurch zum Beispiel die Wiederholung bestimmter Züge eines Stadiums in einem höheren Stadium oder die scheinbare Rückkehr zum alten.

Natürlich kann man aus der dialektischen Methode nicht etwa die Methodologien der einzelnen Wissenschaften ableiten. Aber sie kann als Orientierungshilfe bei der Lösung von Grundproblemen der einzelwissenschaftlichen Methodologien dienen, welche mit allgemeinen philosophischen Problemen zusammenhängen. Umgekehrt wird die dialektische Methode durch die Aufarbeitung der theoretischen und methodologischen Fortschritte der Einzelwissenschaften bereichert. Die dialektische Methode ist kein unveränderliches System, sie ist undogmatisch. Sie ist besonders fruchtbar in der Anwendung auf die Unter-

suchung des gesellschaftlichen Erkenntnisprozesses in seiner
endlosen Bewegung des Fortschreitens der menschlichen Erkenntnis zu einer immer tieferen Erfassung des Wesens der
gesellschaftlichen und der natürlichen Realität.

Im folgenden soll versucht werden, die Entwicklung der Mathematik im Geiste dieser Methode zu begreifen und insbesondere zu zeigen, daß die mathematische Methode als Teil
des menschlichen Denkens selbst viele Elemente der dialektischen Methode enthält.

Beginnen wir zum Beispiel damit, das dialektische Verständnis des Verhältnisses von Position und Negation für das Verständnis mathematischen Denkens nutzbar zu machen. Der Mathematiker ist natürlich gewohnt, unter Negation einfach die
Negation von Aussagen im Sinne der formalen Logik zu verstehen, und dann gibt es da, wenn man einmal die klassische
formale Logik akzeptiert, weiter kein Problem. Aber aus dem
oben unter (4) Gesagten sollte schon klar sein, daß es hier
um etwas anderes geht. Hegel zitiert hierzu einen Satz von
Spinoza, den übrigens auch Cantor hervorgehoben hat:"Omnis
determinatio est negatio". Das heißt: Jede Festlegung, jede Abgrenzung ist eine Negation. Mit jeder Setzung, die wir
vornehmen, etwa durch eine Definition oder durch die Wahl
eines Axiomensystems, sagen wir nicht nur, was diese Bestimmung von Objekten oder Strukturen leisten soll, wir sagen damit auch gleichzeitig implizit und oft ohne es zu
wollen, was sie nicht leisten kann. Auf den ersten Blick
könnte es trivial erscheinen: Mit einer Definition sagen
wir nicht nur, was das so definierte Objekt ist, wir sagen
auch, was es nicht ist. Aber diese so einfach scheinende
Aussage beschreibt einen Moment des Fortschritts, der Entwicklung. Denn sie bedeutet, daß jede Position den Keim ihrer
Überwindung, ihrer Negation schon in sich trägt. Wenn wir
beispielsweise einen mathematischen Begriff definieren wollen,
etwa den einer algebraischen Mannigfaltigkeit, so haben wir
zunächst positiv die Erfassung gewisser Phänomene oder Probleme im Sinn, die mit einer solchen Definition geleistet

werden soll. Wenn wir dann diesen Begriff im Rahmen einer Theorie entfalten, wird in vielen Fällen schließlich seine Unzulänglichkeit offenbar. Das braucht nicht zu heißen, daß die ursprüngliche Definition unzweckmäßig war. Es kann zum Beispiel sein, daß durch Hinzunahme weiterer Strukturelemente oder Erweiterung des Bereichs der Elemente, die das fragliche Objekt konstituieren, eine feinere Erfassung der gegebenen Phänomene möglich ist. Sowohl für die ursprünglich gegebenen Probleme als auch für in der Entwicklung neu sich ergebende kann es sich herausstellen, daß der alte Begriff nicht adäquat war, daß die ursprünglich gesetzte Struktur zu einfach, zu arm oder zu starr war und angereichert werden muß. So ging zum Beispiel bei den algebraischen Mannigfaltigkeiten die Entwicklung von den mehr oder weniger klassischen algebraischen Varietäten zu den algebraischen Varietäten von Serre, von da zu den Schemata von Grothendieck und schließlich zu den algebraischen Räumen von Michael Artin. Dabei wird natürlich bei jeder Erweiterung des Begriffs der alte zwar insofern negiert, als der neue über ihn hinausgeht, aber er verschwindet deswegen nicht aus der Mathematik, er ist in der höheren Stufe aufgehoben. Das obige Beispiel zeigt dies sehr deutlich. Was wir hier für die Entwicklung einzelner Begriffe gesagt haben, gilt genauso für ganze Theorien, etwa für die einander ablösenden Konzeptionen von algebraischer Geometrie. Auch die Wiederholung typischer Züge einer älteren Theorie in der sie ablösenden Theorie auf einer neuen Stufe, von der wir bei der Erklärung der dialektischen Methode schon sprachen, ist den Mathematikern ein wohlbekanntes Phänomen.

In anderer, grundsätzlicher Weise kann man eine Bestätigung für Spinozas Prinzip in den Gödelschen Unvollständigkeitssätzen erblicken: In dem Augenblick, wo der Mathematiker durch die Wahl eines Axiomensystems den Bereich seiner Untersuchungen genau bestimmt, stellt er implizit Fragen, die er in dem so gesetzten Rahmen grundsätzlich nicht entscheiden kann, und weist so gleichzeitig über diesen Bereich hinaus. Die Mathematik teilt so prinzipiell die Offenheit, die Nicht-Endgültigkeit und Nicht-Endlichkeit aller menschlichen Erkenntnis, auf die die Dialektiker immer wieder hingewiesen haben.

Jeder Mathematiker weiß, daß ein 'negatives' Resultat, die Widerlegung einer Vermutung, oder die Vergeblichkeit der Bemühungen um die Lösungen eines wichtigen Problemes, sehr oft der Anlaß für ganz neue und ungeahnte Entwicklungen, neue Probleme und neue Theorien werden - ein weiteres Beispiel für 'Negation als Element des Fortschritts'.

Schließlich noch einige Bemerkungen zum Verhältnis von Gegensätzen einerseits und logischen Widersprüchen andererseits: Widersprüche, das lernt jeder Student im ersten Semester, sind vom Teufel. Man kann sie in der Mathematik nicht dulden, ein einziger würde das ganze Gebäude zum Einsturz bringen. Und weil die Gegensätze mit den Widersprüchen was zu tun haben, werden sie in der Philosophie der Mathematik von einigen Autoren gleich mitverteufelt: Sie sollen in der Mathematik möglichst gar nicht auftauchen, und wenn sie es doch tun, sollen die Mathematiker sie möglichst schnell wieder zum Verschwinden bringen. Das ist natürlich wieder mal ein Fall, wo nicht sein kann, was nicht sein darf. Die Mathematik ist voll von Gegensätzen. Hier sind ein paar Beispiele, in bunter Reihenfolge:

endlich	-	unendlich
kompakt	-	offen
diskret	-	kontinuierlich
konstant	-	variabel
quantitativ	-	qualitativ
algebraisch	-	geometrisch
regulär	-	singulär
lokal	-	global
analytisch	-	synthetisch
axiomatisch	-	konstruktiv

und so weiter und so weiter. Natürlich sind die Gegensätze nicht ganz unverdächtig. Der Unterschied zwischen Gegensatz und logischem Widerspruch ist nicht absolut. Der Gegensatz

kann zum Widerspruch führen. So ist es ein paar Mal mit dem
Gegensatz von endlich und unendlich gegangen: Zum ersten Mal
in der Antike, dann bei der Begründung der Infinitesimal-
rechnung und schließlich bei den Antinomien der Mengenlehre.
Und das führte dann zur Virulenz eines anderen Gegensatzes:
zum Streit zwischen den Verfechtern der axiomatischen Methode
und den Konstruktivisten. Wenn man aber nun wegen der Gefahr
von Widersprüchen die Gegensätze ganz aus der Mathematik ver-
bannen wollte, dann wäre das nur ein Ausdruck des Nichtverstehens ihrer Bedeutung: Von der Mathematik würde nur ein
Torso bleiben. Worauf es ankommt, ist, die Gegensätze zu beherrschen - dann bewirken sie gerade den Fortschritt.

Abstraktion und Realitaet

Zur Frage nach der Natur der Mathematik gehört die Frage nach
ihrem Gegenstand. Natürlich sind die verschiedensten Antworten darauf gegeben worden. Manche haben die Frage für sinnlos
erklärt, und die Logizisten haben behauptet, es gebe diesen
Gegenstand nicht, und statt von mathematischen Objekten solle
man lieber von der Objektivität der Mathematik reden. Dabei
scheint die Frage für den Mathematiker auf den ersten Blick
nicht allzu schwierig: Die Objekte, die er untersucht, waren
in den Anfängen Zahlen und einfache geometrische Gebilde,
später Gleichungen, dann Funktionen, schließlich Gruppen,
Räume, Mannigfaltigkeiten und allgemein heute die verschiedensten Mengen mit Strukturen, wobei natürlich immer noch das
Ziel der Anwendung all dieser Strukturen bei einer bestimmten
Untersuchung einfach in der Berechnung einer bestimmten Zahl
bestehen kann (vgl.(2)). Diese Antwort kann dem Mathematiker
genügen, solange er solche abstrakten Objekte als gegeben
nehmen kann und mit mathematischen Methoden neue Aussagen über
sie gewinnen will. Dann genügen ihm in der Tat die durch die
Struktur gegebenen Beziehungen zwischen seinen Objekten und
eine gewisse Intuition von der Bedeutung seiner Aussagen.
In diesem Sinne hat Bourbaki recht, wenn er behauptet, daß
man mit gewissen Einschränkungen vom heutigen Standpunkt aus

die Strukturen als die einzigen Gegenstände der Mathematik ansehen könne.

Aber diese Bestimmung des Gegenstandes der Mathematik erweist sich schon dann als ungenügend, wenn wir fragen, wie denn neue mathematische Strukturen entstehen, wo die Strukturen herkommen, was sie denn eigentlich sind und was sie bedeuten, ja, warum man sie denn überhaupt untersucht. Wir wollen versuchen, darauf zu antworten.

Unsere Grundthese ist die, daß die abstrakten mathematischen Strukturen in ihrer Gesamtheit letzten Endes Abstraktionen von etwas Realem sind. Damit wird das Problem der mathematischen Objekte zu einem Problem des dialektischen Verhältnisses von erkennendem Subjekt und objektiver Realität. Wir haben schon darauf hingewiesen, daß dieser Gegensatz nicht absolut verstanden werden darf - vor allem deswegen, weil dieses Verhältnis sich durch das praktische Handeln der Menschen im historischen und gesellschaftlichen und damit auch im wissenschaftlichen Prozeß beständig wandelt; aber auch schon deswegen, weil der Mensch ja ein Teil der räumlich-zeitlich-materiellen Wirklichkeit ist. Im Verlauf der Evolution des Lebens haben sich mit den Zentralnervensystemen der höheren Tiere im Verein mit den verschiedenen Sinnesorganen komplexe materielle Systeme entwickelt, die in der Lage sind, den Zustand ihrer materiellen Umwelt in einer allerdings bis jetzt noch sehr wenig verstandenen Weise abzubilden, die so gewonnene Information zu transformieren und in entsprechendes Verhalten umzusetzen. Der Mensch verfügt mit seinem Gehirn über das am höchsten entwickelte dieser Systeme und ist mit seiner Hilfe in der Lage, im gesellschaftlichen Prozeß der praktischen und theoretischen Bewältigung der Wirklichkeit aus der lebendigen anschaulichen Erfahrung durch Abstraktion Begriffe zu gewinnen und diese auf abstrakte Weise zu verarbeiten, um die Ergebnisse dann in zielgerichtetes, die Realität veränderndes Handeln umzusetzen. Über die Ursachen dieses Übergangs von der unmittelbaren Verarbeitung von Sinneseindrücken zum abstrakten Denken läßt sich nicht viel Sicheres sagen (vgl.hierzu auch (13)). Jedenfalls wird man die Entwicklung der Fähigkeit des Menschen zum abstrakten

Denken sicher im Zusammenhang mit der Entwicklung der Fähigkeit zur gesellschaftlichen Kommunikation durch die Sprache und zur Existenzerhaltung durch Arbeit sehen müssen, die durch die biologischen Besonderheiten des Menschen möglich und notwendig wurden.

Unserer Wahrnehmung und unserem Denken erscheint die in der sinnlichen Erfahrung gegebene Realität nicht als ein Chaos, sondern es gelingt uns, im Fluß der Erscheinungen relativ stabile Beziehungen zu entdecken und zum Gegenstand unseres Denkens zu machen. Diese Tatsache scheint uns sehr schön ausgedrückt - wenn auch nicht erklärt - im ersten, 'Die Aufeinanderfolge der Formen' überschriebenen Abschnitt von René Thoms Buch über strukturelle Stabilität und Morphogenese: "Eines der zentralen Probleme, die sich dem menschlichen Geist stellen, ist das Problem des Aufeinanderfolgens der Formen. Worin auch letzten Endes das Wesen der Realität bestehen mag - vorausgesetzt, daß diese Formulierung sinnvoll ist -, es läßt sich nicht bestreiten, daß unser Universum nicht ein Chaos ist; wir erkennen darin Wesen, Objekte, Dinge, die wir mit Worten bezeichnen. Diese Wesen oder Dinge sind Formen, sind Strukturen, die eine gewisse Stabilität besitzen; sie nehmen einen gewissen Teil des Raumes ein und dauern eine gewisse Zeit lang. Überdies erkennen wir ein bestimmtes Objekt, obwohl wir es von den verschiedensten Gesichtspunkten aus wahrnehmen können, ohne Zögern als ein und dasselbe. Das Erkennen ein und desselben Wesens in der unendlichen Vielfalt seiner Erscheinungsformen stellt allein schon ein Problem dar, das klassische Problem des Begriffs, das, wie mir scheint, nur die Psychologen der gestalttheoretischen Schule von einem geometrischen Gesichtspunkt aus gesehen haben, der einer wissenschaftlichen Interpretation zugänglich ist. Nehmen wir an, daß dieses Problem in Übereinstimmung mit der naiven Anschauung gelöst ist, die den Dingen der Außenwelt eine von unserer Wahrnehmung unabhängige Existenz zuschreibt. Dann muß man doch nichtsdestoweniger zugeben, daß das Universum den Anblick einer unendlichen Bewegung der Entstehung, Entwicklung und Zerstörung von Formen bietet. Das Ziel jeder Wissenschaft ist, diese Evolution von Formen vorauszusehen und wenn möglich zu erklären."

Was hier für alle Wissenschaft gesagt ist, gilt auch für die
Mathematik. Auch für sie verläuft die Entwicklung von der
Wahrnehmung der lebendigen Vielfalt der Formen durch die Abstraktion zur wissenschaftlichen Entwicklung der Ideen und
schließlich zu ihrer Umsetzung in die Praxis. Worin die Besonderheit der Mathematik besteht, läßt sich schwer anders
sagen als durch Verweis auf das gesamte System der mathematischen Begriffe und Theorien, als durch das Hervorheben
besonders wichtiger Züge der mathematischen Methode, so
wie wir das ja mit diesem ganzen Beitrag versuchen. Auch die
Mathematik abstrahiert jeweils nur unter gewissen Aspekten
von der Realität, im Bezug auf diese abstrahiert sie dann
aber in stärkerem Maße als jede andere Wissenschaft, und sie
entwickelt das so gewonnene System von abstrakten Begriffen
mit größerer Exaktheit als jede andere Wissenschaft außer der
formalen Logik. Man faßte früher gewöhnlich die mathematische
Abstraktion als Abstraktion in Bezug auf räumliche und quantitative Beziehungen auf. Die Erfassung dieser Beziehungen
war natürlich besonders wichtig, und der größte Teil der bis
zum vorigen Jahrhundert entstandenen Mathematik bezieht sich
in der Tat eben hierauf. Grundsätzlich kann sich aber die
mathematische Abstraktion auf alle Bereiche von Beziehungen
beziehen, für welche die interessierenden Aussagen implizit
in einigen wenigen genau fixierbaren Grundaussagen über einige grundlegende Beziehungen enthalten sind. Vom heutigen
Standpunkt aus könnte man sagen: Mathematisch abstrahiert
werden kann für alle die Bereiche von Beziehungen, die durch
eine mathematische Struktur erfaßbar sind. Grundsätzlich,
wenn man vom Grad der Präzision und Abstraktion einmal absieht, besteht in dieser Sache kein Unterschied zwischen der
Mathematik und dem wissenschaftlichen Denken im allgemeinen.
So sagt etwa Hegel: Die "verschiedenen Dinge stehen in wesentlicher Wechselwirkung durch ihre Eigenschaften; die
Eigenschaft ist diese Wechselbeziehung selbst, und das Ding
ist nichts außer derselben..."((16), Band IV, Seite 133).
Ganz ähnlich sieht die Mathematik ihre Gegenstände: Sie
erfaßt bei der Abstraktion nur die jeweils wesentlichen Beziehungen zwischen den Objekten und sieht von allem anderen

ab. Sie faßt die jeweilige besondere Form dieser Beziehungen in gewisse Strukturen, deren abstrakte Entwicklung der Entwicklung der wirklichen Beziehungen entspricht und daher Voraussagen darüber gestattet. Ist die Abstraktion, ist die Entwicklung der Theorie der Realität adäquat, dann läßt sich die Theorie in Praxis umsetzen, wird zum Werkzeug für die Veränderung der Realität durch den Menschen. Durch die Praxis wird also letztendlich die Richtigkeit der Theorie bestätigt, erhält auch die Entwicklung der Mathematik ihre Rechtfertigung. Hier, in der Abstraktion von der objektiven Realität, liegt der Ursprung der Strukturen, liegt ihre Bedeutung. Diejenigen, die diese Bedeutung nicht sehen und nur darauf beharren, daß die Stärke der axiomatischen Methode in ihrem Absehen von allem nicht in den Axiomen Erfaßten liegt, begreifen nicht den dialektischen Charakter des Prozesses, der darin liegt, daß gerade das Absehen von der konkreten Bedeutung im Abstraktionsprozeß eine umso größere Möglichkeit der nachfolgenden Konkretion in sich schließt. Der Abstraktionsprozeß, nachdem er einmal von der Realität seinen Ausgang genommen hat, bleibt nicht im Bereich des abstrakten Denkens, er kehrt immer wieder zur Realität zurück. Jeder Mathematiker weiß, daß die ursprünglich aus einem bestimmten konkreten Problem entwickelten abstrakten Theorien hinterher oft auf ganz andere Probleme anwendbar sind, die mit den ursprünglichen Problemen nichts zu tun zu haben scheinen.

Im mathematischen Abstraktionsprozeß gibt es Stufen. Es gibt zunächst so etwas wie eine 'primäre' Abstraktion. Sie führt, nachdem sich durch milliardenfach wiederholte Erfahrung eines bestimmten Bereichs der Realität anschauliche Vorstellungen herausgebildet haben, zu diesen Bereich beschreibenden Begriffen und schließlich in der Regel zur Abbildung der Form der Beziehungen zwischen den Objekten dieses Bereichs in einem Axiomensystem, von dem ausgehend dann deduktiv neue Aussagen gewonnen werden können. In dieser Weise etwa wurde ein gewisser Bereich geometrischer Erfahrung schon in der Antike im Axiomensystem der euklidischen Geometrie beschrieben. In der weiteren Entwicklung der Mathematik bleibt es

aber nicht bei dieser primären Abstraktion. Vielmehr wird
in einem Wechselspiel von Deduktion und Induktion, von abstrakter Entfaltung der bereits bestehenden Theorien und
Ausarbeitung konkreter Beispiele und Probleme neues Erfahrungsmaterial gewonnen, aus dem erneut abstrahiert werden
kann, aus dem sich so neuere, abstraktere Begriffe und Theorien entwickeln. Dabei handelt es sich aber dann um Erfahrung auf einer höheren Ebene, um eine innermathematische
Erfahrung, das heißt um eine Erfahrung in der Entwicklung
des menschlichen Denkens. Das hat manchmal zu der Behauptung
geführt, die Mathematik sei die Entfaltung der Gesetze des
menschlichen Denkens. Auch die Einseitigkeit dieser Behauptung ist wieder eine Folge des Nichtverstehens des dialektischen Charakters des Verhältnisses von Subjekt und Objekt,
der Tatsache, daß der Mensch die Erfahrungen seiner Wechselwirkung mit der Realität auf die höhere Ebene des Denkens
verlagern kann. Gerade dies macht auch verständlich, daß gerade durch die sekundären Abstraktionsprozesse die Fähigkeit
zur primären Abstraktion, die nicht nur einmal, sondern immer
wieder stattfindet, ständig wächst. Gerade der abstrakteste
Begriff der mengentheoretischen Struktur gestattet erst die
Durchführung auch der primären Abstraktion in ihrer vollen
Allgemeinheit. Die durch innermathematische Erfahrung gewonnene Theorie spiegelt die objektive Realität nur noch mittelbar wider. Trotzdem ist das Ergebnis dieser auf immer höherer Stufe erfolgenden Abstraktion "nicht nur abstrakt Allgemeines, sondern ein Allgemeines, das den Reichtum des Besonderen, des Individuellen, des Einzelnen in sich faßt".
((19),p.91). Die richtige Abstraktion erfaßt den wesentlichen
Inhalt der bisherigen Erkenntnisse in einem bestimmten Gebiet
unter einem bestimmten Aspekt. Sie führt dann trotz höherer
Abstraktheit nicht zu weiterer Entfernung von der Realität,
sondern durch sie nähert sich unsere Erkenntnis der objektiven Wahrheit, unser Verstehen der objektiven Realität wird
tiefer, unsere Ideen wirklicher.

Vielleicht das beste Beispiel für den komplexen Prozeß der
Abstraktion und des tieferen Begreifens der Realität ist die

Entwicklung des Raumbegriffs. Die erste Fassung von Teilen unserer Raumvorstellungen in eine mathematische Theorie war die Euklidische Geometrie, gewonnen aus unseren begrenzten Erfahrungen bei der Ausmessung von Gebieten, bei räumlichen Konstruktionen und in der Astronomie. Gemessen an unserem heutigen Verständnis, unserer heutigen Fähigkeit zur Abstraktion war diese·Geometrie eine naheliegende, einfache Idealisierung. Historisch gesehen ist sie eine der ersten phantastischen Leistungen des abstrakten Denkens. Der Charakter des Abstraktionsprozesses, die Relativität der durch ihn gewonnenen Begriffe von Raum und Zeit, war den Mathematikern aber damals und noch bis zum vorigen Jahrhundert so wenig bewußt, daß sie einfach das Zusammenfallen dieses historisch ersten Raumbegriffs mit dem objektiv-realen Raum ganz selbstverständlich annahmen. Es war eine wesentlich innermathematische Entwicklung, die Untersuchung der Unabhängigkeit des Parallelenaxioms der euklidischen Geometrie, welche zu Beginn des vorigen Jahrhunderts, zur Zeit von Gauß, zur Konstruktion der nicht-euklidischen Geometrien durch Bolyai und Lobatschewski führte und damit zur Entwicklung des Bewußtseins der Relativität unserer Raumbegriffe, zu einem tieferen Verständnis dafür, wie sich in der mathematischen Abstraktion Erkenntnis der objektiven Realität vollzieht. Der einzelne mathematische Begriff, selbst die einzelne Theorie, sind nun nur noch der Entwurf eines möglichen Abbildes eines Bereichs der Realität, ja sie sind vielleicht nur noch Schritte im mathematischen Prozeß, die zur Aufstellung von Modellen führen können. Es ist die Gesamtheit aller mathematischen Begriffe und Theorien, die von der Realität kommt und dazu zurückkehrt, die die Wahrheit des Beitrags der Mathematik zur Erkenntnis der Wirklichkeit enthält. Und es ist gerade der Zusammenhang und die Interaktion aller Gebiete der Mathematik und der Mathematik mit anderen Gebieten des Erkennens, der den Fortschritt des Erkennens hervorbringt. So entstand in der Riemannschen Geometrie eine viel tiefere Fassung des Raumbegriffs als in der euklidischen Geometrie durch das Zusammenfließen der mannigfachsten Elemente und Entwicklungen, die man eigentlich ihrerseits zurückverfolgen müßte, um ein Bild von der Vielfalt und Einheit der Ideen zu haben, die in diese neue Stufe der Entfaltung des Raumbegriffs eingegangen sind. Die folgenden fünf Faktoren waren vielleicht die wichtigsten Momente in dieser Entwicklung: (i) Die vertiefte Auffassung von der mathematischen Beschreibung des Raumes, entstanden aus der Entfaltung der euklidischen Geometrie in die nicht-euklidische und aus der Auseinandersetzung mit der philosophischen Diskussion über die Natur des Raumbegriffes, besonders bei Kant. (ii) Anstöße aus der Praxis, vor allem Gauß' Arbeiten zur Astronomie und Geodäsie, die er z.T. in der gleichen Zeit wie seine grundlegenden theoretischen Untersuchungen über die Geometrie der Flächen durchführt. (iii) Die Weiterentwicklung anderer mathematischer Theorien, wie etwa der bereits vorhandenen Anfänge von Differentialgeometrie. (iv) Die in mehr als 200 Jahren gewonnene Erfahrung in der Entwicklung der Analysis, die insbesondere zur Zeit von Gauß und Riemann zur beschleunigten Entwicklung der Analysis situs führte. In die Entstehung der Analysis selber waren so verschiedene Momente eingegangen wie die Beschäftigung der Mathematiker der Antike und der Renaissance mit unendlichen Grenzprozessen, die Diskussion der dialektischen Gegensätze von endlich und unendlich, diskret und kontinuierlich in der scholastischen Philosophie, die Vereinigung von algebraischen und geometrischen Methoden in der Renaissance, das universelle philosophische Interesse der Forscher jener Zeit, besonders das von Leibniz, und schließlich vor allem die Beschreibung der Bewegung schwerer Körper im Raum durch die Newtonsche Mechanik, welche die Ergebnisse der Physik und Astronomie der Zeit Keplers in eine Theorie faßte und welche den technischen Bedürfnissen der Zeit entsprach. (v) Das Genie Bernhard Riemanns, das die Entwicklung der ganzen Mathematik entscheidend beeinflußte, und dessen tiefes Erfassen des Wesens des Raumes in der 'Riemannschen Geometrie' nur eine seiner großen Leistungen war. -

Der Grundbegriff dieser Geometrie, der geeignet ist, den Raum zu beschreiben, ist die 'Riemannsche Mannigfaltigkeit'.

Das ist zunächst einmal ein n-dimensionales Kontinuum, das lokal so aussieht wie der gewöhnliche n-dimensionale Raum R^n. Das nennt Riemann eine n-dimensionale Mannigfaltigkeit. Außerdem nimmt Riemann an, daß für diese Mannigfaltigkeit erklärt ist, was differenzierbare Funktionen auf der Mannigfaltigkeit sind, das heißt in unserer Sprache, daß die Mannigfaltigkeit eine differenzierbare Struktur hat, eine differenzierbare Mannigfaltigkeit ist. Der globale Charakter der Mannigfaltigkeit wird durch die Definition in völliger Allgemeinheit offen gelassen. Die Geometrie auf der Mannigfaltigkeit wird durch eine lokale Maßbestimmung gegeben, genauer: durch eine von Punkt zu Punkt stetig differenzierbar variierende euklidische Metrik. Die Geschichte hat gezeigt, daß mit dieser Idee von Riemann die wesentliche mathematische Vorarbeit für die erst mehr als ein halbes Jahrhundert später erfolgende grundlegende Veränderung unserer Raum- und Zeitbegriffe durch die allgemeine Relativitätstheorie geleistet war. Es ist sehr interessant, zu sehen, wie Riemann und Einstein hier das Verhältnis von Mathematik und Physik bei der Entwicklung unserer Kenntnis von der Realität des Raumes gesehen haben. Riemann schreibt darüber am Schluß seiner berühmten Abhandlung über die Hypothesen, welche der Geometrie zu Grunde liegen:"Die Frage über die Gültigkeit der Voraussetzungen der Geometrie im Unendlichkleinen hängt zusammen mit der Frage nach dem innern Grunde der Maßverhältnisse des Raumes. Bei dieser Frage, welche wohl noch zur Lehre vom Raume gerechnet werden darf, kommt die obige Bemerkung zur Anwendung, daß bei einer diskreten Mannigfaltigkeit das Prinzip der Maßverhältnisse schon in dem Begriffe dieser Mannigfaltigkeit enthalten ist, bei einer stetigen aber anders woher hinzukommen muß. Es muß also entweder das dem Raume zu Grunde liegende Wirkliche eine diskrete Mannigfaltigkeit bilden, oder der Grund der Maßverhältnisse außerhalb, in darauf wirkenden bindenden Kräften, gesucht werden.
Die Entscheidung dieser Fragen kann nur gefunden werden, indem man von der bisherigen, durch die Erfahrung bewährten Auffassung der Erscheinungen, wozu Newton den Grund gelegt

hat, ausgeht und diese durch Tatsachen, die sich aus ihr
nicht erklären lassen, getrieben, allmählich umarbeitet;
solche Untersuchungen, welche wie die hier geführte, von
allgemeinen Begriffen ausgehen, können nur dazu dienen, daß
diese Arbeit nicht durch die Beschränktheit der Begriffe
gehindert und der Fortschritt im Erkennen des Zusammenhangs
der Dinge nicht durch überlieferte Vorurteile gehemmt wird.

Es führt dies hinüber in das Gebiet einer anderen Wissenschaft, in das Gebiet der Physik, welches wohl die Natur
der heutigen Veranlassung nicht zu betreten erlaubt."

Die physikalische Entwicklung, die Riemann voraussah, gelangte zum Ziel in der allgemeinen Relativitätstheorie Einsteins. Sie schließt Raum und Zeit zum 4-dimensionalen Raum-Zeit-Kontinuum zusammen, einer Mannigfaltigkeit mit einer
Lorentz-Metrik, die mit der Verteilung der Materie im Raum
zusammenhängt. Einstein, dessen Theorie ein neues und tieferes Verständnis der Realität von Raum, Zeit und Materie
bedeutet, schreibt über die Mathematik dieser Theorie (11):
"Der so verallgemeinerte Tensorkalkül wurde von den Mathematikern lange vor der Relativitätstheorie entwickelt. Zuerst dehnte Riemann den Gaußschen Gedankengang auf Kontinua
beliebiger Dimensionszahl aus; er hat die physikalische Bedeutung dieser Verallgemeinerung mit prophetischem Blick
vorausgesehen." Es gibt kein besseres Beispiel dafür, was
Mathematik letzten Endes ist: ein Aspekt des Begreifens der
Realität.

Zum Verhaeltnis von Theorie und Praxis

Noch eine grundsätzliche Bemerkung zum Verhältnis von Theorie und Praxis. "Das theoretische Erkennen soll das Objekt
in seiner Notwendigkeit, in seinen allseitigen Beziehungen,
an und für sich geben. Aber der menschliche Begriff erfaßt,
ergreift diese objektive Wahrheit des Erkennens und bemächtigt sich ihrer 'endgültig' erst dann, wenn der Begriff
zum 'Für sich sein' im Sinne der Praxis wird. D.h., die

Praxis des Menschen ist die Probe, das Kriterium für die
Objektivität der Erkenntnis."(19). Die Praxis ist also das
Kriterium, das letztendlich die objektive Richtigkeit der
Wissenschaften beweist. Das heißt aber nicht, daß die Entwicklung der Wissenschaft einseitig von der Praxis her zu
bestimmen wäre. (Vgl.(19)p.178-179,191). Das gilt in ganz
besonderem Maße von der Mathematik und folgt unmittelbar
aus der Art, wie Mathematik von der Realität abstrahiert.
Die vielfältige Entwicklung und der wechselseitige Zusammenhang mathematischer Theorien führt immer wieder in überraschender Weise zu grundlegenden Fortschritten auch in den
Anwendungen, welche nicht vorhersehbar sind und sich nicht
planen oder durch planmäßige Beeinflussung der Richtung der
mathematischen Forschung erzwingen lassen. Diese Aussage bedeutet selbstverständlich nicht eine Rechtfertigung von subjektiver Willkürlichkeit mathematischer Forschung, sondern
impliziert gerade die Verpflichtung jedes Mathematikers,
sich um wesentliche Probleme zu bemühen und nicht beliebige.
Diese Feststellung schließt fernerhin natürlich nicht aus,
daß auch in der Mathematik gewisse Entwicklungen vorhersehbar
sind. Und sie schließt endlich nicht aus, daß in einem Land
mit beschränktem oder noch unzureichend entwickeltem Forschungspotential die Forschung aus praktischen Gründen auf
gewisse Gebiete beschränkt werden muß. Deren Auswahl muß den
voraussichtlichen Nutzen für die Lösung der praktischen Probleme des Landes und seiner Menschen berücksichtigen, und nicht
nur - wie häufig behauptet wird - mathematische Gesichtspunkte wie den, welches die 'beste' Mathematik sei. Hinsichtlich
der Stellung der Mathematik insgesamt im menschlichen Erkenntnisprozeß in historischer Perspektive aber darf man die Entwicklung der Mathematik nicht einseitig von den Anwendungen
her bestimmen wollen. Das wäre ein undialektisches Nichtverstehen des Verhältnisses von Theorie und Praxis. Es würde zu
dem Versuch führen, die Entwicklung der Mathematik auf einseitige, mechanische und äußerliche Weise aus den Bedingungen und Notwendigkeiten der gesellschaftlichen Praxis und
der Produktion zu erklären, was genau so falsch wäre wie den
Einfluß derselben auf die Entwicklung der Mathematik zu leug-

nen. Eine solche undialektische Betrachtung würde dazu führen, wichtige Momente der Entwicklung der Mathematik zu ignorieren: ihre innere Dynamik, die dialektische Entwicklung der Ideen, die Funktion der menschlichen Kreativität, Phantasie, Intuition, die Entwicklung des Denkens in seiner Notwendigkeit.

Einheit und Vielfalt

Die Mathematik bildet letzten Endes die Realität ab, und daher spiegelt sich in ihr die Einheit und Vielfalt der Erscheinungen. Der Einheit, das wurde schon hervorgehoben, entspricht der Gesamtzusammenhang aller mathematischen Theorien. Der Vielfalt entspricht die Vielfalt der Begriffe, Probleme und Theorien. Das führt notwendig zur Bildung von Spezialgebieten, die in der Mathematik spätestens seit dem vorigen Jahrhundert eingetreten ist. Diese Entwicklung ist aus allen Wissenschaften bekannt und in der Mathematik, wo es in besonderem Maße die Möglichkeit und die Tendenz gibt, einzelne, eng begrenzte Fragestellungen als Teilgebiet zu isolieren und in Form der Untersuchung einer besonderen Struktur zu entwickeln, sehr stark ausgeprägt. Um eine Vorstellung von der gegenwärtigen Differenzierung der Mathematik in Spezialgebiete zu erhalten, ist es zweckmäßig, das MOS-Klassifikationssystem (21) anzusehen. Da wird die Mathematik nicht etwa nur wie in der schon jahrhundertealten Einteilung in Algebra, Geometrie und Analysis unterteilt, auch nicht etwa nur in die Gebiete, die sich im vorigen Jahrhundert herausgebildet hatten, wie zum Beispiel Zahlentheorie, komplexe Funktionentheorie, Differentialgeometrie, Gruppentheorie usw., sondern in nicht weniger als etwa 60 Gebiete, von denen jedes wieder in durchschnittlich etwa 6 Teilgebiete zerfällt, die ihrerseits noch einmal in jeweils etwa 6 Untergebiete unterteilt sind. Und selbst diese extrem feine Differenzierung ist noch zu grob, um das Arbeitsgebiet mancher Spezialisten genau zu beschreiben.

Eine Wissenschaft mit einer solchen Tendenz zur Differenzierung müßte sich ohne eine entsprechend starke Tendenz zur Integration binnen kurzem ad absurdum führen. Und so gibt es denn auch in der Mathematik vielfältige Tendenzen zur Vereinheitlichung. Ein Aspekt dieser Vereinheitlichung ist die Abstraktion, ist die Entwicklung von vereinheitlichenden Begriffen wie 'Funktion', 'Gruppe', 'Menge', 'Topologie', 'Kategorie', 'Funktor'. Dazu gehört auch die Zusammenfassung ganzer Komplexe von Definitionen, Konstruktionen und Ergebnissen in eine einheitliche Theorie. Dieser Vorgang, der in der Axiomatisierung eines Gebiets, aber auch nur in seiner zusammenfassenden Darstellung oder auch in der weitgehenden Klärung seiner Grundprobleme bestehen kann, ist so häufig in der Mathematik, daß es sich erübrigt, hier einzelne Beispiele anzuführen. Die Vereinheitlichung der Mathematik durch den Aufbau einer Hierarchie von Strukturen wurde schon von Bourbaki als sein wichtigstes Ziel hervorgehoben. - Eine andere Form der Vereinheitlichung ist das Vereinigen von Elementen verschiedener Theorien - oft von solchen mit gegensätzlichem Charakter - zum Beweis eines neuen tiefliegenden Resultats oder zur Bildung einer neuen Theorie. Gerade die grundlegendsten Fortschritte sind oft von dieser Art, wie etwa die Entstehung der Analysis aus Elementen der Algebra und der Geometrie. - Ein weiteres wichtiges Moment der Vereinheitlichung ist die immer neue Entdeckung von verborgenen, tiefliegenden Beziehungen zwischen ganz verschiedenen Gebieten. Fast immer bedeutet eine solche Entdeckung ein tieferes Verstehen und den Beginn einer neuen, fruchtbaren Entwicklung. Wir meinen, daß dies Phänomen gar nicht anders verstanden werden kann als so, daß die vielfältige Einheit der Realität in der Mathematik sich spiegelt, daß die Intuition großer Mathematiker ihr Wesen im Ansatz erahnt, wenn sie der Entwicklung der Ideen ihre Richtung gibt, und daß dann unser diskursives Denken immer mehr Beziehungen entdeckt, bis es sich des Zusammenhangs endlich wenigstens zum Teil bewußt wird. - Schließlich ist auch die Tatsache, daß oft die Subsumierung einer mathematischen Arbeit unter ein eindeutig bestimmtes Spezialgebiet unmöglich scheint, ein Hinweis

darauf, daß die mathematische Spezialisierung immer schon
den Keim ihrer Aufhebung in sich selber trägt.

Aus allen diesen Gründen müssen sich die Mathematiker auch
über neue mathematische Entwicklungen außerhalb ihres eigenen engeren Arbeitsgebietes informieren, und sie brauchen
und nutzen deswegen vielfältige Formen der Kommunikation.
Dazu gehört insbesondere notwendigerweise der internationale wissenschaftliche Austausch. Wo ein solcher Austausch
durch die politischen Bedingungen verhindert wird, schadet
das mit Regelmäßigkeit der wissenschaftlichen Entwicklung
in den betreffenden Ländern. Allein schon deswegen sollten
alle Wissenschaftler sich entsprechend ihren Möglichkeiten
für die Herstellung friedlicher und kooperativer interna-
tionaler Beziehungen einsetzen.

Trotz aller Integration bleibt aber festzuhalten, daß die
Tendenz zur Spezialisierung ebenso wie die zur Vereinheitlichung eine grundlegende Tendenz der Mathematik ist und
daß die daraus resultierende Arbeitsteilung von einem gewissen Niveau der Entwicklung ab - von einzelnen überragen-
den Mathematikern wie z.B. Hilbert abgesehen - sich nicht
mehr auf individueller Ebene überwinden läßt. Die Einheit
der Mathematik kann nur noch kollektiv, vor allem durch
ausreichende Kommunikation, gewahrt werden, und bis jetzt
wird sie es auch.

Viel ernster als das Problem der Arbeitsteilung innerhalb
der Mathematik ist das der Arbeitsteilung zwischen Mathematik und anderen Erfahrungswissenschaften, denn es birgt
die große Gefahr der Loslösung der mathematischen Theorie
von der Realität, der 'falschen' Abstraktion, die durch das
Kriterium der Praxis nicht mehr bestätigt werden kann. Un-
terschiedlichkeit der Methode, der Denkweise und der Sprache,
Unkenntnis der Anwendungen wegen unzureichender Ausbildung,
falsche Einstellungen wegen eines unzureichenden Verstehens der
Stellung der Mathematik und falscher Erziehung und schließlich die wissenschaftlichen und allgemein gesellschaftlichen

Arbeitsbedingungen begünstigen eine extreme Arbeitsteilung.
Bisweilen können noch einzelne Mathematiker, obwohl sie
nicht in der 'angewandten' Mathematik arbeiten, durch persönliches Gespräch mit anderen Wissenschaftlern und durch
eigenes Studium die Kluft überwinden und so direkt einen
grundlegenden mathematischen Beitrag für eine andere Wissenschaft leisten. Aber die Überwindung der aus der Arbeitsteilung resultierenden negativen Folgen auf breiter Basis ist
ein komplexes gesellschaftliches Problem, dessen Lösung nicht
durch isolierte Maßnahmen, etwa bei der Ausbildung der Mathematiker, erzwungen werden kann. Eine Mindestforderung
hierzu ist, daß die Stellung der Mathematik im Gesamtzusammenhang menschlichen Handelns von den Mathematikern reflektiert wird.

Inhalt und Form

Einer der ältesten Gegensätze in der Geschichte unseres Denkens ist der Gegensatz von Inhalt und Form. Die Unterscheidung zwischen inhaltlichem und formalem Denken ist natürlich
auch den Mathematikern geläufig. So sagt man etwa von einem
Argument, es sei bloß formal und meint damit, daß es bloß
die logischen Beziehungen benutzt und von der Bedeutung der
darin vorkommenden Begriffe absieht und dies häufig deswegen, weil man den tieferen Grund, warum das Argument zum
Ziel führt, noch nicht sieht. Diese Art Sprachgebrauch könnte den Eindruck erwecken, als erfasse nur das inhaltliche
Denken das Wesen der Dinge und das formale sei irgendwie
etwas Schlechteres. Aber das ist jedenfalls für die Mathematik ganz sicher nicht der Fall. "Die Form ist wesentlich"
(19). In der Mathematik führt gerade das auf das inhaltliche
Erfassen von Strukturen, auf den Sinn gerichtete Denken zur
Herausbildung von Formen, die schließlich in Axiomensystemen
beschrieben und deduktiv unter Absehung von aller inhaltlichen Bedeutung untersucht werden. Beide Momente in diesem
Prozeß, das konstruktive und das axiomatische, sind gleich
wichtig, und darum ist es so falsch, wenn ihre Protagonisten

sich antagonistisch gegenüberstehen. - Beim Finden von etwas
Neuem scheint das konkrete, das inhaltliche Moment das wichtigste zu sein. Die Rolle von Beispielen, Problemen und besonderen Konstruktionen als vorwärtstreibenden Elementen ist
immer wieder von den Mathematikern betont worden. Wir haben
schon gesehen, welche kaum zu überschätzende Rolle die Konstruktion der nichteuklidischen Geometrie gespielt hat. Eine
vielleicht vergleichbare Rolle spielt heute die Konstruktion
nichtcantorscher Modelle der Mengenlehre (9). Die Konstruktion von universellen Objekten wie zum Beispiel alternierenden und Tensorprodukten, klassifizierenden Räumen, Modulräumen, universellen Deformationen und Entfaltungen usw. oder
von ganzen Theorien wie z.B. der Homotopietheorie, der verschiedenen Cohomologietheorien, charakteristischen Klassen
usw. ist immer ein großer Schritt voran und erfolgt gewöhnlich vor der axiomatischen Charakterisierung der neu gewonnenen Strukturen, wenn man auch heute den Einfluß des Denkens in Strukturen bei dem Suchen nach solchen Konstruktionen nicht übersehen darf. Darüberhinaus gibt es viele Konstruktionen von solcher unverwechselbarer Originalität, daß
ihre Einordnung in die Hierarchie der Strukturen künstlich
erscheinen muß und daß ihr Auftauchen nur als Folge eines
spontanen,subjektiven Elements in der Mathematik begriffen
werden kann. Eine Aufzählung einiger Beispiele, alle aus
einem Gebiet und hoffentlich wenigstens den Topologen verständlich, sollen zeigen, was gemeint ist: Konstruktion
von Thom-Pontrjagin, Konstruktion von Henkelkörpern, Chirurgie, Konstruktion exotischer Sphären als Sphärenbündel über
Sphären oder durch Verkleben von Kugeln längs ihres Randes
oder durch die Konstruktion von Milnor und Hirzebruch oder
als Umgebungsränder von Singularitäten. Alle derartigen
Konstruktionen treiben die Entwicklung der Theorie weiter:
Sie werden zum Kern einer ganzen Theorie oder liefern das
Beispielmaterial, aus dem neue Theorien sich entwickeln oder
an dem sie erprobt werden, und eine Theorie kann oft keine
weiteren Fortschritte machen, solange solche Konstruktionen
fehlen. - Überwiegt beim Finden des Neuen das inhaltliche
Moment und die Induktion, so überwiegt bei seiner Einordnung,

Entwicklung und Darstellung das formale Moment und die Deduktion. Das führt zu der bekannten Darstellung von Mathematik in der Folge von Definitionen, Sätzen und Beweisen. Und wenn die Darstellung schlecht ist, sind die Probleme, die Beispiele und Konstruktionen in ihr überhaupt nicht mehr sichtbar, nur noch aufgehoben im Allgemeinen der Theorie. Wer seine Mathematik nur formal erklären will, von dem verlangen wir mit Recht Auskunft über die inhaltliche Bedeutung. Wer uns umgekehrt zuerst seine inhaltlichen Vorstellungen vermittelt hat, der muß uns auch die Form zeigen, in der sie erfaßt sind, sobald er etwas mit mathematischer Strenge beweisen will. Und das Resultat des inhaltlichen Denkens in der Forschung ist oft gerade eine neue Form: In dem Augenblick, wo es ans Ziel kommt, schlägt der Inhalt um in Form-Inhalt und Form; Induktion und Deduktion, Anschauung und abstraktes Denken, Konstruktion und axiomatische Methode sind in der Mathematik eine unzertrennbare Einheit, und diese Spannung muß sie aushalten, wenn sie eine lebendige Wissenschaft bleiben will. Das ist heute nicht anders, als es schon immer war: Die axiomatische Darstellung der Geometrie von Euklid gipfelte in einer Konstruktion, der Konstruktion der platonischen Körper Tetraeder, Kubus, Oktaeder, Dodekaeder und Ikosaeder.

Das Besondere und das Allgemeine

Hegel hat herausgearbeitet, daß der Wechsel von Analyse und Synthese und von der Betrachtung des Besonderen und des Allgemeinen charakteristische Momente jedes dialektischen Denkens sind. Einige Beispiele sollen zeigen, daß diese Denkbewegungen auch zur mathematischen Methode gehören. Auf einen Aspekt der dialektischen Einheit von Besonderem und Allgemeinem, auf das Wechselspiel von Theorie und Beispiel, haben wir schon früher hingewiesen. Ein anderer ist die jedem Mathematiker aus seiner eigenen Arbeit bekannte Tatsache, daß der Mathematiker auf Grund seiner bisherigen Erfahrung mit einem bestimmten Bereich mathematischer Objekte gewisse Phänomene als normal anzusehen

geneigt ist, andere dagegen als abweichend. Die Zahl der
mathematischen Begriffe, die normales Verhalten der Objekte
beschreiben, ist Legion, so daß, weil die Umgangssprache
zu wenig Wörter dafür hat, für die verschiedensten Begriffe
immer dieselben Wörter herhalten müssen: regulär, normal,
allgemein,generisch, Standard-,kanonisch, natürlich. Und
ähnlich ist es mit den Wörtern für das Besondere: singulär,
speziell, exzeptionell, exotisch, pathologisch. Diese Gegensätze bedeuten nun keineswegs ein statisches Gegenüberstellen, sondern im Gegenteil in vielfacher Weise ein dynamisches
Moment. So erwartet der Mathematiker zum Beispiel bei seinen
Untersuchungen meist von den zu untersuchenden Strukturen
ähnliches Verhalten wie das, was er bereits kennt, also allgemeines, normales. Und in der Tat ist schon dies heuristische Prinzip - wegen der Einheit der Mathematik - sehr wirkungsvoll. Gute Mathematiker können oft auf diese Weise das
Resultat von Untersuchungen voraussagen, deren Ausführung
Jahre dauern würde. Der Glaube an das normale, allgemeine,
'gute' Verhalten hat vemutlich bei manchen von den berühmtesten Vermutungen Pate gestanden, von denen einige bis heute noch immer nicht bewiesen sind. Aber wenn der Mathematiker auch das Allgemeine sucht, kommt es doch immer wieder
vor, daß er auf das Singuläre, das Exzeptionelle, das 'Pathologische' stößt. Und das Bemühen, dieses völlig Neue,
Besondere zu begreifen, es doch wieder zu einem Allgemeinen
zu machen, ist auch ein entscheidendes Moment des Fortschritts. So entstand zum Beispiel aus der Entdeckung der
exotischen Sphären die Differentialtopologie, eine der lebendigsten Theorien der gegenwärtigen Mathematik. Das Wechselspiel von Besonderem und Allgemeinem kann sogar direkt
in Begriffen, Konstruktionen, Theorien eingefangen werden.
Nehmen wir als Beispiel den Gegensatz von regulär und singulär in der komplexen Analysis oder in der algebraischen
Geometrie. Die regulären Punkte eines komplexen Raumes sind
die Punkte, in denen der Raum das allgemeine, einfachste,
sozusagen 'beste' Verhalten hat. Sie bilden eine offene ,
dichte Menge, das heißt, fast alle Punkte sind regulär. Aber
über die regulären Punkte ist eben nicht viel mehr zu sagen,

als daß sie regulär sind. Interessant sind die singulären
Punkte, aus vielfältigen Gründen. Andererseits sind die
Singularitäten schwierig zu untersuchen und geben Anlaß zu
Komplikationen aller Art. Darum sucht man die Untersuchungen dadurch zu vereinfachen, daß man die Singularitäten
irgendwie deformiert oder modifiziert oder stratifiziert
und die Untersuchung so nach Möglichkeit auf den einfacheren regulären Fall reduziert. Dies auszuführen, ist der
Inhalt von zum Teil außerordentlich komplexen Konstruktionen
und einer bis ins Feinste getriebenen Analyse und Synthese.
Die Sätze, die besagen, daß die Konstruktion zum Ziel führt,
wie etwa der Satz von der Existenz semiuniverseller Deformationen isolierter Singularitäten oder von der Existenz der
Auflösungen von Singularitäten, sind schwierig zu beweisen.
Der Beweis von Hironaka für die Auflösung der Singularitäten
ist überhaupt einer der komplexesten Beweise in der ganzen
Mathematik. In den gleichen Problemkreis wie die Deformationstheorie gehört die universelle Entfaltung der Singularitäten
von Funktionen, die wichtigste Konstruktion in der Katastrophentheorie von Thom. In ihr berührt sich der Gegensatz von
Allgemeinem und Besonderem mit dem von Quantität und Qualität. Darüber wird noch zu reden sein.

Analyse und Synthese

Wie bei jedem Denken findet auch beim mathematischen Denken
ein ständiger Wechsel von Analyse und Synthese statt, wenn
man von der Untersuchung gegebenen Materials zu neuen Resultaten kommen will. Einige Beispiele sollen zeigen, daß darüberhinaus das Wechselspiel von Analyse und Synthese ganz
direkt in vielfältiger Form zur Methode mathematischen Beweisens und Konstruierens gehört. Daß das schon immer so
war, zeigen Beispiele aus der antiken Geometrie und Algebra:
Die Zerlegung von Feldern und Figuren in Dreiecke zum Zweck
der Berechnung der Fläche in der Geometrie und die Zerlegung
der natürlichen Zahlen in unzerlegbare Zahlen, die Primzahlen in der Arithmetik. Die Liste der Beispiele aus der mo-

dernen Mathematik ist ohne Ende, und die folgende Aufzählung ist nur eine kleine Auswahl: Zu den grundlegenden Operationen in der Mengenlehre gehört die Bildung der Vereinigungsmenge bzw. die Zerlegung einer Menge in Teilmengen, ferner die Komposition und Faktorisierung von Abbildungen, die zum konstitutiven Begriff der Kategorientheorie wird. In der Topologie und Geometrie gibt es zahllose Arten der Zerlegung und umgekehrt der Synthese: Zerschneiden und Zusammenkleben von Räumen, Produktzerlegungen, Faserungen, Blätterungen, Triangulierungen, Filtrierungen, Stratifikationen, Zerlegung in Zusammenhangskomponenten, Zellenzerlegung, Henkelkörperzerlegung, Überdeckung einer Mannigfaltigkeit mit Koordinatenumgebungen, Orbitzerlegungen, Zerlegung des Phasenraums dynamischer Systeme in stabile Mannigfaltigkeiten, Zerlegung der Eins und so weiter ins Endlose. In der Algebra könnten die Algebraiker eine ebenso lange Liste machen: Da gibt es alle Arten von Kompositionsreihen, Zerlegungen in Summanden oder Faktoren, die Zerlegung algebraischer Varietäten in irreduzible Komponenten, die Primärzerlegung von Idealen und wahrscheinlich noch viele andere Beispiele, die nur die Algebraiker kennen. Die Analysis schließlich ist Analyse und Synthese par excellence. Bei Differentiation und Integration handelt es sich um Analyse und Synthese. Fourieranalyse, harmonische Analyse und Spektralzerlegung von Operatoren sind nur ein paar weitere zufällig ausgewählte Beispiele. - Analyse und Synthese sind Grundprinzip vieler Klassifikationsresultate: Die zu klassifizierenden Objekte werden in einfache Bausteine zerlegt, aus denen die klassifizierenden Daten gewonnen werden. Um zu zeigen, daß ein gegebenes Datum einem der fraglichen Objekte entspricht, ist dann umgekehrt die Synthese des Objekts aus den Bausteinen erforderlich. Analyse und Synthese sind auch das Prinzip der vielen Beweismethoden in Geometrie, Algebra und Analysis, die globale Resultate auf die Untersuchung lokaler Eigenschaften reduzieren. All diese Beispiele zeigen: Analyse und Synthese gehören untrennbar und seit immer zur mathematischen Methode.

Das Endliche und das Unendliche

In seinem Buch 'Philosophie der Mathematik und Naturwissenschaft' (35) schreibt Hermann Weyl am Schluß des Kapitels 'Über das Wesen der mathematischen Erkenntnis': "Will man zum Schluß ein kurzes Schlagwort, welches den lebendigen Mittelpunkt der Mathematik trifft, so darf man wohl sagen: Sie ist die Wissenschaft vom Unendlichen. Die Spannung zwischen dem Endlichen und Unendlichen für die Erkenntnis der Wirklichkeit fruchtbar gemacht zu haben, ist die große Leistung der Griechen. Welche Bedeutung diese Spannung - und die Versuche zu ihrer Überwindung - für die Geschichte der theoretischen Erkenntnis besaß und besitzt, sollte hier fühlbar gemacht werden. 'Das Unendliche hat wie keine andere Frage von jeher so tief das Gemüt der Menschen bewegt; das Unendliche hat wie kaum eine andere Idee auf den Verstand so anregend und fruchtbar gewirkt; das Unendliche ist aber auch wie kein anderer Begriff so der Aufklärung bedürftig' (Hilbert, Über das Unendliche)". Die griechischen Mathematiker stießen sowohl in der Geometrie als auch in der Arithmetik auf das Problem des Unendlichen: in der Geometrie durch das Problem der Flächen- und Volumenberechnung und durch die Diskussion der Natur des Kontinuums und der Veränderung der Erscheinungen in Raum und Zeit, die in den Paradoxien von Zeno ihre äußerste Verschärfung erfuhr, und in der Arithmetik durch die Entdeckung irrationaler Zahlen wie $\sqrt{2}$ durch die Pythagoräer. Der Versuch zur Überwindung der mit der Problematik des Unendlichen verbundenen Schwierigkeiten führte zu den wichtigsten Leistungen der griechischen Mathematik: einer Theorie der einfachsten Irrationalzahlen in geometrischer Form, der Herausarbeitung des archimedischen Axioms und der Proportionenlehre des Eudoxos und der Entwicklung zweier Methoden zur Berechnung von Flächen und Volumina: einer exakten, aber heuristisch unergiebigen, der Exhaustionsmethode, und einer nicht exakt begründeten, aber fruchtbaren infinitesimalen Methode von Archimedes. In heutiger Sprache könnte man sagen, daß das archimedische Axiom besagt, daß die reellen Zahlen archimedisch geordnet

sind und daß in der Proportionenlehre eine reelle Zahl durch
den zugehörigen Schnitt in der Menge der rationalen Zahlen
charakterisiert ist. Die Griechen haben allerdings den Schritt
nicht getan, den Zahlbegriff so zu erweitern, daß auch jedem
Schnitt eine Zahl entspricht, sondern konzipierten die Proportionenlehre als eine rein geometrische Theorie. Dedekind
hat diesen letzten Schritt getan und das Kontinuum der reellen Zahlen durch die Dedekindschen Schnitte definiert, also
als zusammenhängenden, archimedisch geordneten Körper. Man
kann sagen, daß in dieser geometrischen Definition der reellen Zahlen durch Dedekind die Ideen der griechischen Mathematiker über das Kontinuum ans Ziel gekommen sind - allerdings durch die Zulassung beliebiger Schnitte und damit sehr
vieler unendlicher Mengen von rationalen Zahlen, das heißt
durch eine Annahme des Aktual-Unendlichen, vor der die Griechen sich scheuten. Die Exhaustionsmethode und die Methode
von Archimedes, die er selbst unter anderem zur angenäherten Berechnung der Zahl π benutzte, wurden in der Renaissance wieder aufgenommen und wurden zu einem der wichtigsten Ursprünge, aus denen sich die Analysis entwickelte.
Damit wurde zum zweiten Mal "die Spannung zwischen dem Endlichen und dem Unendlichen für die Erkenntnis der Wirklichkeit fruchtbar gemacht". Die Differentiation einer Funktion
ist ihre Analyse im 'Unendlichkleinen', die Integration ist
der umgekehrte Schritt der Synthese, des Schlusses vom Verhalten im 'Unendlichkleinen' aufs Endliche. In der Anwendung
entspricht dem die Formulierung der Naturgesetze durch Differentialgleichungen und die Voraussage des Verhaltens der
so beschriebenen Systeme durch Integration. Aber das 'Unendlichkleine' erwies sich nicht nur als fruchtbar, sondern auch
als 'der Aufklärung sehr bedürftig'. Es führte zu Paradoxien
und gelegentlich auch zu Widersprüchen. Die Bemühung um ihre
Überwindung führte zur Ersetzung des 'Unendlichkleinen'
durch den Grenzwertbegriff, d.h. genauer durch im Sinn dieses Grenzwertbegriffs gegen 0 strebende Zahlenfolgen oder
Variable, und sie führte dann mit der Arbeit von Cauchy,
Bolzano und Weierstraß zu einer strengen Grundlegung der
Analysis. Daß aber durch die Zurückführung auf Grenzprozesse

und damit das potentiell Unendliche die Spannung zwischen
dem Endlichen und Unendlichen keineswegs verschwunden war,
sollte sich bald zeigen. Denn die Analysis ruhte auf dem
Fundament der Lehre von den reellen Zahlen, und deren Begründung erfolgte nun auf verschiedene, aber jedesmal das
Aktual-Unendliche akzeptierende Weise durch Weierstraß,
Dedekind und Cantor. Die Cantorsche Begründung enthielt im
Keim ein Vordringen ins Unendliche von solcher Kühnheit,
daß es zur größten Krise in der Geschichte der Mathematik
und zu einem phantastischen Sprung in ihrer Entwicklung
geführt hat.

Cantors Definition der reellen Zahlen durch Fundamental-
folgen von rationalen Zahlen ist in einer Arbeit über die
Eindeutigkeit der Darstellung von Funktionen durch Fourier-
reihen enthalten ((7) p.92-101). In dieser Arbeit macht
Cantor auch erste Beiträge zur Theorie der Punktmengen in R,
deren Betrachtung durch die Entwicklung der Analysis immer
notwendiger geworden war. Man kann mit Zermelo in dieser
Arbeit den Keim für seine großen Leistungen sehen: Die Schöpfung der Mengenlehre mit der Theorie der transfiniten Kardinalzahlen und Ordinalzahlen, sowie wichtige Beiträge zur
Entwicklung der Topologie und Maßtheorie. Cantors Leistung
hatte also ihren Ursprung in der Analysis, sie hatte ihren
doppelten Ursprung in Algebra und Geometrie, in Problemen,
bei welchen sich schon in der antiken Mathematik die Spannung zwischen Endlichem und Unendlichem gezeigt hatte.

Cantors Arbeit hat diesen Gegensatz in Beziehung zu dem
Gegensatz von Quantität und Qualität gesetzt und dafür
fruchtbar gemacht. Cantor war sich der Bedeutung seiner Arbeit in dieser Beziehung bewußt und hat deren Anwendbarkeit
für weite Bereiche der Mathematik geahnt. Sein Hauptinteresse galt aber zunehmend der Beziehung zwischen den Ideen der
Quantität und des Unendlichen. Er bemühte sich um eine Klärung der verschiedenen philosophischen Vorstellungen vom
Unendlichen und der Arten, wie es in der Mathematik auftrat.
Er unterschied streng zwischen dem relativ unproblematischen

und einigermaßen allgemein akzeptierten potentiell Unendlichen und dem meist abgelehnten Aktual-Unendlichen. Cantor behauptete die Existenzberechtigung des Aktual-Unendlichen in der Mathematik in der Form der Existenz unendlicher Mengen. Darüberhinaus widersprach er der Behauptung der Philosophen, daß das Unendliche keiner näheren Bestimmung fähig sei, indem er transfinite Kardinalzahlen durch die Mächtigkeit unendlicher Mengen und transfinite Ordinalzahlen durch den Ordnungstyp wohlgeordneter unendlicher Mengen definierte, die in allen wesentlichen Zügen auch heute noch gültige Theorie dieser transfiniten Zahlen entwickelte und mit der Kontinuumshypothese eines der wichtigsten Probleme dieser Theorie aufstellte, das er zwar selbst trotz aller Bemühungen nicht lösen konnte, das sich aber im folgenden als außerordentlich fruchtbar erwies. (Die Kontinuumshypothese besagt, daß die Mächtigkeit des Kontinuums, d.h. der Menge der reellen Zahlen, gleich der ersten nicht abzählbaren unendlichen Kardinalzahl ist.)

Cantor war sich auf Grund seiner mathematischen Arbeiten sowohl der Fruchtbarkeit wie der Aufklärungsbedürftigkeit der Idee des Unendlichen wohl bewußt, und er hat wie wohl kein Mathematiker oder Philosoph vor oder nach ihm seinen Beitrag dazu geleistet. Er hat sich mit den Einwänden gegen das Aktual-Unendliche von Philosophen und Mathematikern wie Leibniz, Gauß, Cauchy und Kronecker auseinandergesetzt - zum Teil gezwungenermaßen -, denn seine Ideen wurden aktiv, unter Ausnutzung wissenschaftlicher Machtpositionen bekämpft. Er hat sich bemüht zu zeigen, daß seine Ideen ihre Wurzel in einer langen mathematischen Entwicklung haben. So hat er bezüglich der Definition der endlichen Kardinalzahl darauf hingewiesen, daß Euklid "die Zahl, ihrem wahren Ursprung gemäß, auf die Menge bezieht und aus der Zahl nicht etwa ein bloßes Zeichen macht, das Einzeldingen beim subjektiven Zählprozeß beigelegt wird". Man kann in den experimentellen Untersuchungen Piagets über die Entstehung des Zahlbegriffs beim Kinde (23) eine sehr gute Bestätigung der Auffassung Cantors vom Wesen der Zahl sehen, insbesondere auch vom Verschmelzen der Begriffe Ordinalzahl und Kardinalzahl für endliche Mengen. Cantor hat auch darauf hingewiesen, daß sich ähnliche Ideen wie die seinen im Ansatz schon in Bolzanos Schrift 'Paradoxien des Unendlichen' von 1851 finden.

Cantor hat sich im übrigen durchaus nicht nur mit den Vorstellungen der Mathematiker zum Unendlichen auseinandergesetzt, sondern z.B. auch mit denen der Kirchenväter und der Scholastik und auch denen der zeitgenössischen Philosophie, von den Hegelianern bis zu den Empiristen und Positivisten. So setzt er sich etwa in 'Grundlagen der allgemeinen Mannigfaltigkeitslehre' ((7),165-209), in der er zum ersten Mal seine Konzeption der Mengenlehre in den Grundzügen darstellt, unter anderem mit dem gleichen Dühring auseinander, mit dem sich auch Engels im Anti-Dühring herumgeschlagen hat. - Es ist unmöglich, die Bedeutung dieser Bemühungen Cantors um die Einordnung seiner Ideen in den Gesamtzusammenhang der Entwicklung des menschlichen Denkens für die Entstehung und Durchsetzung der Mengenlehre zu übersehen. Und es ist darum eine Fälschung der geschichtlichen Wahrheit, wenn Bourbaki in seiner Darstellung der Entstehung der Mengenlehre in (6) zwar diesen Zusammenhang andeutet, die tiefgehende und fundierte Auseinandersetzung Cantors mit den philosophischen Problemen des Unendlichen und dem Problem der Beziehung seiner Theorie zur Realität aber mit keinem Wort erwähnt. Es ist dies immer wieder die gleiche Haltung, die sich dort ausdrückt, die das philosophische Desinteresse der Mathematiker betont, die Riemann über den Mund fährt, indem sie erklärt, daß die Frage nach der Natur des wirklichen Raumes 'offensichtlich' nichts mit der Mathematik zu tun habe und die ganz allgemein Fragen nach der Beziehung der Mathematik zu irgendetwas außerhalb der Mathematik als vage Probleme der Psychologie oder Metaphysik verächtlich macht. Man kann wohl kaum umhin, sich zu verwundern, wenn jemand die ganze Mathematik als eine Hierarchie mengentheoretischer Strukturen auffassen, aber Ursprung und Bedeutung nicht nur der Strukturen, sondern sogar des Begriffs der Menge selbst so vollständig ignorieren will.

Cantors Ideen über das Aktual-Unendliche standen im Widerspruch zu denen der Mehrzahl aller Mathematiker der Vergangenheit und seiner Zeit. Woher nahm Cantor das Recht und den Mut, mit einer solchen Konsequenz das Aktual-Unendliche in der Mathematik zu verfechten? Cantor hat sich dazu in § 8 der schon zitierten grundlegenden Arbeit ganz klar und eindeutig geäußert. Cantor unterscheidet hinsichtlich der 'Wirklichkeit oder Existenz' mathematischer Objekte zum Zwecke der Klärung zunächst zwischen zwei Bedeutungen von 'Realität': zwischen 'immanenter Realität' einerseits, 'transienter Realität' andererseits. Die erste bezieht sich auf die Existenz von mathematischen Objekten als Verstandesbegriffen, die im Gesamtzusammenhang des menschlichen Denkens stehen. Die zweite bezieht sich darauf, daß denselben insofern 'Wirklichkeit zugeschrieben' werden kann, als sie für einen Ausdruck oder ein Abbild von Vorgängen und Beziehungen in der dem Intellekt gegenüberstehenden Außenwelt gehalten werden müssen. Cantor hat keinen Zweifel, "daß diese beiden Arten der Realität stets sich zusammenfinden" in dem Sinne, daß ein Begriff mit immanenter Realität immer auch in vielfacher Weise transiente Realität besitzt, die allerdings meist erst viel später durch die Entwicklung der Erfahrungswissenschaften offenbar wird. "Dieser Zusammenhang der beiden Realitäten hat seinen eigentlichen Grund in der Einheit des Alls, zu welchem wir selbst mitgehören." Gerade diese Einheit ist nach Cantor die Bedingung der Möglichkeit der Mathematik, "bei der Ausbildung ihres Ideenmaterials einzig und allein auf die immanente Realität ihrer Begriffe Rücksicht zu nehmen." Die Bedingungen der Einordnung neuer Begriffe in den geschichtlich vorgegebenen Zusammenhang und der Konsistenz sind so, "daß sie der Willkür einen äußerst geringen Spielraum lassen; dann aber trägt auch jeder mathematische Begriff das nötige Korrektiv in sich selbst einher; ist er unfruchtbar oder unzweckmäßig, so zeigt er es sehr bald durch seine Unbrauchbarkeit, und er wird alsdann wegen mangelnden Erfolgs fallen gelassen.

Dagegen scheint mir aber jede überflüssige Einengung des mathematischen Forschungstriebes eine viel größere Gefahr mit sich zu bringen und eine um so größere, als dafür aus dem Wesen der Wissenschaft wirklich keinerlei Rechtfertigung gezogen werden kann; denn das Wesen der Mathematik liegt gerade in ihrer Freiheit." Es schien uns wichtig, Cantor ausführlich zu zitieren, weil mit dem Herausreißen seines Wortes von der Freiheit der Mathematik dessen Sinn entstellt worden ist. Uns scheint, daß die Auffassung des Schöpfers der Mengenlehre vom Wesen der Mathematik weit näher bei der unseren liegt als bei der mancher 'modernen' Protagonisten der 'Mathematik als Mengenlehre' oder 'Strukturmathematik' mit ihrer absoluten Trennung von Mathematik und Realität.

Cantor war nicht der erste, der mit Mengen umgegangen ist. Mengen oder Klassen waren schon vorher mehr oder weniger explizit in der Arbeit vieler Mathematiker vorgekommen, vor allem Mengen von Punkten oder Zahlen in der Analysis, im 19.Jahrhundert aber zunehmend auch in anderen Gebieten der Mathematik. Schon bei jedem Kind entsteht, noch bevor es in die Schule kommt, durch den Umgang mit Mengen von konkreten Objekten ein - natürlich noch nicht sehr abstrakter Begriff von 'Menge' gleichzeitig mit einem entsprechenden Zahlbegriff, logischen Operationen und einfachsten Operationen für Mengen (vgl. (23)). Dabei handelt es sich natürlich um endliche Mengen. Der Übergang zu unendlichen Mengen, die uns jedenfalls in unserer Wahrnehmung nicht unmittelbar gegeben sind, ist alles andere als einfach, und es ist die große Leistung Cantors, daß er diesen Sprung bewußt vollzogen, den Mengenbegriff in großer Allgemeinheit definiert und die Mengenlehre systematisch entwickelt hat. - Cantor hat nicht gleich das Wort 'Menge' verwendet, es finden sich bei ihm eine Fülle von anderen Formulierungen. Hier sind einige Beispiele: Mengen oder Klassen werden als Resultat eines Abstraktionsprozesses gekennzeichnet, auch als 'intellektuelles Abbild in unserem Geiste', als System oder als Inbegriff. Mengen werden als Einheit einer Vielheit von Elementen angesehen:"Jede Menge wohlunterschiedener Dinge kann als ein einheitliches Ding für sich angesehen werden, in welchem jene Dinge Bestandteile oder konstitutive Elemente sind." Am Ende der Entwicklung steht dann die berühmte Definition am Anfang der 'Beiträge zur Begründung der transfiniten Mengenlehre': "Unter einer 'Menge' verstehen wir jede Zusammenfassung M von bestimmten wohlunterschiedenen Objekten m unserer Anschauung oder unseres Denkens (welche die 'Elemente' von M genannt werden) zu einem Ganzen." - Man kann in der Betonung der 'Einheit einer Vielheit' durch Cantor, einer dialektischen Begriffsbildung, einen Ausdruck der Grunddialektik von Gleichheit und Verschiedenheit sehen. - Die Gleichheit im Verschiedenen zu erkennen, ist erste Voraussetzung für das Denken (vgl.(13)p.132 ff). Für ein solches Verständnis spricht auch der Sprachgebrauch der Mathematiker, die gewöhnlich viel lieber verschiedene Objekte miteinander 'identifizieren', als von der 'Klasse dieser Objekte' reden. Klar ist jedenfalls, daß alle Definitionen von Cantor auf die für unser Denken absolut grundlegende Fähigkeit verweisen, im Abstraktionsprozeß verschiedene Dinge zu einem Ding zusammenfassen, den Inbegriff dieser Dinge zu denken. Und weil das so ist, weil es sich hier um den grundlegendsten Prozeß unseres Denkens überhaupt handelt, deswegen konnte die Mengenlehre zur Grundlage aller Mathematik werden, und sie hat sich in der nachfolgenden Entwicklung nicht nur als Grundlage erwiesen und nicht nur eine immer komplexere Entfaltung der Mathematik ermöglicht, sondern auch die Fähigkeit der Mathematik zur Abstraktion auf jeder Stufe, auch auf jener der primären Abbildung realer Beziehungen durch Modelle, erst zur vollen Entfaltung gebracht - ein Beweis für die Wahrheit, daß die richtige Abstraktion sich nicht von der Realität entfernt, sondern sie richtiger, tiefer und vollständiger wiedergibt. Ein Beweis auch für Hegels Satz:"Was das Erste in der Wissenschaft ist, hat sich müssen geschichtlich als das Erste zeigen." Auf diese Wahrheit hat auch Cantor bei allen Angriffen seiner Gegner stets vertraut.

Zum Wesen der Mathematik gehört nicht nur die Abstraktion,

sondern besonders auch die Genauigkeit. Aber auch Genauigkeit ist ein relativer Begriff. Cantors Definition von Mengen war genau genug, um ihm die Entwicklung der Mengenlehre in ihren Grundzügen zu gestatten, aber sie war nicht so genau, eine eindeutig bestimmte Basis für das Definieren von Mengen und für mengentheoretische Deduktionen zu legen. Es kam zu widerspruchsvollen Begriffsbildungen wie der 'Menge aller Mengen', auf die schon Cantor selber stieß, und zu anderen Antinomien. Den daraus entstehenden Grundlagenstreit haben wir bereits gestreift. Die Versuche zur Festlegung einer sicheren Ausgangsbasis für mengentheoretische Deduktionen führten zur Aufstellung von mengentheoretischen Axiomensystemen durch Zermelo, Fränkel, Gödel, Bernays, von Neumann und andere, deren Untersuchung wichtige Einsichten in die Natur der Grundlagenprobleme brachte. Gödels Unvollständigkeitssätze zeigten, daß bei vollständiger Formalisierung derartiger Axiomensysteme es immer Aussagen in diesen Systemen gibt, die mit den Mitteln des Systems nicht entscheidbar sind, und daß die Widerspruchsfreiheit solcher Systeme nicht mit den Mitteln des Systems bewiesen werden kann, also höchstens mit solchen, die darüber hinausgehen. Das allein bedeutet bereits, daß man kein einzelnes mengentheoretisches Axiomensystem mit der Mengenlehre identifizieren kann und auch, daß ein eventueller Widerspruchsfreiheitsbeweis eines Axiomensystems nicht die Widerspruchsfreiheit der ganzen Mathematik beweisen würde. Sehr wichtig waren ferner die Ergebnisse von Gödel, Cohen und Vopenka zur Kontinuumshypothese, die von Hilbert in seinem Pariser Vortrag als erstes Problem aufgestellt worden war. Die Kontinuumshypothese besagt, daß die Mächtigkeit des Kontinuums, d.h. die Mächtigkeit der Menge aller reellen Zahlen, gleich der ersten nicht abzählbaren unendlichen Kardinalzahl ist. Anders ausgedrückt: Die Kontinuumshypothese besagt, daß jede Teilmenge von reellen Zahlen entweder abzählbar ist oder genau soviel Elemente hat wie die Menge aller reellen Zahlen, d.h. die gleiche Mächtigkeit hat wie diese Menge. Die erwähnten Ergebnisse besagen zum Beispiel die vollständige Unabhängigkeit der Kontinuumshypothese von den mengentheoretischen Axiomen

von Zermelo und Fränkel. Das heißt, wenn sich aus diesem
Axiomensystem (ZF) kein Widerspruch ableiten läßt, dann auch
nicht aus (ZF) zusammen mit der Kontinuumshypothese, aber
ebenso nicht aus (ZF) und der Negation der Kontinuumshypothese. Etwas vereinfacht ausgedrückt: Weder die Kontinuumshypothese noch ihr Gegenteil sind aus den Axiomen von (ZF)
beweisbar. Probleme ähnlichen Typs gibt es auch für die sogenannten starken Unendlichkeitsaxiome, welche die Existenz
von unerreichbaren Kardinalzahlen postulieren.

Was bedeuten diese Resultate? Die Antwort ist nicht klar;
die Diskussion zwischen den Mengentheoretikern über die zukünftige Entwicklung zeigt nur, daß die Situation weit offen
ist. Wenn man aber sieht, mit welcher Vorsicht z.B. Cohen am
Ende seiner Arbeit (8) diese Fragen diskutiert, wie er sich
fragt, ob wir vielleicht im Zuge der weiteren Entwicklung
im Hinblick auf das, was wir intuitiv mit Mengen meinen, die
Kontinuumshypothese oder ihr Gegenteil als wahr ansehen werden, oder in (9) erwägt, ob nicht für verschiedene Bereiche
des mathematischen Denkens sich wesentlich verschiedene mengentheoretische Axiomensysteme als adäquat erweisen könnten,
dann wird eins jedenfalls klar: Wenn jemand behauptet, er
könne mit einem bestimmten mengentheoretischen Axiomensystem,
über dessen Herkunft er keine Auskunft gibt, ein für alle
mal eine völlig exakte, von Widersprüchen und Unbestimmtheiten freie Basis für die Mathematik liefern, dann ist das ganz
einfach nicht wahr. Gegenüber einer solchen Auffassung von
Mengentheorie ist es noch tausendmal besser, die alte klassische Definition von Cantor zu zitieren, wie es ja auch viele Mathematiker tun. Auch die Mathematik teilt in der Unbestimmtheit ihrer letzten Grundbegriffe mit allem wissenschaftlichen Denken die 'notwendige Unvollkommenheit des Anfangs',(Hegel (19),p.224). In welcher Weise die Grundbegriffe zu präzisieren sind - wenn auch nie vollkommen - muß die
weitere mathematische Entwicklung zeigen und damit letzten
Endes die Praxis. Es ist gut, daß die mathematische Entwicklung selbst zum Bewußtsein von der Unvollkommenheit des Anfangs auch der Mathematik geführt hat, denn gerade hier

zeigt sich ihr Zusammenhang mit allem menschlichen Denken und Handeln, der von denen so oft geleugnet oder ignoriert wird, die sich auf die angeblich vollständige Exaktheit einer in sich geschlossenen Mathematik beschränken wollen.

Die - prinzipielle - Möglichkeit der Beschreibung aller mathematischen Strukturen durch den einen Grundbegriff 'Menge' und die eine Grundrelation m ist Element von M ermöglichte nicht nur eine einmalige Vereinheitlichung der Mathematik, sondern auch die Entfaltung einer derart komplexen Vielfalt von miteinander in Beziehung stehenden Strukturen, Problemen und Theorien, daß sich diese der Beschreibung in jeder auch noch so ausführlichen einheitlichen Darstellung entziehen. So ist es naheliegend, wenn Atiyah in (2) die These aufstellt:"Die Entwicklung der Mathematik kann am besten als eine natürliche Reaktion auf die wachsende Schwierigkeit und Komplexität der Probleme verstanden werden, mit denen sie sich befassen muß. Soweit diese Probleme, direkt oder indirekt, ihren Ursprung in den Naturwissenschaften oder anderen Wissenschaften haben, spiegelt diese Komplexität an sich schon die zunehmende Kompliziertheit und Differenziertheit der modernen Wissenschaften wider", wobei Atiyah selbst diese These nur als einen möglichen Leitgedanken ansieht. In der Tat macht sich ein Nichtmathematiker wohl nur schwer eine Vorstellung von der Komplexität der heute in der Mathematik behandelten Probleme. Ein Aspekt davon ist die Tendenz, zur Lösung dieser Probleme immer 'größere' Objekte, immer komplexere 'Konstruktionen' zu benutzen, vor deren Unendlichkeit vermutlich die Mathematiker früherer Zeiten Schaudern empfunden hätten - vielleicht auch Abscheu. Daß andererseits in allen Gebieten der Mathematik mit Endlichkeitsbedingungen aller Art operiert wird, von der Kompaktheit bis zur Kohärenz, weiß jeder Mathematiker. Gerade sehr tiefe Sätze setzen oft solche Bedingungen zueinander in Beziehung, wie zum Beispiel der Satz von Grauert, daß das Bild einer kohärenten Garbe unter einer Abbildung f wieder kohärent ist, wenn die Urbilder kompakter Mengen unter f kompakt sind. Solche Sätze machen auch klar, daß man, auch wenn man an einer in irgendeinem Sinne endlichen Situation interessiert ist, oft auch eine entsprechende nicht endliche betrachten muß. Oft ergibt sich aus der Einführung oder Nichteinführung von Endlichkeitsbedingungen die Entwicklung spezieller Theorien mit gegensätzlichen charakteristischen Zügen, wie z.B. bei der Funktionentheorie auf kompakten Riemannschen Flächen einerseits und auf nicht kompakten andererseits. Alle diese Vielfalt und Einheit wäre unmöglich ohne Cantors konsequente Einführung des Aktual-Unendlichen in die Mathematik.

Qualitaet und Quantitaet

Ein anderer und außerordentlich wichtiger Aspekt des Gegensatzes von Komplexität und Einfachheit ist, wie Atiyah hervorhebt, das zunehmende Auftreten qualitativer Betrachtungsweisen zur Vereinfachung komplexer Probleme. Die Dialektik des Gegensatzes von Qualität und Quantität ist eines der allerwichtigsten Momente in der Entwicklung der Mathematik und bedürfte eigentlich einer umfassenden Darstellung. Aus Raumgründen müssen wir uns auf einige wenige Bemerkungen beschränken.

Noch bevor sich bei kleinen Kindern die ersten Begriffe von Mengen und Zahlen bilden, gibt es für sie schon die Wahrnehmung von Qualitäten wie zum Beispiel geometrischen Gestalten (23). Ebenso gab es zweifellos in der Entwicklung der Menschheit mindestens gleichzeitig mit den ersten quantitativen Vorstellungen immer schon auch qualitative Vorstellungen von elementaren geometrischen Eigenschaften von Körpern, die bei stetigen Veränderungen der Gestalt erhalten blieben und die durchaus praktische Bedeutung hatten, wie etwa Knoten oder Geflechte von Zöpfen. Wenn man etwa Figuren wie die folgenden betrachtet, so sieht man unmittelbar (das heißt auf Grund der im Laufe des Lebens erworbenen räumlichen Erfahrung), daß sie alle etwas gemeinsam haben, daß sie alle irgendwie auf die gleiche Art im Raume in sich verschlungen oder verknotet sind.

Wenn man diese ganz anschauliche Eigenschaft aber mathematisch erfassen will, dann ist dazu seltsamerweise ein sehr viel größerer Grad von Abstraktionsvermögen erforderlich, als wenn man etwa das drei Ellipsen wie den folgenden

Gemeinsame durch eine gemeinsame geometrische Erzeugungsweise fassen wollte, wie das schon in der Antike geschah, oder durch die gemeinsame Form einer sie beschreibenden Gleichung $ax^2 + by^2 = 1$, in der die verschiedenen Ellipsen durch verschiedene Werte der Zahlen a und b bestimmt werden. Natürlich hat man auch schon in der Antike Probleme der stetigen Veränderung diskutiert, und natürlich enthielt die Diskussion geometrischer Figuren immer schon qualitative Elemente, aber diese traten wegen der Möglichkeit, solche Figuren auf eine einfache quantitative Weise zu behandeln, nicht so ins Bewußtsein. Nichtsdestoweniger war die Spannung zwischen Qualität und Quantität im Kontinuum der reellen Zahlen und in dem Gegensatz von Algebra und Geometrie immer vorhanden. Als aus der Vereinigung der beiden die Analysis entstand, entstand auch die analysis situs. Sie machte allerdings bis zur Zeit von Gauß geringe Fortschritte, obwohl sich in der Betrachtung von Punktmengen des Kontinuums und in den Bemühungen um die Definition der Stetigkeit die Begründung der mengentheoretischen Topologie durch Cantor vorbereitete. Andere Entwicklungen in der Geometrie und Analysis kamen in der ersten Hälfte des 19.Jahrhunderts dazu, und um die Mitte des Jahrhunderts beginnt mit Riemann die phantastische Entwicklung der Topologie, die bis heute anhält und alle Zweige der Mathematik aufs tiefste beeinflußt hat. Es ist nicht möglich, diese Entwicklung hier nachzuzeichnen, und wir verweisen auf den kurzen Abriß in (6) und die zahlreichen einführenden Bücher und Vorträge über Ideen und Entwicklungen in der Topologie. - Natürlich soll hier durchaus nicht behauptet werden, daß die Topologie allein die Disziplin der Mathematik wäre, in der die Mathematik qualitative Elemente erfaßt. Wir möchten nur an zwei Beispielen zeigen, wie in Topologie und Geometrie und in ihrem Wechselspiel mit anderen Disziplinen die Dialektik von Qualität und Quantität ganz direkt greifbar wird.

Es ist eine alte Idee, daß eine Beziehung zwischen Qualität und Quantität durch ein Maß hergestellt wird. Ein Maß für eine gewisse Qualität ordnet jedem Objekt, das diese Qualität haben kann, eine bestimmte Größe zu, die grobgesprochen ein Maß dafür ist, in welchem Grade die fragliche Qualität dem gegebenen Objekt zukommt. Besser ausgedrückt: Wenn zwei Objekte vorgelegt sind, messen die entsprechenden Größen, wie weit sich die Objekte in bezug auf die fragliche Qualität unterscheiden. Meist stellt man sich dabei vor, daß diese Größe, die die Qualität mißt, eine Zahl sein soll, gewöhnlich eine reelle Zahl. Vom mathematischen Standpunkt aus ist natürlich nicht einzusehen, warum es ausgerechnet eine reelle Zahl sein soll. Es könnte z.B. auch eine natürliche Zahl sein, was noch viel einfacher wäre, oder aber z.B. ein anderes mathematisches Objekt mit einer Struktur vorwiegend quantitativen Charakters, z.B. eine Gruppe oder ein Element in einer Gruppe usw.. Hier ist ein Beispiel, das auch historisch das erste Beispiel von Bedeutung war. Betrachten wir zweidimensionale Flächen, wie sie z.B. durch die folgenden Figuren beschrieben werden.

Man sieht sofort, daß diese Flächen irgendwie qualitativ
verschieden sind. Durch welche Qualität man ihre Verschiedenheit am besten erfaßt, ist nicht offensichtlich. Eine
Möglichkeit ist, sie als topologische Räume aufzufassen.
Dann ist die fragliche Qualität der Homöomorphietyp.(Zwei
Räume X und Y haben den gleichen Homöomorphietyp, wenn man
die Punkte von X umkehrbar eindeutig und stetig den Punkten von Y zuordnen kann.)

Wie bekommt man nun ein Maß für diese Qualität? Die Bilder
suggerieren, daß man dafür vielleicht die Zahl p der
'Löcher' nehmen kann. Das ist in der Tat der Fall, man
kann in geeigneter Weise diese Zahl p, das 'Geschlecht'
der Fläche, definieren, und es zeigt sich, daß diese Zahl
ein so gutes Maß für die betrachtete Qualität ist, wie man
sich nur wünschen kann: Zwei Flächen sind genau dann homöomorph, wenn sie gleiches Geschlecht haben. Dieses Beispiel
wurde zum Modellfall für eine ganze Disziplin, die algebraische Geometrie, deren Zweck gerade darin besteht, qualitative Probleme in quantitative zu transformieren. Dabei
muß für jede einzelne geometrische Situation und für jeden
Typ von Problem das Maß, das den qualitativen Daten quantitative Daten, 'Invarianten', zuordnet, geeignet konstruiert werden, und das Auffinden solcher Invarianten ist oft
eine große Leistung. Mit ihrem Vorrat an all diesen Konstruktionen ist die algebraische Topologie ein hervorragendes
Werkzeug zur Transformation von Problemen. Es kann z.B. sein,
daß man dabei ursprünglich ein analytisches oder geometrisches oder aber auch ein algebraisches Problem zu lösen
versucht, das sich in einem ersten wichtigen Schritt auf
ein rein qualitatives topologisches Problem reduzieren läßt.
Die algebraische Topologie reduziert dies dann weiter auf
ein rein quantitatives Problem, zum Beispiel ein Problem
der Zahlentheorie. Wenn man das dann lösen kann, ist auch
das ursprüngliche Problem gelöst. Es kann aber auch sein,
daß der Prozeß aufs Neue beginnt. Eine schöne Darstellung
dieser Rolle der algebraischen Topologie gibt z.B.Atiyah
in (1).

Die Dialektiker haben großen Wert auf die Einsicht gelegt, daß der Wechsel der Qualitäten nicht als ein allmählicher Übergang der entsprechenden Quantitäten, sondern als ein Sprung zu denken ist, und sie haben auf die sprunghafte Änderung von solchen Qualitäten wie zum Beispiel Aggregatzuständen bei der Überschreitung gewisser kritischer Werte entsprechender Größen wie zum Beispiel Druck und Temperatur hingewiesen. Wir sehen eine mathematische Fassung dieser Idee in der Katastrophentheorie von Thom (33). Es ist ganz unmöglich, hier im einzelnen Thoms mathematische Ideen zu erklären, wir beschränken uns hier auf einige ganz kurze Zitate in der Hoffnung, dadurch wenigstens einen Eindruck zu geben:"Für die Parametrisierung der lokalen Zustände eines Systems soll das folgende allgemeine Modell vorgeschlagen werden: In einer differenzierbaren Mannigfaltigkeit M liegt eine abgeschlossene Teilmenge K, die wir 'Katastrophenmenge' nennen. Solange der das System repräsentierende Punkt m die Menge K nicht trifft, ändert sich der lokale phänomenologische Typ des Systems nicht. Die wesentliche Idee, um die es uns hier geht, ist die, daß die lokale Beschaffenheit der Teilmenge K, der topologische Typ ihrer Singularitäten usw., in Wirklichkeit durch die zugrunde liegende Dynamik bestimmt sind, die man im allgemeinen nicht explizit beschreiben können wird. Die Evolution des Systems wird durch ein Vektorfeld X auf M bestimmt, und dadurch wird die makroskopische Dynamik definiert. Wenn der Punkt m die abgeschlossene Menge K trifft, ergibt sich eine unstetige Veränderung im Erscheinungsbild des Systems, und dies werden wir durch die Feststellung interpretieren, daß die vorher vorhandene Form sich gewandelt, also eine Morphogenese stattgefunden hat. Wegen der früher erwähnten einschränkenden Annahmen über die lokale Beschaffenheit der Singularitäten der Menge K wird es uns möglich sein, bis zu einem gewissen Grade die Singularitäten in der Morphogenese des Systems zu klassifizieren und vorauszusehen,.... Das hier vorgeschlagene Programm betont also vor allem die Singularitäten in der Morphogenese eines Prozesses, die Unstetigkeiten, die wir bei den Erscheinungen beobachten. ... Wir werden eine sehr allgemeine Klassifikation dieser Veränderungen von Formen angeben, welche wir 'Katastrophen' nennen wollen. ... Unser Modell ist nur auf die Klassifikation der lokalen morphogenetischen Vorgänge angelegt, die wir 'elementare Katastrophen' nennen wollen. Aber das globale makroskopische Erscheinungsbild, die Form im üblichen Sinne des Wortes, entsteht erst dadurch, daß eine große Zahl von solchen lokalen Vorgängen zusammenkommt, und die Statistik dieser lokalen Katastrophen, die Korrelationen, die ihr Auftreten im Verlauf eines gegebenen Prozesses bestimmen, sind durch die topologische Struktur der inneren Dynamik bestimmt. ... Durch die Reichhaltigkeit der topologischen Struktur dieser inneren Dynamik ... erklärt sich schließlich die fast unendliche Vielfalt der Erscheinungen der Außenwelt und vielleicht auch der fundamentale Unterschied zwischen dem Unbelebten und dem Leben."

Wir meinen, daß es kein besseres Beispiel dafür gibt, wie die Idee Hegels in Mathematik gefaßt werden kann, "daß die Veränderungen des Seins überhaupt nicht nur das Übergehen einer Größe in eine andere Größe, sondern Übergang vom Qualitativen in das Quantitative und umgekehrt sind, ein Anderswerden, das ein Abbrechen des Allmählichen und ein qualitativ Anderes gegen das vorhergehende Dasein ist."

Damit kommen wir zum Schluß unseres Versuchs, Mathematik als dialektische Bewegung zu begreifen. Die Konsequenzen, die man aus dieser Auffassung der Mathematik ziehen kann, können hier nicht gezogen werden. Wenn man konkrete Forderungen für Veränderungen des Wissenschaftsbetriebes aufstellen will, müssen die konkreten Bedingungen seiner Praxis berücksichtigt werden. Eine Arbeit wie diese kann nur den Zweck haben, einen Beitrag zu der notwendigen Reflexion über unsere Wissenschaft zu leisten, ohne die keine Forderung nach Veränderung richtig begründet werden kann.

LITERATUR

(1) Atiyah, M.F. : The Role of Algebraic Topology in Mathematics. J.London Math.Soc.41 (1966),63-69.

(2) Atiyah, M.F. : Wandel und Fortschritt in der Mathematik. Bild der Wissenschaft 1969, 315-323. Deutsche Verlagsanstalt, Stuttgart.

(3) Benacerraf, P.: Philosophy of Mathematics,
    Putnam, H.   Selected Readings. Prentice Hall Englewood Cliffs, N.5 1964 N.Y.

(4) Bishop, E.A. : Schizophrenia in contemporary mathematics. Vervielfältigtes Manuskript. Distributed in conjunction with the Colloquium. Lectures given at the seventy-eighth summer meeting of the American Mathematical Society. AMS, 1973.

(5) Bourbaki, N. : Die Architektur der Mathematik in: Physik. Blätter, Jg.17, 1961, S.161-166 und S.212-218.

(6) Bourbaki, N. : Elemente der Mathematikgeschichte. Vandenhoeck & Ruprecht, Göttingen 1971. Arch.d.Math.u.Phys.1,44-63 und 213-237.

(7) Cantor, G. : Gesammelte Abhandlungen mathematischen und philosophischen Inhalts. Herausgegeben von E.Zermelo. Springer, Berlin 1932.

(8) Cohen, P.J. : Set Theory and the Continuum Hypothesis. Benjamin, N.Y. 1966.

(9) Cohen, P.J.
    Hersh, R.   : Non-Cantorian Set Theory, in:"Mathematics in the Modern World", Readings from Scientific American. Freeman and Co., San Francisco 1968.

(1o) Courant, R.
     Robbins, H. : Was ist Mathematik? Springer-Verlag, Berlin, Göttingen, Heidelberg 1962.

(11) Einstein, A. : Grundzüge der Relativitätstheorie. Friedr.Vieweg & Sohn, Braunschweig 1956.

(12) Gauß, C.F. : Vorrede zu: G.Eisenstein, Mathematische Abhandlungen Georg Olms Verlagsbuchhandlung,Hildesheim, Reprografischer Nachdruck der Ausgabe Berlin 1847.

(13) Havemann, R. : Dialektik ohne Dogma? Rowohlt Taschenbuch Verlag, Reinbek bei Hamburg 1964.

(14) Halmos, P.R. : 'Nicolas Bourbaki'. In: Mathematics in the Modern World. Readings from Scientific American, Freeman and Co., San Francisco 1968.

(15) Halmos, P.R. : Innovation in Mathematics. a.a.O.

(16) Hegel, G.W.F. : Wissenschaft der Logik. Band III-V der ersten deutschen Ausgabe der Werke Hegels.

(17) Hilbert, D. : Mathematische Probleme. Vortrag, gehalten auf dem internationalen Mathematiker-Kongreß zu Paris 1900.

(18) Labérenne, P. : Mathematik und Technik, in: Die Wissenschaft im Lichte des Marxismus. Rotdruck 1970.

(19) Lenin, W.I. : Philosophische Hefte. Dietz Verlag Berlin 1971.

(20) Moritz, R.E. : On Mathematics. A Collection of Witty, Profound, Amusing Passages about Mathematics and Mathematicians. Dover Publ. Inc.N.Y. 1958.

(21) MOS : AMS (MOS) Subject Classification Index. American Math.Soc.Providence, Rh.I. 1970.

(22) Otte, M.
Franke, B.
Booß, B.
: Gesetzmäßigkeit in der Entwicklung mathematischer Tätigkeit. Diskussionsbeitrag zum internationalen Hegel-Kongreß, Antwerpen 1972.

(23) Piaget,
Szeminska
: Die Entwicklung des Zahlbegriffs beim Kinde. 3.Aufl.Klett,Stuttgart 1972.

(24) Planungskommission Naturwissenschaften der Univ.Oldenburg:
Zur Berufspraxisanalyse des Mathematikers. 1972, Drucksache 473-72.

(25) Queneau, R. : Die Dialektik der Mathematik bei Engels, in: Mathematik von Morgen, Nymphenburger Verlagsbuchhandlung 1967.

(26) Queneau, R. : Bourbaki und die Mathematik von Morgen. A.a.O.

(27) Riemann, B. : Gesammelte mathematische Werke und wissenschaftlicher Nachlaß. Herausgegeben unter Mitwirkung von R.Dedekind und H.Weber, 2.Aufl. 1892.

(28) Rochhausen, R. Grau, G. : Lenin und die Naturwissenschaften II. VEB Deutscher Verlag der Wissenschaften, Berlin 1970.

(29) Schulz, G. Heitsch, W. : Philosophische Probleme der Mathematik, in: Naturforschung und Weltbild. VEB Deutscher Verlag der Wissenschaften Berlin 1967.

(30) Stegmüller, W. : Metaphysik, Skepsis, Wissenschaft. 2. Auflage, Springer Verlag, Berlin-Heidelberg - New York 1969.

(31) Struik, D.J. : Abriss der Geschichte der Mathematik. 3.Auflage. VEB Deutscher Verlag der Wissenschaften, Berlin 1965.

(32) Thom, R. : Modern Mathematics: An educational and philosophic error? American Scientist 59 (1971)

(33) Thom, R. : Stabilité structurelle et morphogénèse. Benjamin, Reading, Mass.1972.

(34) Weil,A. : The Future of Mathematics. The Amer. Math.Monthly 57 (1950). 295-306.

(35) Weyl, H. : Philosophie der Mathematik und Naturwissenschaft. 3.Auflage.Oldenbourg, München, Wien 1966.

(36) Weyl, H. : David Hilbert and His Mathematical Work, Bull. AMS 50 (1944), 612-654.

(37) Wissenschaftsrat: Überlegungen zu einem mathematischen Grundstudium. In: Empfehlungen zur Struktur und zum Ausbau des Bildungswesens im Hochschulbereich nach 1970, Band 2, Anlagen, Bundesdruckerei, Bonn 1970.

Kapitel III. Probleme der Anwendung von Mathematik

WERNER BÖGE

Am 28.12.1929 wurde er in Hamburg geboren und erlangte dort 1949 sein Abitur. Neben einer danach begonnenen und bis 1960 währenden Berufstätigkeit in einem Betrieb der chemischen Industrie, in dem er die Planung und statistische Auswertung von Laboratoriums- und Betriebsversuchsreihen durchführte, studierte er seit Ende 1950 in Hamburg Mathematik und erlangte dort 1958 das Diplom. 1961 und 1962 war er in der Industrieberatung tätig. Er promovierte mit einem Thema von Herrn Prof. Dr.L.Schmetterer über unendlich oft teilbare Wahrscheinlichkeitsverteilungen auf lokalkompakten Gruppen und legte 1963 in Hamburg die Doktorprüfung ab. Seit 1964 ist er verheiratet und nacheinander als Assistent, Dozent und Wissenschaftlicher Rat am Institut für Angewandte Mathematik in Heidelberg, mit Unterbrechungen von einem akademischen Jahr in USA und einem Semester in Frankfurt, tätig.

Die Arbeit, mit der er sich Anfang 1967 habilitierte, befaßt sich mit Dichten logischer Äquivalenzklassen im Prädikatenkalkül. Einen 1972 ergangenen Ruf auf einen Lehrstuhl an einer anderen Universität lehnte er ab.

Gedanken über die angewandte Mathematik

W. Böge

1. Einleitung

1.1 Vorbemerkung

In den letzten Jahren ergab es sich, daß ich intensiver über
die Angewandte Mathematik als Ganzes nachdachte, also nicht
nur über die in Vorlesungen üblicherweise getrennt gebotenen
Teile, sondern mehr über ihre Beziehungen zueinander, zur
Reinen Mathematik, zu anderen Wissenschaften und zur außer-
wissenschaftlichen Praxis. Vor allem habe ich versucht, den
in der Angewandten Mathematik wirksamen Prinzipien, auch wenn
sie zunächst nicht so unmittelbar ins Bewußtsein treten,
nachzugehen und sie aus diesen Zusammenhängen heraus verständlich zu machen. Diese Überlegungen sind in meine im
Sommersemester 1973 in Heidelberg begonnene Vorlesung
'Systematische Einführung in die Angewandte Mathematik' aufgenommen, die ich zur Zeit noch im einzelnen überarbeite. Die
mir am wichtigsten erscheinenden davon will ich im folgenden
zusammenstellen. Erst nachträglich habe ich bemerkt, daß meine
Überlegungen mit denen anderer Autoren eng zusammenhängen. So
hat mir meine Frau zu Weihnachten das Buch von C.F. von Weiz-
säcker 'Die Einheit der Natur' geschenkt, worin ich inzwischen gelesen und viele Berührungspunkte und Übereinstimmun-
gen festgestellt habe. C.F. v.Weizsäcker ist bekanntlich zuerst theoretischer Physiker gewesen, er hat sich von daher
zunächst vor allem für die Erkenntnis der Natur interessiert
und darüber philosophiert. Für mich ist außerdem - das ist
sicherlich noch der Einfluß meiner Tätigkeit in der Industrie,

vor, während und nach meinem Studium - die praktische Entscheidung, also das menschliche Handeln vor allem interessant. Es erscheint mir nicht so selbstverständlich, daß man von so verschiedenen Ausgangspunkten zu ähnlichen Fragen und Ansichten gelangt. Ich habe auch zur Zeit in Heidelberg einiges Interesse an den anzusprechenden Fragen bemerkt. Auch die damit befaßten Veranstaltungen von Professor W. Leinfellner, Gast der Wirtschaftswissenschaften im Sommersemester 1973 in Heidelberg, über 'Philosophische Grundlagen der Entscheidungstheorien' werden hier Anregungen hinterlassen haben und auf Interesse gestoßen sein.

1.2 Drei Krisen

Wenn man nun als Angewandter Mathematiker von den Problemen der Angewandten Mathematik selbst ausgeht - und ich muß die wichtigsten beiden Gebiete, in denen Mathematik angewandt wird, Physik und Ökonomie, aus der Sicht des Mathematikers mit berücksichtigen-, so gibt es drei größere Krisen in der Angewandten Mathematik. Diese sind schon alt, und vielleicht ist das Wort 'Krise' deshalb etwas ungewöhnlich, vielleicht klingt es auch etwas zu dramatisch für eine vielfach als recht weltfern angesehene Wissenschaft wie die Mathematik. Dennoch will ich es verwenden. Die drei Krisen will ich nennen:

1) die Krise der mathematischen Statistik,
2) die Krise der mathematischen Ökonomie,
3) die Krise der mathematischen Physik.

Ich will nur knapp andeuten, worum es sich handelt.

Zu 1: Es macht einen großen Unterschied, ob man Angewandte Mathematik im Hinblick auf Anwendungen in anderen Wissenschaften betreibt oder wesentlich auch im Hinblick auf außerwissenschaftliche Anwendungen. (Im ersteren Falle mag es sein, daß man sich dessen bewußt ist, daß die anderen Wissenschaften auch außerwissenschaftliche Anwendungen besitzen, aber dieses Bewußtsein noch keinen Einfluß auf die eigene Art hat, Mathematik zu treiben.) Diese beiden - meist durch unterschiedliche persönliche Erfahrungen hervorgerufenen - unterschiedlichen Blickrichtungen und damit meist gekoppelten, ebenso hervorgerufenen, tiefgreifend unterschiedlichen Auffassungen bilden meines Erachtens die vorwiegend unbewußte Ursache für die beiden sich seit langem gegenüberstehenden großen Richtungen in der Angewandten Mathematik, der der 'Nicht-Bayesianer' im ersten, der 'Bayesianer' im zweiten Fall. Ihr gelegentlich heftig gewesener Streit ist keineswegs akademisch, da beide Auffassungen bei der gleichen Anwendung im allgemeinen zu recht konträren Ergebnissen führen, vor allem in ihren Konsequenzen für die außerwissenschaftliche Praxis.

Es geht hierbei um die Frage, aber das scheint mir nur ein äußerliches Symptom zu sein, ob man in der mathematischen Statistik *subjektive* Wahrscheinlichkeiten verwenden dürfe, ob das überhaupt ein sinnvoller Begriff sei, also um die Grundlegung des *Wahrscheinlichkeitsbegriffs*. Das weitere Vordringen der Mathematik besonders in den *Humanwissenschaften* vor Klärung der Ursache des Unterschiedes beider Auffassungen bringt vermutlich mehr Schaden als Nutzen. Denn dort spielen - im Gegensatz etwa zur Physik, wo man Versuche in längeren Reihen wiederholen kann - Einmaligkeit und Einfühlung aus innerer Erfahrung oft eine große Rolle, und gerade in solchen Situationen tritt der Unterschied beider Auffassungen besonders stark zutage, nämlich überall, wo man ohne viel empirische Kenntnis praktische Entscheidungen fällen muß oder beeinflußt.

Zu 2: Man kann wohl sagen, daß durch die technologisch und organisatorisch bedingte Konzentration der Wirtschaft der meisten Länder, durch die damit bedingte Übertragung wirtschaftlicher Macht auf die Regierungen und durch deren internationale Zusammenarbeit die freie wirtschaftliche Konkurrenz allmählich abgebaut zu werden, als Regulativ für die wirtschaftliche und gesellschaftliche Entwicklung an Bedeutung zu verlieren und dafür andere demokratische Entscheidungsmechanismen an Bedeutung zu gewinnen scheinen.

Die mathematische Ökonomie hat bisher vorwiegend freie wirtschaftliche Konkurrenz ihren Vorstellungen zugrunde gelegt und ist dort, wo ihr die eigentlichen kausalen Zusammenhänge nicht zugänglich waren, bei ihren Prognosen von oberflächlicheren Zusammenhängen ausgegangen, mit entsprechendem Erfolg. Man denke etwa an die Ratlosigkeit gegenüber der Inflation. Prognosen von demokratischen und Regierungsentscheidungen, die man bei der Prognose wirtschaftlicher Entwicklungen eigentlich (wegen der Rückwirkung der Erwartungen) nicht mehr ausklammern kann, hat sie stets ausgeklammert. Darüber hinaus ist es fraglich, ob die bisherigen demokratischen Verfahren, die in kapitalistischen wie kommunistischen Staaten vorwiegend angewandt werden (Wahl von Vertretern in Gremien und Mehrheitsbeschluß), den an sie gestellten Anforderungen noch genügen. Ihre Ergebnisse sind oft so absurd und von unwesentlichen Zufälligkeiten abhängig, daß sie auch theoretisch kaum erfaßbar sind, und es wäre wichtiger, sich Gedanken darüber zu machen, welche anderen demokratischen Verfahren zweckmäßig sind und sich wohl in Zukunft durchsetzen werden, die dann auch bei wirtschaftlichen Prognosen besser berücksichtigt werden können.

Für alle diese Fragen, wie schon für die mathematische Ökonomie, ist die mathematische Spieltheorie - ihrer eigenen Konzeption nach jedenfalls - die theoretische Grundlage. Diese hat zwar (im Gegensatz zur bisherigen mathematischen Ökonomie) die menschliche Willensfreiheit explizit in ihr Modell aufgenommen, aber ihr Erfolg ist bis jetzt gering, was meines Erachtens auf ihre vereinfachenden, ideologisch bedingten Annahmen darüber zurückzuführen ist, wie diese Freiheit genutzt wird. In dieser Frage besteht ein enger Zusammenhang mit 1.

Zu 3: Der Klarheit, Geschlossenheit und Aneinanderfügbarkeit der Teile der klassischen theoretischen Physik, wozu ich auch noch die spezielle und allgemeine Relativitätstheorie rechne, ist seit der Entdeckung der Quantenphänomene und einer Vielzahl weiterer ebenfalls unverstandener Erscheinungen einer das Unverständnis verschleiernden Mystifizierung gewichen, die sich in (den verbreiteten Auffassungen) der sogenannten

Quantentheorie ihr theoretisches Gewand gegeben und die
Mathematik in die Rolle verwiesen hat, nur für Teilbereiche
Hilfsmittel zu liefern, und die deshalb meines Erachtens
nicht das letzte Wort sein wird. Ich bin in meiner Vorlesung
auf Details eingegangen, was hier zu weit führen würde. Ich
bin dabei auch anderer Meinung als C.F. v.Weizsäcker. Seine
Vermutung, daß die Gesetze der Physik letztlich genau die
(durch Kant in den Blickpunkt gerückten) Bedingungen für die
Möglichkeit von Erfahrung sein werden, teile ich, aber daß
man mit der Quantentheorie diesem Ziel schon nahe sei, bezweifle ich sehr. Die Quantentheorie mag deshalb diesem Ziel
nahe erscheinen, weil sie die Rolle des erkennenden Subjekts
in ihre Betrachtung wesentlich einbezogen hat. Dabei benutzt
sie den Begriff der 'Observablen', worunter ich (unter Weglassung von Unwesentlichem, im endlichen Fall) ebenso wie
C.F. v.Weizsäcker einfach grob gesagt eine empirisch entscheidbare (n-fache) Alternative verstehe. Dieser Begriff
scheint mir, auch um bei Punkt 1 und 2 weiterzukommen, wichtig
zu sein - zusammen mit dem Phänomen der Identifikation und den
gewohnten (von mir so genannten) Wenn-So-Abbildungen. Ich gehe
darauf im 3. Abschnitt genauer ein.

Ein unmittelbarer Zusammenhang mit dem Punkt 1 läge vor, wenn
richtig wäre, was gesagt wird, nämlich daß der Begriff der
Wahrscheinlichkeit ein zentraler Begriff der Quantentheorie
sei. Auch C.F. v.Weizsäcker sagt das, obwohl in der von ihm
zitierten Axiomatik (S.259 ff.) nur Aussagen von der Art vorkommen, daß gewisse Übergangswahrscheinlichkeiten gleich 1
seien, gleich 0 seien oder echt dazwischen liegen. Das sind
genau die Aussagen, die man auch mit Hilfe von 'Observablen'
und Wenn-So-Abbildungen formulieren kann und aus denen man
nach einem Satz von Gleason auch wieder alles herleiten kann,
was in der Quantentheorie generell über Wahrscheinlichkeiten
gesagt wird (nämlich, daß sie sich durch hermitesche Operatoren $\geq$ 0 mit Spur 1 darstellen lassen). Die gesamte Quantentheorie läßt sich mit Hilfe von 'Observablen' und Wenn-So-Abbildungen formulieren, also ohne Wahrscheinlichkeiten. Was
Wahrscheinlichkeiten *sind* und woher sie kommen, kann dazu offen
bleiben und bleibt es auch, wenn nicht unter Punkt 1 ein Fort-

schritt erzielt wird.

Abgesehen von dieser Bemerkung kann ich keinen Beitrag zur Behebung der Krise der mathematischen Physik im Augenblick leisten, also zur Beseitigung der genannten Mystifikation, die tatsächlich den wesentlichen Teil der Quantentheorie betrifft, nämlich den wahrscheinlichkeitsfreien. Ich will nur die darin vorkommenden mir wichtig erscheinenden Begriffe der Observablen und Wenn-So-Abbildungen zur Behandlung der Probleme 1 und 2 nutzen.

1.3 Die darwinistisch - kybernetische Betrachtungsweise

Alle drei Punkte 1, 2 und 3 stehen also in einem Zusammenhang, sind je kontrovers und für die weitere Entwicklung der Angewandten Mathematik nicht belanglos. Es geht in ihnen um die Schemen, mit denen das erkennende Subjekt die Natur erfaßt (zu denen eventuell auch subjektive Wahrscheinlichkeiten gehören). Daß es auch bei Punkt 2 um solche Schemen geht, soll noch klarer werden. Um diese kontroversen Fragen besser zu behandeln, als es in den mir bekannten Diskussionen bisher geschah, scheint es mir zweckmäßig, weiter zurückzugehen. Ebenso wie C.F. v.Weizsäcker und unabhängig von ihm bin ich - allein um die in Punkt 1 angesprochenen Probleme sinnvoll angreifen zu können - dazu gebracht worden (und auch andere Autoren tendieren in diese Richtung), das erkennende Subjekt wieder als Teil der Natur zu betrachten - im Sinne einer kybernetisch - darwinistischen Betrachtungsweise. Warum ich dazu geführt wurde, wird der Leser vielleicht am Schluß des Aufsatzes besser verstehen. Man kann sich den Zusammenhang durch folgenden Kreis veranschaulichen:

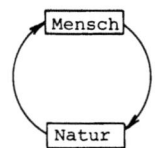

Der rechte Halbkreis bedeutet die Betrachtung der Natur
durch den Menschen (man kann auch seine Einflußnahme auf die
Natur hinzunehmen, aber das ist hier unwichtig), der linke
Halbkreis bedeutet die Herkunft des Menschen als Teil der
Natur im Sinne der kybernetisch - darwinistischen Betrach-
tungsweise. Ich lese bei C.F. v.Weizsäcker auf Seite 321
gerade: "Die nachfolgenden Überlegungen betrachten metho-
disch den Menschen als Lebewesen, das Lebewesen als ein
Regelsystem und dieses Regelsystem als entstanden durch
Mutation und Selektion. Sie treiben also eine biologische
Anthropologie, eine kybernetische Biologie und eine darwinistische Kybernetik." Erst unter Berücksichtigung dieser
Herkunft scheinen sich mir die Schemen, unter denen der
Mensch die Natur betrachtet, erklären zu lassen. Umgekehrt
gehört die kybernetisch - darwinistische Betrachtungsweise
zu diesen Schemen oder erklärt sich aus ihnen. Es gibt vermutlich keinen Punkt in diesem Kreis, der für sich selbst
verständlich wäre und von dem ausgehend man deshalb nur in
Pfeilrichtung das Weitere erklären müßte, sondern jeder bedarf der Erklärung durch das Vorangehende. Dieser Kreis
hat keinen Anfang. Man muß ihn sozusagen mehrmals durch-
laufen, um ihn zu verstehen. Kant hat sich mit dem rechten
Halbkreis befaßt, der linke scheint aber wesentlich dazu-
zugehören.

1.4 Überblick

Nachdem ich in dieser absichtlich gedrängten Einleitung, ausgehend von drei *speziellen* Problemen der Angewandten Mathematik,
die ich Krisen nannte, den Rahmen dieses Aufsatzes grob umrissen habe, werde ich im 2. Abschnitt die Aufgaben der Angewandten Mathematik *allgemeiner* diskutieren und über sie
Folgerungen aus der *darwinistischen* Betrachtungsweise ziehen.
Im 3. Abschnitt werde ich Folgerungen aus der kybernetischen
Betrachtungsweise ziehen, wobei wesentlich ist - das ist
auch bei C.F. v.Weizsäcker gemeint, aber vermutlich nirgends
ganz explizit gesagt - daß der Mensch als *endlicher* Automat

betrachtet wird, denn ohne die Endlichkeit wäre nicht verständlich, warum er bei seinem Bild von der Natur, das er sich in seiner Vorstellung macht, so sehr vereinfachen, so sehr abstrahieren muß. Im 4. Abschnitt werde ich auf die drei Krisen zurückkommen.

2. *Das opportunistische Prinzip*

2.1 Aufgaben der Angewandten Mathematik

Die Angewandte Mathematik liefert heute im wesentlichen technische Hilfsmittel für:

(1.) Begründete Prognosen (ohne Rückwirkung),
(2.) Begründete Empfehlungen (Prognosen mit Rückwirkung),
(3.) Teilprobleme, die (1.) und (2.) dienen.

Eigentlich müßte noch vorangestellt werden:

(0.) Analysen (Beschreibung und Modellbildung).

Denn einen Gegenstand, über den man eine Prognose aufstellen will, muß man zunächst gedanklich analysieren, insbesondere ein mathematisches Modell von ihm herstellen. Wenngleich die Angewandte Mathematik hierzu beispielhaft beigetragen hat, so hat sie doch die Frage, wie man grundsätzlich Modelle zu bilden hat, eigentlich nie[1] zu ihrem Gegenstand gemacht, obwohl das - wenngleich schwierig - durchaus wünschenswert wäre.

Zu (1.) gehören insbesondere alle naturwissenschaftlichen Anwendungen. Es tragen unter anderem Differentialgleichungen, Wahrscheinlichkeitsrechnung sowie ein Teil der mathematischen Statistik bei. Es handelt sich hier um Prognosen über alle Objekte, die durch die Prognose nicht wieder beeinflußt werden, sei es, weil sie - wie die außermenschliche Natur - die Prognose nicht verstehen, oder sei es, weil sie diese nicht erfahren. Bekanntgemachte Prognosen über wirtschaftliche oder politische Entwicklungen werden heute noch in Anlehnung an

---

[1] am meisten noch in der Statistik

die Naturwissenschaft meist so gemacht, als handelte es sich bei dem Prognostizierten um ein naturwissenschaftliches Objekt, ohne zu bedenken, daß die Prognose selbst eine Rückwirkung auf es haben wird, durch die die Prognose falsch werden kann. Dieser Fall scheint heute zwischen (1.) und (2.) noch nicht seinen richtigen Platz gefunden zu haben. Wie man ihn meines Erachtens verstehen und deshalb unter (2.) einordnen und richtig behandeln muß, will ich in den nächsten beiden Abschnitten ausführen.

Während es bei (1.) um die Frage geht: "Was wird geschehen?", geht es bei (2.) um die Frage: "Was ist deshalb zu tun?". Diese Frage kommt jedoch heute fast nur als Frage nach einem ökonomischen (finanziellen) Optimum vor, d.h. als Optimierungs- (Maximierungs- oder Minimierungs-) Aufgabe. Das liegt daran, daß heute auf der ganzen Welt die Angewandte Mathematik fast ausschließlich durch die Fragestellungen auf Macht- und Geldgewinn ausgerichteter Monopole - privater und staatlicher (in kommunistischen Ländern die Staaten selbst) - beeinflußt wird. Dabei werden die individuellen Bedürfnisse und Wünsche der Konsumenten, Patienten, Hungernden - kurz: der Masse der Erdbevölkerung - nicht primär berücksichtigt. Diese würden auf allgemeinere als Optimierungsprobleme führen. Beispielsweise auf die Frage nach spieltheoretischen Gleichgewichtspunkten, falls das ein sinnvoller Begriff wäre. Dieser wird heute schon auf ökonomische, politische und militärische Auseinandersetzungen großer Machtblöcke angewandt.

Mit Optimierungsaufgaben befaßt sich ein anderer Teil der mathematischen Statistik (statistische Entscheidungstheorie) sowie die lineare, konvexe, algebraische, dynamische, stochastische Optimierung (Programmierung).

2.2 Programm und Empfehlung als Prognose

Worum wird es bei (2.) - auch in Zukunft - allgemeiner gehen? Zunächst folgende Überlegung. Eine Empfehlung mit Begründung kann man auch in eine Prognose mit Begründung übersetzen, und

umgekehrt. Denn statt zu sagen: "Ich empfehle euch, dieses
und jenes zu tun, denn das entspricht euren Wünschen und
Zielen: ...", kann man auch sagen: "Ich vermute, ihr werdet
dieses und jenes tun, denn das entspricht euren Wünschen und
Zielen: ..." und umgekehrt. In beiden Fällen möge die gleiche
sorgfältige Begründung angeführt werden, in der das für
die Empfehlung, bzw. Prognose, relevante Material schlüssig
zusammengestellt ist. In beiden Fällen wird demjenigen, an
den das Gesagte gerichtet ist, die gleiche Denk- und Vorbe-
reitungsarbeit, die vielleicht erheblich ist, abgenommen oder
zumindest wesentlich erleichtert, indem er das Vorgetragene
nur noch einmal nachzuvollziehen braucht, was viel leichter
sein wird, als es selbst zu erarbeiten. Wenn es ihm einleuch-
tet und an seinen eigenen Wünschen orientiert ist, wird er
sich danach richten, gleichgültig, ob es als Empfehlung an
ihn oder als Prognose über ihn ausgesprochen ist. Dieser oder
jener mag zwar vielleicht empfindlich sein. Durch eine Prognose über sich fühlt er sich vielleicht zu einem naturwissenschaftlichen Objekt herabgewürdigt und richtet sich
erst recht nicht danach, während er einer Empfehlung zugänglich ist. Ein anderer mag vielleicht gerade empfindlich
gegen eine Empfehlung sein, sich bevormundet fühlen und sich
deshalb nicht danach richten, während er einer Prognose über
sich durchaus Gehör schenken würde. Aber von diesen Feinheiten müssen wir zunächst abstrahieren, um nicht ins Ufer-
lose zu geraten, und müssen deshalb eine Empfehlung (an eine
Person oder an eine Gruppe von Personen) mit einer Prognose
(über sie oder die Gruppe) identifizieren.

Wir können Empfehlungen und Prognosen nicht nur hinsichtlich
ihrer Wirkung identifizieren sondern auch hinsichtlich des
Prinzips, nach dem wir sie bilden, da dieses auf die Wirkung,
die wir erreichen, abzielt: Empfehlungen und Prognosen -
jeweils mit Begründung - versuchen wir so auszusprechen, daß
sie möglichst akzeptiert werden und nach ihnen gehandelt
wird, bzw., daß sie möglichst zutreffen werden. Das heißt,
daß das Ausgesprochene mit dem tatsächlichen zukünftigen Geschehen möglichst übereinstimmen wird. Würden wir Empfehlungen

und Prognosen nicht nach diesem Prinzip aussprechen, so wären sie nutzlos, niemand würde noch auf uns hören, und wir würden uns selbst schaden. Ich will es deshalb das 'opportunistische Prinzip' nennen. Denn es bedeutet, etwas überspitzt gesagt, daß wir jemandem das empfehlen, was er ohnehin tun wird, ihm sozusagen 'nach dem Munde reden'. (Aber das ist natürlich überspitzt, denn würden wir die Empfehlung nicht aussprechen, so würde er es vielleicht nicht sorgfältig bedenken und doch etwas anderes tun.) Dadurch, daß wir uns die wesentliche Identität von Empfehlungen und Prognosen ins Bewußtsein rücken, werden wir auch dazu geführt, Empfehlungen denselben strengen Maßstäben der Realität zu unterwerfen, wie wir es bei Prognosen gewohnt sind. Fallen Empfehlender und der, an den die Empfehlung gerichtet ist, zusammen, gibt man sich also die Empfehlung selbst, so kann man auch von einem Programm sprechen, das man sich macht. Ein Programm ist daher gleichzeitig eine Prognose über das, was man selbst tun wird.

Unter den heutigen gesellschaftlichen Verhältnissen mit einer starken Arbeitsteilung, wo Empfehlungen oft von Experten oder Expertenteams ausgearbeitet werden und eine deutliche Trennung von Empfehlenden und solchen, an die die Empfehlung gerichtet ist, oft vorhanden ist, erscheint die obige Argumentation zum opportunistischen Prinzip vielleicht relevant und einleuchtend. Aber auch im Falle, wo der Empfehlende mit dem zusammenfällt, an den die Empfehlung gerichtet ist, also zum Beispiel im Falle eines Robinson Crusoe, scheint mir das Prinzip noch angemessen. Denn es bedeutet, daß Robinson Crusoe für sich möglichst nur solche Programme aufstellen wird, die realistisch sind, d.h. die er auch ausführen wird. Andere aufzustellen, wäre nämlich nicht denkökonomisch, denn er müßte sie zu oft modifizieren und er würde sich selbst schaden. Und dieses kommt im Ergebnis - und im wesentlichen auch in der Argumentation - auf dasselbe hinaus, wie, wenn man sich in zwei Personen gespalten denkt, eine empfehlende und eine ausführende. (Auch eine politische Partei zum Beispiel stellt ein Programm - eine Empfehlung für sich selbst - auf. Es bedeutet zugleich eine Prognose über das, was sie tun wird. Ist das Programm unrealistisch, so daß sie es nicht

einhalten wird oder kann, so wird sie sich und ihre Wähler
enttäuschen, unglaubwürdig werden und sich selbst schaden.
Auch sie wird deshalb ihr Programm im Sinne einer möglichst
zutreffenden Prognose aufstellen.)

Ohne diese letzte Überlegung wäre es vielleicht zweifelhaft,
ob dem opportunistischen Prinzip die Allgemeinheit zukäme,
die es haben sollte, um darauf das Weitere aufzubauen, wie
es im folgenden geschehen soll.

2.3 Das opportunistische Fixpunktproblem

Wie schon an einigen Stellen angedeutet, wird das tatsächlich eintreffende Geschehen p' durch die vorher ausgesprochene Empfehlung oder Prognose p mit Begründung b beeinflußt.
Es ist dabei nur an Prognosen gedacht, die demjenigen, dessen
Verhalten prognostiziert wird, bekannt werden. Diese Rückwirkung auf den Betroffenen muß bei der Aufstellung der
Empfehlung oder Prognose selbst schon mit berücksichtigt
werden, weil sonst nicht erreichbar ist, daß die Empfehlung
oder Prognose mit dem danach eintretenden Geschehen übereinstimmt. p' hängt also vermöge einer Funktion - ich nenne sie
g, gleichgültig ob sie bekannt ist oder nicht - von p und b
ab:

$$p' = g(p,b)$$

Man sucht also solch eine Empfehlung oder Prognose mit Begründung (p,b), für die möglichst genau

$$(*) \quad g(p.b) \approx p$$

wird, am besten mit = statt $\approx$. Also eine Art Fixpunkt. Genaugenommen ist es ein Fixpunkt der Abbildung $(p,b) \longrightarrow (g(p,b),b)$
Das Problem, die Fixpunkte dieser Abbildung zu finden, nenne
ich das 'opportunistische Fixpunktproblem'. Das Prinzip,
einen solchen dann auch als Empfehlung oder Prognose mit Begründung zu wählen, ist dann das 'opportunistische Prinzip'.
Ich werde auf dieses Fixpunktproblem an anderen Stellen zurückkommen. Daß ich nun in 2.1 unter (2.) auch Prognosen mit
Rückwirkung subsumiert habe, ist nicht willkürlich, sondern
hat seinen Grund darin, daß diese nach dem Gesagten mit

Empfehlungen wesentlich identisch sind. Natürlich sind Prognosen ohne Rückwirkung (1.) ein Spezial- oder Grenzfall der Prognosen mit Rückwirkung. Ich habe ihn aber trotzdem getrennt aufgeführt, weil hierunter das wichtige Gebiet aller naturwissenschaftlichen Anwendungen fällt.

Der Rest dieses Abschnitts, der vom Leser überschlagen werden kann, weil er später nicht mehr benötigt wird, dient dazu, die Diskussion um das opportunistische Fixpunktproblem noch etwas abzurunden.

Mutig ist, wer es riskiert, aus diesem Zirkel des Opportunismus auszubrechen und seine eigenen Zielvorstellungen durchzusetzen. Er nimmt das Risiko auf sich, deshalb verachtet zu werden und unterzugehen[+]. Vielfach ist zwar der Eindruck entstanden, die mutigen Einzelnen hätten die Geschichte im wesentlichen bestimmt. Aber ich glaube, das ist eine Täuschung. Sie beruht nur darauf, daß diese Einzelnen das Augenmerk auf sich gezogen haben. Der Gang der Geschichte wird im wesentlichen durch den Opportunismus bestimmt. Deshalb will ich auch das opportunistische Prinzip im folgenden zugrunde legen. Denn ich will die Realität beschreiben, jedenfalls zunächst in groben Zügen, in erster Näherung, im Sinne einer Prognose, und nicht irgendwelche abweichenden Zielvorstellungen entwickeln. Wegen der von mir behaupteten Äquivalenz von Prognose und Empfehlung bedeutet das auch, daß ich die Anwendung des opportunistischen Prinzips empfehle. Das heißt, ich empfehle etwas, von dem ich mit gutem Grunde glaube, daß es im wesentlichen ohnehin eintritt (ich rücke es nur noch deutlicher ins Bewußtsein). Und das bedeutet wiederum, daß auch ich hiermit das opportunistische Prinzip persönlich anwende. Ich habe in (*) absichtlich ≈ statt = geschrieben. Will man nämlich die Realität genauer beschreiben, sozusagen in zweiter Näherung, so muß man berücksichtigen, daß man den Fixpunkt im allgemeinen nicht genau erreicht. Und zwar aus zwei Gründen. Der erste (oft sehr wesentliche) ist, daß man die übrigen Einflüsse auf das Geschehen - d.h. die Abbildung g - nicht genau kennt. Der zweite ist, daß jeder doch ein wenig

mutig ist - der eine mehr, der andere weniger -, um seine
eigenen Zielvorstellungen ins Spiel zu bringen. Das heißt,
er riskiert Empfehlungen (Prognosen), die ein wenig zu
seinen eigenen Zielvorstellungen hin tendieren, obwohl er
damit rechnet, daß derjenige, dem er diese Empfehlungen gibt,
sie nicht ganz akzeptiert, bzw. daß seine Prognosen nicht
ganz eintreten werden und er dadurch ein wenig Mißachtung und
Nachteil erntet. Das heißt, er weicht absichtlich von dem
Fixpunkt ein wenig in der Richtung seiner eigenen Zielvorstellungen ab, oder genauer gesagt, so, daß diese, wenn
möglich, im Endeffekt ein wenig mehr verwirklicht werden.
Wenn wir die erst im Abschnitt 4. eingeführten reellen Nutzen-
funktionen zur Beschreibung dieses Sachverhalts hier schon
verwenden, so sei

$$N(p',p,b)$$

der subjektive Nutzen für den Prognostizierenden, wenn p'
eintritt, nachdem er p mit der Begründung b prognostiziert
(empfohlen) hat. Bei festem p' wird dieser in Abhängigkeit
von p genau dann maximal, wenn $p=p'$ ist. Auf der Menge mit
$p=p'$ wird er wachsen, wenn das eintretende Geschehen p' sich
seinen eigenen Wünschen und Zielvorstellungen nähert. Für
$p \neq p'$ wird er oft auch noch von der Begründung b abhängen.
Denn die Art, in der p' von p abweicht, kann unter Umständen
zeigen, daß die für die Prognose p gewählte Begründung b in
einer sehr prinzipiellen Weise falsch ist, so daß dadurch
die Glaubwürdigkeit des Prognostizierenden stark leidet und
ihm ein großer Schaden entsteht, also N sehr klein wird,
während, hätte er eine andere Begründung für die gleiche
Prognose p gewählt, seine Glaubwürdigkeit kaum zu leiden
braucht. Der Prognostizierende wird nun jene Prognose p und
Begründung b geben, bei der $N(g(p,b),p,b)$ maximal wird.

Ich will nun ein einfaches Beispiel bringen, bei dem allerdings die Abhängigkeit von b vernachlässigt werden kann. Ein
Meinungsforschungsinstitut, das aufgrund seiner Untersuchungen auch Prognosen macht, gibt eine Wahlprognose. Es möge nur
zwei große Parteien geben, A und B. Eine Prognose bestehe in
der Angabe, ein wie großer Anteil p der Wähler die Partei A

wählen wird (so daß der Anteil 1-p B wählen wird). Das Institut sei an einer Stärkung der Partei A interessiert, sei es, daß es mit A durch Aufträge, finanzielle Abhängigkeit, persönlich oder durch Überzeugung liiert ist. Der Nutzen sei zum Beispiel

$$N(p',p) = -(p'-p)^2 + 0,36 \ p'$$

Bei $p=p'$ wächst er also mit p', d.h. mit dem Anteil der Wähler, die nachher tatsächlich die Partei A wählen, und fällt, je stärker die Prognose p von p' abweicht. Das Institut weiß nun, daß etwa ein Anteil von 0,2 der Wähler sich nicht so sehr für eine der Parteien entscheidet, sondern mehr darauf Wert legt, daß zwischen den Parteien ein gewisses Gleichgewicht herrscht. Einige von ihnen wünschen jedoch dabei der Partei A ein kleines Übergewicht, die anderen der Partei B. Jeder von ihnen gönnt A einen ganz bestimmten Anteil q. (Bei einigen dieser Wähler ist also $q>0,5$, bei anderen $q<0,5$.) Ein solcher Wähler wird nun, wenn das Institut eine Prognose $p > q$ bekannt gibt, seine Stimme dazu einsetzen, den Anteil von A in seinem Sinne zu beeinflussen, also B wählen. Wird die Prognose $p < q$ ausfallen, so wird er aus dem gleichen Grund A wählen. Seine Wahlentscheidung hängt also von der bekanntgegebenen Prognose p echt ab. Für alle diese Wähler möge nun $0,3 \leq q \leq 0,7$ gelten und bei gegebenem p ($0,3 \leq p \leq 0,7$) möge der Anteil dieser Wähler mit $q > p$ gleich

$$0,2 \cdot \frac{0,7 - p}{0,7 - 0,3}$$

sein. Genau diese von ihnen werden A und die übrigen

$$0,2 \cdot \frac{p - 0,3}{0,7 - 0,3}$$

von ihnen werden B wählen. Der restliche Anteil von 0,8 der Wähler stellt keine Gleichgewichtserwägungen an. Bei ihnen hängt die Wahlentscheidung daher nicht von der bekanntgegebenen Prognose p ab. Von ihnen wählen 0,43 A und 0,37 B. Demnach ist, nachdem die Prognose p bekanntgegeben wurde,

$$p' = g(p) = \begin{cases} 0,63 & \text{(für } p \leq 0,3) \\ 0,43 + 0,2 \cdot \frac{0,7-p}{0,7-0,3} = 0,78-0,5p & \text{(für } 0,3 \leq p \leq 0,7) \\ 0,43 & \text{(für } p \geq 0,7) \end{cases}$$

der tatsächliche Anteil der Wähler, die A wählen. Der (einzige)
Fixpunkt errechnet sich dann zu $p' = p = 0,52$. Diesen wird das
Institut jedoch nur ungefähr wählen. Es wird genauer jene
Prognose p bekanntgeben, bei der

$$N(g(p),p) = \begin{cases} -(0,63-p)^2 + 0,36 \cdot 0,63 & \text{(für } p \leq 0,3) \\ -(0,78-0,5p-p)^2 + 0,36 \cdot (0,78-0,5p) & \text{(für } 0,3 \leq p < 0,7) \\ -(0,43-p)^2 + 0,36 \cdot 0,43 & \text{(für } p \geq 0,7) \end{cases}$$

maximal wird. Da $N(g(p),p)$ bei $p \leq 0,3$ für fallende p und
bei $p \geq 0,7$ für steigende p echt fällt, kann das Maximum nur
im Bereich $0,3 \leq p \leq 0,7$ liegen.

Da der mittlere Ausdruck konkav ist und seine Ableitung an
genau einer Stelle in diesem Bereich verschwindet, liegt das
Maximum genau dort, nämlich bei

$$0 = + 2 \cdot 1,5 \cdot (0,78-1,5p) - 0,18 \qquad \text{also } p = 0,48$$

Diese Prognose wird bekanntgegeben, was dann $p' = 0.54$ zur
Folge hat.

Im folgenden werde ich jedoch von solchen Feinheiten keinen
Gebrauch machen, sondern nur das opportunistische Prinzip,
d.h. die grobe Fassung (*) benutzen, sogar ohne eine genaue
Kenntnis der Abbildung g jeweils zu benötigen.

Das Institut in diesem Beispiel muß nicht unbedingt in dieser
hier vorgeführten bewußten Weise - d.h. durch Aufstellung
einer eigenen Nutzenfunktion und deren Maximierung - sondern
kann auch auf weniger rationalem und dennoch seinen Interessen
entsprechendem Wege zu dieser Prognose gelangen. Die üblicherweise angewandten statistischen Methoden lassen genügend Frei-
heiten und eine 'objektive Wahrheit', an der sich die Prognose
zu orientieren hätte, gibt es offenbar nicht.

Ein anderes Beispiel: Es wird gesagt, Karl Marx habe damals
für die europäischen Industrieländer baldige Krisen vorausgesagt, die sich aus der Kapitalakkumulation ergeben und zu
Revolutionen der Arbeitnehmer führen würden, und habe damit
eine falsche Prognose gegeben. Daß sie falsch wurde, kann man

mit der Rückwirkung erklären, die diese Prognose hatte
(- auch wenn sie nicht allgemein bekannt geworden sein
sollte, so kann man doch annehmen, daß viele Unternehmer,
Parlamentarier und Regierende ähnlich gedacht haben -):
unter anderem staatliche Sozialmaßnahmen, die diese Auswirkungen mit verhindert haben. Marx hat damit durch seine
eigene Prognose zur Abwendung der Revolution beigetragen
und dazu, daß daher seine eigene Prognose falsch wurde und
er dadurch in Mißkredit geraten ist - ob aus Mut oder falscher Einschätzung der Verhältnisse oder wegen einer prinzipiellen Nichtprognostizierbarkeit der Ereignisse[1] sei dahingestellt. Das besagt jedoch nicht, daß die von ihm gegebene Begründung und die dahinterstehende Analyse in wesentlichen Punkten falsch und damit heute uninteressant geworden
sei.

2.4 Das opportunistische Prinzip in der Statistik und der Spieltheorie

Es ist vielleicht an dieser Stelle interessant zu sehen, wie
sich meines Erachtens das opportunistische Prinzip in der
Statistik und in der Spieltheorie auswirken würde. Ich zitiere
dazu einen Teil aus einem Brief, in dem ich im Juni 1972
einem Kollegen, Herrn Ziezold, meine Ansichten über die Spieltheorie geschrieben habe. Heute würde ich verschiedene Dinge
darin etwas anders sehen und ausdrücken, ich komme darauf
anschließend zurück, aber der Leser wird den Zusammenhang mit
den vorangehenden Abschnitten erkennen:

"Wenn Sie jedoch ein mathematisches Seminar machen wollen,
wo man auch mathematisch anspruchsvollere Dinge treiben sollte,
kommen Sie in Schwierigkeiten: Am einfachsten wäre es, die
übliche mathematische Literatur über Spieltheorie zu verwenden.
Sie ist aber über die Ideen von v.Neumann kaum hinausgekommen
und zeichnet sich durch eine Grundeinstellung aus, die mir
nicht behagt und die nach meiner Meinung einen für den Gegenstand zu engen außermathematischen Horizont verrät. Bei der

---

[1] wie von U. Krause in einem Artikel erläutert

Grundeinstellung geht es darum, ob man als Intellektueller helfen oder herrschen will. Wenn man helfen will, so kann man es meines Erachtens nicht dadurch, daß man jenen, denen man helfen will, etwas Fremdes aufoktroyiert, sondern nur dadurch, daß man sie in dem, was sie von sich aus tun würden, unterstützt. Das bedeutet, daß man sie vorerst studiert und - als angewandter Mathematiker - ein Modell von ihrem Verhalten macht. Das tut L.J. Savage in seinem Buch 'The Foundations of Statistics', welches nach meiner Meinung für die Statistik und die Spieltheorie in gleicher Weise grundlegend ist. Die Annahmen, die er dort macht, scheinen so plausibel und zwingend, daß es bisher, soweit mir bekannt, niemand unternommen hat, sie durch wesentlich andere - nicht äquivalente - zu ersetzen. (Die diesbezüglichen empirischen Untersuchungen reichen auch noch nicht aus.) Aus ihnen folgert er - das ist ein mühsam zu beweisender Satz - daß jede Person eine subjektive Wahrscheinlichkeitsverteilung besitzt und eine subjektive reelle Nutzenbewertung und stets so handelt, daß der bezüglich dieser Verteilung gemittelte Nutzen maximal wird (Bayes-Prinzip). (Anmerkung für marxistische Kritiker: Dieses Resultat wendet Savage auf den Statistiker an oder auf den, *für* den Statistik angewandt wird, nicht jedoch auf den, *auf* den - etwa in Soziologie und Psychologie - Statistik angewandt wird.) Leider sind nun bei den meisten Anwendungen, mit denen sich die Statistik und die Spieltheorie befassen, weder die subjektive Nutzenbewertung noch die subjektive Wahrscheinlichkeitsverteilung leicht zugänglich, so daß die Anwendungen sehr erschwert würden.

Die herrschende Auffassung in der Statistik und in der Spieltheorie ignoriert nun aber die genannten Ergebnisse von Savage und verwendet anstelle der subjektiven Daten nur objektiv zugängliche: Anstelle des subjektiven Nutzens den Geldgewinn; subjektive Wahrscheinlichkeiten werden vermieden, indem das Bayes-Prinzip, soweit erforderlich, durch das Minimaxprinzip ersetzt wird (bzw. - in der Spieltheorie - auch durch die Frage nach Gleichgewichtspunkten). So oktroyiert der Angewandte Mathematiker jenen, denen zu helfen er vorgibt, um sie lediglich zu beherrschen, fremde Prinzipien auf, die seinem Kalkül leicht zugänglich sind. Das ist allerdings den meisten Angewandten Mathematikern, die nur in der Tradition ihrer Wissenschaft mitschwimmen, nicht bewußt.... Eine solche Wissenschaft muß scheitern, sobald sie nicht nur zu Empfehlungen verwendet wird, sondern auch zu einem verstehenden Beschreiben dessen, was empirisch vorgeht, etwa für die Soziologie. Eine solche Wissenschaft kann deshalb letztlich auch nicht im wohlverstandenen Interesse der Angewandten Mathematiker liegen.

Für jene Statistik, die auf dem Bayes-Prinzip aufbaut, gibt es trotz der genannten Schwierigkeit einige brauchbare Ansätze. Eine Bayes'sche Spieltheorie ist mir jedoch in der Literatur nicht begegnet. Es gibt zwar Untersuchungen spezieller Situationen, in denen ad hoc eingeführte subjektive Wahrscheinlichkeiten vorkommen. Beispiele finden sich auch in dem erwähnten Buch von M.Shubik. Aber eine generelle konsequente Anwendung der Ergebnisse von Savage auf die Spieltheorie war mir bisher nicht begegnet, auch bei Savage nicht. Deshalb habe ich sie selbst ausgearbeitet und in einer Vorlesung vorgetragen. Sie ergab sich ..."

Inzwischen weiß ich, was ich damals nicht wußte, daß J.C. Harsanyi bereits vorher eine Bayes'sche Spieltheorie entwickelt hatte und daß sich unsere begrifflichen Schemen ineinander übersetzen lassen.

Heute würde ich diejenigen, welche eine nicht-Bayes'sche Spieltheorie und eine nicht-Bayes'sche Statistik treiben, einfach als 'mutig' (im Sinne des vorangegangenen Abschnittes) bezeichnen. Weiterhin stehe ich heute der Axiomatik von L.J.Savage kritischer gegenüber als damals, weil ich jetzt weiß, daß ihre Ergebnisse nicht recht mit der Annahme vereinbar sind, daß der Mensch ein *endlicher* Automat sei. Wenn man diese Axiomatik überwinden will, so wird man sie meines Erachtens dennoch als Grenzfall und Ausgangsbasis einer anzustrebenden Verfeinerung betrachten müssen, ebenso wie die klassische Mechanik Grenzfall und Ausgangsbasis der relativistischen Mechanik ist. Für jeden, der das opportunistische Prinzip versteht, wird - so glaube ich - die Savage'sche und damit die Bayes'sche Auffassung eine Durchgangsstation sein.

3. *Das Einfachheitsprinzip*

3.1 *Das Konkausalitätsprinzip*

Gerade in der Mathematik sind wir uns des Einfachheitsprinzips, d.h. des Prinzips, Zusammenhänge so einfach wie möglich darzustellen, sehr bewußt. Wir versuchen zum Beispiel, Beweise so kurz und einfach wie möglich zu führen. Man kann wohl sagen, daß der größte Teil der Arbeit der Mathematiker darauf verwandt wird, das zu erreichen. Das Einfachheitsprinzip wird auch als ein ästhetisches Prinzip empfunden. Wenngleich es schwierig ist, genau zu präzisieren, was nun eigentlich 'einfach' heißt - ich will es auch gar nicht versuchen -, so scheint es mir doch sinnvoll, davon zu sprechen. Das Einfachheitsprinzip ist auch bei der Naturbeobachtung wirksam: Bei dem Bild, das wir uns in unserer Vorstellung von der Natur machen, vereinfachen und abstrahieren wir wesentlich. Es ist auch gar nicht anders denkbar, wenn wir uns den Menschen als *endlichen* Automaten vorstellen. Da er selbst Teil der Natur ist, kann das Bild, das in ihm von Natur entsteht, dann nur eine Vergröberung sein. So entsteht Vereinfachung von selbst; aber auch streben wir sie zum Teil bewußt an - zum Beispiel in der Mathematik - und zwar allein schon aus denkökonomischen Gründen; wir sind darauf angewiesen, weil wir sonst unsere Erfahrung, und sei es nur die in Gedanken erzeugte, nicht weiter bewältigen und nutzen könnten, um uns zu erhalten. Oder anders gesagt: Denkende Wesen, die in ihrem Denken nicht bewußt vereinfachen, wären schon untergegangen. Dazu gehört - und zwar schon meist unbewußt - das Vergessen und das verbreitete Phänomen der Ideologien, womit ich das Phänomen meine, daß die Wahrheit, so wie sie als Wahrheit von

den Einzelnen in einer Gesellschaft angesehen wird, mit der
gesellschaftlichen Lage dieser Einzelnen korreliert ist, und
zwar nicht nur wegen der dadurch bedingten unterschiedlichen
Erfahrung, sondern wegen der dadurch bedingten unterschiedlichen Interessen. Zur Vereinfachung bei der Naturbeobachtung gehört auch die Abstraktion und die damit zusammenhängende Identifikation gleichartiger Situationen zu verschiedener Zeit und an verschiedenem Ort - und allgemeiner
das Invarianzprinzip, das ich nachher an einem Beispiel erläutere. Ebenso gehört dazu das Konkausalitätsprinzip. Es
bezieht sich auf Observable und Wenn-So-Abbildungen. Ich
will es zuerst an folgendem Beispiel erklären. Zwei Personen
a, b sehen ein Haus, und wir wollen einmal annehmen, daß es
nur rot oder weiß sein könnte. Jede sagt, welche Farbe sie
sieht. Für einen Außenstehenden gibt es zwei Observable, die
eine heiße A und ist die (2-fache) Alternative, die aus den
beiden Möglichkeiten besteht:

$$A \begin{cases} a \text{ sieht Weiß} \\ a \text{ sieht Rot} \end{cases}$$

(Genauer: A sei die Menge aus diesen beiden.)
Ebenso gibt es eine Observable

$$B \begin{cases} b \text{ sieht Weiß} \\ b \text{ sieht Rot} \end{cases}$$

und eine Wenn-So-Abbildung von A nach B:

(1) a sieht Weiß $\longrightarrow$ b sieht Weiß
     a sieht Rot $\longrightarrow$ b sieht Rot

Ich nenne eine Wenn-So-Abbildung auch gelegentlich eine Kausalabbildung, obwohl man in diesem Beispiel die Tatsache, daß
der eine Weiß sieht, nicht als eigentliche Ursache dafür ansehen wird, daß auch der andere Weiß sieht. Die Ursache ist
vielmehr, daß das Haus tatsächlich weiß *ist*. Und zwar ist das
die *gemeinsame* Ursache dafür, daß beide es weiß sehen. So
stellen wir es uns jedenfalls vor. Unter 'Konkausalitätsprinzip' verstehe ich unsere Tendenz, für verschiedene Erscheinungen nach *einer gemeinsamen Ursache* zu suchen. Sind a und

b die beiden Personen, so liegen folgende Kausalabbildungen vor:

(2) das Haus ist weiß
das Haus ist rot

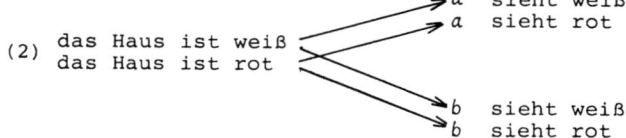

Die linke Seite ist - insbesondere für einen dritten Beobachter - die *eigentliche* und *gemeinsame* Ursache der rechten. Bezeichnen wir diese drei Mengen mit A, B und C, so haben wir mit (1) und (2) und ihren Umkehrungen lauter bijektive Wenn-So-Abbildungen:

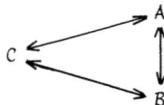

Hiernach könnte zunächst jede der drei Mengen (bzw.: ihre Elemente) Ursache für die andere sein. Daß wir gerade C als eigentliche Ursache ansehen, hat mehrere Gründe. Ein wichtiger ist, daß wenn man A als Ursache ansehen würde, man mit gleicher Berechtigung auch B als Ursache ansehen könnte, und umgekehrt, denn beide gehen ihrer Bedeutung nach leicht auseinander hervor, einfach durch Vertauschung der Personen a und b. Deshalb kommen A und B beide nicht in Frage. Denn identifizieren lassen sie sich auch nicht, weil a und b wirklich verschieden sind. Hinter dieser Meinung, daß die Ursache durch diese Vertauschung nicht berührt werden sollte, steckt das Invarianzprinzip.

Ich will jetzt ein Beispiel einer *gemeinsamen* Ursache bringen, bei dem die Kausalabbildungen *nicht* bijektiv sind. Zwei Beobachter a, b sehen einen Stuhl aus zwei zueinander senkrechten Richtungen in vier Stellungen des Stuhles, die durch 90^0-Drehungen auseinander hervorgehen

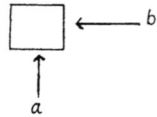

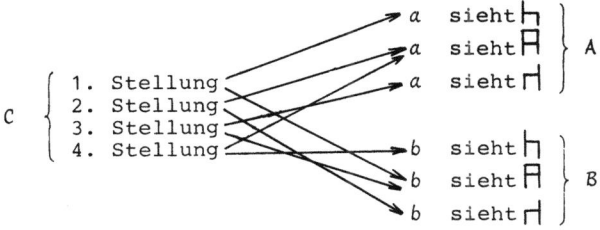

In diesem Falle hat man nur Kausalabbildungen

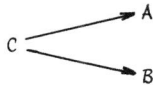

die sich *nicht* durch Abbildungen zwischen A und B ergänzen lassen. In diesem Beispiel spielt die gemeinsame Ursache C deshalb eine viel entscheidendere Rolle als im vorigen Beispiel, um den Zusammenhang der in A und B erwähnten Erscheinungen *einfach* zu beschreiben. Jetzt ist C überhaupt das einzige Verbindungsglied. Das Konkausalitätsprinzip ist ein *Spezialfall* des Einfachheitsprinzips insofern, als es dazu führt, mehrere und im günstigsten Fall viele Erscheinungen und ihren Zusammenhang möglichst *einfach* zu beschreiben. (Das setzt voraus, daß auch die zugehörigen Kausalabbildungen einfach angebbar sind.) Ich glaube nun auch umgekehrt, daß nicht nur die eigentliche gemeinsame Ursache vieler Erscheinungen letztere gemeinsam einfach zu beschreiben gestattet, sondern daß wir auch jede gemeinsame Quelle vieler Wenn-So-Abbildungen, die zu Erscheinungen führen, an deren gemeinsamer Beschreibung wir interessiert sind, als eigentliche Ursache jeder dieser Erscheinungen empfinden. Nicht immer, aber im allgemeinen. Der Grund, weshalb wir eine solche Quelle als eigentliche Ursache der Erscheinungen ansehen, ist vermutlich, daß wir die Erscheinungen von dort her begreifen können, und das heißt vermutlich nicht mehr, als sie von dort her einfach beschreiben zu können. Was einfach heißt, hängt allerdings von der übrigen Weltanschauung ab, die man hat, von den Denkgewohnheiten und -schemen, und ist deshalb in den vielen Jahrhunderten und Jahrtausenden menschlicher Geschichte etwas Verschiedenes gewesen. Einfach

ist, was sich in die übrigen Denkgewohnheiten einfügt. Was
'eigentliche Ursache' und Kausalität im eigentlichen Sinne
bedeutet, läßt sich demnach erst anknüpfend an das Konkausalitätsprinzip erklären und verstehen. Früher hat zum Beispiel bei der Naturbetrachtung die 'causa finalis' eine viel
größere Rolle gespielt, also die teleologische Betrachtungsweise. Heute ist unsere Naturwissenschaft ganz auf die 'causa
efficiens' ausgerichtet, und zwar in der Zeit: die Ursache
liegt zeitlich vorher, die Folge zeitlich später. Auf solche
Kausalbeziehungen kann ich mich allerdings nicht beschränken.
Wollte man das, so könnte man viele wichtige Fragen nicht
stellen, z.B. nach der Ursache dafür, daß die Zeit eindimensional ist.

Das Konkausalitätsprinzip spielt nicht nur die erwähnte verborgene Rolle, sondern es tritt in einigen wissenschaftlichen
Methoden, Auffassungen und Argumentationen sehr direkt zu
Tage. Bei letzterem denke ich z.B. an K. Steinbuch (1965,
Automat und Mensch, S.12) wo er über die Beziehung Körper-
Seele (äußere und innere Erfahrung) spricht und C.F. v.Weizsäcker (1956, S.84) zitiert: "In der Natur ist nicht zweierlei, sondern wir sehen *dasselbe* auf zweierlei Weise."

3.2 Amalgamierung von Weltanschauungen

Vielfach ist es sinnvoll, bei Observablen, die im gleichen
Zusammenhang auftreten, von einer *Kategorie* von Observablen
und Kausalabbildungen zu sprechen. Die einzelnen Observablen
werden selbst Abstrakta sein und je vielen realen Situationen
entsprechen, die in diesem Zusammenhang identifiziert wurden.
Deshalb ist es auch meist möglich, wiederholt empirisch zu
prüfen, ob zwischen zwei Observablen eine Kausalabbildung
besteht und welche.

Im Folgenden werde ich unter einer 'Kategorie von Observablen
und Kausalabbildungen' immer eine Kategorie verstehen, deren
Objekte nicht-leere Mengen sind, wobei zu je zwei Objekten
S, S' höchstens ein Morphismus von S nach S' zur Kategorie

gehört und dieser dann eine *surjektive* Abbildung von S nach S' ist. Es gibt hier gewisse natürliche Erweiterungsprozesse, z.B. Hinzufügen von surjektiven Limiten aus je endlich vielen Objekten oder aus einer filtrierenden Familie von Objekten oder Hinzufügen von Quotientenmorphismen. Jedoch nur auf folgende beiden Erweiterungen werde ich Bezug nehmen. Ich sage, die Kategorie enthalte alle Vergröberungen, wenn zu jedem Objekt S und jeder Zerlegung von S in nicht-leere, disjunkte Mengen S_i ein Objekt S' und ein Morphismus $\phi: S \longrightarrow S'$ existiert, bei dem jede der Zerlegungsmengen das Urbild eines Punktes in S' ist. Man kann diese Eigenschaft immer dadurch erreichen, daß man alle Zerlegungen von Objekten als neue Objekte der Kategorie samt allen natürlichen Abbildungen hinzufügt. Ich nenne 'eine Kategorie' von Observablen und Kausalabbildungen lernabgeschlossen, wenn sie erstens zu jedem Objekt S, Element $s \in S$ und nach S führenden Morphismus ϕ auch $\phi^{-1}\{s\}$ als Objekt enthält und zweitens mit $\phi^{-1}\{s\} \subset S'$, $\psi^{-1}\{s\} \subset S''$, $\chi: S' \longrightarrow S''$, wo ϕ, ψ, χ Morphismen sind, auch die Restriktion von χ als Morphismus von $\phi^{-1}\{s\}$ nach $\psi^{-1}\{s\}$ enthält. Die Idee ist, daß nach 'Beobachtung' von $s \in S$ die Kategorie durch die aus den Urbildern von s bestehende Kategorie der 'dann $^{++)}$ noch beobachtbaren' Observablen ersetzt wird. Man kann eine gegebene in eine lernabgeschlossene 'innerlich isomorph' einbetten, indem man zunächst alle Objekte disjunkt macht und dann die Urbilder und Restriktionen von Morphismen hinzufügt.

Man kann dann fragen, ob in einer solchen Kategorie das Konkausalitätsprinzip anwendbar ist, das heißt, daß es zu je zwei Observablen eine vorangehende gibt. Bei den meisten Kategorien, denen man in der Erfahrung begegnet, ist es so, oder man kann sie sich so ergänzt denken. (Genau an diesen dürfte sich die übliche Logik mit den Verknüpfungen 'und', 'oder', 'nicht' und den bekannten Regeln gebildet und als sinnvoll erwiesen haben.) Bei der Quantentheorie, so kann man zeigen, ist das nicht möglich. Ich vermute aber, daß in einer verbesserten Theorie der quantenphysikalischen Erscheinungen (überhaupt in der Physik) dieses Prinzip anwendbar sei. Diese Vermutung erstreckt sich aber nur hierauf. Hingegen

meine ich, daß es sonst durchaus Kategorien von Observablen
und Kausalabbildungen gibt, mit denen man in Berührung kommt
und in denen das Prinzip nicht anwendbar ist. Die Auseinandersetzung mit diesem Prinzip führt dort zu nichttrivialen Erwägungen. Das wird besonders in Abschnitt 4 klar werden. Dort
wird jeweils eine Kategorie von lokalen Strategieauswahlprinzipien $\mathcal{S}$ betrachtet. Ein solches ist eine Observable, die mit
einer zusätzlichen Struktur $\mathcal{S}$ versehen ist. Letztere beschreibt das Verhalten einer Person und erfaßt dadurch sowohl,
was sie glaubt, als auch, was sie anstrebt, kurz: ihre Weltanschauung. Ich kann deshalb auch von einer Kategorie von
Weltanschauungen reden. Es erweist sich als praktisch, die
Pfeile dual (also entgegengesetzt) zu den Kausalabbildungen
der zugrunde liegenden Observablen zu zeichnen:

$$\mathcal{S} \longrightarrow \mathcal{S}'$$

bedeutet dann, daß für die zugehörigen Observablen $S' \longrightarrow S$
gilt und die Struktur übertragen wird. Wir sagen, $\mathcal{S}$ wird
in $\mathcal{S}'$ eingebettet, $\mathcal{S}'$ ist eine Erweiterung von $\mathcal{S}$.
Die Weltanschauung $\mathcal{S}'$ bezieht sich sozusagen auf weitere
Fragen, die bei $\mathcal{S}$ noch nicht betrachtet wurden, stimmt aber
im übrigen mit $\mathcal{S}$ überein.

Wenn man in einer Kategorie von Weltanschauungen zu je
zweien $\mathcal{S}'$, $\mathcal{S}''$ eine gemeinsame Erweiterung $\mathcal{S}'''$ finden würde,
so bedeutete das, daß hier das Konkausalitätsprinzip durch-
gehend anwendbar sei. Man wird das nicht immer erwarten
können. Man könnte fragen, ob es wenigstens anwendbar sei,
wenn $\mathcal{S}'$, $\mathcal{S}''$ Erweiterungen einer einzigen Weltanschauung $\mathcal{S}$
sind. Gehen wir von einer Ansicht, Auffassung, Weltanschau-
ung $\mathcal{S}$ aus und gelangen, sei es durch Überlegungen oder sei
es durch (empirische) Erfahrungen, zu verfeinerten Auffas-
sungen $\mathcal{S}'$, $\mathcal{S}''$, je nachdem, welche Überlegungen oder Erfahrungen wir berücksichtigen:

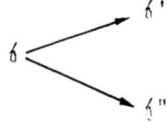

und ist nicht offensichtlich, ob $\mathcal{S}'$ und $\mathcal{S}''$ miteinander har-

monieren, so sage ich, es läge eine *dialektische Situation*
vor. Wir können $\oint'$ und $\oint''$ These und Antithese nennen. Es ist
schwer, lange den Zustand der Schizophrenie zu ertragen, man
sucht eine Synthese (später Amalgam genannt) $\oint'''$ scheinbar
gegensätzlicher Auffassungen $\oint'$, $\oint''$.

Ich nenne ein Objekt $\oint$ einer Kategorie amalgen, wenn es zu
je zwei von $\oint$ ausgehenden Morphismen α, β zwei weitere γ,δ
gibt, so daß

(*)
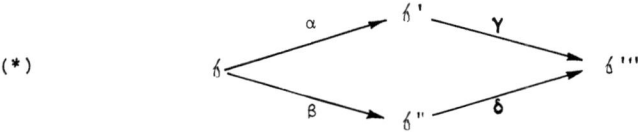

kommutativ ist. $\oint'''$ heißt ein Amalgam[1] von $\oint'$ und $\oint''$. Ein
Objekt $\oint_0$ heißt präamalgen, wenn es einen Morphismus $\oint_0 \longrightarrow \oint$
nach einem amalgenen Objekt $\oint$ gibt. Weltanschauungen, von
denen ausgehend man in jeder dialektischen Situation ein
Amalgam findet, heißen demnach im Sinne obiger Definition
amalgen. Nicht alle Weltanschauungen, denen man begegnet,
werden amalgen sein, aber es wird eine gewisse Tendenz geben,
nicht-amalgene Weltanschauungen auszumerzen, weil man mit
ihnen leicht in Schwierigkeiten gerät. Denn wenn man kein
Amalgam findet, so bedeutet es, daß das Konkausalitätsprinzip, also der hier naheliegende Fall des Einfachheitsprinzips,
versagt. Auf Vereinfachung ist man angewiesen, und wenn man
andernfalls kein Amalgam findet, so wird man $\oint'$ oder $\oint''$ für
falsch erklären und zu modifizieren suchen, und falls sich
beide mit einer gewissen Zwangsläufigkeit aus $\oint$ ergaben, so
wird man die Ausgangsposition $\oint$ revidieren.

Ich will dieses Phänomen nun mit dem opportunistischen Fixpunktproblem in Verbindung bringen (Abschn. 2.3). Ein Weg,
dieses Fixpunktproblem zu behandeln, wäre, die Abbildung g

---

[1] Das ist die in der Modelltheorie, die aus der mathematischen Logik
entstanden ist, übliche Bezeichnung für $\oint$ statt $\oint'''$, so daß ich $\oint'''$
eigentlich Coamalgam nennen müßte. In der Modelltheorie sagt man von einer
Kategorie, deren jedes Objekt amalgen ist, sie habe die Amalgamierungs-
eigenschaft.

mathematisch zu präzisieren und mit mathematischen Methoden
ihre Fixpunkte zu bestimmen. Diese Präzisierung übersteigt
aber im allgemeinen unsere heutigen Möglichkeiten. Es genügt
aber, das ist ein anderer Weg, die Abbildung g nur vage und
informell so weit zu beschreiben, als es zur Kennzeichnung
ihrer Fixpunkte notwendig ist oder wenigstens zur Kennzeichnung einer möglichst kleinen Menge von Prognosen p, in der
die Fixpunkte enthalten sind. Das opportunistische Fixpunktproblem bedeutet, daß wir eine Prognose für das Handeln einer
Person (oder vieler) suchen, so daß, wenn wir der Person diese Prognose erklären, sie danach handeln wird. Wir müssen
dazu ihre Weltanschauung, ihr Denken und Wünschen so gut
treffen, daß sie unsere Empfehlung nachvollziehen kann. Wir
haben ihr damit Arbeit abgenommen, und sie hat deshalb Zeit
gewonnen, über uns hinauszudenken. Dabei könnte - auf verschiedene Weise - für die Person eine dialektische Situation
entstehen, die zu keiner Synthese und zum Verwerfen unserer
Auffassung führt und damit zur Ablehnung unserer Empfehlung.
Dann hätten wir keinen Fixpunkt gewählt. Das wollen wir vermeiden. Deshalb empfehle und prognostiziere ich gleichzeitig,
daß von allen, die das Vorangehende verstehen, das *opportunistisch-amalgene Prinzip* angewandt wird. Das besagt, daß wir
unseren Prognosen oder Empfehlungen nur solche Auffassungen
zugrunde legen sollen, an die anschließend nur solche dialektischen Situationen zu erwarten sind, die ein Amalgam gestatten und damit nicht zum Verwerfen unserer Auffassung
Anlaß geben.

Es gibt zunächst zwei Fälle:
1. Die mit unserer Empfehlung geleistete Arbeit ist etwa der
Übergang α: $\mathfrak{h} \longrightarrow \mathfrak{h}'$ für die Person. Letztere vollzieht von
sich aus den Übergang β: $\mathfrak{h} \longrightarrow \mathfrak{h}''$. Die Forderung, daß wir
nur solche α zu wählen haben, für die es eine kommutative
(d.h. $\delta \circ \beta = \gamma \circ \alpha$ erfüllende) Ergänzung (*) gibt, nenne ich
opportunistisch-amalgenes Prinzip 1. Ordnung.
2. Die Person ist durch unsere Empfehlung zur Auffassung $\mathfrak{h}$
gelangt. Sie vollzieht anschließend die Übergänge α: $\mathfrak{h} \longrightarrow \mathfrak{h}'$
und β: $\mathfrak{h} \longrightarrow \mathfrak{h}''$. Das Prinzip für uns, nur solche $\mathfrak{h}$ zu wählen,

für die es eine kommutative Ergänzung (*) gibt, heißt von
2. Ordnung. Das bedeutet, daß wir uns auf amalgene Objekte
zu beschränken haben. Eine Variante des Prinzips könnte
auch sein, daß man sich auf präamalgene Objekte zu beschränken habe oder auf solche Objekte ξ, für die γ,δ wenigstens
für gewisse Paare (α,β) existieren. Sinngemäß genügt die
Forderung für solche α,β, die erwartungsgemäß sich im Laufe
der geschichtlichen Entwicklung aus ξ entwickeln werden.
Aber wie soll man diese Entwicklung formal kennzeichnen,
zumal sie sich nicht aus einer Eigengesetzlichkeit des Geistes, sondern aus der Auseinandersetzung desselben mit der
Natur ergibt? Man muß deshalb jeweils eine der Situation angemessene Variante der dialektischen Forderung suchen. Dafür
kann ich leider keine allgemeine Regel angeben. Es kann auch
sein, daß man zwei Sorten von Morphismen vorliegen hat und
daß α und δ immer der einen, hingegen β und γ immer der anderen Sorte angehören. Es kann aus solchen Gründen auch sein,
daß es nicht natürlich ist, die Objekte als solche einer
Kategorie anzusehen.

Das in Abschnitt 3 erläuterte Invarianzprinzip kann ebenfalls oft sinngemäß als Kommutativität eines Diagrammes (*)
formuliert werden, tritt dann also als Spezialfall auf, und
seine Erfüllung wird dann ebenfalls durch das opportunistisch-
amalgene Prinzip angestrebt.

4. *Zurück zu den Problemen*

4.1 *Dienende oder herrschende Statistik*

Wenngleich oft nur formal und zum Schein, so hat es sich doch
seit A.Wald aus eigentlich recht zwingenden Gründen allgemein
durchgesetzt, die mit der Statistik gewonnenen Einsichten
von den daraus resultierenden Handlungen her zu beurteilen,
also die statistischen Methoden als Teile einer optimalen
Wahl einer Handlungsstrategie zu verstehen. S sei eine endliche Observable, also eine endliche,nicht-leere Menge von
Alternativen, die ich beobachten kann. H sei eine endliche,

nicht-leere Menge von Handlungen, die ich in Abhängigkeit
von meiner Beobachtung wählen kann. Die Abhängigkeit, die
ich verwende, ist eine Abbildung $x: S \longrightarrow H$. Ich nenne sie
meine Strategie. Normalerweise fühle ich mich nicht nur frei
in der Wahl meiner Handlung, sondern auch in der Wahl meiner
Strategie, wenn ich vor der Beobachtung darüber nachdenke.
Ich habe alle Strategien x aus $X = H^S$, also aus der Menge aller
Abbildungen von S nach H, zur Verfügung. Ein nieder entwickeltes Tier hätte das vielleicht nicht. Bei ihm würde man eine
Abbildung $x: S \longrightarrow H$ etwa einen Reflex nennen. Denn sie gibt
an, wie es auf das, was auf es einwirkt, reagiert. Der Reflex mag angeboren sein oder anerzogen (bedingter Reflex).
Aber es wird ihn nicht wählen können. Vielleicht werden ihm
nicht immer die verschiedenen alternativen Handlungen bewußt
sein. Dann wird es auch nicht das Gefühl der Willensfreiheit
haben. Denn dieses setzt das Bewußtsein der verschiedenen
Alternativen, die man hat, voraus. Das Gefühl der Willensfreiheit ist ja - ebenso wie das Bewußtsein - etwas sehr
Seltsames. Vielleicht ist es nicht viel mehr als nur das
Bewußtsein dieser Alternativen. Ein höher entwickeltes Tier
mag dieses - hinsichtlich der Handlungen - haben. Aber es
wird vielleicht nicht das Bewußtsein verschiedener alter-
nativer Strategien kennen. Allein deshalb, weil schon die
Bildung des Begriffs einer Abbildung seine geistige Kraft
überschreitet. Unsere Mathematikstudenten können das. Aber
einige versagen bereits bei dem Begriff einer Menge von Abbildungen, sie können damit keinen Sinn mehr verbinden, dieser Grad der gedanklich-konstruktiven Komplikation überschreitet ihr geistiges Fassungsvermögen, und sie werden
dann auch kaum das Gefühl der Willensfreiheit bei der Wahl
einer Strategie haben. Solchen wird man zwar empfehlen, das
Mathematikstudium aufzugeben, aber ich glaube, das Folgende
ist auch auf sie anwendbar, denn es setzt nicht voraus, daß
ihnen alle Zusammenhänge voll bewußt werden.

Nun, auch wir sind Lebewesen, und es ist nicht einzusehen,
warum nicht unsere Wahl in der gleichen Weise wie bei den
Tieren determiniert ist, vielleicht auf einer höheren Stufe,

die unserem Bewußtsein - von lichten Augenblicken abgesehen -
entgeht. Vielleicht kann man das Gefühl der Willensfreiheit
in diesem Sinne auch als eine Täuschung ansehen. Auf jeden
Fall können wir auch von uns annehmen, daß wir in der gleichen
Situation in der gleichen Weise reagieren werden. Selbst wenn
wir unsere Strategie mit Hilfe irgendeiner noch so komplizierten Variante irgendeiner statistischen Entscheidungstheorie
ausfindig machen. Eine Observable ist ja selbst ein Abstrak-
tum, welches einer Vielzahl möglicher Situationen entspricht,
die wir gedanklich identifizieren. Damit wir in 'gleichen'
Situationen in gleicher Weise reagieren, müssen wir bei unserer Analyse einfach nur solche Situationen identifizieren,
in denen wir mit Sicherheit - was auch die gewählte Strategie
sein mag - in gleicher Weise reagieren, d.h. die gleiche
Strategie wählen würden.

Außer den betrachteten Situationen gibt es auch solche, in
denen wir nicht die gesamte Menge H^S zur Verfügung haben,
sondern nur irgendeine nichtleere Teilmenge $V \subseteq H^S$ und sei
es nur, weil uns die übrigen Strategien verboten sind.[+++)
Wir können dann die Situationen durch die Paare (S,V) unterscheiden, wobei V alle nichtleeren Teilmengen von H^S und S
eine Kategorie $\mathfrak{S}$ aus *endlichen* Observablen und Kausalabbildungen durchläuft, die ich gleich als lernabgeschlossen an-
nehme. H soll fest sein. Statt (S,V) könnte man auch V schreiben. $\mathfrak{y}'$ sei das so beschriebene System von Mengen V von Strategien und $\mathfrak{y} = \mathfrak{y}' \cup \{\emptyset\}$. In der Situation (S,V) werde ich
in Abhängigkeit von $\delta \in S$ die Handlung $F(\delta,V) \in H$ wählen.
F ist meine mir angeborene oder anerzogene 'Superstrategie'.
Nach dem Gesagten gilt

$\quad \mathit{f}(V) =_{Df} \{F(.,V)\} \subseteq V \quad$ für $V \in \mathfrak{y}'$

f nenne ich auch mein Strategieauswahlprinzip. Ich setze
stets noch $\mathit{f}(\emptyset) = \emptyset$. f erfüllt dann für $V \in \mathfrak{y} = \bigcup_{S \in |\mathfrak{S}|} Pot(H^S)$:

(AE) $\quad \mathit{f}(V) \subseteq V \quad$ (Auswahleigenschaft)
(EZ) $\quad \mathit{f}(V) \neq \emptyset \quad$ für $V \neq \emptyset \quad$ (Entscheidungszwang)
(EZ') $\quad \# \mathit{f}(V) = 1 \quad$ für $V \neq \emptyset \quad$ (Entscheidungszwang)

Es wird sich zeigen, daß gewisse sinngemäß gebildete Grenzfälle die Eigenschaft (EZ') verletzen werden. Einerseits ist es zweckmäßig, auch diese Grenzfälle mit zu erfassen. Andererseits wird sich zeigen, daß schon aus den übrigen, auch im folgenden zu betrachtenden Eigenschaften von $\mathcal{b}$ außer (EZ') die entscheidenden Folgerungen gezogen werden können, so daß wir (EZ') zunächst außer acht lassen und uns erst zum Schluß auf diejenigen $\mathcal{b}$ beschränken können, die (EZ') erfüllen. Die übrigen werden sich genau als die erwähnten Grenzfälle herausstellen. Die intuitive Erläuterung der weiteren Eigenschaften braucht man jedoch nur für die auch (EZ') erfüllenden Fälle vorzunehmen. Die bisherigen Eigenschaften sind solche, die sich bereits als Eigenschaften der einzelnen Restriktionen $\mathcal{b}_S = \mathcal{b} \mid Pot\ (H^S)$ formulieren lassen, die ich auch (lokale) Strategieauswahlprinzipien nenne. Als Spezialfall des Invarianzprinzips oder speziell des Prinzips 'der Unabhängigkeit von der Formulierung' ergibt sich

(VK) $\quad \mathcal{b}_{S'}(y \circ \phi) = \mathcal{b}_S(y) \circ \phi \quad$ wenn $\phi: S' \longrightarrow S$

eine Kausalabbildung ist ('Vertauschbarkeit von Auswahl- und Kausalabbildungen'). Denn ϕ ist surjektiv, also $y \longrightarrow y \circ \phi$ injektiv auf Y. Man kann y und $y \circ \phi$ sinngemäß identifizieren, und die Auswahl muß unabhängig davon sein, ob man die Strategien als Abbildungen $y: S \longrightarrow H$ oder als Abbildungen $y \circ \phi : S' \longrightarrow H$ auffaßt:

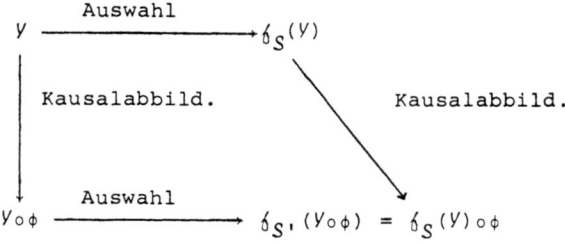

Wenn man nur (VK) erfüllende Strategieauswahlprinzipien allen Prognosen und Empfehlungen zugrunde legt, so ist das auch eine Konsequenz des opportunistisch-amalgenen Prinzips (1.Ordnung).

Das gleiche gilt meines Erachtens für folgende Eigenschaft:
(SK) $\delta_S(V \cap Z) = \delta_S(V) \cap Z$ für $\delta_S(V) \cap Z \neq \emptyset$ (Schnitt-
konsistenz).

Das heißt (im Falle, wo (EZ') erfüllt ist): Wenn die aus V
ausgewählte Strategie in Z, also auch in $V \cap Z$ liegt, so wird
die aus $V \cap Z$ ausgewählte die gleiche sein:

$$\begin{array}{ccc} & V \xrightarrow{\text{Auswahl}} & \delta_S(V) \\ \text{Zusätzl. Verbot} \downarrow & & \searrow \text{Zusätzl. Verbot} \\ & V \cap Z \xrightarrow{\text{Auswahl}} & \delta_S(V \cap Z) = \delta_S(V) \cap Z \end{array}$$

Diese Eigenschaft ist allen in der statistischen Literatur
vorgeschlagenen Strategieauswahlprinzipien, die mir bekannt
sind, gemeinsam. Von allen in der Literatur vorgeschlagenen,
erfüllen jedoch nur die Bayes'schen Strategieauswahlprinzipien
die folgende Regel (RK), so daß an dieser Stelle der entscheidende Unterschied der Bayes'schen und Nicht-Bayes'schen Auffassung zutage tritt: Darin benutze ich folgende Bezeichnungen. Es bedeute y_R die Restriktion von y auf R,
$V_R = \{y_R : y \in V\}$. Wenn $S = S_1 \cup \cdots \cup S_n$ eine disjunkte Zerlegung ist, so bezeichne ich die aus $u_i \in H^{S_i}(i=1,\ldots,n)$ zusam-
mengesetzte Abbildung $S \longrightarrow H$ mit $u_1 \times \ldots \times u_n : (u_1 \times \ldots \times u_n)(s) = u_i(s)$
für $s \in S_i$. Weiter sei $U_1 \times \ldots \times U_n = \{u_1 \times \ldots \times u_n : u_i \in U_i\}$. Ich
schreibe auch $\prod_i u_i$, $\prod_i U_i$. Die Eigenschaft lautet nun:

(RK)   Für jede Kausalabbildung $\phi: S \longrightarrow B$ gilt (mit $S_b = \phi^{-1}\{b\}$)
$$\delta_S(\prod_{b \in B} V_{S_b}) = \prod_{b \in B} \delta_{S_b}(V_{S_b}) \quad \text{für } V \subseteq H^S$$

Ich nenne dies die Vertauschbarkeit von Strategieauswahl
und Lernvorgang oder auch die 'Restriktionskonsistenz'. Dies
ist wieder ein Beispiel des Prinzips der Unabhängigkeit von
der Formulierung in folgender Situation: Man hat zunächst
die Menge V von Strategien zur Verfügung, kann aber zusätzlich in Abhängigkeit von der Information ϕ entscheiden. Insgesamt hat man dann die Menge $V' = \prod_{b \in B} V_{S_b}$ zur Verfügung.
Die linke Seite ist das Ergebnis der Auswahl. Die
rechte Seite aber ebenfalls, wenn man es aus der Sicht *nach*
dem Lernvorgang betrachtet, also wenn man irgendein $b \in B$

beobachtet hat:

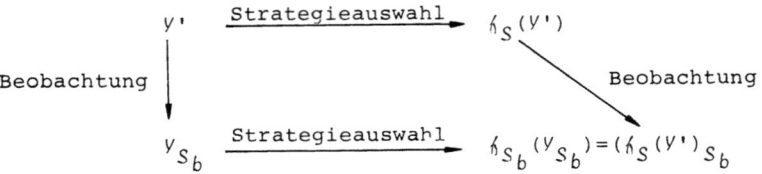

Falls $\mathfrak{S}$ stets alle Vergröberungen enthält - nur diesen
Fall will ich ab jetzt betrachten -, so gilt also für *jede*
Zerlegung $S = S_1 \cup \ldots \cup S_n$ von S in nichtleere disjunkte
Teile

$$\beta_S(y_{S_1} \times \ldots \times y_{S_n}) = \beta_{S_1}(y_{S_1}) \times \ldots \times \beta_{S_n}(y_{S_n}) \text{ für } y \subseteq H^S$$

Nun, es läßt sich leicht so in abstracto von 'Superstrategie'
und 'Strategieauswahlprinzip' reden. Wie sie im konkreten
Fall aussehen, ist damit keineswegs immer von vornherein
klar, sondern kristallisiert sich erst langsam heraus, stückweise, von einzelnen Situationen ausgehend, die schon einmal
aufgetreten sind, wobei der Prozeß der Reflexionen, auch
solche, wie wir sie jetzt gerade anstellen, einen Einfluß
auf die praktischen Entscheidungen hat, die wir im konkreten Fall treffen. Es ist fraglich, ob dieser Prozeß in
irgendeinem Sinne konvergiert. Von einer Superstrategie zu
reden, die also für *jede* Situation, in die man kommen könnte,
angibt, was man dort täte, bedeutet, von einer Idealisierung
zu sprechen, die weit über das hinausgeht, was man konkret
angeben kann. Vor allem, wenn man noch erwartet, daß die
angegebenen Konsistenzbedingungen durchgehend erfüllt sind.
Wenn ich aber über Strategieauswahl rede, so muß ich idealisieren. Und die hier vorgenommene Idealisierung ist zunächst
noch flexibel insofern, als man $\mathfrak{S}$ verkleinern kann zu einer
Kategorie *einiger* (statt 'aller') möglicher Observabler. Die
gemachten Überlegungen sind auch nicht nur auf den Fall anwendbar, wo vom Strategieauswahlprinzip einer anderen Person
die Rede ist, so wie ich es meinen Empfehlungen an diese
Person zugrunde lege, sondern auf das Strategieauswahlprinzip dieser Person überhaupt. Denn das opportunistische und

damit das opportunistisch-amalgene Prinzip gilt nicht nur
für den ersteren Fall, sondern auch für die Reflexionen der
Person über ihre eigene Weltanschauung, die, wie oben gesagt,
durch diese Reflexionen überhaupt erst mit geformt wird.

Die Auseinandersetzung mit den Konsistenzbedingungen ist besonders dann nicht einfach, wenn ideologische Gesichtspunkte
hineinspielen. Es ist deshalb interessant zu beobachten, wie
das Nichtvorhandensein der Eigenschaft (RK) in der Nicht-
Bayes'schen Statistik (dort lassen sich auch jeweils zu t_S
im allgemeinen nicht einmal δ_{S_b} finden, die die Gleichung
erfüllen würden) zu ständiger Unzufriedenheit der Mathematiker, welche nicht-Bayes'sche Statistik treiben, mit den
Nichtmathematikern führt, die diese Statistik in ihrer Wissenschaft anwenden, obwohl es sich dabei noch nicht einmal
um praktische Entscheidungen handelt, sondern nur um 'reine'
Wissenschaft. Bekanntlich ist in Natur- und Humanwissenschaften fast nur die nicht-Bayes'sche Statistik verbreitet.

Die Nichtmathematiker wollen immer, *nachdem* sie ihr Beobachtungsmaterial *b* vorliegen haben, Statistik anwenden, zum
Beispiel in Gestalt statistischer Tests. Die Mathematiker
sagen, das geht nicht, denn welchen Test man anwenden soll,
das muß man vorher entscheiden, bevor man das Beobachtungsmaterial gesehen hat. Es gibt nämlich leider sehr viele
Tests, auch zur Beantwortung der gleichen Frage, die alle
zu verschiedenen Ergebnissen führen. Aber die Nichtmathematiker haben sich das Beobachtungsmaterial schon vorher ange-
schaut. Nun ist es zu spät. Angeblich. Die Mathematiker
müssen es ja wissen. Jetzt müssen alle Versuche noch einmal
wiederholt werden, *nachdem* man sich vorher für einen bestimmten Test entschieden hat. Ein teures Vergnügen. Aber, so
wird gesagt, die Situation S_b *nach* Beobachtung eines *zufälligen* Ergebnisses *b* (Zufall wird angenommen)[1] ist gar keine
vernünftige Ausgangssituation für die Anwendung statistischer
Methoden. Die Situation vorher, ja. Es mag deshalb auch einen

---
1) Üblicherweise ist $S = B \times \Theta$, ϕ die Projektion auf B, wobei Θ die in der Statistik übliche Bezeichnung für den Raum
der unbekannten Parameterwerte oder der Hypothesen ist.

Sinn haben, von b_S zu reden. Von b_{S_b} aber sicherlich nicht.
Deshalb ist die rechte Seite von (RK) sinnlos und damit
auch die Gleichung. Daß sie sich in der Nicht-Bayes'schen
Statistik nicht durch geeignete b_{S_b} erfüllen läßt, ist deshalb
gar kein Mangel. Man muß eben Situationen, die durch Zufall entstehen, von anderen unterscheiden. So wird gesagt. Es
entsteht nun die Frage, ob die Anfangssituation nicht vielleicht auch durch Zufall entstanden ist. Und ob b wirklich
Ergebnis eines Zufallsmechanismus war, überhaupt was Zufall ist
und wann er vorliegt. Die Nicht-Bayesianer müssen das genau
wissen, weil ihre Methoden davon abhängen. Ehrlich gesagt, ich
weiß weder, was Zufall ist, noch wann einer vorliegt. Zum Beispiel der Würfel - ich nehme an, er wird mechanisch betätigt -
oder die Lottomaschine mit den vielen Kugeln, die immer im
Fernsehen gezeigt wird, sind sicherlich typische Beispiele für
Zufallsmechanismen. Zugleich sind sie typische Beispiele für
Mechanismen, die den Gesetzen der klassischen deterministischen Mechanik gehorchen. Es gibt viele Mechanismen dieser Art
Man hat jeden von ihnen schon immer (lange vor der Quantentheorie, die hier nicht relevant ist) gelegentlich als Zufallsmechanismus und gelegentlich als deterministischen Mechanismus betrachtet. Wie sich das verträgt, soll hier nicht
geklärt werden. Aber es hat sich vertragen, und es scheint mir
deshalb, daß es sich nicht um eine Klassifikation der Mechanismen handelt, sondern um verschiedene Betrachtungsweisen.
Selbst wenn das nicht zuträfe, so scheint doch die Unterscheidung 'zufällig oder nicht' schwierig, wenn nicht gar
unmöglich und als Grundlage statistischer Methoden nicht gut
brauchbar zu sein.
Das Ignorieren gewisser Situationen als Ausgangsbasis für
Entscheidungen zeigt auch, daß die nicht-Bayes'sche Statistik
sich weniger an praktischen - vielleicht gar dringlichen, lebenswichtigen - Entscheidungen als mehr an der 'reinen' Naturwissenschaft entwickelt hat. Sie wird aber heute auch in allen
anderen Bereichen angewandt, z.B. auch bei der Überprüfung,
Freigabe und Sperrung von Arzneimitteln, wozu auch das
bekannte Contergan gehörte. Dieses wurde, das ist nur
ein Beispiel, zu spät gesperrt. Dazu wird auch beigetragen
haben, daß diese (in den Augen der Medizin hoch angesehene

und um der Wissenschaftlichkeit wegen verwendete) Statistik
aufgrund ihres Selbstverständnisses jene notwendigen Entscheidungen, für die sie keine Hilfe leisten kann, mit dem Makel
der Unwissenschaftlichkeit versehen hat und daß diese deshalb
gemieden werden. Wenn der Hintergrund von Ideologien (und hier
scheint mir der Hintergrund der zu sein, daß das Akzeptieren
der Eigenschaft (RK) zu Folgerungen führt, die einen vermeintlichen Verlust an Herrschaftspositionen bedeuten) nicht meist
unbewußt wäre, so müßte man hier von der Mitschuld der Mathematiker an den vielen contergan-geschädigten Kindern sprechen.
Aber das kann man eben deshalb nicht.

4.2 Strategie, subjektive und objektive Wahrscheinlichkeit

Die Diskussion so formaler Eigenschaften im Zusammenhang mit
dem opportunistischen Prinzip, also auf der Grundlage der
kybernetisch-darwinistischen Betrachtungsweise kann also
schnell zu kritischen Bemerkungen führen, bei denen subjektive
Wahrscheinlichkeiten noch gar keine Rolle spielen und die
deshalb, wie ich glaube, eher auf das Wesentliche zielen als
eine Diskussion über subjektive Wahrscheinlichkeiten. Darüber
hinaus fragt sich, ob man von der Aufzählung solcher Eigenschaften ausgehend im Sinne der axiomatischen Methode zu
Folgerungen gelangt, die eine einfache explizite Beschreibung
der diese Eigenschaften besitzenden Strategieauswahlprinzipien
gestatten. Fügt man den schon erwähnten Eigenschaften noch
eine einfach formulierbare 'Stetigkeitseigenschaft' hinzu,[1]
so kann man - über einen mühsamen und langen Beweis - zeigen,
daß für $S \in |\mathfrak{S}|$, $Y \subseteq H^S$

$$\delta_S(Y) = \{x \in Y: N_S(x) \geq N_S(y) \text{ für alle } y \in Y\}$$

---

[1] Die Stetigkeitseigenschaft besagt: Zu je drei Strategien x', y', $z' \in H^{S'}$ mit $\delta\{x',y'\} = \{x'\}$ gibt es in $\mathfrak{S}$ eine Observable S mit Kausalabbildung $\phi: S \longrightarrow S'$ und eine Zerlegung $S = S_1 \cup \ldots \cup S_n$ in 'so kleine' disjunkte Teilmengen S_i, daß für $x = x' \circ \phi$, $y = y' \circ \phi$, $z = z' \circ \phi$ nicht nur (wegen (VK)) $\delta\{x,y\} = \{x\}$, sondern dieses auch nach folgenden geringen Abänderungen von y gilt: $\delta\{x, y_{S \setminus S_i} \times z_{S_i}\} = \{x\}$ für $i = 1,\ldots,n$.

gilt mit geeigneten reellen Funktionen N_S auf H^S ('Nutzenfunktionen'), die $N_S(x) = \sum_{i=1}^{n} N_{S_i}(x_{S_i})$ für Zerlegungen $S_1 \cup \cdots \cup S_n$ und $N_S(x) = a_\phi N_{S'}(x \circ \phi) + b_\phi$ für Kausalabbildungen $\phi: S' \longrightarrow S$ erfüllen ($a_\phi > 0$) und die hierdurch auch bis auf isotone affine Transformationen eindeutig bestimmt sind. Ersetzt man die Stetigkeitseigenschaft durch eine, die besagt, daß jedes dieser N_S *präamalgenes* Objekt in einer gewissen größeren Kategorie ist, die mit Hilfe *aller* - auch unendlicher - Mengen S und *aller* surjektiven Abbildungen gebildet ist, so vermute ich, daß das gleiche Ergebnis folgt, jedoch nicht mit reellen Werten, sondern mit solchen in einer geeigneten angeordneten abelschen Gruppe, wobei die a_ϕ Isomorphismen sind. Die Bayes'schen Strategieauswahlprinzipien (im reellen Falle) sind speziell dadurch gekennzeichnet, daß es zu jedem $S' \in |\mathfrak{S}|$ ein $S \longrightarrow S'$ gibt, für das sich N_S in der Gestalt

$$N_S(x) = \sum_{s \in S} N^*(c_S(s, x(s))) \cdot P_S(s) \quad \text{für } x \in H^S$$

schreiben läßt. $c_S(x, h)$ ist die Konsequenz für die Person, die sich aus dem Eintritt von $s \in S$ und ihrer Handlung h ergibt. Man kann plausible Beziehungen zwischen ϕ und den c_S angeben, aus denen diese Darstellbarkeit von N_S, also die Existenz von N^* und P_S folgt. P_S ist eine dadurch eindeutig bestimmte Wahrscheinlichkeitsverteilung auf S, genannt die subjektive Wahrscheinlichkeitsverteilung der Person auf S. N^* ist bis auf isotone affine Transformationen eindeutig bestimmt und gibt sozusagen die persönliche Nutzenbewertung der Konsequenzen für die Person wieder. Ihr Strategieauswahlprinzip besagt also, daß sie stets eine solche Strategie wählt, bei der diese Nutzenbewertung, gemittelt über ihre subjektive Wahrscheinlichkeitsverteilung, maximal wird. Die c_S sind nicht durch ϕ bestimmt und lassen sich im Gegensatz zu ϕ nicht empirisch aus dem äußeren Verhalten der Person ermitteln, sondern nur durch zusätzliche, verstehende Einsicht in die Motivation der Person.

Es ist klar, daß alle diese Überlegungen nicht nur für die Statistik, sondern auch für die Spieltheorie Bedeutung haben, wo ja die Observablen einer Person die Handlungen der anderen

Personen mit einschließen und mittelbar auch deren Strategieauswahlprinzipien.

Man kann auch ausgehend von diesen eben erklärten subjektiven Wahrscheinlichkeiten zu erklären versuchen, was objektive Wahrscheinlichkeiten sind und warum wir an das Vorhandensein solcher in der Natur glauben. Auch das ist ein langer Weg. Um Wahrscheinlichkeitstheorie zu treiben und zu lehren - darunter versteht man jene Theorie, die sich ihren Fragestellungen nach mit *objektiven* Wahrscheinlichkeiten befaßt - braucht man diesen Weg allerdings nicht zu gehen. Es hätte keinen didaktischen Vorteil, denn objektive Wahrscheinlichkeiten sind etwas so unmittelbar intuitiv Verständliches, daß sie für den Zweck der Wahrscheinlichkeitstheorie keiner besonderen Erklärung bedürfen. Es hätte auch keinen sachlichen Vorteil, denn es gibt, soweit mir bekannt, keine Kontroverse, die auf diesem Wege geklärt werden müßte. Hingegen scheint mir dieser Weg notwendig, wenn man den anfangs gezeichneten Kreis Mensch - Natur - Mensch im Detail ausfüllen will.

4.3 *Auffüllung des Kreises*

Ich komme nun auf die anfangs erwähnten drei Krisen zurück. Ich glaube, daß keine von ihnen leicht behoben wird. Jede besitzt ihre eigenen Schwierigkeiten. Die letzte, die der mathematischen Physik, scheint mir vor allem Unvoreingenommenheit bei der Beobachtung der Natur zu erfordern und einen genialen Einfall - die Einsteinsche Relativitätstheorie ist ein Beispiel für einen solchen -, den man nicht planen und erzwingen kann. Für die ersten beiden scheint es mir hingegen nützlich, zuerst den Kreis Mensch - Natur - Mensch im Detail auszufüllen. Dazu gehört auch, daß meine obigen vagen und informellen Argumentationen mit dem Einfachheits-, dem Konkausalitäts- und dem opportunistisch-amalgenen Prinzip durch Ergebnisse über Regelkreise oder endliche Automaten belegt werden, wenn das möglich ist. Dazu scheint mir der empirische Nachweis der Arbeitsweise unseres Gehirns, der sicherlich besonders schwierig ist, nicht so vordringlich; sondern es

genügt zunächst, wenn man rein deduktiv die Arbeitsweise von
Automaten, die einen möglichst guten Kompromiß zwischen Einfachheit und Überlebensfähigkeit darstellen, ermittelt und
unterstellt, daß unser Gehirn auch etwa so arbeiten wird. Der
von mir beschriebene und zu belegende Weg, wonach wir unseren
Strategieauswahlen subjektive Wahrscheinlichkeiten zugrundelegen, scheint mir im Augenblick zwar naheliegend, aber auch
provisorisch, einerseits insofern das Ergebnis z.B. - wie man
sich überlegt - nicht das Phänomen des Vergessens und nicht
das der Ideologie erklärt, welches sicherlich mit unserer Endlichkeit zusammenhängt, wenn wir uns als Automaten auffassen.
Andererseits wird es auch später immer wieder vom Stand der
Diskussion und unserer geistigen Entwicklung abhängen, welche
Vereinfachungen, die wir bewußt in Verfolgung des Einfachheitsprinzips unserem Denken und dem anderer unterstellt haben,
uns noch als angemessen erscheinen werden. Ein Ziel sollte
schließlich sein - und ich glaube, die Überwindung der ersten
beiden genannten Krisen setzt voraus, daß dieses Ziel erreicht
wird -, auch die Ideologien, die sich in Teilen der Wissenschaft herausbilden - insbesondere in der angewandten Mathematik -, zu verstehen, durch diese Reflexionen zu beeinflussen und sie solide begründet gleichzeitig prognostizieren
und empfehlen zu können.

Vom Autor nachträglich eingefügte Anmerkungen

+) Er wird zwar nicht als Einzelner untergehen, auch nicht weniger Nachkommenschaft haben, sondern er würde nur weniger geachtet werden und würde
es schwerer haben als andere. Allein das wird ihn hindern. Eine Gesellschaft, in der das Bedürfnis, von der Umgebung geachtet zu werden (oder
zumindest die Fähigkeit, ein solches zu entwickeln) nicht vererbt wird,
wird als Ganzes untergehen. So ist die den Opportunismus - ebenso wie die
übrige durch Tradition weitergegebene Moral - erhaltende Selektion vermittels dieses Bedürfnisses auf eine höhere Stufe gehoben.

++) 'dann' im Sinne eines logischen Nacheinander, nicht im Sinne physikalischer Zeit. Dieser 'Lernvorgang' ist sowohl der klassische als auch der
in der Quantentheorie konzipierte, falls es sich (im letzteren Falle) um
einen einzigen Zeitpunkt oder wenigstens nahe beieinanderliegende Zeitpunkte der Beobachtung handelt.

+++) Oder vielleicht, weil wir zum Zeitpunkt unserer Handlung nicht ausreichend über S informiert sind, im Extremfall gar nicht, in welchem die
Menge V der uns zur Verfügung stehenden Strategien nur aus den konstanten
Abbildungen besteht.

Mathematik und Gesellschaft

Lothar Budach

Gewaltige revolutionäre Veränderungen prägen unser Jahrhundert. Sie berühren das Leben eines jeden von uns und werden unser Jahrhundert sicherlich aus der Retrospektive eines künftigen Historikers zu einem der interessantesten der Weltgeschichte machen. Die Große Sozialistische Oktoberrevolution hat der Menschheit den Weg geöffnet zum Sozialismus und zum Kommunismus - in eine Gesellschaftsordnung, die es dem Menschen zum ersten Mal in seiner Geschichte gestattet, seine schöpferischen Fähigkeiten voll zu entfalten. Diese tiefgreifenden sozialen Veränderungen initiierte und begleitete eine Revolution der Produktivkräfte, die ihrerseits auf das engste mit einem stürmischen Wachstum der Wissenschaft verbunden ist.

Der XXIV. Parteitag der KPdSU wie auch der VIII. Parteitag der SED haben mit allem Nachdruck gefordert, "die Errungenschaften der wissenschaftlich-technischen Revolution organisch mit den Vorzügen des sozialistischen Wirtschaftssystems zu vereinigen und in größerem Umfang als bisher dem Sozialismus eigene Formen des Zusammenschlusses der Wissenschaft mit der Produktion zu entwickeln." Und Genosse Brežnev ergänzte dazu: "Man kann ohne Übertreibung sagen, daß heute gerade ... auf dem Gebiet des wissenschaftlich-technischen Fortschritts eine der Hauptfronten des so außerordentlich bedeutsamen Wettstreits der beiden Systeme verläuft."

Gerade dem Naturwissenschaftler und dem Mathematiker erlegt das eine große Verantwortung auf. Der Wunsch, in einer friedlichen Welt zu leben, gemeinsam mit allen Völkern der sozia-

listischen Staatengemeinschaft eine wahrhaft humanistische
Gesellschaft aufzubauen, die Solidarität mit allen, die gegen den Imperialismus kämpfen - all diese Ideen der X. Weltfestspiele fordern ihn auf, seine Position und die seines
Fachgebietes in der Gesellschaft zu überdenken.

Produktivkraft Mathematik ...

Die Wechselwirkung zwischen Wissenschaft und Produktion beginnt mit dem Entstehen der Wissenschaft. Stets war die
Wissenschaft eine Produktivkraft; denn die praktische Aneignung der Wirklichkeit und ihre theoretische Aneignung bedingen einander. "Die Produktivkraft der Arbeit ist durch
mannigfache Umstände bestimmt, unter anderem durch den Durchschnittsgrad des Geschicks der Arbeiter, die Entwicklungsstufe der Wissenschaft und ihrer technologischen Anwendbarkeit,
die gesellschaftliche Kombination des Produktionsprozesses,
den Umfang und die Wirkungsfähigkeit der Produktionsmittel
und durch Naturverhältnisse", sagt Karl Marx im 'Kapital',
und: In der industriellen Revolution erfordert die Maschine
die "Ersetzung der Menschenkraft durch Naturkräfte und erfahrungsmäßiger Routine durch bewußte Anwendung der Naturwissenschaft."

Je mehr sich die Produktivkräfte entwickeln, umso enger verbindet sich die Wissenschaft mit der Produktion. In der wissenschaftlich-technischen Revolution schließlich ist sie
unmittelbare Produktivkraft geworden: Sie dient nicht mehr
nur zum Verbessern einzelner Produktionsabschnitte, sondern
wird zum Ausgangspunkt und zur Bedingung für die Höherentwicklung der Produktionsmittel insgesamt wie auch der Leitung der Produktion. Während sie auf die Produktion einwirken, verändern sich auch die Wissenschaften selbst. Sie
beziehen neue Impulse aus dem Produktionsprozeß; ihr Vergesellschaftungsgrad steigt sprunghaft an; immer wichtiger
wird es, die Wissenschaft nach einer wissenschaftlich begründeten Prognose planmäßig zu leiten.

... in Wechselwirkung mit anderen Wissenschaften

Die Mathematik hat in diesem Prozeß einen besonderen Platz.

Sie bewährt sich mehr und mehr als *Hilfswissenschaft* für andere Wissenschaften. In jeder Wissenschaft läßt sich folgende Tendenz nachweisen:
Vom rein empirischen Beschreiben geht sie zum Anhäufen theoretischer Erkenntnisse über; diese werden fortschreitend formalisiert, bis die Wissenschaft mathematisiert ist.

Die heutigen Naturwissenschaften bedienen sich weitgehend mathematischer Methoden. Besonders deutlich wird das beim Vergleich mit der Situation vor hundert Jahren, wie sie Friedrich Engels in der 'Dialektik der Natur' beschreibt: "Anwendung der Mathematik: in der Mechanik der festen Körper absolut, der Gase annähernd, der Flüssigkeiten schon schwieriger - in der Physik mehr tentativ und relativ, in der Chemie einfachste Gleichungen ersten Grades simpelster Natur - in der Biologie = 0."

Ehe man in einer Wissenschaft mathematische Formalismen anwenden kann, muß diese Wissenschaft relativ hoch entwickelt sein. "Man kann nicht exakte Methoden verwenden, solange keine Klarheit in den Begriffen und Fragen besteht, auf die sie angewendet werden sollen", sagt J.v. Neumann. Er knüpft damit an Immanuel Kant an, dessen Satz aus den 'Metaphysischen Anfangsgründen der Naturwissenschaft' berühmt geworden ist: "Ich behaupte aber, daß in jeder besonderen Naturlehre nur soviel eigentliche Wissenschaft angetroffen werden könne, als darin Mathematik anzutreffen ist." Etwas Ähnliches - bezogen auf alle Wissenschaften - hat Karl Marx gesagt.

Der Mathematiker E. Borel hob besonders den quantitativen Aspekt hervor: "Es ist bekannt, daß die Kenntnisse des Menschen die Bezeichnung Wissenschaft in Abhängigkeit davon verdienen, welche Rolle in diesen Kenntnissen die Zahl spielt." Kant aber hat die Einbeziehung der Mathematik wesentlich umfassender als Borel verstanden. Er schrieb in seinem 'Versuch, den Begriff der negativen Größen in die Weltweisheit einzuführen': "Der Gebrauch, den man in der Weltweisheit von der Mathematik machen kann, besteht entweder in der Nachahmung ihrer Methode oder in der wirklichen Anwendung ihrer Sätze auf die Gegenstände der Philosophie".

Vor allem aber kann man nicht die Wissenschaften nach dem Grad ihrer mathematischen Durchdringung moralisch werten. Wie weit eine Wissenschaft damit gekommen ist, ihre Begriffe und Fragen zu klären, ihre Aussagen zu formalisieren und schließlich zu mathematisieren, hängt vor allem davon ab, wie komplex ihre Gegenstände sind. Es ist wesentlich leichter, das Fallgesetz experimentell zu erkennen und mathematisch zu beschreiben, als etwa ein organismisches System oder gar den Prozeß einer sozialen Revolution. Das erklärt, warum im allgemeinen die Naturwissenschaften weiter mathematisiert sind als die Gesellschaftswissenschaften.

Eine Äußerung H. Helmholtz' dazu ist auch heute noch gültig: "Der wesentliche Unterschied zwischen Naturwissenschaft und Geisteswissenschaft beruht darauf, daß es auf dem Gebiete der Naturwissenschaft verhältnismäßig leicht gelingt, die Einzelfälle der Beobachtung und Erfahrung zu allgemeinen Gesetzen von unbedingter Gültigkeit und außerordentlich umfassendem Umfang zu vereinigen, während gerade dieses Geschäft in den Geisteswissenschaften unüberwindliche Schwierigkeiten bereitet. ... Indem ich hier die Behauptung aufgestellt habe, daß namentlich in den mathematisch ausgebildeten Teilen der Naturwissenschaften die Lösung der Aufgabe ihrem Ziel näher gekommen ist als im allgemeinen in den übrigen Wissenschaften, so bitte ich nicht zu glauben, daß ich diese den Naturwissenschaften gegenüber herabsetzen will, wenn diese die größere Vollendung in der wissenschaftlichen Form voraushaben, so haben die Geisteswissenschaften ihnen voraus, daß sie einen reicheren, den Interessen des Menschen ... näher liegenden Stoff zu behandeln haben. Sie

haben die höhere und schwerere Aufgabe, aber es ist klar,
daß ihnen das Beispiel derjenigen Zweige des Wissens nicht
verlorengehen darf, welche, des leichter zu bezwingenden
Stoffes wegen, in formaler Beziehung weiter fortgeschritten
sind."

In ihrer Funktion als Hilfswissenschaft gegenüber den anderen Wissenschaften verhält sich die Mathematik keineswegs
passiv. Mathematische Methoden helfen, in unterschiedlichen
Wissenschaften verwandte Strukturen zu erkennen. So wirkt
die Mathematik als *integrierende Wissenschaft* - eine Funktion,
die sie in einer Zeit fortschreitender Spezialisierung der
Wissenschaften für jede Disziplin unentbehrlich macht.

Neben der Hilfs- und der integrierenden Funktion erfüllt
die Mathematik auch die einer *Initiativwissenschaft*. Darunter
wollen wir die Tatsache verstehen, daß mathematische Ergebnisse, Methoden und Verfahren nicht selten zunächst aus
innermathematischen Fragestellungen heraus entwickelt werden, dann (oft viel später) aber in irgendeiner Wissenschaft
neue Betrachtungsweisen anregen, ohne daß einer ihrer Schöpfer an eine solche Anwendung gedacht hätte. So geschah es
mit der Theorie der Markoffschen und Postschen Algorithmen,
die sich vor kurzem als eine der Grundlagen für den Bau moderner elektronischer Rechenanlagen erwiesen hat. Und die
zunächst sehr theoretischen Untersuchungen J. v. Neumanns
über Probleme der künstlichen Intelligenz führten zur Theorie der zellularen Felder, die heute für die Praxis sehr
wichtig ist: Sie liefert die theoretische Grundlage für
eine neue Generation elektronischer Rechner, die streng
zellular aufgebaut sind, dadurch einen hohen Integrationsgrad gestatten und darüber hinaus mit Lerneigenschaften versehen werden können.

Die Wechselwirkung mit der Mathematik bereichert nicht nur
die anderen Wissenschaften, sondern auch die Mathematik
selbst. Die Bedeutung anderer Wissenschaften für die Mathematik besteht wohl gerade darin, daß sie stets neue Probleme aufwerfen, die einen neuartigen mathematischen Apparat

verlangen, um mathematisch behandelt werden zu können. "Viel
von der besten mathematischen Inspiration entsteht aus der
Erfahrung ... Es fällt schwer, sich eine absolute, unveränderliche, von aller menschlichen Erfahrung losgelöste
mathematische Intuition vorzustellen", schreibt J.v. Neumann,
und P. Čebyšev sagt dazu: "Die Annäherung von Theorie und
Praxis ergibt die fruchtbarsten Ergebnisse; nicht nur die
Praxis gewinnt davon, auch die Wissenschaften entwickeln
sich unter ihrem Einfluß; sie eröffnet ihnen neue Themen
für die Untersuchung... Sie legt der Wissenschaft wesentliche neue Fragen vor und ruft sie auf diese Weise auf zur
Suche nach einer vollkommen neuen Methode. Wenn die Theorie
viel von den neuen Anwendungen der alten Methode oder von
ihren neuen Entwicklungen gewinnt, so erwirbt sie noch mehr
durch die Entdeckung neuer Methoden, und in diesem Fall finden die Wissenschaften für sich eine wahrhaft führende Hand
in der Praxis."

Solange eine Wissenschaft lebt, gibt es Fragestellungen,
Probleme und Ergebnisse, die sich noch nicht mathematisch
fassen lassen. Das gilt auch für die Mathematik selbst. Jeder Mathematiker schätzt Diskussionen mit Fachkollegen, in
denen neuartige Probleme für die mathematische Forschung
aufgeworfen werden, die sich noch nicht streng mathematisch
formulieren lassen, so daß allein die mathematische Formulierung des Problems schon ein schöpferischer Prozeß ist.
Häufig wird in diesem Prozeß die Lösungsmöglichkeit bereits
mitkonzipiert.

Computer: Neue Möglichkeiten, neue Fragen

Seit 1950 die Prinziplösung für den Aufbau elektronischer
Rechenanlagen geschaffen wurde, ist die Zahl elektronischer
Rechenanlagen so rapide angestiegen, daß man den Einsatz
von Computern geradezu als Merkmal der wissenschaftlich-technischen Revolution zu bestimmen versucht hat. Der Gesamtwert der z.Z. in der Welt arbeitenden Rechenanlagen wird

auf 100 Md. M geschätzt. Diese Rechenanlagen haben dem Mathematiker erhebliche Routinearbeit abgenommen. Andererseits haben sie ganz neuartige mathematische Probleme - insbesondere aus der numerischen Mathematik - aufgeworfen und veranlaßt, mathematische Ergebnisse neu zu bewerten. Zahlreiche Aussagen - z.B. der Banachsche Fixpunktsatz - waren in der Vergangenheit reine Existenzsätze[1], denn der in ihnen enthaltene Konstruktionsprozeß überstieg in konkreten Fällen bei weitem die rechnerischen Möglichkeiten eines einzelnen Menschen oder auch einer Gruppe geübter technischer Rechner. Durch den Computer erlangen viele von ihnen praktische Bedeutung.

Überhaupt hat der Computer einen neuen Lösbarkeitsbegriff geschaffen. In der klassischen Mathematik wurde ein Problem (z.B. eine Gleichung) als lösbar angesehen, wenn sich die Lösung explizit angeben ließ, d.h., wenn man sie mit Hilfe einer begrenzten Menge elementarer Funktionen und Operationen ausdrücken konnte. Heute hingegen gilt eine Klasse von Aufgaben als lösbar, wenn praktikable Algorithmen bereitgestellt sowie theoretische Aussagen über die Natur der Lösungen abgeleitet werden können. Es zeigt sich, daß die moderne Analysis in allgemeinen Räumen (Funktionalanalysis) diesem Herangehen besonders gut angepaßt ist. Hierbei nähern sich die rein theoretischen Methoden, mit der die Existenz von Lösungen gewährleistet werden kann, den Methoden zur praktischen approximativen Bestimmung immer mehr; zumindest können sie als Orientierung für das Herleiten praktischer Methoden dienen.

---

1) Unter Existenzsätzen werden in der Mathematik solche Sätze verstanden, die Aussagen darüber machen, daß es unter bestimmten Voraussetzungen sicher etwas gibt, das durch bestimmte Merkmale charakterisiert ist. Ein Existenzsatz ist z.B. der folgende 'Hauptsatz der Algebra': "Jede Gleichung $x^n + a_{n-1}x^{n-1} + \ldots + a_1 x + a_0 = 0$ mit komplexen Koeffizienten besitzt wenigstens eine Lösung". Aus diesem reinen Existenzsatz ergibt sich beispielsweise die Schlußfolgerung, daß sich jedes Polynom $f(x) = x^n + a_{n-1}x^{n-1} + \ldots + a_1 x + a_0$ in der Form $f(x) = (x-d_1) \ldots (x-d_n)$ schreiben läßt, wobei die d_i komplexe Zahlen sind.

Komplexe Ganzheiten erfassen

In der wissenschaftlich-technischen Revolution erhöht sich sprunghaft der Komplexitätsgrad aller Produktionsprozesse und ihrer Leitung. Zusammen damit wird auch die wissenschaftliche Arbeit zunehmend vergesellschaftet. Komplizierte Produktionsprozesse sind zu steuern; im Rahmen eines Kombinats ist eine Vielzahl von Betrieben zu leiten; schließlich ist das Wirtschaftspotential aller Partnerländer in der sozialistischen Staatengemeinschaft zu integrieren. All das verlangt von der Wissenschaft, Methoden zu entwickeln, mit denen man hochkomplizierte dialektische Ganzheiten beschreiben kann.

Diese Notwendigkeit stellte und stellt nahezu alle Wissenschaften vor prinzipiell neue Aufgaben. War die Wissenschaft im 19. Jh. weitgehend vom mechanischen Materialismus beeinflußt, so sind die Wissenschaftler unseres Jahrhunderts objektiv gezwungen - unabhängig von ihrer subjektiven Weltanschauung -, in Kategorien des dialektischen Materialismus zu denken.

Die großen Erfolge der klassischen Physik beruhten weitgehend darauf, daß es die von ihr betrachteten Naturprozesse häufig erlaubten, von komplizierten dialektischen Wechselwirkungen abzusehen. Newtons Beschreibung unseres Planetensystems z.B. ging von den vereinfachenden Annahmen aus, die Planeten seien als Massenpunkte zu betrachten und ihre Gravitationswirkungen aufeinander seien ebenso zu vernachlässigen wie die auf die Sonne. Übrig blieb ein relativ einfaches Problem: die Bewegung eines Massenpunktes in einem rotationssymmetrischen Schwerefeld. Versuche, den Gegenstand als Vielkörperproblem zu fassen, führten auf eine Vielzahl von zunächst unlösbaren mathematischen Schwierigkeiten.

Nicht zufällig entstammten die ersten Systembegriffe solchen Wissenschaften, in denen die Natur der Aufgabe es nicht erlaubte, den Gesamtprozeß dadurch zu erfassen, daß man ihn analytisch auf Elementarprozesse zurückführte. Dazu gehören die Biologie, die Ökonomie, die Soziologie und die technischen Wissenschaften.

Die Notwendigkeit, real vorhandene oder zu entwickelnde Systeme formalisiert zu beschreiben, zu analysieren, zu synthetisieren, zu organisieren und zu steuern, hat auch an die Mathematik eine Vielzahl von neuartigen Anforderungen gestellt. Diese unterscheiden sich qualitativ von jenen, die die Physik im vorigen Jahrhundert (das damals wichtigste Bindeglied zwischen Mathematik und Wirklichkeit) an die Mathematik gestellt hat. Sie können wohl als die wesentlichste Auswirkung der wissenschaftlich-technischen Revolution auf die Mathematik angesehen werden. So sind ganz neuartige mathematische Disziplinen entstanden, wie die Theorie der abstrakten Automaten und der formalen Sprachen, die lineare, nichtlineare und dynamische Optimierung, die Spieltheorie, die mathematische Statistik und statistische Qualitätskontrolle, die Informationstheorie, die Bedienungstheorie und andere.

Mathematische Beschreibung technischer Systeme gesucht

Ein typisches Produkt (und Mittel) der wissenschaftlich-technischen Revolution ist die numerisch gesteuerte Werkzeugmaschine. Bei ihrer Entwicklung ist nicht die Konstruktion der einzelnen Bauelemente und Baugruppen das Schwierigste - hier hat der herkömmliche Maschinenbau schon viel Vorarbeit geleistet. Da aber die Maschine automatisch gesteuert werden soll, muß man sie als ein komplexes System verstehen, das seinerseits in das Betriebsgeschehen integriert werden muß, soll es optimal nutzbar sein.

Analoges gilt für wissenschaftliche Geräte (automatische Analysesysteme[1], Steuerung von Experimenten, Pilotprozessen usw.).
Um solche Systeme zu beherrschen, brauchen wir eine mathematische Beschreibung, die die zahlreichen, aus der Industrie-
___
1) vgl. Wiss. u. Fortschr. 23 (1973) 8, S. 338 und 9, S. 420

forschung empfangenen Einzelprobleme theoretisch verallgemeinert und es ihrerseits erlaubt, Mathematik wirksam in der Industrieforschung einzusetzen.

Mathematische Theorien, die gewisse Seiten des Verhaltens technischer Systeme allgemein beschreiben, sind z.B. die Shannonsche Informationstheorie oder auch die Theorie der optimalen Steuerung dynamischer Systeme, die Pontrjagin und seine Schüler sowie Bellman - mit unterschiedlichen Gesichtspunkten - entwickelt haben.

Zu derart umfassenden und dennoch praktikablen Theorien zu kommen, ist nicht einfach: Der Grundlagenforscher kennt häufig zu wenig die konkreten Erfordernisse der Praxis, der Industriemathematiker aber wird mit einer Fülle konkreter Anforderungen überschüttet, so daß es ihm schwer fallen muß, die allgemeinen mathematischen Gesichtspunkte herauszuarbeiten und so ein mathematisches Modell zu schaffen, das alle wesentlichen Komponenten in einen geordneten, übersichtlichen Zusammenhang bringt.

Dieser Schwierigkeit könnte man u.a. dadurch begegnen, daß Mathematiker, die in der Grundlagenforschung arbeiten, zeitweilig in die Industrie gehen. Gerade in Entwicklungsabteilungen des Maschinenbaus und des wissenschaftlichen Gerätebaus sind die Voraussetzungen günstig, Mathematik einzusetzen und neue Gesichtspunkte für allgemeine Theorien zu gewinnen: kann man doch hier - vor der technischen Realisierung - die Funktionsweise einer Maschine oder eines Geräts insbesondere unter dem Gesichtspunkt der Aufnahme, Verarbeitung und Übermittlung von Informationen mit dem Ziel der Steuerung und Regelung mathematisch herausarbeiten.

Eine befriedigende mathematische Beschreibung technischer Systeme müßte einerseits weit genug sein, um auch künftige Entwicklungen erfassen zu können, andererseits aber den mathematischen Aufwand soweit beschränken, daß man ein vernünftiges Anschlußstück zur Sprache der Ingenieure finden kann. Damit könnte man vor allem gewisse Teile des Entwicklungs- und Konstruktionsprozesses automatisieren. Die Theorie wäre aber auch brauchbar, aus der mathematischen Analyse organismischer Systeme auf künftige technische Entwicklungen zu schließen (Bionik).

Es bleibt also noch viel zu tun, um all die zahlreichen technischen Anregungen zu einer allgemeinen mathematischen Theorie der Analyse, Synthese, Diagnose und Steuerung technischer Systeme zu verarbeiten.

Besonders problematisch für eine solche Theorie ist folgendes: Die Steuergrößen wie auch die zu steuernden Zustände können sowohl kontinuierlichen als auch diskreten Charakter haben. Strecken z.B. werden sowohl inkremental-digital als auch absolut-digital oder analog gemessen und eingestellt. Da man überdies die Störgrößen nicht streng erfassen kann, sind alle Parameter zufälligen Schwankungen unterworfen. Es sind also Systeme mit zufällig schwankenden Zuständen diskreten oder analogen Charakters zu beschreiben, zwischen denen komplizierte Wechselbeziehungen herrschen.

Betrachten wir als Beispiel wiederum eine numerisch gesteuerte Werkzeugmaschine oder ein wissenschaftliches Gerät. Derartige technische Systeme haben einen stofflichen Eingang (Werkstück, zu untersuchende Stoffprobe) und einen Steuereingang (technologische Information, Konstruktionszeichnung). Ihre Aufgabe ist es, das Werkstück in definierter Weise zu verändern bzw. die in der Probe gespeicherten Informationen zu erfassen. Informationen müssen auch über ein Werkstück gewonnen werden: Vor Beginn des Arbeitsprozesses muß man die Informationen erfassen, die der vorangegangene Arbeitsprozeß dem Werkstück aufgeprägt hat und die wichtig sind, den neuen Bearbeitungsprozeß zu dem vorhergegangenen kohärent zu machen. Zum Beispiel muß man jedes Werkstück für jeden Bearbeitungsschritt - von Hand oder automatisch - in eine solche Lage bringen, daß ein am Werkstück definierter Nullpunkt (Programmnullpunkt) mit dem jeweiligen Maschinennullpunkt übereinstimmt.

Bei den bis jetzt vorhandenen numerisch gesteuerten Werkzeugmaschinen versucht man, die meisten Parameter des stofflichen Eingangs mit im Steuereingang einzugeben, indem man
- die zu bearbeitenden Werkstücke im Rahmen gewisser Toleranzen nahezu gleich macht;
- alle Werkzeuge nahezu gleich aufspannt;
- voraussetzt, weder das Werkzeug noch der Maschinenkörper veränderten während der Arbeit ihre Form.

Solange all das vorausgesetzt werden darf, determiniert das Maschinenprogramm eindeutig den Bearbeitungsprozeß. Wesentlich komplizierter ist jedoch die Situation, wenn die Bearbeitungsgenauigkeit so groß sein muß, daß man diese idealisierenden Voraussetzungen nicht mehr aufrechterhalten kann. Dann machen Veränderungen der Werkzeuge (Anschleifen, Lageänderungen) Werkzeugmaßkorrekturen nötig. Ferner muß man die zufälligen Schwankungen der Maschinen- und Werkstückparameter berücksichtigen, die auch die sorgfältigste Vorbehandlung nicht ausschließen kann. Will man einen solchen Produktionsprozeß automatisch ablaufen lassen, so muß man während der Bearbeitung - in der Regel mehrmals - zwischendurch messen und danach entweder das Programm verändern oder die Parameter variieren, die für die Übersetzung des Programms in die realen Fertigungsschritte verantwortlich sind. Der Prozeß muß adaptiv gesteuert werden (AC-Technik: adaptive control).

Diese maschineninterne Optimierung technologischer Arbeitsbedingungen ist ein noch sehr junges Gebiet des Systementwurfs und wirft eine Vielzahl interessanter mathematischer Probleme auf. So können auch mathematische Forschungen, die auf ein bestimmtes Industrieprodukt zielen, vom Standpunkt der 'reinen' Mathematik recht interessante Fragen provozieren.

Aber die wissenschaftlich-technische Revolution übt einen noch weit umfassenderen Einfluß auf die Mathematik aus. Strukturen, die durch Abstraktion aus der modernen Produktion und ihrer Organisation gewonnen wurden, bereichern den Vorrat mathematischer Begriffe oder lassen für bereits vorhandene mathematische Begriffe eine neue Interpretation zu.

Klassische mathematische Disziplinen wertvoll

Der moderne Produktionsprozeß und die modernen Wissenschaften stellen, wie wir sahen, an die Mathematik ungeheuer viele neue Anforderungen. Die Zahl der Mathematiker aber ist begrenzt. Man fragt sich, ob man da die traditionellen Gebiete der Mathematik - z.B. die Zahlentheorie, die Algebra, die Geometrie - überhaupt noch aufrechterhalten soll und kann. Um diese Frage zu beantworten, muß man den komplizierten gesellschaftlichen Arbeitsprozeß erforschen, in dem neue mathematische Resultate produziert werden. Außer Äußerungen profilierter Mathematiker ist darüber z.Z. noch nichts bekannt. Eines scheint jedoch sicher zu sein: sind aus der Konfrontation der Mathematik mit der Wirklichkeit (oder mit anderen Wissenschaften) neuartige mathematische Fragestellungen hervorgegangen, so führen diese zu neuen mathematischen Theorien, die sich - zumindest für eine gewisse Zeit - eigenständig entwickeln und dazu keiner direkten Anregung aus der Wirklichkeit mehr bedürfen. In dieser Zeit aber nimmt die neue Theorie Anregungen aus Nachbargebieten auf (die ihrerseits aus Problemen der Wirklichkeit geschöpft haben). Sie ist nicht auf ein Endprodukt orientiert, wie das in der Industrieforschung notwendig ist; innermathematische Kriterien - z.B. nicht unwesentlich auch ästhetische Gesichtspunkte - entscheiden, welche Entwicklungen fortgeführt und welche Anregungen aufgenommen werden, und gerade dadurch kann die 'reine Mathematik' Modelle für künftige Bedürfnisse der Gesellschaft schaffen.

Es ist jedoch nicht zu erwarten, daß derartige Ergebnisse - die oft auf den Leistungen von Mathematikern vieler Jahrhunderte aufbauen - einem neu entstehenden gesellschaftlichen Bedürfnis unmittelbar entsprechen werden. Vielmehr wird man stets die mathematische Theorie der neuen konkreten Situation anpassen müssen.

Ein Beispiel mag das verdeutlichen. E. Galois versuchte vor
150 Jahren, ein uraltes mathematisches Problem zu lösen: die
Auflösung von algebraischen Gleichungen durch Radikale. Dabei
fand er einen neuartigen mathematischen Begriff, den der
Permutationsgruppe. Daraus entwickelte sich die Gruppentheorie, die in Wechselwirkung mit der Theorie der algebraischen
Zahlkörper das gesamte algebraische Denken umzuwandeln begann[1]. Parallel dazu entstanden Boole's Algebra der Logik,
Hamiltons Theorie der Vektoren, Quaternionen und hyperkomplexen Systeme sowie Cayleys Theorie der Matrizen und nichtassoziativen Operatoren. Trotz all dieser Entwicklungen sahen jedoch auch weiterhin viele Mathematiker die Algebra
so an, wie das I.A. Serret in seinem 1865 erschienenen 'Cours
d' Algèbre Supérieure' geschrieben hatte: "Algebra ist - genau genommen - Untersuchung von Gleichungen".

Anders ausgedrückt: Obwohl - angeregt durch algebraische,
geometrische und physikalische Motive - bereits verschiedene algebraische Strukturen geschaffen waren, spielte der
Strukturbegriff doch im Denken der Mathematiker noch keine
bestimmende Rolle.

Ein weiteres halbes Jahrhundert mußte vergehen, bis das strukturelle Herangehen an mathematische Probleme das Denken der
meisten forschenden Mathematiker beherrschte. Und erst 1935
erschien die berühmte 'Moderne Algebra' von B.L. van der
Waerden - die erste zusammenfassende Darstellung der Algebra
auf strukturtheoretischer Grundlage. Zur gleichen Zeit begannen Bourbaki mit einer Bestandsaufnahme sowie einer in sich
selbst ruhenden systematischen und logischen Darstellung der
Grundstrukturen der Mathematik. Damit sind die axiomatische
Methode und die Auffassung von der Mathematik als der Wissenschaft von den formalen Strukturen Allgemeingut der Mathematiker geworden. Und sicher nicht ganz zufällig fiel das zusammen
mit dem Entstehen erster formalisierter Systembegriffe in
anderen Wissenschaften.

In der Mathemtik sind also - rund hundert Jahre, bevor ein
gesellschaftliches Bedürfnis entstand, Ganzheiten zu be-

---

[1] vgl. Wiss.u. Fortschr. 23 (1973) 10, S. 447

schreiben, und aus völlig anderen Motiven - dafür geeignete Modelle entwickelt worden. Wahrscheinlich wäre aber die Vielfalt, mit der die Mathematik heute für derartige Zwecke genutzt wird, ohne die beschriebene innermathematische Entwicklung des Strukturbegriffs nicht möglich. Eine gesunde Entwicklung der Mathematik verlangt also ein sinnvolles Wechselspiel zwischen internen und externen Triebkräften mathematischer Forschung. Deshalb muß z.B. die Wissenschaftsleitung eines sozialistischen Staates darauf bedacht sein, ein harmonisches Verhältnis zwischen 'reiner' und 'angewandter' Forschung herzustellen und die Kommunikation zwischen Mathematikern, anderen Wissenschaftlern sowie unmittelbar in der Praxis Tätigen zu organisieren.

'Can Mathematics be Saved?'

Diesem harmonischen Wechselspiel dient es nicht, wenn versucht wird, die eine oder die andere Seite zu verabsolutieren. Leider treten solche Tendenzen tatsächlich auf und richten vor allem dann nicht wenig Schaden an, wenn sie sich mit überheblichen Äußerungen über die jeweils andere Richtung paaren.
So ist die Äußerung J. Dieudonnés in seinem Aufsatz 'Recent Developments in Mathematics': "Ich möchte betonen, wie wenig die jüngste Geschichte die frommen Plattheiten der Propheten des Jüngsten Gerichts bestätigt hat, die uns regelmäßig vor den schrecklichen Konsequenzen warnen, welche der Mathematik bestimmt seien, wenn man sie von den Anwendungen in anderen Wissenschaften trennt" zumindest ebenso überspitzt wie die Feststellung des amerikanischen Mathematikers W.G. Spohn: "Die Mathematik ist in eine Sackgasse geraten dank der Selbsttäuschung, sie wäre ein logisches System und ihr Ziel wäre Verallgemeinerung ... Sie hat den Anwendungen und aller Mathematik, die mit Anwendungen zu tun hat, den Rücken gekehrt. Die Anregungen aus der Natur werden ihr fehlen."
Beide Standpunkte fordern zur Polemik heraus.

Zunächst: Die großen Leistungen der Mathematik der letzten

25 Jahre, auf die sich J. Dieudonné bezieht, sind etwas einseitig ausgewählt. Große Fortschritte auf den der Praxis näherstehenden Gebieten hat Dieudonné nicht mit genannt. Die von ihm ausgewählten mathematischen Leistungen allerdings sind in der Tat nicht direkt von anderen Wissenschaften oder der Praxis angeregt worden. Ihre aus der Konfrontation der Mathematik mit der Wirklichkeit genährten Wurzeln haben sich zum Teil vor Jahrhunderten gebildet, so daß es langwierige historische Studien erfordert, ihren Bezug auf die Wirklichkeit zu zeigen. Zum anderen aber ist gerade der Reichtum solcher Bezüge zur Wirklichkeit, von dem die Mathematikgeschichte voll ist, eine Quelle für große mathematische Ergebnisse: Der größte Fortschritt ist häufig gerade in denjenigen mathematischen Disziplinen zu spüren, die durch das Zusammenwirken einer Vielzahl mathematischer Techniken geprägt sind. Dem Uneingeweihten erscheinen diese höchsten Leistungen moderner Mathematik als äußerst abstrakt und vom Leben losgetrennt. Das Bild ändert sich aber, wenn man von der historischen Entwicklung ausgeht. Dann erscheinen die modernen Theorien wohl motiviert, ihre Ergebnisse werden lebendig und notwendig. Ihr hoher Abstraktionsgrad entspricht ihrem hohen Entwicklungsstand. H. Helmholtz sagte dazu: "Jede tiefgreifende Veränderung der grundlegenden Prinzipien und Voraussetzungen einer Wissenschaft führt notwendig auf die Bildung neuer abstrakter Begriffe und ungewohnter Vorstellungsverbindungen, in welche sich die zeitgenössischen Leser nur langsam einleben, wenn sie überhaupt geneigt sind, sich diese Mühe zu geben."
Der Abstraktionsgrad sollte jedoch kein Hindernis sein, das Gespräch und die Zusammenarbeit von Mathematikern verschiedener Disziplinen sowie von Mathematikern und Vertretern anderer Wissenschaften aufzunehmen. Das, was heute noch abstrakt erscheint, mag morgen bereits Studenten der ersten Studienjahre vertraut sein. Denken wir nur daran, daß im Mittelalter viele Universitätsstudenten Mühe hatten, den 5. Lehrsatz des Euklid[1] zu begreifen, der letzte Lehrsatz -

---

1) "Im gleichschenkligen Dreieck sind die Basiswinkel gleich".

der Pythagoreische - aber nur Magistern der Mathematik zugänglich war und deshalb 'Magistermathesos' hieß!

Unser amerikanischer Kollege W.G. Spohn fragt in der Überschrift des Artikels, aus dem oben zitiert wurde: "Can Mathematics be Saved?" Man könnte antworten: Natürlich nicht, wenn man die Tendenzen zur Isolierung der mathematischen Teildisziplinen voneinander und von den Erfordernissen der Praxis nur besorgt registriert. Wir Mathematiker der sozialistischen Länder haben die Möglichkeit, solchen Tendenzen entgegenzuwirken - sowohl im Rahmen unserer nationalen Wissenschaftsleitung als auch in der internationalen sozialistischen Arbeitsteilung, die unser Potential ungeheuer vergrößert und es uns erleichtert, ein ausgewogenes Verhältnis zwischen 'reiner' und 'angewandter' Forschung herzustellen. Keiner kann sagen, das wäre einfach. Dazu werden viele klärende Diskussionen nötig sein. In der Sowjetunion und auch in der DDR haben solche Diskussionen begonnen. Von uns Mathematikern selbst erfordert das -unabhängig davon, ob wir an einer Universität oder in einem Industriebetrieb arbeiten - größte Aufgeschlossenheit gegenüber den gesellschaftlichen Anforderungen an die Mathematik und Bereitschaft, die Möglichkeiten der Mathematik zu verwirklichen. Mit der wachsenden Bedeutung der Mathematik wächst die Verantwortung des Mathematikers vor der Gesellschaft. Es ist nicht ausgeschlossen, daß sich die gegenwärtig in kapitalistischen Ländern zu beobachtende Orientierung eines Großteils der Wissenschaftler auf sehr theoretische Gebiete auch als eine Flucht vor dieser Verantwortung deuten läßt: Sie glauben, daß so der Militär-Industriekomplex keinen Profit zum Schaden der Menschheit aus ihren Forschungsergebnissen ziehen könnte.

Der Abwurf der amerikanischen Atombomben auf Hiroshima und Nagasaki hat die Verantwortung des Wissenschaftlers vor der Gesellschaft ins Licht gerückt. Aber haben nicht ein auf der Grundlage modernster mathematischer Erkenntnisse entwickelter Computer zum Berechnen günstiger Strategien oder eine klug durchdachte mathematische Optimierung des Einsatzes ame-

rikanischer Bombengeschwader in Vietnam ein Vielfaches der
Opfer von Hiroshima und Nagasaki gefordert?

Für den Mathematiker wie für jeden anderen Wissenschaftler
gilt das ständige Besinnen auf den gesellschaftlichen Zusammenhang als Maxime seines Handels. Die Kenntnis der Ent-
wicklungsgesetze der Gesellschaft ist zu einer Voraussetzung
dafür geworden, daß er seine Aufgaben zum Wohl des Menschen
lösen kann. Die Einheit von Politik und Wissenschaft, von
Theorie und Praxis ist die Grundlage für unser erfolgreiches
Wirken.

FRIEDRICH L. BAUER

geboren am 10.6.1924 in Regensburg

Studium der Mathematik, Theoretischen Physik, Astronomie an der Universität München.

1958 ao. Professor für Angewandte Mathematik an der Universität Mainz

1962 ordentlicher Professor an der Universität Mainz

1963 ordentlicher Professor für Mathematik an der Technischen Hochschule München

F.L. Bauer ist durch zahlreiche wissenschaftliche Arbeiten aus der Numerischen Mathematik und über die Programmierung von Rechenanlagen bekannt geworden und zählt zu den Begründern der Programmiersprache ALGOL. 1967 war er Gastprofessor an der Stanford University.
Er war langjährig Vertreter Deutschlands in der IFIP (International Federation for Information Processing), ist ordentliches Mitglied der Bayerischen Akademie der Wissenschaften und wurde 1971 mit dem Bayerischen Verdienstorden ausgezeichnet. 1974 verlieh ihm die Universität Grenoble den Ehrendoktor.
Professor Bauer widmete sich seit 1967 in besonderem Maße dem Aufbau der Studienrichtung Informatik. Er ist Mitglied des Direktoriums des Leibniz-Rechenzentrums und Sprecher des Münchner Sonderforschungsbereiches 49 "Informatik". Er lehrt heute an der Technischen Universität München Mathematik und Informatik. Hauptarbeitsgebiete sind einerseits Verbandstheorie und Theorie der Positivität und Normen in Vektorräumen, andererseits Programmiersprachen und die Methodik der Programmierung.

Was heißt und was ist Informatik?

F. L. Bauer

I.

Informatik heißt eine neue wissenschaftliche Disziplin, die in den letzten knapp dreißig Jahren entstanden ist, angestoßen durch die Probleme der Programmierung von Rechenanlagen oder, wie mancher sich heute vornehm ausdrückt, der *software* der *computer*.

In den vierziger Jahren dieses Jahrhunderts stand die technische Bewältigung der mit dem Bau und Betrieb von Rechenanlagen zusammenhängenden Probleme im Vordergrund. Da waren Fragen der Haltbarkeit von Schaltelementen und Kontakten, Fragen des kostensparenden und zuverlässigen Aufbaus von Schaltkreisen, Fragen der Impulstechnik und der Schaltungstechnik zu bewältigen; eine gerätetechnische Erfindung wie etwa die der Magnettrommel als Speichergerät war geeignet, die Entwicklung auch funktionell zu beeinflussen, wie man aus der deutschen Nachkriegsentwicklung unter *Zuse* und *Billing* weiß. Die Programmierung war, nicht ganz zu Unrecht, Nebensache. Man sieht das daran, daß Pioniere wie *Aiken*, *Stibitz*, *Eckert* in den USA, *Couffignal* in Frankreich, *Kilburn* in England keine Spuren auf dem Gebiet der Programmierung hinterlassen haben. Andere spürten, daß die Programmierung dem Ingenieur über den Kopf wachsen konnte, und suchten das Bündnis mit Programmierungsspezialisten, die normalerweise aus der Mathematik kamen: *Speiser* in Zürich gewann *Rutishauser*, *Wilkes* in Cambridge, England, zog *Gill* und *Wheeler* zu sich, *Hans Piloty* in München fand *Sauer* und dessen Schüler als Partner.

Unter den Pionieren ragt aber *Zuse* hervor, der mit dem 'Plankalkül' 1945 weit in die Problematik der Programmierung vorstieß; zu weit, als daß seine Vorstellungen unmittelbarer Realisierung zugänglich waren. Somit hätte auch ein Ingenieur der Begründer der Informatik in unserer Zeit sein können. Die überragende mathematische Begabung, das Gespür für Wesentliches wie auch die beherrschende Stellung im Wissenschaftsbetrieb ließen aber J. *von Neumann* zu dieser Rolle kommen, die ihren ersten Ausdruck in dem vielbeachteten Princeton-Bericht von 1947 'Planning and Coding of Problems for an Electronic Computing Instrument' fand. Bald schlossen sich viele andere an, von denen oben nur einige genannt wurden.

Damals und bis in die sechziger Jahre sprach man noch nicht von Informatik und schon gar nicht von einer wissenschaftlichen Disziplin. Das letztere war sicher weise, denn eine Wissenschaft wächst langsam und läßt sich weder durch Fleiß noch durch Verwaltungsakt etablieren. *Bottenbruchs* Dissertation von 1958 etwa wie auch noch *Seegmüllers* Dissertation von 1966 liefen aus guten Gründen unter der Flagge der Mathematik.

Etwa ab 1960 kristallisierte sich dann in den USA der Wunsch heraus, die Lehre von der Programmierung von Rechenanlagen von der Mathematik abzutrennen, hervorgerufen in gewissem Maße durch das Unverständnis, das eine Sorte Reiner Mathematiker ('Abgewandte Mathematiker') zeigte, aber auch, bei *Gorn*, *Perlis*, *McCarthy* und *Carr*, betrieben unter dem Eindruck einer sich abzeichnenden methodischen und thematischen Selbstständigkeit. Numerische Mathematik nahm man mit und hatte damit ein Standbein, wie es *Forsythe* in Stanford war, welches man auch dringend benötigte. Das ganze wurde Computer Science genannt.

Um die Mitte des Jahrzehnts, mit der gebotenen Phasenverschiebung, folgte eine ähnliche Entwicklung in Großbritannien, Frankreich und Deutschland. 1967 etwa führte man in München in der Abteilung Mathematik an der TUM 'Informationsverarbeitung' als neues Studienfach ein. Nachdem in Frankreich das Wort 'informatique' aufgekommen war, wurde 'Informatik' auch in Deutschland für das neue Gebiet akzeptiert, wobei allerdings die Numerische Mathematik, da sie nicht mehr als wissenschaftliches Alibi benötigt wurde, ausgeschlossen war. 1968 proklamierte der damalige Forschungsminister Stoltenberg ein großangelegtes Forschungsprogramm des Bundes für die Datenverarbeitung und bezeichnete den wissenschaftlichen Hintergrund dieses Gebietes als Informatik. Die Fachverbände GAMM und NTG führten bald eine heftige Diskussion über den Umfang der Informatik, ausgedrückt in Lehrgebieten und Lehrstoffen. Dabei war das von der US-dominierten Association for Computing Machinery (ACM) 1968 herausgegebene 'Curriculum for Computer Science' Ausgangspunkt und Leitlinie. Im Endergebnis ('GAMM-NTG - Empfehlungen'[1]) war gegenüber der Computer Science, ermöglicht durch den Ausschluß der Numerischen Mathematik, eine Verbreiterung durch stärkere Einbeziehung funktionaler Aspekte ('technische Informatik') und programmierpraxisnaher Aspekte ('praktische Informatik') erreicht worden, ohne daß darunter die innere Geschlossenheit des Gebietes leiden mußte. Insbesondere war eine deutliche Abgrenzung zur Mathematik wie auch zur Nachrichtentechnik gelungen, die allerdings erforderlich war, um eine Konzentration der anlaufenden Förderungsmaßnahmen des Bundes zu ermöglichen. Das klingende Wort 'Informatik' und der vermeintlich fette Bundessäckel fanden auch Interesse in einigen Anwendungsgebieten der Informatik. Während aber Ausdrücke wie 'theoretische Informatik', 'praktische Informatik', 'technische Informatik' lediglich Schwerpunktsbildungen innerhalb einer einheitlichen Informatik bezeichnen, waren Konstruktionen wie 'Rechtsinformatik', 'medizinische Informatik', 'Wirtschaftsinformatik','Ingenieurinformatik' sprachlich falsch und sollten besser 'Informatik in der Jurisprudenz, in der Medizin, in den Wirtschaftswissenschaften, in

---

1) Gemeinsame Stellungnahme des Fachausschusses Informationsverarbeitung der GAMM und des Fachausschusses 6 der NTG zu den Empfehlungen des BMwF zur Ausbildung auf dem Gebiet der Datenverarbeitung (1969).

den Ingenieurwissenschaften' lauten. Man bezeichnet als
'Ingenieurmathematik' nämlich auch nicht eine besondere,
nur für Ingenieure geschaffene und anwendbare Mathematik,
sondern eine ganz normale Mathematik, ausgewählt aus dem
gesamten Stoffgebiet, die der Ingenieur braucht und die
mit Anwendungsbeispielen aus den Ingenieurwissenschaften
motiviert und erläutert wird.

Erfreulicherweise hat sich im wissenschaftlichen Leben durchaus eine Auffassung der Informatik durchgesetzt, die zentripetaler Natur ist und so die Konzentration der Kräfte fördert; eine Auffassung, die sich etwa in den Aktivitäten
der 'Gesellschaft für Informatik' widerspiegelt. Zu erwähnen
wäre noch der Sprachgebrauch, der sich gelegentlich in
philosophischen Zirkeln der kommunistischen Einflußsphäre
findet: Informatik als Zusammenfassung von Informationswissenschaften im weitesten Sinn [1] , von der Zeitungswissenschaft und Medientheorie bis zur Soziologie. Eine solche
Zusammenfassung ist zwar schlagwortartig brauchbar (man denke an den Mißbrauch von 'Kybernetik'), aber wissenschaftstheoretisch nutzlos, eine Aufzählung wie "Nachrichtentechnologie, Signaltheorie, symbolische Logik, Schaltwerkstheorie,
Theorie formaler (Programmier-)Sprachen, Informationstheorie
und statistische Thermodynamik, Nervenphysiologie, physikalisch-mathematische Theorie der Systeme, Algorithmen- und
Automatentheorie" bringt nichts. Logik ist sicher keine
Teildisziplin der Informatik und auch nicht Nachrichtentechnologie, um nur zwei Beispiele zu nehmen. Abgesehen davon
hat eine solche Auffassung auch in den sozialistischen Ländern den Gebrauch des Wortstammes Informatik im engeren, oben
beschriebenen Sinn nicht aufgehalten: Ein Institut der Sibirischen Abteilung der Sowjetischen Akademie der Wissenschaften, das unter Leitung von A.P. Jerschow steht, trägt
die Bezeichnung Institut für Informatik. Nach unserer Kenntnis stimmt diese Bezeichnung für das Arbeitsgebiet Jerschows
mit unserem oben beschriebenen Gebrauch überein.

---

1) Siehe etwa G. KLAUS, Wörterbuch der Kybernetik, Bd. 1, 2. Frankfurt 1969.

Informatik heißt also ein neues, wissenschaftliches Gebiet,
das pragmatisch in Lehre und Forschung durch Aufzählen von
Vorlesungsthemen [1] und Forschungsaufgaben[2] abgegrenzt werden
kann.

II.

Was aber ist Informatik?

Diese Frage ist schwieriger zu beantworten, sie ist nicht
nur fachlicher, sondern auch philosophischer Natur und insofern, als Wissenschaftstheorie nicht unhistorisch betrachtet werden kann, auch vor dem Hintergrund einer geistigen
Entwicklung zu sehen. Diese kann hier nur kurz skizziert
werden, wobei neben die unvermeidliche Unvollständigkeit
auch eine gewisse Willkür in der Setzung der Gewichte tritt,
wofür ich, erwarteter Beanstandung vorbeugend, um Entschul-
digung bitten möchte [3].

Geistige Wurzeln der Informatik reichen zurück bis ins
Altertum und Mittelalter, wo Probleme der Nachrichtenüber-
mittlung mit primitiven Mitteln und der Zwang zur Abschir-
mung dieser Nachrichten zu Codierungen führten; die daraus

---

1) Vgl. etwa die Kursvorlesungen aus dem Gesamtverzeichnis der an der
Abteilung Mathematik der TU München angebotenen Vorlesungen: Einführung
in die Informatik, Physikalisch-elektrotechnische Grundlagen der Informatik, Praxis des Programmierens, Algorithmische Sprachen, Datenstruktur
und Datenorganisation, Systemprogrammierung, Betriebssysteme, Halb-
gruppen- und Automatentheorie, Formale Sprachen, Übersetzerbau, Funk-
tioneller Aufbau digitaler Rechenanlagen, Schaltwerktheorie, Informa-
tions- und Codierungstheorie, Analogrechner, Prozeßrechner, Hybrid-
rechner.

2) Vgl. etwa die Fachgebiete des Überregionalen Forschungsprogramms
Informatik im Zweiten Datenverarbeitungsprogramm der Bundesregierung:
Automatentheorie und formale Sprachen, Programm- und Dialogsprachen
sowie ihre Übersetzer, Rechnerorganisation und Schaltwerke, Betriebssysteme, Systeme zur Informationsverwaltung, Verfahren zur digitalen
Verarbeitung kontinuierlicher Signale, Technologie der Datenverarbeitung, Automatisierung technischer Prozesse mit Digitalrechnern,
Rechnerunterstütztes Planen, Entwerfen und Konstruieren, Methoden
zur Anwendung der DV in der Medizin, Methoden zur Anwendung der DV
im pädagogischen Bereich, Betriebswirtschaftliche Anwendung der DV,
Methoden zur Anwendung der DV in Recht und öffentlicher Verwaltung.

3) Ansätze zu einer historischen Betrachtung der Informatik finden
sich im Anhang 'Zur Geschichte der Informatik', in F.L. Bauer,
G. Goos, Informatik, 2. Teil, Springer 1971.

folgende und auch noch in der Neuzeit sich entwickelnde
Kryptologie wäre als eine früh abgezweigte, außerhalb des
klassischen Wissenschaftsbetriebs stehende Teilwissenschaft
der Informatik anzusehen. Ebenfalls bis in die Antike zu-
rückreichende Versuche, 'sich selbst bewegende Maschinen',
frz. *automates*, zu konstruieren, führten in handwerklicher
Verbindung mit der Uhrmacherkunst zur programmierbaren Ablaufsteuerung, die sich ebenso in den Spielautomaten des
18. Jahrhunderts wiederfindet - etwa *Ludwig Knaus'* Schreib-
automat - wie in den automatischen Webstühlen von *Falcon*
und *Jaquard*. Ganz im Zentrum steht aber die Mechanisierung
von (Rechen-) Operationen, die in den mechanischen Rechenmaschinen von *Schickard, Pascal* und *Leibniz* gelingt und die
von *Leibniz* philosophisch ausgedehnt wird auf jedwedes Spiel
mit Zeichen, also auf Rechnen im weitesten Sinn, logisches
Schließen ('ich rechne damit, daß er kommt, weil ...') einbezogen.

Damit haben wir mit den Elementen

> Codierung durch Zeichen
> Mechanisierung der Operationen mit Zeichen
> programmierbare Ablaufsteuerung von Operationen

die Grundlagen des Wissenschaftsinhalts der Informatik, die
in der Verbindung dieser Elemente in einem P r o g r a m m,
das einen A l g o r i t h m u s darstellt, gipfelt und insofern als Wissenschaft von der Programmierung der Informa-
tions-, d.h. Zeichenverarbeitung aufgefaßt werden kann.

Historisch findet sich damit die Informatik in Ahnungen bei
Leibniz[1], in mißglückten Versuchen bei *Babbage*, theoretisch,
aber unpraktisch bei *Turing*, fast voll ausgebildet bei *Zuse* -
wenn man die Konstruktion der Anlagen bis zur Z4 und den
Plankalkül zusammennimmt, abgeschlossen bei *J. von Neumann*
mit der durch das beliebig abänderungsfähige Programm erreichten Universalität im *Church*'schen Sinn.

Neben die Frage nach dem Wissenschaftsinhalt tritt aber so-

---
1) G.W. Leibniz, De scientia universali seu calculo philosophico.

gleich die Frage nach dem Wissenschaftsprogramm. Hierzu sei
aus einem 1970 erschienenen Artikel zitiert[1] :
"... heute steht die Beschäftigung mit ... digitalen Rechenanlagen ... im Vordergrund. Aus Gründen der geistigen Ökonomie und nach allgemeinen Prinzipien der Wissenschaft wird sich das Studium nicht mit einer Aufzählung der Rechneranwendungen begnügen dürfen und können. Statt dessen muß es versuchen, Gemeinsamkeiten in den verschiedenen Anwendungsgebieten aufzudecken, sozusagen abstrahierte Anwendungen finden. ... Eine Hauptaufgabe der Informatik ist es also, Gemeinsamkeiten verschiedener Aufgaben herauszuarbeiten und abstrahiert vom konkreten Einzelfall zu beschreiben, damit sie für weitere Anwendungen erschlossen werden können."

Informatik ist also eine anwendbare und nach Anwendungen verlangende Wissenschaft. Das war selbst mit der Mathematik einmal so; eine Reine Informatik hat vorläufig noch keine Chancen. 'Rein' bezeichnet bei Wissenschaftsgebieten eine Altersform.

Informatik ist ferner eine Wissenschaft, in der - in aller Regel durch eine Anwendung hervorgerufen - etwas geschaffen wird, Algorithmen gefunden und durch Programme beschrieben werden. Insofern ist sie eine Ingenieurwissenschaft. Ungleich den klassischen Ingenieurwissenschaften ist jedoch das Geschaffene immateriell [2] , nicht an Stoff und Energie gebunden. Insofern ist die Informatik eine Geisteswissenschaft wie auch die Mathematik.

Ist denn die Informatik überhaupt eine selbständige Wissenschaft? Benützt sie nicht in großem Umfang mathematische Methoden? Dies tut auch die Theoretische Physik, ohne deshalb Mathematik zu sein. Waren heute selbständige Gebiete wie Bahnastronomie oder Geodäsie wenigstens einmal Teilgebiete der Mathematik, der sie sich auch zugehörig fühlten, so ist das bei der Informatik keinesfalls so. Auch wenn Mathematik ein vorzügliches formales Training für einen her-

---

1) Bauer, F.L. und P. Deussen, Ein junges Fachgebiet mit Zukunft: Die Informatik. In: Süddeutsche Zeitung vom 16.12.1970, Nr. 300, Beilage.

2) Diese Sonderstellung zeigt sich im herkömmlichen Patentrecht, wonach Erkenntnisse der Informatik als 'Anweisungen an den menschlichen Geist' nicht schutzfähig sind.

anwachsenden Informatiker ist, braucht und soll sich dieser
nicht als Mathematiker begreifen, denn es gibt einen wesentlichen Unterschied:
In der Mathematik werden Beziehungen gleichsam statisch, also in Ruhe befindlich, betrachtet. Auch dort, wo ein 'Fortschreiten' wesensgemäß ist, wie beispielsweise bei Differentialgleichungen, haben funktionalanalytische Methoden große
Erfolge erzielt, bei denen vom zeitartigen Charakter des
'Fortschreitens' gänzlich abgesehen wird und die Funktion
'als Ganzes' zum Objekt wird.

In der Informatik hingegen prägt die Betrachtung von Abläufen oder 'Prozessen' ganz entscheidend die Denkweise.
Der Begriff des Algorithmus, der schrittweise Ablauf und die
operative Durchführung von Algorithmen stehen im Vordergrund.
Die Finitheitsforderung, daß nach endlich vielen Schritten
entweder eine Lösung eines Problems bekannt sein muß, oder
bekannt sein sollte, daß es keine Lösung geben kann, hat
weiterhin prägenden Einfluß auf Denk- und Arbeitsweise der
Informatik.

Andererseits kommt es der Informatik auch nicht zu, Teilgebiete der Mathematik, wie Halbgruppentheorie, Verbandstheorie, Systemtheorie, auch mathematische Logik ('symbolische
Logik') sich nun einzuverleiben. [1]

Die Abgrenzung der Informatik zur Nachrichtentechnik wird
erleichtert durch die Erkenntnis, daß die Informatik mit
der Programmatur (der 'software') zu tun hat, und nicht mit
der Technologie der Geräte (der 'hardware'). Zwar sind
gelegentlich mehr funktionell, weniger materiell geprägte
Teile der Nachrichtentechnik in den Sog der Informatik geraten oder werden noch dahin gelangen, eine Einbeziehung
aber etwa der Nachrichtengerätetechnologie in die Informatik kann nicht in Frage kommen. Die 'technische Informatik'
ist jedenfalls nicht dahingehend zu verstehen, daß sie sich
um die Technik der Geräte kümmert, wohl aber um ihre Funk-

---

[1] Methodisch am nächsten stehen sich noch mathematische Logik und Informatik: Es bestehen Parallelen zwischen dem Ablauf von Beweisen und
dem Ablauf von Algorithmen ganz allgemein; Informatik umfaßt vielleicht
auch praktisch eines Tages die Metamathematik.

tionsprinzipien.Sie stellt daher die so überaus wichtige
Nahtstelle zur Nachrichtentechnik, speziell zur Rechengerätetechnik dar.

Informatik ist also weder Mathematik noch Nachrichtentechnik, sie ist eine Ingenieur-Geisteswissenschaft (oder eine
Geistes-Ingenieurwissenschaft, wem das besser gefällt).
Sie ist, wenigstens in ihrer heutigen Frühform, in sich eine
angewandte Wissenschaft; der Ausdruck Angewandte Informatik
ist insofern pleonastisch. Wenn ich ihn trotzdem gebrauche,
so in dem Sinn der Pflege gewisser Anwendungen. Nicht alle
Teile der Informatik werden für jede Anwendung gebraucht.
Wichtige Sparten wie Übersetzerbau, Betriebssysteme, Systemprogrammierung, Mikroprogrammierung zielen auf die 'innere
Anwendung' hin, sie haben die Aufgabe, aus dem 'nackten'
Gerät, in mehreren Stufen, ein Rechnersystem zu schaffen,
das auf gewisse Anwendungen hin ausgelegt ist - in der Regel
dabei die Stufe der mittleren, fast universellen Programmiersprachen (sie heißen oft noch high-level languages) erreichend. Die einzelnen Anwendungen verlangen dann häufig noch
besondere Anstrengungen des Informatikers, oft mit Rückwirkung auf tiefere Stufen, um zu praktischen Instrumenten zu
gelangen. Solche sind bei <u>Realzeitanwendungen</u> - von der industriellen Fertigungssteuerung und -überwachung über medizinische Anwendungen bis zur Meßwertinstrumentation in der
experimentellen Physik - anders als bei <u>Datenhaltungsanwendungen</u> - von der Dokumentation und Informationssuche über
Verwaltungsautomation bis zur Baustellen- und Lagerinventur. Sie sind bei <u>technisch-wissenschaftlichen Rechnungen</u>
- von der Physik über Theoretische Chemie zu Maschinenbau,
Bauingenieurwesen und Elektrotechnik und vielen anderen -
anders als bei <u>statistischen Aufgaben</u> - in der Qualitätskontrolle, in der Bevölkerungsstatistik -, um nur zwei Gegensätze zu nennen. Sonderfälle der Anwendung bestehen dort,
wo die Anwendung auf eine geistige Querverbindung zur Informatik trifft. Dies gilt für die Linguistik (Programmiersprachen),für die Biologie, Physiologie, Psychologie und
Psychiatrie (die kybernetische Querverbindung) und für die

Jurisprudenz (einerseits wegen der Rechtsfragen des Rechnereinsatzes, andererseits wegen der Verwendung des logischen Schließens in der Jurisprudenz).

Zu diesen Sonderfällen gehören auch die Anwendung der Informatik im Unterrichtswesen und die militärische Anwendung. Aber selbst diese Sonderfälle rechtfertigen nicht ohne weiteres Wortverbindungen wie 'Rechtsinformatik'. Es erfordert einen gründlichen Dialog und lange Jahre zweiseitiger Zusammenarbeit, um vielleicht eines Tages zu solch anspruchsvollen Formulierungen zu gelangen. Statt daß jede geachtete Disziplin sich nun einen Ableger zulegt, der durch irgendeine Zusammensetzung mit -Informatik bezeichnet wird, ist vielmehr zu hoffen und zu wünschen, daß in allen Disziplinen, und es sind weit mehr als oben aufgezählt, in denen die Informatik angewandt werden kann, dies auch tatsächlich geschieht und zum Allgemeingut wird.

Dies trifft auch für die Anwendung der Informatik in der Volks- und besonders in der Betriebswirtschaft zu. Sie ist ganz normal, kein Sonderfall zweiseitiger Beziehung wie oben. Ein Sonderfall ist sie dennoch, weil über 90 % der Umsätze der DV-Industrie auf kaufmännische und verwaltungsmäßige Anwendungen entfallen. Deshalb von einer 'Betriebsinformatik' zu reden, ist geeignet, ein zu rosiges Bild entstehen zu lassen. Noch sind in der Volks- und Betriebswirtschaftslehre nicht einmal die mathematischen Methoden vollkommen eingezogen. Die Informatik muß ebenfalls langsam Eingang finden. Das ist wichtiger als deklamatorische Äußerungen, so gut sie auch an einzelnen Stellen gemeint sein mögen. Für Volks- und Betriebswirte, aber ebenso für Mediziner, Ingenieure, Juristen braucht man keine besondere Informatik, schon gar nicht eine 'einfachere'; eine 'schlechtere' wird man ebenfalls nicht wollen. So wie Mathematik an deutschen Technischen Hochschulen für Physiker und Ingenieure von Mathematikprofessoren gelehrt wird, so muß Informatik für Anwender von Informatikprofessoren gelehrt werden, und zwar von solchen, die sich im allgemeinen Wettbewerb durchgesetzt haben, und nach wissenschaftlichen

Maßstäben, soweit es an Universitäten geschieht[1].

III.

Während im ersten Abschnitt rein pragmatisch versucht wurde, den Gebrauch des Wortes Informatik zu umreißen, diente der zweite dazu, die historische, wissenschaftstheoretische und wissenschaftspolitische Situation der Informatik zu schildern. Der darin liegende Ansatz zu einer Definition - Codierung durch Zeichen, Mechanisierung der Operationen mit Zeichen, programmierbare Ablaufsteuerung dieser Operationen - müßte farblos bleiben ohne ein Beispiel. Dies soll nunmehr nachgeholt werden. Eine strenge, innere Definition zu geben, wird nicht versucht werden, dazu reichen m.E. die heute vorhandenen ersten Einblicke in das Wesen der Informatik nicht aus.

Das Beispiel, das wir benützen wollen, stammt in seiner ursprünglichen Gestalt aus der elementaren Arithmetik und lautet

(A) "Für eine gegebene natürliche Zahl a und eine gegebene natürliche Zahl n berechne man a^n".

Meistens haben Aufgaben, die an einen Informatiker herangetragen werden, diese Form eines Wunsches - oft sogar in völlig impliziter Form wie 'berechne eine Zahl, deren dritte Potenz gleich 2 ist' - gelegentlich auch ohne die Spur eines Anhaltspunktes über die Existenz und Eindeutigkeit, wie es etwa dem inzwischen verstorbenen H. Rutishauser erging, den ein potentieller Benutzer der ERMETH aufforderte, 'zu berechnen, warum es in seinem Silo zu heiß wurde'.

In unserem Fall hilft es, wenn wir annehmen, der Informatiker

---

[1] Zwar bin ich durchaus der Meinung, daß viele Angehörige der sogenannten Datenverarbeitungsberufe ihre Ausbildung besser an Fachschulen, Fachoberschulen, Fachhochschulen etc. erfahren würden als an Universitäten. Da aber Mathematik, wie es den Anschein hat, weiterhin den Universitäten vorbehalten bleibt, können wir uns im vorliegenden Rahmen auf Informatik an Universitäten beschränken.

habe von Mathematik nie etwas gehört. Er wird dann fragen: "Was ist das, a^n?" und es darf erwartet werden, daß er bereits eine explizite Erklärung erhält, wie etwa: "das ist a, n-mal mit sich selbst multipliziert". Besonders klar ist diese Erklärung nicht, aber mit gutem Willen ist sie zu verstehen. Der Informatiker tut gut daran, eine präzisere Formulierung zu suchen, sozusagen als Basis des Werkvertrags, den er mit dem Klienten einzugehen bereit ist. Er vergewissert sich also, "das heißt nicht

$$a \underbrace{; a \cdot a \cdot \ldots ;}_{n} a, \text{ sondern } \underbrace{a \cdot a \cdot a \ldots \cdot a}_{n}"$$

und kann froh sein, wenn sein Partner dem zustimmt, insbesondere dem Gebrauch der berüchtigten drei Pünktchen. Auf dieser Basis stellt der Informatiker nunmehr fest, daß seine Aufgabe zwei Parameter enthält, die, mit a und n bezeichnet, natürliche Zahlen sind, und als Ergebnis eine natürliche Zahl hat, formalisiert

(<u>nat</u> a, <u>nat</u> n) <u>nat</u>

und geht daran, auch die verlangte Operation zu präzisieren - genauer gesagt, von einer Schreibweise wie "a^n" oder "$\underbrace{a \cdot a \cdot \ldots \cdot a}_{n}$", oder von einer Sprechweise wie "a, n-mal mit sich selbst multipliziert" zu einer operationalisierten Definition im Sinne der elementaren Zahlentheorie zu gelangen:

(1) $\quad a^n = \begin{cases} a & \text{falls} \quad n=1 \\ a \cdot a^{n-1} & \text{falls } n > 1. \end{cases}$

Aus schreibtechnischen Gründen noch a^n durch $pow(a,n)$ ersetzend - und der professionellen Verwendung englischer Wortsymbole nachkommend - erhalten wir also die konstruktiv-definitorische Beziehung

$pow(a,n) = \underline{if}$ n=1 <u>then</u> a
$ $ <u>else</u> a · $pow(a,n-1)$ <u>fi</u>

und die Rechenvorschrift pow selbst, der Algorithmus, ist definiert durch

(V_1) pow = (**nat** a, **nat** n) **nat**:
            if n=1 **then** a
                else a · pow (a,n-1) **fi**

Wir haben diese Banalität so ausführlich besprochen, weil sie die Grenze zwischen Informatiker und Anwender, hier Mathematiker, zeigt: Die Stellung der Aufgabe, hier (A), ist Sache des Anwenders. Die Formulierung der gestellten Aufgabe in konstruktiv-definitorischer Form ist Sache des Informatikers. Bis es dahin kommt, ist ein kurzes oder langes Wechselgespräch des Informatikers und des Anwenders erforderlich. Das Auffinden der konstruktiven Lösung kann dabei nicht die alleinige Aufgabe des Informatikers bleiben - dazu versteht er in der Regel von den Einzelheiten der betreffenden Anwendung nicht genug. Für mathematische Anwendungen, soweit sie im Bereich der Analysis und der Algebra der reellen und komplexen Zahlen liegen, übernimmt die Auffindung der konstruktiven Lösung (unter dem Gesichtspunkt des geringsten Aufwands bei vorgeschriebener Genauigkeit) der Numeriker, der außerhalb der Informatik steht [1]. Bei anderen mathematischen Problemen - typisch waren in den letzten Jahrzehnten Zahlentheorie, und Kombinatorik, Graphentheorie und Gruppentheorie - hat sich noch keine Spezialisierung von Mathematikern herausgebildet. Für physikalische Probleme und für die meisten Probleme der Ingenieurwissenschaften kann, ihrem Charakter entsprechend, meist der Numeriker die Brücke zur Informatik schlagen. Andere Wissenschaften, wie Linguistik, sind auf direkten Kontakt zum Informatiker angewiesen, der nicht umhin kann, sich wenigstens mit der Sprechweise und Methode der jeweiligen Anwendung so weit vertraut zu machen, daß eine Kommunikation möglich wird.

Gehen wir nun von der Aufgabe (A) in der Fassung (V_1) aus,

---

1) Der Numeriker muß, um die Frage des Aufwandes behandeln zu können, freilich enge Fühlung mit Teilgebieten der Informatik halten, was praktisch auch zu einer Einbeziehung der Numerik in die Informatik führen kann.

die Grundlage des Kontraktes ist. Alles, was nun kommt, muß
der Informatiker durchführen und verantworten. Er ist insbesondere gehalten, den Aufwand möglichst klein zu halten. Zu
diesem Ende bemerkt der Informatiker vielleicht, daß aus
der Beziehung (1) die Beziehung

(2')
$$a^n = \begin{cases} a & \text{falls } n=1 \\ (a^{n/2})^2 & \text{falls } n > 1, \text{ gerade} \\ a \cdot a^{n-1} & \text{falls } n > 1, \text{ ungerade} \end{cases}$$

folgt, und umgekehrt. In komplizierteren Fällen ist für eine
solche Umformung ein möglicherweise aufwendiger Beweis erforderlich. Auch in dem vorliegenden einfachen Fall wäre
zum Beweis einiges zu bemerken, ich werde darauf zurückkommen.

Entsprechend (2') kann nun der Algorithmus definiert werden [1]

(V_2,)   pow = (<u>nat</u> a, <u>nat</u> n) <u>nat</u>:
            <u>if</u> n=1   <u>then</u> a
            <u>elseif</u> n <u>even</u> <u>then</u> pow(a,n/2)↑2
                             <u>else</u> a · pow(a,n-1) <u>fi</u>

Eine weitere Umformung kann darauf gegründet werden, daß für
ungerades n das zweite Argument in pow (a,n-1) gerade ist und
daher dieses sogleich durch pow (a,(n-1)/2) ↑2 ersetzt werden kann

Ferner kann in (2') auch $(a^{n/2})^2$ ersetzt werden durch $(a^2)^{n/2}$.
Der daraus ableitbare Algorithmus

(V_2'')   pow = (<u>nat</u> a, <u>nat</u> n) <u>nat</u>:
            <u>if</u> n=1   <u>then</u> a
            <u>elseif</u> n <u>even</u> <u>then</u> pow (a ↑2,n/2)
                             <u>else</u> a · pow(a,n-1) <u>fi</u>

---

[1] ↑2 bedeutet die Operation des Quadrierens.
pow (a,n/2) · pow (a,n/2) zu schreiben wäre zwar korrekt, würde aber bedeuten, daß pow zweimal angewandt werden müßte und keine Einsparung gegenüber (V_1) erzielt würde.

ist, wie sich sogleich an einem Beispiel zeigen läßt, grundverschieden:

a^{13} wird nach (2') berechnet als $a \cdot ((a \cdot a^2)^2)^2$,
nach (2") als $a \cdot (a^2)^2 \cdot ((a^2)^2)^2$;

dank des Assoziativgesetzes ist jedoch das Ergebnis jedesmal das gleiche. Das Assoziativgesetz erlaubte auch die Umformung von (1) nach (2').

Alle vorstehenden Fassungen sind mit einer besonderen Eigenschaft behaftet: Die Definitionen sind rekursiv. Das stört weder ihre Brauchbarkeit, noch mindert es die Strenge. Die Algorithmen, die der Informatiker untersucht, sollen jedoch auf einer realen Maschine durchgeführt werden, und erstaunlicherweise gibt es keine reale Maschine, die unmittelbar und ohne weiteres rekursiv definierte Algorithmen ausführt. Dabei liegt das gar nicht daran, daß es nicht möglich wäre - es ist lediglich angeblich heute noch unter kommerziellen Gesichtspunkten zu umständlich und zu aufwendig, eine solche Maschine zu bauen, und es ist außerdem unnötig: man kann rekursiv definierte Algorithmen so umformen, daß die Rekursivität äußerlich verschwindet. Man sieht ja auch in den üblichen Maschinen keine Vorkehrungen vor, um arithmetische oder boolesche Ausdrücke unmittelbar verarbeiten zu können, statt dessen verlangt man auch hier eine Umformung, die die Ausdrücke zerschlägt. In beiden Fällen wird die Umformung ermöglicht durch Einführung eines besonderen Apparats in der Maschine, genannt Keller[1].

Ob diese Umformung nun der Informatiker selbst vornimmt (man nennt ihn dann Programmierer) oder ob er Regeln angibt, nach denen ein Programmierer oder auch eine Maschine die Umformung durchführen kann, macht den ganzen Unterschied zwischen Informatik und Informatik aus. Seit den 50-er Jahren ist, be-

---

1) K. Samelson und F.L. Bauer, Verfahren zur automatischen Verarbeitung von kodierten Daten und Rechenmaschinen zur Ausübung des Verfahrens. Patentanmeldung Deutsches Patentamt Nr. B 44 122 IX 42m, eingg. 30. März 1957, ausgelegt 1. Dez. 1960.

Zunächst verwendet zum Zerschlagen von Ausdrücken. Rutishauser, von diesem Verfahren in Kenntnis gesetzt, erkannte, daß Keller auch zur Beseitigung

ginnend mit Rutishauser, die grundsätzliche Möglichkeit des programmierenden Programms als ein Kernproblem der Informatik bekannt.

Wir wollen jedoch nicht auf einmal den technisch schon recht weitgehenden Schritt zu einer Kellermaschine tun, sondern eine andere Möglichkeit erörtern, die weniger drastisch erscheint und sehr naheliegend ist. Ihr Nachteil ist, daß sie bis heute methodisch nicht voll erforscht ist, oder anders ausgedrückt, daß noch kein Algorithmus angegeben wurde, der sie in voller Allgemeinheit bewerkstelligt - wobei ja auch mit der Möglichkeit gerechnet werden muß, daß ein solcher nicht existiert.

Die Maschine, auf die wir rekursive Definitionen zurückführen wollen, soll einen Apparat besitzen, der ihr bedingungsabhängige Wiederholungen gestattet und im Verein damit variable Zuweisungen von Werten an Adressen oder Referenzen, unter denen die Werte wieder erhältlich sind - irreführend oft 'Variable' genannt, *in concreto* speichernde Gebilde. Jetzt fällt uns vielleicht auf, daß unsere Fassungen (A) wie (V) von solchen Speichermöglichkeiten gar keinen expliziten Gebrauch machten; Repetition und Speicherung brauchen auch in einer Kellermaschine nicht vorzukommen, sind jedoch typische Merkmale einer Babbage-Zuse-Maschine [1], und auch in einer von-Neumann-Maschine [2] stets realisierbar. Was wir mit Repetition und mit Zuweisungen meinen, wird sogleich klar, wenn wir einen Algorithmus angeben, der dasselbe leistet wie der Algorithmus (V_1), nämlich [3]

Fortsetzung der Fußnote 1) der vorigen Seite
von Rekursivität dienen können. Es wird selten darauf hingewiesen, daß auch das Zerschlagen von Ausdrücken nichts anderes ist als das Beseitigen einer rekursiven Situation, und daß somit die Verwendung von Kellern einem universellen Zweck dient.

1) Wir meinen damit eine idealisierte Maschine, die die funktionellen Merkmale von *Babbages* 'analytical engine' und der frühen Maschinen Z1 - Z3, evtl auch Z4 von K. *Zuse* umfaßt.

2) Im Sinne des sogen. 'Princeton Reports' Planning and Coding for an Electronic Computing Instrument. Institute for Advanced Study, Princeton, N.J. 1947-1948.

3) Es soll das von *Konrad Zuse* schon im Plankalkül gebrauchte Trichter-

(R_1) $pow \equiv (\underline{nat}\ a,\ \underline{nat}\ n)\ \underline{nat}$:

     $\underline{ref}\ \underline{nat}\ y = \underline{irgendeinereferenz}\ \underline{nat}$,

     $\underline{ref}\ \underline{nat}\ z = \underline{irgendeinereferenz}\ \underline{nat}$;

     $y \preccurlyeq n\ ,\ z \preccurlyeq a$;

     $\underline{while}\ (\underline{cont}\ y) > 1\ \underline{do}\ y \preccurlyeq \underline{cont}\ y - 1$,

     $z \preccurlyeq a \cdot \underline{cont}\ z$ $\underline{od}$;

     $\underline{cont}\ z$

Vielleicht ist der Leser geneigt, intuitiv die Gleichwertigkeit von (V_1) und (R_1) anzuerkennen. Das Durchprüfen an einem Beispiel ist natürlich nicht als Beweis für Gleichwertigkeit geeignet, es könnte höchstens ein Gegenbeispiel für Ungleichwertigkeit liefern. Es ist aber auch methodisch interessant, den Zusammenhang zwischen (V_1) und (R_1) formal zu untersuchen und dabei an diesem Beispiel zu sehen, wie Referenzen zunächst zur Parametrisierung der Ergebnisse eines Algorithmus eingeführt werden und wie sie dann verwendet werden, um die Ersetzung der rekursiven Situation durch eine repetitive zu ermöglichen:

Zunächst kann die Fallunterscheidung invertiert werden, wobei für natürliche Zahlen n $\neq$ 1 mit n > 1 zusammenfällt:

(1) $pow \equiv (\underline{nat}\ a,\ \underline{nat}\ n)\ \underline{nat}$:

     $\underline{if}\ n > 1\ \underline{then}\ a \cdot pow\ (a,\ n-1)\ \underline{else}\ a\ \underline{fi}$

Sodann wird intern eine neue Rechenvorschrift *potez* eingeführt, in der eine Referenz z' das Ergebnis bestimmt,

---

Fortsetzung der Fußnote 3) der vorigen Seite
zeichen $\preccurlyeq$ die Zuweisung eines Objekts an eine Referenz bedeuten. $\underline{cont}$ liefert das Bezugsobjekt zu einer Referenz. Referenzen ('Variable') werden hinfort zur Unterscheidung von anderen Objekten mit kursiven Buchstaben bezeichnet. $\underline{ref}\ \underline{nat}\ y = \underline{irgendeinereferenz}\ \underline{nat}$ will sagen, daß *y* Hilfs'variable' ist für die Objekte der Art $\underline{nat}$, also für natürliche Zahlen.
$\underline{while}\ ...\ \underline{do}\ ...\ \underline{od}$ bezeichnet die bedingungsabhängige Repetition.

(2)   *pow* = (<u>nat</u> a, <u>nat</u> n) <u>nat</u>:

<u>ref</u> <u>nat</u> z = irgendeinereferenz <u>nat</u>;

> *potez* = (<u>nat</u> a', <u>nat</u> n', <u>ref</u> <u>nat</u> z'):
> <u>if</u> n'>1 <u>then</u> *potez* (a', n'-1,z'); z' ≼ a'· <u>cont</u> z'
> <u>else</u> z' ≼ a' <u>fi</u>;

potez(a,n,z); <u>cont</u> z

abschließend macht der Aufruf *potez* (a,n,z) das Ergebnis unter der Referenz z verfügbar. [1]

Die entscheidende Umformung kommt jetzt:
Erlaubt man, daß z nicht nur ein Ergebnis bestimmt, sondern auch vor Eintritt in die Rechenvorschrift einen Bezug hat (daß z ein transienter Parameter ist), so kann man auch schreiben

(3)   *pow* = (<u>nat</u> a, <u>nat</u> n) <u>nat</u>:

<u>ref</u> <u>nat</u> z = irgendeinereferenz <u>nat</u>;

> *potz* = (<u>nat</u> a', <u>nat</u> n', <u>ref</u> <u>nat</u> z'):
> <u>if</u> n'>1 <u>then</u> z'≼ a'·<u>cont</u> z'; *potz*(a',n'-1,z') <u>fi</u>;

z≼ a; *potz*(a,n,z); <u>cont</u> z

Die Umformung ist nicht trivial: sie erfordert zur strengen, d.h. beweistheoretisch korrekten Durchführung einige Sorgfalt. Man muß sich klarmachen, daß

$$a\cdot (\ldots a\cdot(a\cdot(a\cdot a))) \ldots)$$

in (2) gebildet wird nach Beendigung des letzten rekursiven Aufrufs von *potez*, während es in (3) während der Aufrufe von *potz* laufend ('rekurrent') gebildet wird und vor dem letzten Aufruf bereits feststeht. [2]

---

[1] In (2) und (3) ist z eine interne Hilfs'variable' von *pow*.

[2] Die Umformung von (V_1) nach (R_1) fällt in eine Klasse, die COOPER (The equivalence of certain computations. Comp.J. <u>9</u> (1966), 45-52) beweistheoretisch untersucht hat. COOPER benützt die Hilfsfunktion $q(a,n,z) = a^n \cdot z$ und die Relation $a\cdot q(a,n,z) = q(a,n,a\cdot z)$.

(3) erfordert noch eine kleine Umformung, um auch äußerlich vollkommen rekurrent zu werden: die Einführung einer weiteren Hilfs'variablen' y' bzw. y, die mit n 'initialisiert' wird, macht alle Parameter 'frei':

(4)   pow = (<u>nat</u> a, <u>nat</u> n) <u>nat</u>:

            <u>ref nat</u> y = irgendeinereferenz <u>nat</u>,

            <u>ref nat</u> z = irgendeinereferenz <u>nat</u>;

---
pot = (<u>nat</u> a', <u>ref nat</u> y', <u>ref nat</u> z'):

    <u>if</u> (<u>cont</u> y') > 1

<u>then</u> z' ≼ a'·<u>cont</u> z', y' ≼ <u>cont</u> y'-1; pot(a',y',z') <u>fi</u>;

---

z ≼ a, y ≼ n; pot(a, y, z); <u>cont</u> z

Für pot gibt es jetzt eine explizit rekurrente Fassung

---
pot = (<u>nat</u> a', <u>ref nat</u> y', <u>ref nat</u> z'):

    <u>while</u> (<u>cont</u> y') > 1 <u>do</u> z' ≼ a'·<u>cont</u> z', y' ≼ <u>cont</u> y' - 1 <u>od</u>;

---

und nach der belanglosen Vertauschung der Zuweisungen und Ersetzung der Parameter entsteht die Fassung (R_1).

Schon die Überführung einer Aufgabe in die Sprache einer Zuse-Maschine mit Variablen und bedingungsabhängigen Repetitionen ist also ein Problem. Viele Programmierfehler werden bei diesem Schritt gemacht, der oft intuitiv klar ist, aber doch tückische Fallen vermeiden muß: Das Ablaufdenken richtig einzusetzen, muß gelernt sein.

Mit einer Zurückführung auf eine Zuse-Maschine ist allerdings unter praktisch noch geltenden Gesichtspunkten der letzte Schritt nicht getan; der Informatiker von heute stützt sich immer noch, wenn die Umstände es erfordern, auf eine Kellermaschine, meist sogar auf eine von-Neumann-Maschine ab und geht (Schlagworte Mikroprogrammierung, Bitstruktur) auch noch in eine darunter liegende Ebene.

Die weiteren Schritte der Überführung sollen hier nicht mehr
im Detail besprochen werden; die Maßnahmen werden dabei zunehmend handwerklicher, aber deswegen nicht weniger fehler-
anfällig. Der Gebrauch von Übersetzern macht es unnötig, sich
diesen Risiken (und dem Aufwand überhaupt) zu unterwerfen.
Der Bau von Übersetzern aber ist eine Domäne der Informatik:
hier wird ein Meta-Algorithmus angegeben zur Umformung von
Algorithmen, ein 'programmierendes Programm', wie es im
Russischen heißt. Auf relativ hoher Ebene sind die mechanischen
Übersetzungsmöglichkeiten wesentlich beschränkter: einerseits weil dieses Gebiet noch nicht hinreichend erforscht
ist, andererseits weil möglicherweise im Gödelschen Sinn
grundsätzlich Beschränkungen der Allgemeinheit solcher Algorithmen bestehen. Hier liegt ein besonders fruchtbares
Feld für die Informatik vor, wo sie sich von einem Rezepte
vertreibenden Programmierkurs deutlich unterscheidet.

Im ganzen spannt sich somit die Informatik wie eine Brücke
über die Abgründe und Untiefen der Programmierung, mit zwei
Brückenköpfen auf festem Land, die aber nicht zu ihr gehören:
der (mathematischen) formalen Logik auf der einen Seite, der
(elektrotechnischen) Gerätetechnik auf der anderen Seite.

Mathematik und Informatik gehören (mit einigen anderen Gebieten, wie Statistik, zusammen) unter ein Dach: die Mathematischen Wissenschaften. Daß die Informatik sich herausbilden konnte, liegt sicher auch daran, daß die Mathematik sich
zu einem Teil abkehrte von der konkreten Lösung von Aufgaben (oder von der Lösung von konkreten Aufgaben). Sie hat
damit aber auf dem Weg zur Abstraktion und Axiomatisierung
zu stärkerer Formalisierung im Rahmen der formalen Logik geführt und damit die wissenschaftliche Informatik möglich gemacht.

Kapitel IV. Mathematische Wissenschaft und Unterricht

//
„Moderne" Mathematik: Ein erzieherischer und philosophischer Irrtum?

René Thom

Bei den meisten unserer Zeitgenossen genießt die sogenannte moderne Mathematik großes Ansehen: sie wird im Rang irgendwo zwischen Kybernetik und Informationstheorie angesiedelt, inmittel all der Spielzeugartikel, die in unseriöser Publizität als wesentliche Errungenschaften moderner Technologie, als unerläßliches Instrumentarium für die künftige Entwicklung aller wissenschaftlichen Erkenntnis hingestellt werden. Aber mehr noch: mit der Modernisierung der Curricula hat die 'moderne Mathematik' ihren Einzug in das Familienleben gehalten. Viele Eltern, die nicht mehr in der Lage sind, ihren Sprößlingen zu helfen, sind darüber beunruhigt, (sie finden in dem Vokabular ihrer Kinder nicht mehr die alten vertrauten Begriffe wieder) und fühlen sich verloren, wenn sie mit dieser neuen Terminologie konfrontiert werden. Manche sehen darin bestürzt ein weiteres Zeichen für die Kluft zwischen den Generationen und nehmen eine abwehrende Haltung ein. Andere dagegen, besonders im Lehrberuf tätige, haben die neuen Curricula, Ideen und Symbole mit Begeisterung aufgenommen. Was ist von all dem zu halten?

Revision des Curriculums:
Zunächst ein kurzer Überblick über die durchgeführten Änderungen:

1. *Eingeführte Begriffe*:
a) 'Elementare' Mengenlehre; der Gebrauch von Symbolen; Abbildungen einer Menge in eine andere und Quantoren. Am erstaunlichsten ist, daß jetzt überall Mengen auftauchen, vom Kindergarten angefangen bis zum Abschluß der Sekundarausbildung. Auf diesen Punkt werden wir später zurückkommen.

b) Entwicklung algebraischer Begriffe: Gesetze der Verknüpfung auf einer Menge, Begriffe wie Gruppe, Ring und Körper. Einführung des Körpers der komplexen Zahlen.
c) Frühzeitigere Einführung der Grundlagen von Differential- und Integralrechnung, Ableitungen, unbestimmte Integrale, elementare Funktionen wie Logarithmus und Exponentialfunktion.

2. *Eliminierter Lehrstoff*:
Traditionelle euklidische Geometrie, insbesondere die komplizierten Aspekte der 'Geometrie des Dreiecks'. Man wird feststellen, daß das Gesamtergebnis in einer erheblichen Erweiterung des Lehrstoffes für die Sekundarschulausbildung besteht. Wenn ein Programm die Bezeichnung 'wahnsinnig' verdient, so ist es das Mathematikprogramm der Endklasse C. Darüber hinaus wird man feststellen, daß die Tendenz, Algebra auf Kosten der Geometrie zu lehren, an den Universitäten noch stärker ausgeprägt ist.

Die Eliminierung der Geometrie

Die Eliminierung der klassischen euklidischen Geometrie beruht auf zwei Argumenten. Das erste ist theoretischer Natur: Die axiomatische Forschung, die sich an die 'Grundlagen der Geometrie' von D. Hilbert anschloß, hat gezeigt, daß die vorgebliche Strenge der 'Elemente' Euklids in großem Maße illusorisch ist und sich durch häufige Appelle an die Intuition selbst in Frage stellt. Daher sei es besser, anstelle der euklidischen Geometrie Theorien wie die Algebra zu entwickeln, bei denen eine strenge Darstellung möglich sei. Das zweite Argument ist praktischer Art: die klassische ebene Geometrie, mit ihrer Untersuchung der Eigenschaften des Dreiecks, sei nutzlos und pedantisch. Wer brauche je in seinem Leben die 'Simpson'sche Gerade' oder den 'Feuerbach'schen Kreis'?

Algebra und Geometrie

Befassen wir uns zunächst mit dem Argument der Nützlichkeit. Behauptet wird, Algebra sei von größerem Nutzen als

Geometrie und daher notwendiger. Kein Zweifel: Die lineare
Algebra oder bestimmte Begriffe aus der multilinearen Algebra sind in der Tat von allgemeinem wissenschaftlichen
Nutzen. In Bezug auf allgemeine kommutative Algebra - Polynome
etc. - muß man jedoch vorsichtig sein. Wer muß im täglichen
Leben jemals eine Gleichung zweiten Grades lösen oder explizit den Begriff eines Moduls über einem Ring benutzen? Das
Argument, Algebra sei nützlich, ist weniger zwingend, als es
den Anschein hat. Es gilt jedoch voll und ganz, was die
Differential- und Integralrechnung (Punkt c) oben) betrifft;
denn hierbei handelt es sich um Grundkenntnisse, die für jede
Darstellung der klassischen Physik unerläßlich sind.

Auf elementarem Niveau ergeben sich durch den Gebrauch der
Algebra gewiß beträchtliche Vereinfachungen. Für die Lösung
von 'Text-Aufgaben' durch 'logisches Denken' benötigt ein
Zwölfjähriger außerordentliche Geistesgewandtheit, wogegen
die Lösung algebraischer Aufgaben nicht mehr als die korrekte Anwendung eines elementaren formalen Mechanismus erfordert.
Zweifellos ergibt sich hier durch die Algebra eine Vereinfachung der Gedankenarbeit. In komplizierteren Situationen
jedoch verschwindet tendenziell der Vorteil der Algebra.
Descartes entwickelte die analytische Geometrie, um die Geometrie auf die Algebra zu reduzieren. Nun ist es eine Erfahrungstatsache, daß der Vorteil, den die Anwendung von
analytischen Methoden gegenüber geometrischen bei der Lösung
eines Problems von etwas theoretischerer und allgemeinerer
Natur bietet, oft keineswegs entscheidend ist.

Der 'Modernismus'

Auf der Ebene der wissenschaftlichen Mathematik ist der
Gebrauch von Algebra für die Beweisführung von großer, vielleicht wesentlicher Bedeutung. Aber man kann sich mit Recht
fragen, ob die Anforderungen der Berufsmathematiker für
das Niveau der Sekundarausbildung berücksichtigt werden

dürfen. Zeitgenössische Mathematiker, die sich eingehend
mit dem Gedankengut von Bourbaki befaßt haben, neigen natürlicherweise dazu, in der Sekundarausbildung und an der
Universität die algebraischen Theorien und Strukturen einzuführen, die sich für ihre eigene Arbeit als so wertvoll
erwiesen haben und die das mathematische Denken unserer Zeit
bestimmen. Man sollte sich jedoch fragen, ob denn - jedenfalls
in der Sekundarschule - die neuesten Erkenntnisse in der
Wissenschaft und Technik in die Curricula aufgenommen werden sollen.

In dieser Hinsicht erliegen nicht nur Mathematiker einer
solchen modernistischen Versuchung. Ich habe Biologiebücher
für Anfänger und Fortgeschrittene gelesen, in denen die
DNS-Doppelhelix von Watson und Crick und der genaue enzymatische Mechanismus ihrer Nachbildung als endgültige wissenschaftliche Wahrheit präsentiert werden. Neuerungen
sollten aber unbedingt erst nach Ablauf einer bestimmen
Wartezeit in das Curriculum aufgenommen werden. In Frankreich sollte man sich eigentlich auf die Schulaufsichtsbehörde verlassen können, wenn es um die Sicherung stabiler
Curricula geht. Die Furcht, daß echte Skepsis als Alterssklerose interpretiert werden könnte, ist zweifellos der
Grund dafür, warum diese Institution nicht wirksam genug
funktioniert hat; Lehrbücher müssen nun einmal geändert werden und die Verleger müssen leben...

Das Problem 'Geometrie'

Letzten Endes ist das Argument bzgl. der Nützlichkeit des
im Curriculum enthaltenen Lehrstoffes vielleicht gar nicht
das Entscheidende. Nehmen wir einmal an, 'Bildung' - "das,
was bleibt, wenn alles übrige vergessen wird" - sei ein
Relikt vergangener Zeiten. Nichtsdestoweniger gibt es
immer noch Leute, die ernsthaft glauben, daß in der einen
oder der anderen Form eines der Unterrichtsziele in der
'Selektion' bestehe, d.h. in der Ermittlung und maximalen
Entwicklung der Fähigkeiten eines Schülers bzw. Studenten

unter besonderer Berücksichtigung der Begabten. Ich behaupte nun, eine solche Aufgabe läßt sich unmöglich im Rahmen einer Disziplin lösen, die nicht zumindest einige zweckfreie, nicht dem Nutzen dienende, Elemente beinhaltet. Um sich über die Fähigkeiten eines Schülers bzw. Studenten ein vollgültiges Urteil bilden zu können, muß man ihn zur Aktivität anregen, an seine Eigeninitiative und seinen Unternehmungsgeist appellieren. Das alles fügt sich nicht in den Rahmen eines 'nützlichen' Studiums ein, dessen Bestandteile wegen ihres späteren technischen Nutzens dogmatisch gelehrt werden und in dem die Leistungsfähigkeit eines Schülers bzw. Studenten daran gemessen wird, wie exakt und schnell er vorgegebenen Lehrstoff wiederzugeben vermag. Unter diesem Gesichtspunkt sind einzig die Theorien, die einen spielerischen Aspekt aufweisen, von pädagogischem Nutzen; und unter allen 'Spielen' ist die euklidische Geometrie mit ihren ständigen Bezügen zum intuitiv Gegebenen das am wenigsten entbehrliche und das bedeutungsreichste.

Somit ist der augenblickliche Trend, nach dem Geometrie durch Algebra ersetzt werden soll, erzieherisch schädlich und sollte rückgängig gemacht werden. Der Grund dafür ist einfach: Es gibt zwar geometrische Probleme, aber keine algebraischen. Bei einem sogenannten algebraischen Problem kann es sich nur um eine einfache Übungsaufgabe handeln, zu deren Lösung blind arithmetische Regeln nach einem vorher festgelegten Verfahren angewandt werden müssen. Abgesehen von ganz wenigen Ausnahmen, kann von einem Schüler kaum der Beweis eines algebraischen Theorems verlangt werden: denn entweder liegt die erforderliche Antwort nahezu auf der Hand und läßt sich durch einfaches Einsetzen von Definitionen geben, oder das Problem fällt in die Kategorie der theoretischen Algebra, und seine Lösung übersteigt die Fähigkeiten eines Schülers, sollte er auch noch so begabt sein. Es dürfte wohl nur leicht übertrieben sein, wenn man sagt, daß jede Fragestellung in der Algebra entweder trivial oder ihre Beantwortung unentscheidbar ist. Dagegen bieten die klassischen Probleme der Geometrie ein weites Feld für Aufgabenstellungen unterschiedlichen Schwierigkeitsgrades.

Zur Lösung von geometrischer Probleme bedarf es einer Kombination aus Zeit, Anstrengung, Konzentration und Assoziationsvermögen, deren nur wenige Schüler bzw. Studenten fähig sind. Vielleicht ist die Euklidische Geometrie, ebenso wie das Übersetzen lateinischer Texte, eine jener anspruchsvollen althergebrachten Aufgaben, die einer Elite vorbehalten bleiben und sich mit Massenausbildung nicht vereinbaren lassen. In diesem Falle wäre die Entscheidung, ob man die Geometrie aus dem Lehrplan entfernen soll, eine soziologische Frage, die ich hier lieber nicht diskutieren möchte. Es wäre jedenfalls ein großer Irrtum anzunehmen, das Mathematik-Verständnis würde erleichtert, wenn die Geometrie durch algebraische Strukturen ersetzt wird, die dann in weitem Umfang und zu einem verfrühten Zeitpunkt ohne adäquate Motivation gelehrt werden. Unter diesem Gesichtspunkt scheint die Einführung des Körpers der komplexen Zahlen in den Lehrplan der Prima nicht geraten.

Strenge

Wenden wir uns nun dem zweiten Einwand gegen die Euklidische Geometrie zu, die Axiomatik der 'Elemente' Euklids sei unvollständig, und es mangele ihr an Strenge. Zunächst ist darauf zu sagen, daß in den Geometriebüchern schon seit langem nicht mehr die schwerfällige, unverdauliche Ausdrucksweise von Euklid verwendet wird. Manche gaben sich der Hoffnung hin, man könnte sie durch eine akzeptable Version der 'Grundlagen' von Hilbert ersetzen. Diese Hoffnung konnte sich - und dies braucht nicht weiter dargelegt zu werden - wegen der schrecklichen Komplexität des Werkes nicht erfüllen. Man kann zu diesem Problem nur dann Stellung beziehen, wenn man vorgängig die philosophische Frage nach dem Begriff der Strenge in der Mathematik beantwortet. Es gibt dafür drei Möglichkeiten:

1) Die formale Sicht: In einem formalen System S ist ein Satz P dann richtig, wenn er sich aus den Axiomen von S durch eine endliche Anzahl von Schritten ableiten läßt, die im Rahmen des Systems S gestattet sind.

2) Die realistische bzw. platonische Sicht: Mathematische Gebilde existieren unabhängig vom Denken als platonische Ideen. Ein Satz P ist richtig, wenn er eine zwischen den einzelnen Ideen bestehende Verbindung ausdrückt, d.h. wenn es sich um eine Idee höherer Ordnung handelt, durch die eine Menge von ihr untergeordneten Ideen strukturiert wird.

3) Die empirische bzw. soziologische Sicht: Ein Beweis D wird als streng akzeptiert, wenn er von den führenden Fachleuten der Zeit als richtig anerkannt wird.

Die Mathematiker unserer Tage bevorzugen die erste dieser drei Haltungen. Auf den ersten Blick ist sie am verlockendsten. Sie weist keine ontologischen Schwierigkeiten auf wie 2) und ist nicht so vage und willkürlich wie 3). Bertrand Russel hat gesagt: "Mathematik ist die Wissenschaft, bei der man weder weiß, wovon man spricht, noch ob das, was man sagt, wahr ist." [1]. Leider läßt sich die rein formale Sicht nur schwer aufrechterhalten, nahezu paradoxerweise aus rein formalen Gründen. Wir wissen um die Schwierigkeiten bei der Formalisierung der Arithmetik, die mit dem Gödelschen Theorem zusammenhängen. Professor Kreisel prangert in seinem kürzlich erschienenen Artikel [2] die formale Haltung an. Was mich betrifft, so gebe ich mich mit folgender Erläuterung zufrieden: Nehmen wir an, es sei uns gelungen, für eine formale Theorie S eine elektronische Maschine M zu konstruieren, die mit unheimlicher Geschwindigkeit alle elementaren Operationen in S vollzieht. Nun möchten wir nachprüfen, ob eine Formel F der Theorie richtig ist. Nach 10^{30} elementaren Operationen, die in ein paar Sekunden vollzogen werden, gibt uns die Maschine eine positive Antwort. Welcher Mathematiker würde ohne Zögern die Gültigkeit einer solchen 'Beweisführung' akzeptieren, bei der die einzelnen Schritte von ihm unmöglich nachgeprüft werden können?

'Sinn' in der Mathematik

Jeder Mathematiker, der nur das geringste Maß an intellektueller Ehrlichkeit besitzt, wird zugeben, daß er jedem der Symbole, die er benutzt, einen Sinn geben kann. Darin unterscheidet sich seine Arbeit von der des theoretischen Physikers, der sich häufig, ohne zu zögern, blind auf die magische Kraft des Formalismus verläßt, in der (oft enttäuschten) Hoffnung darauf, daß das "Licht am Ende des Tunnels die anfängliche Dunkelheit erhellen wird".

Verzichtet man jedoch auf die formale Definition von Strenge, so muß man sich gezwungenermaßen für eine der beiden restlichen Alternativen entscheiden. In Anbetracht alldessen, sollte der Mathematiker den Mut haben, sich zu seiner tiefsten Überzeugung zu bekennen: er wird also zugeben, daß mathematische Begriffe eine Existenz besitzen, die unabhängig ist vom menschlichen Geist, der sie denkt. Diese Existenz unterscheidet sich freilich von der konkreten materiellen Existenz der äußeren Welt, aber nichtsdestoweniger ist sie in subtiler und tiefer Weise an die objektive Existenz gebunden. Wenn Mathematik nur ein willkürliches Spiel ist, das zufällige Ergebnis unserer Gehirntätigkeit, wie ließe sich dann der unbestrittene Erfolg der Mathematik hinsichtlich der Beschreibung des Universums erklären? Mathematik findet man nicht nur in dem starren und geheimnisvollen Wirken der physikalischen Gesetze, sondern auch in dem unendlichen Spiel der Aufeinanderfolge der Formen der belebten und unbelebten Welt und in der Entstehung und Zerstörung ihrer Symmetrien, wenn auch in versteckterer so aber doch ebenso unzweifelhafter Weise.

Entgegen allem Anschein ist darum die Hypothese, daß die platonischen Ideen dem Universum Gestalt verleihen, die natürlichste und, philosophisch ausgedrückt, die ökonomischste.

Die Mathematiker haben jedoch stets nur eine unvollständige

und bruchstückhafte Vision von dieser Welt der Ideen. Denzufolge stellt jeder Beweis vor allem die Enthüllung einer neuen Struktur dar, deren Elemente zusammenhanglos in der Intuition des Menschen vorhanden waren, bis sie durch das Denken miteinander in Verbindung gebracht wurden. In diesem Sinne ist jeder Beweis eine sokratische Erfahrung ('Mäeutik'): Vom Leser wird der Nachvollzug der psychologischen Vorgänge gefordert, die zur Erkenntnis der impliziten Wahrheit erforderlich sind, deren einzelne Elemente ihm zwar bekannt, die aber versteckt und ohne geistigen Zusammenhang waren. So gesehen besteht kein Widerspruch zwischen der Haltung 2) und 3). Die Welt der Ideen enthüllt sich uns nicht auf einen Schlag. Wir müssen sie in unserem Bewußtsein in ständigem, unaufhörlichem Bemühen immer wieder neu erschaffen.

Die Gegner der ontologischen Sicht täten gut daran, über folgendes nachzudenken: In der Geschichte der Mathematik gibt es keinen einzigen Fall, wo durch den Irrtum eines einzelnen ein ganzes Gebiet auf ein falsches Gleis geraten wäre. Die Mathematik verlor sich allerdings häufig in der formalen Entwicklung von unbedeutenden und uninteressanten Theorien. Das geschah in der Vergangenheit, das gibt es heutzutage, und so etwas wird es auch in der Zukunft geben. Niemals jedoch führte ein entscheidender Irrtum zu einer falschen Schlußfolgerung, ohne daß er nicht fast unmittelbar danach entdeckt wurde. Wie ließe sich ein solcher 'Konsensus' erklären, wenn er nicht einem allgemeinen Gefühl entsprechen würde, welches das Ergebnis des Kampfes des Geistes mit den unvergänglichen, zeitlosen, universalen Zwängen ist? Besitzt er diesen Glauben an die Existenz eines idealen Universums, so braucht sich der Mathematiker nicht allzu viele Gedanken über die Grenzen formaler Verfahren zu machen. Ebenso kann er das Problem der Widerspruchsfreiheit vergessen, da ja die Welt der Ideen über unsere 'technischen Möglichkeiten' weit hinausgeht. In der Intuition liegt die 'ultima ratio' unseres Glaubens an die Wahrheit eines Theorems. So ist ja nach der längst vergessenen ursprünglichen Wortbedeutung ein Theorem vor allem Gegenstand einer Vision.

Jeder muß die Entscheidung für sich allein treffen. Es gibt keine strenge Definition von Strenge. Wir werden daher behaupten: Jeder Beweis ist streng, der von all den Lesern akzeptiert wird, die entsprechend ausgebildet und vorbereitet sind, den Beweis zu verstehen. Ferner: Die Evidenz, die zur Überzeugung führt, resultiert aus einem genügend klaren Verständnis jedes einzelnen vorkommenden Symbols, so daß ihre Kombination den Leser überzeugt. Von diesem Standpunkt aus gesehen, ist Strenge (oder ihr Gegenteil: Ungenauigkeit) im wesentlichen eine *lokale* Eigenschaft des mathematischen Denkens. Um die Gültigkeit logischer Gedankenführung zu beurteilen, ist weder eine sorgfältig ausgearbeitete axiomatische Struktur noch ein kompliziertes Begriffssystem erforderlich. Es genügt, wenn man die Bedeutung jedes einzelnen vorkommenden Symbols versteht und eine genügend vollständige Übersicht über dessen operativen Eigenschaften hat.

Grenzen und Notwendigkeit der Axiomatisierung

Ein solcher Standpunkt legt eine gewisse Vorsicht gegenüber der Axiomatisierung nahe. Eine Theorie zu formalisieren heißt, ausgehend von dem durch die Theorie als eine 'Morphologie' T präsentierten intuitiven Material, zu einer formalen Menge von Symbolen und Regeln zu kommen, mit denen sich ein zu der Morphologie T isomorphes System S erzeugen läßt, wobei der Isomorphismus $S \longrightarrow T$ genau die Entsprechung darstellt, die jedem zu S gehörenden Symbol s seine 'Bedeutung' d.h. seinen intuitiven Gehalt in T (Logiker würden sagen, seine semantische Realisierung) zuordnet. Kann man wirklich hoffen, daß die symbolischen Ausdrücke von S das intuitive Material der Theorie T voll abdecken?

Man denkt unwillkürlich sofort an ein Beispiel: die natürlichen Sprachen. Linguisten der formalen Schule haben sich sehr darum bemüht, Grammatik und Syntax der menschlichen

Sprache auf Axiome zu reduzieren. Sie sind dabei auf
einige Formalismen gestoßen - generative Grammatik
und Transformationsgrammatik -, deren Gültigkeit für die
formale Beschreibung von im Corpus enthaltenen Sätzen nicht
angezweifelt werden kann. Werden diese Formalismen jedoch
durch bestimmte Regeln systematisiert und diese dann blind
bis zur letzten logischen Konsequenz befolgt, so ergeben
sich derart lange und komplexe Sätze, daß jeder Sinn ver-
lorengeht. Ich sehe nicht ein, warum sich in der Mathematik
nicht ein ähnliches Phänomen zeigen sollte. Schöpft man
einen formalen Mechanismus bis zur Grenze seiner Erzeugungs-
kapazität aus, so werden sich letzten Endes Formeln ergeben, die so lang und komplex sind, daß jegliche Möglichkeit
zu intuitiver Interpretation verschwindet. 'Theoreme', die
auf diese Weise gebildet werden, sind formal wahrscheinlich
richtig, semantisch jedoch bedeutungslos. Es ist daher zu
erwarten, daß für eine gegebene intuitive Theorie T nicht
eine, sondern mehrere 'lokale' Axiomatisierungen benutzt
werden müssen; dabei besitzt jede lokale Axiomatisierung S
eine 'Berührungszone' Z_S mit der Morphologie, für die S
gültig ist. Sobald [in S] jedoch Formeln konstruiert werden,
die zu lang oder zu kompliziert sind, geht die Verständlich-
keit verloren. Im Grenzbereich der Zone Z_S bricht die semantische Verbindung zwischen S und Z_S zusammen; deshalb
darf der durch die Bedeutung definierte Isomorphismus
$S \longrightarrow T$ nicht über den Bereich Z_S hinausgehen. Der Gedanke,
eine Theorie T ließe sich nur von einem einzigen formalen
System S erzeugen, ist a priori ebenso unwahrscheinlich wie
der Gedanke, die Erde sei flach oder eine Mannigfaltigkeit
ließe sich mit einem einzigen Koordinatensystem abdecken.
Es wäre von Interesse, diesen semantischen Zusammenbruch zu
verdeutlichen. Weiter unten werden wir auf ein Beispiel
stoßen, wo er sich kraß auswirkt: dort resultiert er aus
der Diskrepanz zwischen dem Symbolismus und den semantischen
Eigenschaften der symbolisierten Gebilde (es geht um die Anwendung des Boole'schen Formalismus auf die Alltagssprache).
Im Fall der Mathematik scheint ein solcher semantischer Zusammenbruch nur nach und nach, in verschwommener Form zu

erfolgen (die transfiniten Zahlen in der Mengenlehre sind dafür ein Beispiel).

Der unbestreitbare Vorteil lokaler Formalisierung liegt häufig darin, daß intuitiv verstandene Ideen präzisiert werden und - was unerläßlich ist - eine Kommunikation zwischen den Mathematikern ermöglicht wird. Da alle Kommunikationsmittel - in gesprochener und geschriebener Form - sich einer eindimensionalen Morphologie bedienen, muß die intuitive Morphologie T (die im allgemeinen auf einem multidimensionalen Raum definiert ist), in ein formales System S von eindimensionalen Symbolen umgesetzt werden. In den letzten Jahren wurde die Bedeutung der Axiomatisierung als Instrumentarium der Systematisierung und der Entdeckung sehr hervorgehoben. Für die Systematisierung ist sie als Methode sicher effektiv, was hingegen das Gewinnen neuer Erkenntnisse betrifft, so ist die Sache mehr als zweifelhaft. Es ist charakteristisch, daß bei den immensen Anstrengungen von Nicolas Bourbaki zur Systematisierung (bei der es sich übrigens nicht um eine echte Formalisierung handelt, da Bourbaki eine nichtformalisierte Metasprache verwendet) nicht ein einziges neues Theorem von Bedeutung herausgekommen ist. Mathematiker, die auf Bourbaki Bezug nehmen, finden normalerweise mehr Stoff zum Nachdenken in seinen Übungsaufgaben - wohin der Autor das konkrete Material verbannt hat - als im deduktiven Teil seines Werkes. Es muß klar gesagt werden: Die Axiomatik ist ein Forschungsgebiet für Spezialisten, das sowohl im Schul- als auch im Hochschulunterricht fehl am Platz ist (außer für Leute, die sich im Bereich der Grundlagenforschung spezialisieren wollen). Aus diesen Gründen sind die Vorwürfe der Inkonsistenz gegenüber der euklidischen Geometrie auf der Ebene, die allein von Bedeutung ist, gegenstandslos. Die Gültigkeit lokaler intuitiver Gedankenführung wird davon nicht berührt.

'Genetische' Bedeutung der Geometrie: Kontinuität geht der Diskontinuität voraus

Die vorhergehenden Ausführungen liefern uns den Schlüssel

für die Erklärung des Erfolges der 'Elemente' Euklids. Die euklidische Geometrie war das erste Beispiel für die Umsetzung einer zwei- oder dreidimensionalen räumlichen Entwicklung in die Eindimensionalität der geschriebenen Sprache. Dabei wird bei der euklidischen Geometrie lediglich ein bereits in der Alltagssprache vorhandenes Verfahren auf eine strengere und genauer bestimmte Situation angewandt. Die Hauptfunktion der Alltagssprache ist schließlich, räumliche und zeitliche Vorgänge um uns herum zu schildern, deren Topologie durch die Syntax der sie beschreibenden Sätze transparent wird [3]. In der euklidischen Geometrie haben wir es mit derselben Funktion der Sprache zu tun, aber hier ist die Gruppe von Äquivalenzen, die auf den Gebilden operiert, eine Lie-Gruppe; die metrische Gruppe, im Unterschied zu den Gruppen der eher topologischen Invarianz der 'Gestalten', welche es uns ermöglichen, die mit Bezeichnungen der Alltagssprache beschriebenen Objekte der Außenwelt zu erkennen.

In dieser Hinsicht bildet die Geometrie einen natürlichen und möglicherweise unersetzlichen Übergang von der normalen Sprache zur formalisierten Sprache der Mathematik, in der jedes Objekt auf ein Symbol und die Gruppe von Äquivalenzen auf die Identität des geschriebenen Symbols mit sich selbst reduziert werden. So betrachtet ist das geometrische Denken unter Umständen ein zwingend notwendiges Übergangsstadium in der normalen Entwicklung der rationalen Aktivität des Menschen. In den vergangenen fünfzig Jahren legte man viel zu großen Wert auf die Rekonstruktion des geometrischen Kontinuums aus den natürlichen Zahlen mit Hilfe der Theorie der Dedekind'schen Schnitte bzw. der Vervollständigung des Körpers der rationalen Zahlen. Unter dem Einfluß von axiomatischen und buchstabentheoretischen Traditionen hat man in der Diskontinuität den ersten mathematischen Begriff gesehen: "Gott schuf die Zahlen und der Rest ist Menschenwerk". Diese von dem Algebraiker Kronecker verkündete Maxime enthüllt mehr über seine Vergangenheit als eines durch Börsenspekulationen reich gewordenen Bankiers, denn über seine philosophische Einsicht. Es gibt kaum einen Zweifel daran, daß vom psychologischen Standpunkt her (und m.E. auch aus ontologischer Sicht) das geometrische Kontinuum die primäre Gegebenheit ist. Wenn jemand überhaupt über irgendein Bewußtsein verfügt, dann über das von Raum und Zeit. Die geometrische Kontinuität ist sozusagen untrennbar mit dem bewußten Denken verbunden. Nach und nach jedoch nimmt dieses ursprünglich homogene, amorphe Kontinuum eine Struktur an. Als bedeutendstes strukturierendes Mittel erweist sich die metrische Gruppe. Sie allein erlaubt uns die Einführung von Diskontinuität und diskreten Operationen in das homogene Gebilde. Das ist jedoch eine bereits sehr hoch entwickelte und voraussetzungsvolle Operation. Ihr voraus gehen die Kenntnisse aller topologischen Eigenschaften des Kontinuums; Eigenschaften, die erst die moderne Mathematik (die wahrhaft 'moderne') durch eine wirkliche Rückkehr zu den Quellen wiederentdecken mußte, indem sie sich von der Vorherrschaft der metrischen Gruppe befreite. Eine solche Theorie, die nicht mehr metrisch noch quantitativ ist, ist ihrem Wesen nach qualitativ und kann sich nur auf den diskreten Symbolismus in einer halbformalisierten Sprache stützen. Aber die tieferen topologischen Invarianten sind schwerer zu verstehen als die oberflächlicheren metrischen Invarianten. Deshalb vollzieht sich der Übergang vom Alltagsdenken zum formalisierten Denken natürlicherweise über das geometrische Denken. In der Geschichte des menschlichen Denkens verhielt es sich stets so, und sollte Haeckels biogenetisches Grundgesetz, nach dem das Individuum in seiner Entwicklung alle Entwicklungsstadien der Spezies durchläuft, Gültigkeit haben, so müßte dies auch für die normale Entwicklung des rationalen Denkens gelten.

Mengenlehre

Ich komme nun zu meinem Hauptpunkt, der Mengenlehre. Dies ist die Litanei, die von allen Beweihräucherern der sogenannten modernen Mathematik ständig angestimmt wird. Manche behaupten, daß sich durch die Einführung der Mengenlehre eine vollständige Erneuerung des Mathematikunterrichts ergebe und daß, dank dieser Änderung, auch der mittelmäßigste Schüler in der Lage sei, die Beherrschung des mathematischen Lehrstoffs zu erreichen. Unnötig zu sagen, daß es sich da um eine reine Illusion handelt! Solange es nur darum geht, die auf der Hand liegenden Fakten der naiven Mengenlehre aufzuzeigen, können natürlich alle folgen. Das ist aber weder Mathematik noch Logik. Erfolgt jedoch die Konfrontation mit der wirklichen Mathematik (also reelle Zahlen, Geometrie, Funktionen) so entdeckt man wiederum, daß es doch keinen Königsweg gibt und daß nur eine Minderheit von Schülern diese Begriffe vollständig begreifen kann.

Wägt man alle Argumente ab, so kommt man zu dem Schluß, daß der durch den Gebrauch der Mengensymbolik entstandene übertriebene Optimismus seine Wurzel in einem philosophischen Irrtum hat. Man hat geglaubt, daß durch die Unterweisung im Gebrauch der Symbole $\in, \subset, \cup, \cap$ die Mechanismen deutlich gemacht werden können, die aller Beweisführung und Deduktion zugrundeliegen. Der Mensch des 20. Jahrhundert hat begeistert die Syllogismen Darapti und Celarent der mittelalterlichen Scholastik wiederentdeckt. Doch welche Verschlechterung ist eingetreten! Als Boole im 19. Jahrhundert seine berühmte Abhandlung über die Algebra, die seinen Namen trägt, schrieb, zögerte er nicht, seinem Werk den Titel 'Eine Untersuchung über die Gesetze des Denkens' zu geben. Der naive Glaube, jede Deduktion trete modellhaft in mengentheoretischen Manipulationen auf, wurde von modernen Philosophen wie beispielsweise den Neopositivisten geteilt. Weder Aristoteles noch die mittelalterlichen Scholastiker glaubten an diese Illusion. J. Vuillemin [4] erinnert uns daran, daß die Aristotelische Logik auf einer reichen und komplexen Ontologie der Substanz beruht. Die modernen Protagonisten der Mengenlehre sollten sich darüber im klaren sein, daß diese Lehre nicht ausreicht, um selbst die elementarsten deduktiven Schritte des Alltagsdenkens zu erklären. Nachstehend ein Beispiel dazu:

Die Binderwörter 'oder' und 'und'. Im klassischen Sinn ent-

spricht grammatikalisch das Symbol ∪ (Vereinigung) dem Wort
'oder' und das Symbol ∩ (Durchschnitt) dem Wort 'und'. Wir
wollen diese Regel auf zwei einfache Sätze anwenden, deren
Subjekte Eigennamen sind:

1) Peter oder Hans kommt
2) Peter und Hans kommen

Der erste Satz kann auch umschrieben werden: "Peter kommt
oder Hans kommt". Hier besteht also vollständige Übereinstimmung des Symbols 'oder' mit der logischen Vereinigung ∪
unter der Bedingung, daß sich das Bindewort nicht auf das
Subjekt, sondern auf das Verb 'kommen' bezieht.

Der zweite Satz kann auch umschrieben werden: "Peter kommt
und Hans kommt".

Wenn man den Satz so ausdrückt, bemerkt man, daß er genau gesehen zweideutig ist, denn implizit enthält er, was die
Linguisten als 'Präsuppositionen' bezeichnen. So setzt
"Peter und Hans kommen" häufig voraus, "Peter und Hans
kommen zusammen". Während für den Satzteil "Peter oder Hans"
allein eine semantische Interpretation nicht möglich ist,
kann "Peter und Hans" als Einheit verstanden werden, die
aus einem Paar von Individuen, nämlich Peter und Hans besteht, die räumlich zusammen sind. Diese Tatsache erklärt
die unterschiedliche grammatikalische Handhabung der Verben in 1) und 2): das Bindewort 'und' erfordert den Plural,
da es eine gewisse räumliche Nachbarschaft der Subjekte
voraussetzt.

Betrachten wir einige Sätze, in denen Bindewörter zusammen
mit Eigenschaftswörtern benutzt werden:

3) Peter ist klein oder intelligent
4) Peter ist klein und intelligent
5) Hans' Haar ist grau oder braun
6) Hans' Haar ist grau und braun

Die Sätze 4) und 5) sind semantisch akzeptabel, die Sätze 3) und 6) dagegen sind dubios oder nicht akzeptabel. Aus diesen Bemerkungen läßt sich das folgende Prinzip ableiten:

Exklusionsprinzip: Wenn X und Y zwei Eigenschaften sind, können die Sätze

A ist X oder Y }
A ist X und Y } nicht beide semantisch akzeptabel sein.

Wenn vor 'X oder Y' ein Subjekt steht, würde man sagen, daß X und Y zum gleichen semantischen Feld gehören, z.B. 'grau' und 'braun' in den Sätzen 5) und 6). In diesem Fall ist 'X und Y' im Prinzip bedeutungslos. Es gibt allerdings eine wichtige Ausnahme, wo 'und' nicht den logischen Durchschnitt, sondern räumliche Nachbarschaft bezeichnet. So ist es durchaus möglich zu sagen:

7) Diese Flagge ist weiß oder blau
8) Diese Flagge ist weiß und blau

Die Tatsache, daß in 8) das Bindewort nicht die Bedeutung $\cap$ hat, erklärt, warum "Diese Flagge ist weiß und blau" impliziert, daß "Diese Flagge ist weiß" falsch ist.

Die Voraussetzungen, die notwendig sind, um dem Ausdruck 'X oder Y' eine Bedeutung zu geben, sind in der Tat sehr eingeschränkt; so ist "Hans hat rotes oder kastanienbraunes Haar" auf jeden Fall akzeptabler als "Hans hat rotes oder braunes Haar", weil in den Termen der semantischen Kategorie von Haarfarben 'rot' und 'kastanienfarben' nahe beieinanderliegen, 'rot' und 'braun' dagegen nicht. Geometrisch ausgedrückt, setzt das Bindewort 'oder' die Schwelle zwischen den von den Adjektiven 'rot' und 'kastanienbraun' gebildeten Anziehungsbereichen herab.

Ist der semantische Abstand zwischen zwei Eigenschaften X und Y zu weit, insbesondere wenn beide Eigenschaften unterschiedlichen semantischen Feldern angehören, z.B. physische und moralische Eigenschaften, so verliert der Ausdruck 'X oder Y' jeglichen Sinn.

Das ist zwar eine offensichtliche Tatsache, dennoch scheint
sie den Autoren vieler Lehrbücher der Mengenlehre vollständig entgangen zu sein. Den Schülern werden Übungen in
Boole'scher Algebra abverlangt, die "Kuben, welche groß
oder blau sind" und "Pariser, welche kahl oder reich sind"
behandeln. Solche Übungsaufgaben sind nicht nur merkwürdig
und nutzlos, sie können auch, wenn sie zu intensiv behandelt
werden, dem intellektuellen Gleichgewicht des Kindes schaden. Einer der fundamentalen Zwänge, der präzisem Denken
auferlegt ist, besteht eben gerade darin, das Vermischen
unterschiedlicher semantischer Felder zu vermeiden. Dieses
Vermischen hat einen Namen: Irrsinn. Beim Versuch, all den
in der Alltagssprache nach der Boole'schen Algebra konstu-
ierten Sätzen Sinn zu verleihen, gelangt der Logiker zu
einer phantastischen, verrückten Rekonstruktion des Universums.

Alle diese Punkte zeigen, welche engen Grenzen der Mengenlehre bei der Beschreibung üblicher Gedankenführung gesetzt
sind. Das normale Denken richtet sich nach tiefen psychischen
Mechanismen, wie z.B. der 'Analogie', die sich niemals auf mengentheoretische Operationen reduzieren lassen. Eine wichtige Rolle spielt in solchen Fällen der organisatorische Isomorphismus zwischen semantischen Feldern, die homolog miteinander verbunden sind.

In der Tat lassen sich Boole'sche Schematisierungen eigentlich nur dann richtig anwenden, wenn es sich um Inklusionen
von Teilmengen im Raum, wie bei den Venn-Diagrammen, handelt.
In einem solchen Fall wird sich niemand um eine Begründung
in syllogistischer Form bemühen: Betreibt der Fuchs, der
weiß: Wenn die Hühner im Hühnerstall sind, und der Hühnerstall im Hof ist, dann sind die Hühner im Hof, etwa Mengenlehre? Er kümmert sich nicht um Mengenlehre. Jeder wendet
Mengenlehre an, seit Anbeginn seiner Existenz, ebenso wie
Jourdain in Molière's 'Le Bourgeois Gentilhomme' Prosa gebraucht, ohne es zu wissen. Manche meinen, der wissentliche
Gebrauch sei besser. Falls überhaupt ein Vorteil damit verbunden ist, so betrifft er nur die Rhetorik. Nur in dem

Maß, wie die Technik mathematischer Beweisführung eine Art
Rhetorik darstellt, ist es lohnend, lokale Formalisierungen - die derzeit lokale 'Verräumlichungen' sind - zu
schaffen und darauf den mengentheoretischen Formalismus
anzuwenden. Die überzeugende Kraft des logischen Schemas
geht von den räumlichen Inklusionen aus und nicht umgekehrt.

Das zeigt uns, welche Haltung bei vernünftiger Erziehung
zum logischen Denken der Mengenlehre gegenüber eingenommen
werden muß. In einfacher, konkreter Form sollte sie im Kindergarten eingeführt werden, das ist ihr natürlicher Platz.
In den ersten Oberschuljahren sollte man den Schülern den
Gebrauch der Symbole $\in, \cap, \cup, \subset$ erläutern, zu einem späteren
Zeitpunkt sollten Quantoren eingeführt werden. Und damit
sollte man es genug sein lassen.

Nicht einmal in der reinen Mathematik steht fest, ob es für
jede Deduktion ein mengentheoretisches Modell gibt. Die nur
armselig gelösten Paradoxa, die die formale Mengenlehre aushöhlen, sollten den Mathematiker daran erinnern, welche Gefahren beim unbesonnenen Gebrauch der anscheinend so unschuldigen Symbole lauern. Vielleicht überdauert sogar in der
Mathematik die Qualität und widersetzt sich jeglicher Reduzierung auf Mengen. Bourbakis alte Hoffnung, mathematische
Strukturen würden sich auf natürliche Art und Weise aus
einer Hierarchie von Mengen, ihren Teilmengen und ihrer Kombination ergeben, ist zweifellos nur eine Illusion. Niemand
kann sich vernünftigerweise des Eindrucks erwehren, daß die
wichtigsten mathematischen Strukturen (algebraische Strukturen, topologische Strukturen) als von der Außenwelt bestimmte fundamentale Daten erscheinen, und daß ihre inkommensurable Verschiedenheit ihre einzige Rechtfertigung
in der Realität findet.

Bibliographie

[1]   Bertrand Russel zitiert nach: A. Hooper: "Makers of Mathematics", Random House, N.Y. 1948, S. 384

[2]   G. Kreisel. Die formalistisch-positivistische Doktrin von mathematischer Präzision im Lichte der Erfahrung, in: L'age de la science, 1970, 3: 17-46

[3]   R. Thom, Topologie et linguistique. In: Essays on Topology and Related Topics, Hrsg.: Andrè Haeflinger und Ragha Narasimham, 1970 Springer-Verlag, S. 226-248.

[4]   J. Vuillemin. De la logique à la théologie Flammaron, Paris, 1967.

Anhang

Über den Begriff 'semantisches Feld' und das 'Ausschlußprinzip' in einem geometrischen Modell der Bedeutung

Die Verwendung der Junktoren 'oder' und 'und' in der Alltagssprache stellt uns vor sehr heikle Probleme; die übliche Äquivalenz oder = $\cup$, und = $\cap$ besitzt zahlreiche Gegenbeispiele; nachstehend das einfachste: Wenn man die Menge betrachtet, die sich aus dem Hund Médor und seinem Herrn Hans zusammensetzt, dann wird man sagen: Médor *und* Hans, und nicht: Médor *oder* Hans. Eine Analyse, die sich auf ein geometrisches Modell der Bedeutung gründet - angeregt durch das Zeemansche Modell der psychischen Aktivitäten - erlaubt es vielleicht, hier ein wenig klarer zu sehen.

Das geometrische Modell der Bedeutung

Bei diesem Modell geht man davon aus, daß die Gesamtheit der psychischen Zustände eines Individuums durch die Punkte eines Raumes $U = R^N$, eines Euklidischen Raumes mit einer riesigen Anzahl von Dimensionen, dargestellt werden kann. Jeder bei dem Individuum erzeugte sensorische Reiz s hat eine bestimmte Veränderung seines psychischen Zustandes zur Folge, die durch einen stetigen Endomorphismus $g_s : U \longrightarrow U$ veranschaulicht werden soll. Einen Reiz (s) wird man als 'bedeutsam' für das Individuum bezeichnen, wenn der Endomorphismus g_s *idempotent* ist, d.h. die Eigenschaft besitzt, daß $g_s \circ g_s = g_s$. Eine Situation 'verstanden' zu haben, bedeutet in der Tat, daß die gewonnene Erkenntnis durch keine weitere Prüfung dieser

Situation mehr verändert wird ("verstehen heißt, sich immun machen") [1].

Definition eines semantischen Feldes

Angenommen also, der Endomorphismus g_δ sei differenzierbar, dann stellt die Bildmenge $g(U)$ eine Teilmannigfaltigkeit von U dar, auf der g_δ lokal eine Projektion ist. Ein solcher Unterraum $g(U)$ bildet - im Prinzip - ein 'semantisches Feld', eine geistige Welt der Bedeutung. Die Tatsache, daß diese Teilmenge zusammenhängend ist, manifestiert eine der Grundforderungen des Modells, nämlich daß man *nur an einen einzigen Gegenstand auf einmal denken kann* [2].

Eine der von den Junktoren: *oder, und* hervorgerufenen Paradoxien besteht nun darin, daß sie uns zwingen, gleichzeitig mindestens an zwei Gegenstände zu denken. Diese Junktoren stellen uns im Grunde vor dasselbe Problem, mit dem wir es auch bei der Prädikation zu tun haben: durch welchen geistigen Vorgang kommt es dazu, daß eine Anhäufung unterschiedlicher Gegenstände zu einer einheitlichen Form zusammengefügt wird? Es handelt sich hier um das klassische Problem der *Mischungen* - siehe der 'Sophist' von Plato -; die moderne Logik hat geglaubt, sie könne dies Problem zugunsten einer mengentheoretischen Rekonstruktion des Universums, einer Re-

---

[1] Siehe unseren Artikel: Topologie und Bedeutung, l' Age de la Science, Band I, Nr. 4, Oktober/Dezember 1968, S. 219-242. Der mit der Quantenmechanik vertraute Leser wird die Ähnlichkeit dieser Definition mit der Theorie des Maßes erkennen, das durch eine Projektion im Hilbert-Raum definiert ist.

[2] Tatsächlich ist der Operator g meistens nur ein approximativer idempotenter Operator; dies schließt nicht aus, daß die Teilmannigfaltigkeit g(U) existiert, aber g operiert auf dieser Teilmannigfaltigkeit, was zu einer Zerlegung in Attraktorbecken führt, die in bestimmten Fällen verhältnismäßig fest sind (die h_x für die Farben). In anderen Fällen (z.B. beim gewöhnlichen Raum R^3 bewirkt die Regulation der Differenz $g^2 - g$ eine lokale Morphologie in g(U); auf diese Weise kann man die Benauptung der Semantiker, wie z.B. Hjelmslew, interpretieren, wonach jede Bedeutung Form und Inhalt ist. Der Inhalt ist der Raum g(U), die Form, die durch g in g(U) induzierte Morphologie. In dem Fall des Raumes R^3 ist diese Morphologie nichts anderes als die 'Materie', und die Regulation von $g^2 - g$ simuliert die Gesetze der Mechanik und der Physik.

konstruktion, die irreal und unsinnig ist, wie wir gesehen haben, aus der Welt schaffen.

Der Junktor

Wir wollen zunächst den Fall des Junktors *'und'* untersuchen, der erheblich einfacher ist als der des Junktors *'oder'*. Betrachten wir den Fall, in dem *'und'* zwei Eigenschaften verbindet (die grammatisch durch Adjektive dargestellt werden). In bestimmten Fällen kann man 'und' schlicht und einfach auslassen, ohne daß der Sinn beeinfluß wird. Dazu die folgenden Beispiele:

Peter ist groß und reich.
Peter ist groß, reich.

Wenn man also in dem Satz: A *ist* X *und* Y *'und'* auslassen kann: A *ist* X, Y, dann ist das darauf zurückzuführen, daß die semantische Wirkung von X *und* Y praktisch der Zusammensetzung der Endomorphismen äquivalent ist: $g_y \circ g_x$; übrigens kann man, ohne daß der Sinn verändert wird, die beiden Adjektive umstellen; also die 'Projektionen' g_y, g_x kommutieren, und $g_x \circ g_y$ ist immer noch eine idempotente Projektion. Dies impliziert, daß sich die semantischen Felder $g_x(U)$, $g_y(U)$ in U transversal schneiden. Diese Situation kann man beschreiben, indem man sagt, daß die semantischen Felder $g_x(U)$, $g_y(U)$ voneinander *unabhängig* sind. Das entspricht, anschaulich ausgedrückt, der Tatsache, daß die Eigenschaften X und Y voneinander unabhängigen Aspekten der Realität zuzuordnen sind, wie etwa eine physikalische Eigenschaft und eine moralische Eigenschaft.

Es kann jedoch vorkommen, daß der Junktor *und* zwei gleichartige Eigenschaften miteinander verbindet, wie beispielsweise:

Diese Flagge ist blau und weiß.

In diesem Fall kann man den Junktor nicht mehr weglassen,

und ohne den Junktor ist eine Kommutation der Eigenschaften
nicht möglich.

Um diese Situation verständlich zu machen, ist es notwendig,
die Endomorphismen g_x, die einer Eigenschaft X entsprechen,
detaillierter zu beschreiben. Zur Bestimmung der Begriffe
nehmen wir einmal an, X sei eine Farbe, blau zum Beispiel.
Dann läßt sich der Endomorphismus g_x in ein Produkt der Form
$h_x \circ C$ faktorisieren, wobei C eine Projektion von U ist,
deren Bildraum $C(U)$ der dreidimensionale Raum der Farbeindrücke ist; h_x ist nur auf einem Teil dieses Raumes $C(U)$ definiert, und zwar auf der Menge $B\ell$ der Punkte von $C(U)$, die
man für gewöhnlich als die 'blauen' betrachtet. Das Bild
$h_x \circ B$ muß also als ein Punkt des Bereiches $B\ell$ angesehen
werden, die Vorstellung von blau, die im Geist erscheint,
wenn man das Wort blau hört. Der Ausdruck: *Der blaue Frosch*,
ruft zum Beispiel ein gewisses semantisches Unbehagen hervor. Das Bild des Endomorphismus g nämlich, der dem Substantiv 'Frosch' entspricht, ist das semantische Feld, das den
gewöhnlichen dreidimensionalen Raum R^3 darstellt, und in
diesem Raum hat man die lokale Erscheinung, die durch die
räumliche Form eines Frosches definiert ist. Indem man g_{blau}
auf dieses Bild anwendet, wendet man darauf zunächst die
Projektion C (Farbe) an; nun, das Bild C (Frosch) ist im
Farbraum, entweder im Bereich Grün, oder im Bereich 'Gelbrot' enthalten; auf jeden Fall nicht im Bereich $B\ell$ des
Operators g_{blau}. Daher kommt es, daß die Zusammensetzung nicht
mehr definiert ist, und aus diesem Grund entsteht das Gefühl
des Unbehagens.

Die Endomorphismen, die zwei Farben entsprechen, z.B. blau,
weiß, lassen sich folglich in $g_{blau} = h_{blau} \circ C$, $g_{weiß} = h_{weiß} \circ C$
faktorisieren; sie gehören alle beide dem semantischen
Feld der Farben an, das durch den Endomorphismus C definiert
ist. Der Ausdruck: *diese Flagge ist blau und weiß*, läßt sich
also wie folgt interpretieren: Der Verstand kann 'gleichzeitig'[1] die Operatoren h_{blau} und $h_{weiß}$ auf das durch C be-

---

1) Gemäß dem weiter unten angeführten Modell beschreibt der Verstand tatsächlich eine variable und schwingende Projektion, wobei die Amplituden dieser Schwingung h $_{blau}$ und h $_{weiß}$ sind.

bestimmte Bild: 'diese Flagge' anwenden. Der Satz drückt also aus, daß dieses Bild in seiner Gesamtheit durch die Bereiche h_{blau} und $h_{weiß}$ erfaßt ist. Hier sind die endlichen 'Attraktoren' von h_{blau} und $h_{weiß}$ getrennt und treffen sich nicht mehr. Das erklärt, daß die Implikation: "diese Flagge ist blau und weiß $\Rightarrow$ diese Flagge ist weiß", falsch ist (weil $h_{weiß}$ das durch C bestimmte Bild: *diese Flagge*, nicht vollständig erfaßt).

Zusammenfassung:

Wenn der Satz: A *ist* X *und* Y einen Sinn hat, dann sind zwei Fälle möglich:

i) Der Junktor *und* kann ausgelassen werden, ohne daß der Sinn beeinflußt wird: X und Y sind also Eigenschaften, deren *semantische Felder voneinander unabhängig* sind.

ii) Der Junktor *und* kann nicht ausgelassen werden: A ist also ein 'erweiterter' Begriff (entweder räumlich im gewöhnlichen Raum oder in einem angepaßten semantischen Raum); die Eigenschaften X und Y gehören demselben semantischen Feld an, das durch eine Projektion C definiert ist: $g_x = h_x \circ C$, $g_y = h_y \circ C$, C kann auf dem erweiterten Bild von g_A unstetig sein, und das Bild $C(A)$ ist stetig in der Vereinigung der Bereiche von h_x und h_y [1].

Der Junktor 'oder'

Wenden wir uns nun dem Junktor *oder* zu. Ein Satz wie z.B.: A *ist* X *oder* Y, in dem X und Y zwei Eigenschaften darstellen, kann nur dann einen Sinn haben, wenn die zwei Eigenschaften X und Y demselben semantischen Feld angehören.

---

[1] Dieses Phänomen ist auf den 'lokalen' Charakter des semantischen Feldes des Raumes zurückzuführen: man nimmt in der Tat als gegeben an, daß sich die beiden gleichzeitig vorhandenen Phänomene, die an voneinander entfernten Punkten auftreten, nicht gegenseitig beeinflussen. Da ja der Verstand nicht gleichzeitig an alle diese lokalen Felder denken kann, gibt es vermutlich ein bevorzugtes, zentrales, das im Bedarfsfall das gesamte Feld abtastet. Beim Gesichtsfeld wird das zentrale Feld anatomisch durch die "Netzhautvertiefung in der Mitte des Gelben Flecks" hergestellt, und das Abtasten des Feldes geschieht durch das Drehen der Augen.

Wenn nun der Ausdruck X odeʀ Y sinnvoll ist, ist er durch
einen idempotenten Endomorphismus g definiert, dessen Bild
nur die topologische Vereinigung der Bilder $g_x(U)$, $g_y(U)$ sein
kann; wenn aber, wie im Fall i) oben, X und Y einen Sinn hat,
dann sind $g_x(U)$ und $g_y(U)$ Mannigfaltigkeiten, die sich transversal schneiden. Folglich ist $g_x(U) \cup g_y(U)$ keine glatte
Mannigfaltigkeit und kann nicht das Bild einer Projektion
sein. Wenn also X und Y einen Sinn ergibt (Fall i), dann kann
X odeʀ Y keinen ergeben.

X odeʀ Y hat also nur dann einen Sinn, wenn der Durchschnitt
der Bildmannigfaltigkeit $g_x(U)$, $g_y(U)$ leer ist. Dies entspricht dem Fall, in dem die Eigenschaften X, Y einander
ausschließen, sie gehören also zu demselben semantischen
Feld [1].

Ein Aussagesatz: A ist X odeʀ Y kann wohl nur dann sinnvoll
sein, wenn es sich bei X und Y um zwei 'verwandte' Eigenschaften in einem gemeinsamen semantischen Raum handelt:
Hans hat braunes oder kastanienbraunes Haar: dies bedeutet, Hans'
Haarfarbe befindet sich in dem Durchschnitt der Bereiche des
semantischen Raumes der Haarfarben, die durch die Adjektive
braun und kastanienbraun definiert sind. Der Junktor 'odeʀ'
hat in diesem Raum semantisch die gleiche Wirkung wie die
Präposition 'zwischen' im gewöhnlichen Raum [2]. Sie 'gräbt',
stabilisiert eine Schwelle zwischen den Becken der beiden Attraktoren X, Y.

Odeʀ und die Fragesätze

Handelt es sich bei X, Y nicht um verwandte Eigenschaften,
dann hat der Ausdruck X odeʀ Y nur in Nicht-Aussage- und
Fragesätzen oder in Sätzen des Zweifelns einen Sinn. Um in

---

[1] Wir schließen hier den Fall aus, in dem einer der Attraktoren $g_x(U)$
in dem anderen $g_y(U)$ enthalten ist: Fall der Koppelung X = blau,
Y = farbig. Hier gibt weder <u>X oder Y</u> noch <u>X und Y</u> einen Sinn.

[2] Sagt man übrigens nicht, <u>zwischen</u> den Begriffen einer Alternative
wählen?

der Tat eine Schwelle zwischen zwei voneinander entfernten
Becken zu stabilisieren, ist es erforderlich, den Ausdruck
'anzureizen', sein 'semantisches Potential' zu erhöhen. Der
Aussagesatz zum Beispiel:

Der Ball, den du heute morgen verloren hast, ist rot oder blau,

klingt merkwürdig. In der Frageform dagegen:

Ist der Ball, den du heute morgen verloren hast, rot oder blau?,

klingt er vollkommen normal.

Es soll auch ein von B. Russell in *Bedeutung und Wahrheit* erwähntes Beispiel zitiert werden: Eine Logikerin, die gerade entbunden hatte, antwortete auf die Frage ihres Mannes: *Ist es ein Junge oder ein Mädchen?* mit *Ja*. Wenn die Frage auch normal ist, die Antwort ist es jedenfalls nicht.

Die Umwandlung in einen Fragesatz - in dem *X oder Y* stabilisiert wird - bewirkt, daß beim Zuhörer ein semantisch instabiler Zustand hervorgerufen wird, ein 'Anreiz', der natürlicherweise durch Beantwortung der Frage gestillt wird.

Wenn *X, Y* Eigenschaften voneinander unabhängiger semantischer Räume sind, gibt der Ausdruck *X oder Y* niemals einen Sinn, auch nicht in Fragesätzen:

Ist Peter klein oder intelligent? klingt merkwürdig.

Man sieht also, daß in dem untersuchten semantischen Raum - im Gegensatz zu der üblichen Auffassung - *und* die *Vereinigung* von Bereichen, *oder* ihren *Durchschnitt* bedeutet. Von diesem Standpunkt aus gesehen gibt es keinen Unterschied zwischen dem gewöhnlichen Raum R^3 und den semantischen Räumen von Eigenschaften. (In einer 'genetischen' Theorie der Entwicklung des Geistes kann man es übrigens als gegeben annehmen, daß die verschiedenen semantischen Räume aus der Darstellung des gewöhnlichen Raumes R^3 durch einen Prozeß der Differenzierung, des stufenweisen Abblätterns [1] entstanden sind.)

Einschließende Alternative und ausschließende Alternative

Bei der Verwendung von *oder* macht man den klassischen Unterschied zwischen *einschließender Alternative* (lateinisch: *vel*) und *ausschließender Alternative*, (lateinisch: *aut*). Man muß sich freilich vergegenwärtigen, daß es weder im Französischen noch im Lateinischen eine wirklich einschließende Alternative gibt. Dem klassischen Gebrauch von *vel* entspricht geistig ein Vorgang stufenweiser Annäherung, wobei der zweite Ausdruck der Alternative eine bessere Annäherung im Vergleich zu der ersten darstellt: *Melius vel optime* (Cicero): *Besser oder vielmehr am besten*. Es handelt sich hierbei um einen Gebrauch, den man sehr gut mit demjenigen in unserem Satz (3) *Hans hat braunes oder kastanienbraunes Haar* vergleichen kann; auch hier ist streng genommen ein 'Vertauschen' der Bestimmungswörter nicht möglich (da *kastanienbraun* eine bessere Annäherung als *braun* an Hans' Haarfarbe darstellt).

Zusammenfassend kann gesagt werden, der Ausdruck *X oder Y*, in dem *X* und *Y* Eigenschaften sind, hat nur dann einen Sinn, wenn *X* und *Y* zu dem gleichen semantischen Feld gehören. *X oder Y* kann nur unter der Bedingung in einem Aussagesatz erscheinen, daß *X* und *Y* *verwandte* Eigenschaften in diesem semantischen Feld sind. In einem Fragesatz dagegen können *X*, *Y* beliebige Eigenschaften desselben Feldes sein.

Das 'Ausschlußprinzip': *X oder Y*, *X und Y* haben niemals einen Sinn, wenn sie gleichzeitig auftreten, läßt eine Ausnahme zu: und zwar in dem Fall, in dem das Subjekt ein räumlich er-

---

[1] Vermutlich unterliegt diese Dissoziierung der semantischen Felder aus dem ursprünglichen Raumfeld demselben dynamischen Schema, das für die Trennung der verschiedenen Attraktoren eines gleichen semantischen Feldes verantwortlich ist: Mit anderen Worten, verschiedene semantische Felder ordnen sich wie Attraktorelemente eines gleichen 'Hyperfeldes' an. Diese Hyperfelder existieren nicht mehr im normalen Bewußtsein, aber unter dem Einfluß pathologischer Wirkstoffe (Fieber, Drogen...) können sie ausnahmsweise durch einen Dedifferenzierungseffekt wieder zum Vorschein kommen. Das bezeichnet man mit 'Delirium'.

weiterter Begriff ist; *und* besitzt also den Wert der räumlichen Nachbarschaft.

Das dynamische Modell der Mischungen

Wie wir oben gesagt haben, bewirkt *oder* auf dem untersuchten semantischen Raum die Stabilisierung der Schwelle zwischen den Attraktorbecken von X und Y, dies kommt dem Durchschnitt der Becken gleich; *und* dagegen bedeutet die topologische Vereinigung der Becken. Eine solche Behauptung sollte nicht wörtlich genommen werden. In der Tat unterliegt die Anordnung eines semantischen Raumes in Attraktorbecken im allgemeinen einem dynamischen Mechanismus, der ein relativ einfaches algebraisches Modell zuläßt (zum Beispiel die Minima eines Potentials). Die Bildung einer 'Mischung', etwa X *oder* Y, oder X *und* Y, entspricht also einem dynamischen Prozeß, der als die gleichzeitige und schallverstärkende Erregung von Oszillatoren beschrieben werden kann, die den Minima des Potentials X und Y assoziiert sind. Aufgrund einer der Phonetik entnommenen Analogie kann man sagen, daß, wenn der Gegensatz zwischen X und Y durch ein 'zugehöriges Merkmal' definiert ist, die Mischung X und Y der 'Neutralisierung' dieses zugehörigen Merkmals entspricht. Zwei Eigenschaften eines semantischen Feldes sind tatsächlich stets verwandt, aber die Höhe der Schwelle, die die Becken trennt, definiert den semantischen Abstand zwischen diesen Eigenschaften.

Wir wollen hier ein geometrisches, eindimensionales Modell dieser Situation anführen:

Angenommen, unser semantischer Raum sei die Achse Ox; auf dieser Achse haben wir ein durch eine Kurve mit zwei Minima X, Y ($X = -1$, $Y = +1$) definiertes Potential des Typs der Funktion $V = x^4 - 2x^2$ (s. Abb.). Stellen wir uns vor, daß sich ein Massenpunkt m in dem durch die Funktion V definierten Potentialbehälter bewegt. Wenn die kinetische Energie des Punktes am Minimum für die Höhe der Schwelle zu schwach ist, bleibt der Punkt in einem der Becken X oder Y eingeschlossen;

wenn wir diese Energie erhöhen, kann der Punkt die Schwelle zwischen den beiden Becken erreichen und sogar überschreiten; ist dagegen die kinetische Energie *h* kaum höher als die, die zum Überwinden der Schwelle erforderlich ist, dann ist die Punktgeschwindigkeit in der Umgebung der Schwelle sehr gering, so daß der Punkt ziemlich lange in der Umgebung der Schwelle bleibt (viel länger als die Zeit, die zum Schwingen in den Behältern X und Y erforderlich ist); thermodynamisch entspricht dies der *Stabilisierung der Schwelle* zwischen X und Y. Wenn man aber die kinetische Energie noch weiter erhöht, tendiert diese Wirkung dahin zu verschwinden, und der sich bewegende Körper zeigt die Tendenz, 'ergodisch' die beiden Potentialbehälter X und Y zu erfüllen. Die erste Situation, in der die Energie gering ist, entspricht der 'Mischung' X *oder* Y, die zweite, in der die Energie hoch ist, der Mischung X *und* Y. Wenn dieses Modell richtig ist, kann man also ständig von der Mischung X *oder* Y zur Mischung X *und* Y übergehen, indem man den Oszillator 'erregt'.

Dieses Modell könnte vielleicht der Tatsache Rechnung tragen, die für unsere, durch jahrtausendealte Logik geformte Denkweise *a priori* überraschend ist, daß es Sprachen gibt, in denen die Wörter *oder, und* durch ein und denselben Junktor ausgedrückt werden; die weitere Unterscheidung zwischen *oder* und *und* erfolgt hierbei durch Beiordnen von Adverbien, wie etwa: ein einziger bzw. alle beide. (Eine samojedische Sprache, siehe R. Jacobsen, *Essais de Linguistique Générale*, S. 82, Editions de Minuit, Paris).

Wir schlußfolgern, daß der gewöhnliche Gebrauch der Junktoren *oder, und* nur eine sehr entfernte - und schwache, denn sie ist umkehrbar - Beziehung zu den Operationen $\cup$, $\cap$ der Logik oder der Topologie hat. Darüber werden sich nur die Neurophysiologen wundern können, die so naiv sind zu glauben, das menschliche Gehirn sei lediglich eine Menge neuronischer Schaltkreise, die mit den elementaren logischen Schaltkreisen der Elektronenrechner vergleichbar sind, den Schaltkreisen, die die Operationen $\cup$ und $\cap$ im binären

Kode durchführen.

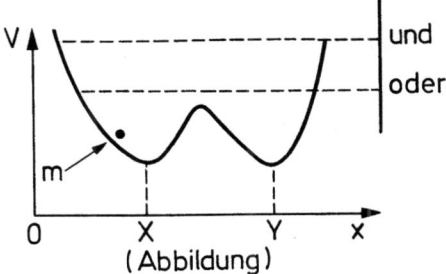
(Abbildung)

JEAN DIEUDONNE

Geboren am 1. Juli 1906 in Lille
1924-1927 Schüler der Ecole Normale supérieure
1927 Agrégé der Mathematik
1928-1931 Stipendiat an den Universitäten Princeton, Berlin und Zürich
1931 Doktor der mathematischen Wissenschaften
1932-1968 zunächst Lehrbeauftragter, dann Professor an den Universitäten Bordeaux, Rennes, Nancy, Sao Paulo (Brasilien), Michigan (USA), an der Northwestern University (USA), am Institut des Hautes Etudes Scientifiques (Bures-sur-Yvette, Essonne), und an der Universität Nizza.

AUSZEICHNUNGEN

Ritter der Ehrenlegion; Kommandeur des Ordens Palmes académiques; Präsident der Mathematischen Gesellschaft von Frankreich, 1964; Mitglied der Académie des Sciences seit 1968.

Er hat Gastaufenthalte an verschiedenen Universitäten in Europa, Nord- und Südamerika und Indien wahrgenommen.

Sollen wir „Moderne Mathematik" lehren?

Jean A. Dieudonné

René Thom hat kürzlich in einem in der November-Ausgabe 1971 dieser Zeitschrift erschienenen Artikel seine Ansichten zur sogenannten 'modernen' Mathematik geäußert. Meiner Meinung nach zeugt sein Artikel von einigen tiefen Einsichten in das Wesen des mathematischen Denkens - wie man es von diesem erstklassigen Mathematiker nicht anders erwartet - und einem gewissen gesunden Menschenverstand, enthält aber daneben auch einige seltsame Fehldeutungen und Aussagen, die ich mangels eines besseren Wortes nur als 'eng' bezeichnen kann. Die Analyse des Artikels wird durch die Tatsache erschwert, daß Thom ständig drei Fragenkomplexe miteinander vermischt, die der nicht informierte Leser schwer zu unterscheiden vermag: 1) die Bedeutung von 'Strenge' in der (reinen) Mathematik, 2) Mathematik in der Lehre an der Universität, 3) Mathematik im Unterricht an der höheren Schule. Bei der Untersuchung von Thoms Überlegungen scheint mir zum besseren Verständnis eine getrennte Behandlung der drei Fragenkomplexe ratsam.

Strenge und Axiomatisierung

Thoms Meinung zu diesem Thema liegt die Überzeugung zugrunde - und was dies betrifft, so teile ich seine Ansicht voll und ganz -, daß die bedeutenden Ideen in der Mathematik von einigen wenigen Mathematikern ausgehen. Zweifellos stammen 90% der seit dem Jahre 1700 neu eingeführten Methoden und Begriffe in der Mathematik von vier oder fünf Wissenschaftlern des 18. Jahrhunderts, von etwa dreißig Wissenschaftlern des

19. und von sicher nicht mehr als 100 Wissenschaftlern unseres Jahrhunderts. Diese kreativen Wissenschaftler zeichnen sich durch eine lebhafte Vorstellungskraft aus, die mit tiefer Einsicht in das von ihnen untersuchte Material gekoppelt ist. Eine solche Kombination verdient die Bezeichnung 'Intuition', obwohl Intuition hier nicht im Sinne der gewöhnlichen Bedeutung des Wortes aufzufassen ist, da sie auf 'Objekte' angewandt wird, die im allgemeinen in der Welt unserer Sinne nicht erscheinen.

Man könnte daher die Ansicht vertreten, daß nur das, was diese Leute tun, wirklich von Bedeutung ist, daß die Schöpfung und Übermittlung von Mathematik vollständig innerhalb eines kleinen Kreises von Genies erfolgen könnte, etwa in der Art, wie es bei den ägyptischen Priestern oder den Pythagoreern gewesen sein soll, die ihre Traditionen nur mündlich an einige Auserwählte überlieferten. Unter solchen idealen Voraussetzungen könnte der Begriff 'Strenge' sehr gut so ausgelegt werden, wie Thom ihn verstanden haben will, wobei nachteilige Auswirkungen auf die Entwicklung der Mathematik wenig oder gar nicht zu befürchten wären. Leider ist ein solcher utopischer Traum weder mit unserem derzeitigen sozialen System noch mit jeder voraussehbaren weiteren Entwicklung dieses Systems vereinbar. Die Kommunikation unter den Mathematikern mit Hilfe einer gemeinsamen Sprache muß aufrechterhalten bleiben, wie Thom selbst zugibt, und die Übermittlung von Erkenntnissen kann nicht nur den Genies überlassen werden. In den meisten Fällen wird man sie Professoren anvertrauen, die nach Thoms Worten " entsprechend ausgebildet und vorbereitet sind, um (die Beweisführungen) zu verstehen". Da der größte Teil von ihnen wohl kaum die außerordentliche Gabe der 'Intuition' der Schöpfer besitzt, kann ein hinreichend gutes Verständnis der Mathematik und die Fähigkeit, dieses an ihre Studenten weiterzugeben, nur dadurch erreicht werden, daß der Lehrstoff sorgfältig dargeboten wird: Definitionen, Hypothesen und Argumente müssen so präzise sein, daß Mißverständnisse vermieden werden, und auf mögliche Trugschlüsse und Irrtümer ist erforderlichenfalls hinzuweisen.

Diese Art erklärender Darstellung war, so meine ich, das
Ziel jener Mathematiker, die Thom als 'Formalisten' bezeichnet, von Dedekind und Hilbert bis zu Bourbaki und seinen
Nachfolgern. Wenn diese Zielsetzung vielleicht auch übermäßig bescheiden erscheinen mag, so kommt man doch der Wahrheit näher, wenn man ihre Bemühungen in dieser Richtung interpretiert, als wenn man ihnen ohne weiteres solche extravaganten Ambitionen unterschiebt, wie Thom es tut. Ich bezweifle, daß Thom es ernst meint, wenn er sagt, die Bourbaki-Gruppe hätte jemals geglaubt, daß die 'Eléments' zu neuen
Erkenntnissen führen würden oder gehofft, die grundlegenden
Strukturen der Mathematik würden sich "auf natürliche Weise
aus einer Hierarchie von Mengen ergeben". Wenn auch die Mitarbeiter von Bourbaki nicht notwendigerweise Thoms Meinung
teilen, daß mathematische Strukturen "durch die Außenwelt
bestimmt" werden, so glauben sie jedoch, wie Hilbert, daß
sich Strukturen auf unvorhersehbare Weise aus 'Problemen'
ergeben, und daß die 'Hierarchie der Mengen' zweifellos nur
einen passenden leeren Rahmen darstellt, in den Strukturen
im Zuge ihrer Entdeckung nach und nach eingefügt werden.

Die Systematisierung der Mathematik ist gewiß keine sehr
aufregende Arbeit, zuweilen ist sie jedoch lohnend. Bei dem
Versuch, neue Ideen und Methoden in klarere und leichter
faßliche Form zu bringen, ist man auf jeden Fall gezwungen,
sich mit möglichen Alternativen auseinanderzusetzen. Dadurch
werden zuweilen Denkansätze und Forschungsmöglichkeiten eröffnet, an die der Urheber der Theorie gar nicht dachte.
Nehmen wir ein bekanntes historisches Beispiel: Das enorme
Werk der Klärung, das nach Riemanns Tod begann und dessen
Ziel die Einordnung seiner erstaunlichen Entdeckungen in die
Haupttendenzen der Mathematik war, wäre von geringem Wert
gewesen, wenn der Erfolg lediglich im Auffinden strengerer
Beweise für seine Ergebnisse bestanden hätte. Die Bedeutung
ergibt sich aus der Tatsache, daß diese Bemühungen der Mathematik auch die geometrischen Methoden von Brill und Noether,
die kommutative Algebra von Dedekind und Weber und später
das topologische Instrumentarium von Poincaré und H. Weyl

sowie die direkten Methoden von Hilbert bei der Variationsrechnung gebracht haben. Ebenso stellte die Einführung einer geometrischen Sprache in die Theorie der Hilbert-Räume durch E. Schmidt, M. Fréchet und F. Riesz keine nennenswerte Bereicherung der Substanz des Hilbertschen Werkes dar, aber das durch ihre Methoden ermöglichte Zusammenspiel von intuitiven Vorstellungen war zweifellos ein mächtiger Faktor für die spätere Entwicklung der Theorie.

Das bringt mich zu Thoms Behauptungen in bezug auf die Überlegenheit der 'Kontinuität' gegenüber der 'Diskretheit'. Gewiß kritisiert er Kronecker zu Recht wegen seiner einseitigen Sicht der Mathematik, die Kronecker nur vom Begriff der Zahl ableitet. Jedoch zeigt Thom im folgenden Absatz selbst eine ähnliche Einseitigkeit, indem er die Geometrie als den eigentlichen Ursprung der Mathematik hinstellt und darauf besteht, daß Bewußtsein in erster Linie das "Bewußtsein von Raum und Zeit" sei. Obwohl ich psychologisch nicht ausgebildet bin, scheint mir selbst die oberflächlichste Beobachtung von Kleinkindern zu zeigen, daß diese bereits in einem sehr frühen Stadium Objekte voneinander unterscheiden und sich einem 'homogenen Kontinuum' zu entziehen vermögen, lange bevor sie irgendwelche Erfahrungen mit Bewegung oder Isometrie gemacht haben.

Die gesamte Geschichte der Mathematik beweist, daß diese niemals *entweder* nur auf der Idee der Kontinuität *oder* nur auf der Idee der Diskretheit aufbaute. Seit den Pythagoreern und ihrer 'Arithmo-Geometrie' stand die Mathematik stets im Spannungsfeld dieser zwei *gleichzeitig* wirkenden und *komplementären* Pole des Denkens, und meiner Ansicht nach sind diese beiden Begriffe aufgrund der ständigen Herausforderung, die ihre gleichzeitige Existenz für das Denken darstellte, als die Quelle für die bedeutendsten Fortschritte in der Mathematik wie auch in den Naturwissenschaften zu betrachten. Beispiele dafür gibt es genug: Die ganze analytische Zahlentheorie ist nichts als das Ergebnis besonders erfolgreicher Bemühungen, die Analysis in ihrer ganzen Wirksam-

keit (und insbesondere Cauchys Theorie) auf Probleme des
Auffindens (von Primzahlen oder Lösungen diophantischer Gleichungen) anzuwenden. Zu den begrifflich tieferliegenden
Ideen, die sich mit der Einführung von 'Kontinuität' in das
Gebiet des 'Diskreten' beschäftigen, zählen einerseits Hensels Theorie von den p-adischen Zahlen und ihre Verallgemeinerung auf den Prozeß der Vervollständigung von Ringen und
Gruppen und andererseits die 'Zariski-Topologie' sowie andere sprachliche Kunstgriffe, die es uns ermöglicht haben,
freizügig die geometrische 'Intuition' bei Problemen aus der
reinen Algebra zu benutzen.

Umgekehrt erkennt Thom selbst, daß das 'Kontinuum diskretisiert' werden muß; seit Poincaré besteht der einzige Weg,
durch den wir einiges Verständnis der Topologie gewinnen
konnten, in einer immer umfangreicheren Anwendung von Algebra, wobei topologische Invarianten als Gegenstände der Berechnung dienten. Übrigens ist es eine Ironie des Schicksals,
daß ausgerechnet Thom, der offensichtlich eine Abneigung
gegen Algebra hat, sich aufgrund der originellen Art und Weise, in der er sie in seiner Cobordismus-Theorie verwendete,
historische Bedeutung erworben hat, genau wie Kronecker, der
Meister des 'Diskreten', bedeutende Beiträge zur Analysis
und zu ihren Anwendungen auf die algebraische Geometrie und
die Zahlentheorie lieferte.

Mathematik an der Hochschule

Auf dieses Thema geht Thom in seinem Artikel nur sehr kurz
an der Stelle ein, wo er die axiomatische Methode im Hochschulunterricht angreift. Da er hinzufügt, daß "Axiomatisierung nicht sinnvoll ist, außer für Berufsmathematiker, die
sich auf das Studium der Grundlagen spezialisieren", habe
ich das Gefühl, er hat im wesentlichen ein von der Theorie
der Mengen ausgehendes Axiomensystem vor Augen, mit dessen
Hilfe dann die ganzen Zahlen, die rationalen Zahlen und die
reellen Zahlen *konstruiert* werden. Wenn das der Fall ist,

so stimme ich völlig mit ihm und dem überein, was er über
die unangebrachte Hervorhebung dieser 'Rekonstruktionen' des
Kontinuums sagt. Sie waren bei ihrer Entdeckung im letzten
Drittel des 19. Jahrhunderts möglicherweise für die Klärung
des Begriffs der reellen Zahl historisch von Nutzen.

Außerdem förderte diese trockene Mathematik zumindest zwei
bedeutende Ideen zutage (ein weiteres Beispiel für das oben
erwähnte Phänomen!). Bei der ersten handelt es sich um eine
Idee algebraischer Art, nämlich um die 'Symmetrisierung',
die von einer kommutativen 'Halbgruppe' zu einer Gruppe führt.
Erst kürzlich hat sich ihre Bedeutung in der Definition der
'Grothendieck-Gruppen' in der K-Theorie erwiesen. Die andere Idee, die 'Vervollständigung', ist zwar topologischer
Art, wird aber jetzt hauptsächlich in der Algebra benutzt.
Sie bildet dort eine hervorragende Hilfe für die Definition
p-adischer Zahlen und ähnlicher 'topologischer Ringe'. Diese Anwendungen liegen jedoch weit über dem Niveau der 'undergraduate'-Ausbildung, und ich teile Thoms Meinung, daß auf
dieser Ausbildungsstufe die traditionellen 'Dedekind-Schnitte' oder ähnliche Arten der 'Definition' reeller Zahlen vollkommen nutzlos, wenn nicht sogar schädlich sind.

Diese Interpretation von 'Axiomatisierung' ist jedoch sehr
eng gefaßt. Die meisten forschenden Mathematiker und Hochschullehrer verstehen unter diesem Begriff keineswegs eine
eingehende Untersuchung der Grundlagen der Mathematik, um
die sich die meisten von ihnen sehr wenig kümmern (im Gegensatz zu Thoms Meinung). In Wirklichkeit schließen sie sich
seiner platonischen Sicht der Mathematik an, auch wenn sie
das nicht öffentlich äußern. Sie verstehen unter einer axiomatischen Theorie ein vernünftiges und klares Verfahren, Definitionen und Theoreme darzustellen, wodurch die 'intuitive
Vorstellung' eher präzisiert als ausgeschaltet wird.

Ich stimme z.B. mit der Meinung überein, daß reelle Zahlen
ein grundlegender Teil unserer Intuition sind und nicht durch
Dedekind-Schnitte oder andere Verfahren 'definiert' werden

sollten. Aber ich glaube, daß es für den Studenten nur nützlich sein kann, eine genaue Aufstellung der fundamentalen Eigenschaften der reellen Zahlen, wie sie ständig in der Analysis benutzt werden, zu besitzen; und genau das ist das System der 'Axiome der reellen Zahlen'.

Letztes Ziel eines jeden Mathematikunterrichtes, gleichgültig auf welchem Niveau, ist es sicherlich, dem Studenten eine zuverlässige 'intuitive Vorstellung' von den mathematischen Objekten, mit denen er es zu tun hat, zu vermitteln. Erfahrungsgemäß kann dies jedoch nur durch eingehende Vertrautheit mit dem Material und wiederholte Versuche, dieses von jedem möglichen Blickwinkel aus zu verstehen, erreicht werden. Ein Professor, der diese Vertrautheit schon vor langer Zeit erworben hat und glaubt, er könne auf präzise Feststellungen verzichten, wenn er seine 'intuitive Vorstellung' seinen Studenten mitzuteilen versucht, läuft Gefahr, daß die Verständigung völlig zusammenbricht. Mit anderen Worten: ich meine, der Weg zur 'intuitiven Vorstellung' führt notwendigerweise zunächst durch eine Periode rein formalen und oberflächlichen Verstehens, das erst allmählich durch ein besseres und tieferes Verständnis ersetzt werden wird.

Ein Punkt, in dem ich Thom allerdings Recht geben muß, ist seine Kritik an der bedauerlichen Tendenz vieler junger Hochschullehrer, bereits in einem sehr frühen Stadium der Ausbildung, wenn überhaupt noch keine Notwendigkeit dazu besteht, zu viel abstrakte Algebra einzuführen. Viele Mathematiker (insbesondere Kronecker und Chevalley, zwei der größten Algebraiker aller Zeiten) haben immer wieder betont, daß Algebra - so außerordentlich nützlich sie auch ist - niemals ohne *Motivation* von der übrigen Mathematik her betrieben werden sollte. Anders ausgedrückt: Mit Hilfe der Algebra sollte lediglich das Instrumentarium entwickelt werden, das für die Lösung spezifischer Probleme aus anderen Gebieten der Mathematik erforderlich ist. Andernfalls wird sie das, was Thom mit Recht als die 'formale Entwicklung unbedeutender uninteressanter Theorien' anprangert. Ich glaube, dieser eigenartige und verhängnisvolle Trend resultiert aus einer Erfahrungstatsache, die für die Mathematiker des 19. Jahrhunderts sehr überraschend gewesen wäre: es ist *viel einfacher*, abstrakte Mathematik zu lehren als eine gute Intuition, z.B. von der klassischen Analysis, zu vermitteln. Und so kommen wir zu dem Übermaß an Kategorien, Verbänden, beliebig konstruierten Ringen oder Räumen jeglichen nur vorstellbaren Typs, was möglicherweise eine Selbstbestätigung für diejenigen ist, die etwas von diesen esoterischen Dingen verstehen, jedoch gleichzeitig vielleicht überhaupt keine Ahnung von Zahlentheorie, algebraischer Geometrie, Differentialtopologie oder Funktionalanalysis haben.

Mathematik im Unterricht an der höheren Schule

Abgesehen von den wenigen soeben von mir erwähnten Vorbehalten, besteht im großen und ganzen Einigkeit darüber, welche Art von Mathematik auf den verschiedenen Ausbildungsstufen an der Universität gelehrt werden sollte. Dagegen ist die gleiche Frage in bezug auf den Mathematikunterricht in Grund- und Oberschule die Quelle für erhebliche Meinungsverschiedenheiten.

Zunächst: es ist völlig klar, daß bei 90% der Grund- oder Oberschüler der Bedarf an Mathematik im späteren Leben über die elementare Arithmetik *nicht* hinausgeht. Man könnte also sehr gut argumentieren, daß Schülern, die älter als etwa 15 Jahre sind, überhaupt kein Mathematikunterricht mehr erteilt werden sollte, mit Ausnahme der Schüler, die planen, einen wissenschaftlichen oder technischen Beruf zu ergreifen. Da aber bei Kindern unterhalb dieser Altersstufe kaum feststellbar ist, welche wissenschaftlichen Fähigkeiten sie später entwickeln werden, sollten sicher alle entsprechend dem Grad ihrer Reife mit einigen wissenschaftlichen Fakten und Denkweisen vertraut gemacht werden.

Soweit es die Mathematik im besonderen angeht, so stimme ich vollständig mit Thom überein: das Hauptziel sollte sein,

einem Kind zu zeigen, wie das rohe, formlose Bewußtsein von
Raum und Zeit nach und nach in einige logische Strukturen
geordnet werden kann. Mit anderen Worten: auf elementarer
Stufe sollte der Mathematikunterricht in ähnlicher Weise erfolgen wie der Unterricht in Physik und Biologie. Was Thom
und andere Verfechter des Status quo hingegen verkennen, ist,
daß das alte System gerade in dieser Hinsicht starke Mängel
aufwies. Algebra wurde als reine Handhabung von Symbolen
hingestellt, wobei Bezüge zu anderen Dingen kaum hergestellt
wurden. Leute meiner Generation werden sich daran erinnern,
daß *Jahre* damit verbracht wurden, 'die quadratische Gleichung
zu diskutieren'. Geometrieunterricht erhielt man etwa vom
12. Lebensjahr an. Er begann gleich mit den euklidischen
Axiomen, welche (gezwungenermaßen , denn die euklidischen
Axiome bilden kein vollständiges System) mit Appellen an die
Intuition vermischt waren, die als 'offensichtliche Tatsachen' hingestellt wurden.

Wollte man z.B. beweisen, daß man von einem Punkt P auf einer
Geraden D eine Senkrechte zu D in der Ebene zeichnen kann,
so bestand der 'Beweis' darin, daß man eine Halbgerade Δ
mit dem Ursprung in P 'rotieren' ließ, wobei man mit einer
der Halbgeraden D' in D begann und bei der anderen Halbgeraden D" endete; da der Winkel (D',Δ) sich von 0 zum 'fla-
chen'Winkel $180°$ vergrößerte und der Winkel (Δ ,D") sich
von $180°$ auf 0 verkleinerte, mußte es eine Position geben,
in denen beide gleich waren. Das ist gewiß eine gute Möglichkeit der Veranschaulichung, aber sie ist weit entfernt
von der Art der strikt logischen Argumentation, in der der
Lehrer gleichzeitig beim Beweis von Tatsachen vorzugehen
pflegte, die einem unvorbereiteten Kind ebenso 'offensichtlich' erscheinen mußten, wie die obige Aussage. Meine eigene
Erinnerung an jene Schuljahre besteht darin, daß ich diese
Diskrepanz niemals verstand. Der Sinn des Beweises blieb
mir lange ein Rätsel.

Meiner Meinung nach, sollten Schüler unter 15 Jahren überhaupt noch nicht mit einem Axiomen- *System* bekanntgemacht
werden. Das schließt Ansätze zur logischen *Deduktion* nicht

aus. Im Gegenteil: es sollte eifrig jede Gelegenheit wahrgenommen werden, den Kindern einen Eindruck von der außergewöhnlichen Kraft dieses geistigen Vorgangs zu geben. Wenn man jedoch beweisen will: A impliziert B, wenn A eine ziemlich offensichtliche geometrische Tatsache ist (z.B. die Existenz einer Winkelhalbierenden) und B ganz und gar nicht offensichtlich ist (etwa, daß die drei Winkelhalbierenden eines Dreiecks einen gemeinsamen Punkt haben), so braucht man sicher nicht zu wissen, daß A das 426. Glied in einer Folge von Sätzen, angefangen bei einem Axiomensystem, ist.

Wenden wir uns nun dem Mathematikunterricht für ältere Schüler des naturwissenschaftlichen Zweiges der höheren Schule zu: Thoms Argumentation zugunsten des Status quo scheint hier auf einem grundlegenden Mißverständnis zu beruhen: offenbar glaubt er, daß man in den neuen Curricula Euklidische Geometrie völlig gestrichen und durch abstrakte Algebra ersetzt habe. Ich weiß zwar nicht, ob das tatsächlich in irgendeinem Land geschehen ist, bin jedoch sicher, daß es in Belgien, dem Land, das als Wegbereiter der Modernisierung des Mathematikcurriculums an den höheren Schulen gilt, nicht der Fall ist. Es ist das Ziel, nicht die Euklidische Geometrie aus dem Lehrplan zu streichen, *sondern die veraltete Art ihrer Darstellung im Unterricht* (die auf Euklid zurückgeht) abzuschaffen: dabei soll die Bedeutung der Geometrie geklärt und ihre Schlüsselstellung in der Mathematik sowie ihre universale Kraft *gestärkt* werden.

Für den gebildeten Mathematiker unserer Zeit ist es eine Trivialität, daß sich die grundlegenden Theoreme der euklidischen Geometrie (jeder Dimension übrigens) sehr leicht aus dem Begriff eines mit einer positiv definiten quadratischen Form versehenen Vektorraums ableiten lassen. Warum sollte diese Methode (für die Dimension zwei oder drei) nicht auch Oberschülern zugänglich gemacht und anstelle der unglaubwürdigen, offenbar irrelevanten Zerlegungen von Dreiecken eingeführt werden, wo jeder Schritt wie der Zaubertrick eines Magiers erscheinen muß? Glaubt Thom denn wirk-

lich, daß lineare Algebra in einem zweidimensionalen reellen
Vektorraum ein 'abstrakter' Stoff ist, den fünfzehnjährige
Jungen oder Mädchen geistig nicht erfassen können, wenn *jeder einzelne* Grundbegriff an der Tafel *sichtbar* gemacht werden kann und jedes Axiom eine unmittelbare intuitive Bedeutung erhält?

Sein Feldzug gegen die Algebra wäre gerechtfertigt, wenn
'Algebra' entweder die 'blinde Anwendung von arithmetischen
Regeln' - unter der er und ich während der Schulzeit gelitten haben - oder aber die rein abstrakte Theorie von Gruppen, Ringen und Körpern bedeutete. Das grundlegende Prinzip
der modernen Mathematik ist es jedoch, eine vollständige
Fusion zwischen 'geometrischem' und 'algebraischem' Gedankengut zu schaffen, und deshalb ist es einfach sinnlos, von
'Geometrie' und 'Algebra' als zwei gegensätzlichen Dingen
zu sprechen, wie Thom es tut. Die Voraussetzung für die Verwirklichung des obigen Prinzips ist natürlich, daß 'geometrische Algebra' (um diesen gelungenen, von E. Artin geprägten Ausdruck zu gebrauchen) auch als *Einheit* gelehrt wird,
d.h., jeder algebraische Begriff oder jedes Theorem aus der
Algebra muß mit einer geometrischen 'Übersetzung' versehen
werden. Ebenso sollten die Schüler meiner Auffassung nach
in einem solchen Zusammenhang vor allem mit Begriffen, wie
z.B. Gruppe oder Ring, bekanntgemacht werden, d.h. man muß
geometrische Beispiele zu ihrer Erläuterung geben können,
etwa die Gruppe der Rotationen in der Ebene (die 'Winkel'!)
oder den Ring von Endomorphismen der Ebene (als Vektorraum
aufgefaßt). Selbstverständlich ist die 'abstrakte' Gruppen-
oder Ringtheorie im Unterricht der Oberstufe vollkommen fehl
am Platze.

Sind die grundlegenden Theoreme der Euklidischen Geometrie
erst einmal mit Hilfe der linearen Algebra begründet worden
(ohne Koordinaten, natürlich), so gibt es nichts, was den
interessierten Schüler daran hindern könnte, sich mit den
klassischen Problemen von Dreiecken oder Kegelschnitten zu
befassen, wenn er Lust dazu hat. Allerdings teile ich nicht
Thoms Meinung, daß damit ein großer erzieherischer Wert

verbunden ist. Ich glaube, wenn man 'zweckfreien' Übungsstoff einführen will, kann man auf eine Menge anderer Möglichkeiten zurückgreifen, die mehr Relevanz für die Denkweise der modernen Mathematik und Physik besitzen als die traditionellen Aufgabenstellungen. Um z.B. zu beweisen, daß es sich bei der Rotationsgruppe im dreidimensionalen Raum um eine *einfache* Gruppe handelt, ist nicht mehr 'geometrische Algebra' erforderlich als für den Beweis der Existenz des Feuerbachschen Kreises. Und dennoch hat dieses Problem, wenn es auch nicht unmittelbar 'nützlich' ist, meiner Ansicht nach wesentlich mehr Bedeutung.

Wenn ich über die merkwürdige Abneigung nachdenke, die Thom und viele seiner Hochschulkollegen gegen das Verlassen des traditionellen Weges im Mathematikunterricht der höheren Schule äußern, obwohl sie sich über seine mangelnde Relevanz und Strenge im klaren sind, so glaube ich, daß diese Abneigung aus dem instinktiven Gefühl herrührt, schlecht unterrichtete 'moderne' Mathematik könnte zu noch schlechteren Resultaten führen. Es gibt leider zahlreiche Beispiele dafür, daß diese Befürchtungen nicht unbegründet sind. Wenn sogar viele Hochschullehrer bedauerlicherweise dazu neigen, die Abstraktion auf Kosten der Intuition hervorzuheben, dann kann man eigentlich nicht allzu sehr überrascht sein, daß Lehrer an höheren Schulen, die die Motivation, die der Einführung der neuen mathematischen Begriffe zugrundeliegt, nicht erfassen können, sich an den *Buchstaben* des neuen Curriculums klammern, anstatt den *Geist* zu verstehen, der es notwendig gemacht hat. Ebenso wie ihre Kollegen an der Universität haben sie entdeckt, daß es wesentlich leichter ist, die Handhabung abstrakter Begriffe zu erläutern (sogar bei sehr kleinen Kindern) als ihnen ein intuitives Verständnis der Realität hinter diesen Abstraktionen zu vermitteln. Daher rührt ihre besondere Vorliebe für Logik, die sie nur allzu gern - und im Übermaß - in ihrem Unterricht verwenden.

Natürlich kann man behaupten, die Ausbildung in logischem Denken sei nutzbringend. Nur ganz naive Idealisten werden

zwar ernsthaft daran glauben, daß die Logik eines Tages das
menschliche Verhalten bestimmen kann und wird, aber man muß
immerhin zugeben, daß etwa mehr logisches Denkvermögen der
breiten Masse der Bevölkerung durchaus nicht schaden könnte.
Jedoch sollten die lächerlichen Beispiele, die Thom in aller
Ausführlichkeit brandmarkt, die Erzieher davon überzeugen,
daß die Boole'sche Algebra streng auf die Gebiete beschränkt
werden sollte, wo sie am Platze ist, nämlich auf Mathematik
und Wissenschaft im allgemeinen. Selbst innerhalb dieser
Grenzen sollten sich die Erzieher davor hüten, sie fälschlich
für ein Allheilmittel statt für ein Werkzeug zu halten. Logik
ist ebensowenig Mathematik wie Atomreaktoren Nuklearphysik
sind. Wenn jemand das Zeug dazu hat, sich einen Beweis vorzustellen, dann hilft ihm dies bei der Beweisführung, genauso wie ein Atomphysiker komplexe und kostspielige Apparatu-
ren benötigt, um zu zeigen, daß seine Einsicht in die Natur
der atomaren Kräfte richtig ist. In beiden Fällen ist stets
die Imagination der unersetzliche auslösende Funke.

Man könnte beinahe glauben, der Unterricht in der höheren
Schule stehe unter dem immanenten Zwang alles in Scholastik
im schlechtesten Sinn des Wortes zu verwandeln. Die meisten
forschenden Mathematiker und Naturwissenschaftler sind echt
betrübt, wenn sie feststellen, daß die von ihnen als Alltags-
erscheinung akzeptierte alte Scholastik, mit der zu leben
sie gelernt hatten, unter dem Banner des 'Modernismus' durch
eine wesentlich aggressivere und unsinnigere Methode ersetzt wird.

Dennoch hoffe ich, daß sich der gegenwärtige Aufruhr schließlich legen und ein einigermaßen vernünftiger Kompromiß erzielt wird. Der Druck, den Wissenschaft und Technologie auf
Vorgänge des menschlichen Lebens ausüben, nimmt ständig
zu; deshalb können wir nicht zulassen, daß künftige Manager
und Techniker den größten Teil ihrer wertvollen Schulzeit
damit zubringen, nicht-anwendbares Wissen in sich aufzunehmen, das ihnen nach veralteten Methoden beigebracht wird;
wir räumen allerdings ein, daß ein gewisses 'spielerisches'

Element im Curriculum enthalten sein muß. Die Qualen der Eltern, die das Vokabular ihrer Kinder nicht verstehen, werden in der nächsten Generation nicht mehr vorhanden sein. Und wenn sich schließlich die für die Aufstellung der Curricula Verantwortlichen davon überzeugen ließen, daß sie Berufsmathematiker konsultieren sollten, um zu verstehen, welche Relevanz ihre Entscheidungen für die Wissenschaft besitzen, wie sie in der Universität und darüber hinaus praktiziert wird, könnte eines Tages ein einigermaßen vernünftiger Mathematikunterricht vom Kindergarten bis zur Hochschule verwirklicht werden.

ANDREJ N. KOLMOGOROW

Andrej Nikolajewitsch Kolmogorow, geboren am 25. April 1903 in Tambow, wurde 1929 Professor am Mathematischen Institut Moskau und verfaßte bedeutende Arbeiten zu den verschiedensten Gebieten der Mathematik und Logik, insbesondere zur Theorie der reellen Funktionen, zur Maßtheorie und zur intutionistischen Logik. Die Begründung der modernen mathematischen Theorie der Wahrscheinlichkeit geht im wesentlichen auf ihn zurück.

Darüber hinaus haben die "Probleme der Lehre einen großen Teil des Lebens von A. N. Kolmogorow beansprucht. Er kann sich sein eigenes wissenschaftlich schöpferisches Leben nicht getrennt von der Erziehung von Schülern denken. Für ihn bilden die Arbeit mit Kindern und Studenten, sowie die Entwicklung und Leitung von Schulen einen natürlichen und wesentlichen Teil seiner eigenen wissenschaftlichen Forschung."
(P. S. Alexandrow/B. V. Gnedenko).

Die moderne Mathematik und die Mathematik in der modernen Schule

A. Kolmogorov

Obwohl es viele populärwissenschaftliche Bücher gibt, die sich die Aufgabe stellen, einem möglichst breiten Publikum die Besonderheiten der 'modernen Mathematik'[1] zu erklären, besitzt dieser Begriff an sich natürlich keine ausreichende Bestimmtheit. Bei dem Stichwort 'Modernisierung' der Schulmathematik denkt man gewöhnlich an zwei, dem Wesen nach verschiedene Tendenzen.

1. Es handelt sich einmal darum, den Unterricht systematisch auf die Basis der Grundbegriffe der Mengenlehre zu stellen, und zwar indem man konkrete Klassen von Funktionen (z.B. zahlenwertige Funktionen einer Zahlen-Variablen) mit dem allgemeinen Begriff der Abbildung in Verbindung bringt, indem man sich mit den allgemeinen Eigenschaften der binären Relation (Reflexivität, Symmetrie und Antisymmetrie, Transitivität) befaßt, indem der Begriff der Gruppe hervorgehoben wird, usw.

2. Im anderen Fall verlagert man den Schwerpunkt auf die Einführung in die Grundlagen der diskreten Mathematik, die im Zusammenhang mit den Problemen der Datenverarbeitung und der Entwicklung von automatischen Rechentechniken in der Wissenschaft selbst in den Vordergrund gerückt sind (mathematische Logik unter dem Aspekt ihrer Anwendung, Graphen, Theorie diskreter Wahrscheinlichkeiten usw.).

Übrigens dient die zweite Richtung oft dazu, die erste zur Geltung zu bringen, und ihr den Anschein einer unvermeid-

---

[1] Die meiste Literatur scheint es in der französischen Sprache zu geben. Beispiel: C. Félix.

lichen Konsequenz der gegenwärtigen Anforderungen der Praxis zu geben. Tatsächlich aber hat es der Schüler beim technischen Zeichnen im Unterricht in Physik oder in den anderen Fächern, wie auch bei praktischen Arbeiten oder in den technischen Clubs bis heute meist mit einem vollkommen traditionellen mathematischen Apparat zu tun.

Im Hinblick auf die Zukunft ist es indessen unerläßlich, den Schulunterricht schon heute so zu gestalten, daß die Schüler darauf vorbereitet werden, die neuen Aspekte der angewandten Mathematik zu erfassen. Im besonderen muß daran gedacht werden, daß das Erlernen der Programmiersprachen 'Algol' oder 'Fortran', die es erlauben, Aufgaben für Computer verständlich zu formulieren, für die Masse der Schüler tatsächlich notwendig werden kann. Einstweilen ist es allerdings für die allgemeinbildenden Schulen wichtiger, bei den Schülern ein ständiges Bemühen um korrektes Denken auszubilden, als viel Zeit auf den Unterricht in konkreten 'Maschinensprachen' zu verwenden.

Die Maschine kann ihr eingegebene Befehle nicht mit Hilfe von gesundem 'Menschenverstand' oder Intuition korrigieren. Man muß sich mit ihr in einer Sprache unterhalten, deren wesentliche Merkmale die formale Festlegung und vollkommene Klarheit sind. Die sich ankündigenden praktischen Erfordernisse sind deshalb mit dem Streben nach einem vom logischen Standpunkt aus strengeren Aufbau des Mathematikunterrichts im Sinne der ersten der beiden oben erwähnten Tendenzen verbunden.

Was die erste Richtung selbst betrifft, so ist die allgemeine Lage ohne Zweifel die folgende: Im ganzen gesehen wird die Mathematik normalerweise durch die moderne Darstellung, angefangen mit den ganz allgemeinen Begriffen der Menge, der Abbildung, der Gruppe *vereinfacht*. Indem wir in verschiedenen, speziellen Fällen deren gemeinsame Grundlage herausheben, machen wir die Darstellung kürzer und *letzten Endes* einfacher und deutlicher.

Aber die Einschränkung 'letzten Endes' ist auf jeden Fall
wichtig. Beispielsweise ist die Einführung des allgemeinen
Begriffs der Gruppe nur dann gerechtfertigt, wenn er häufig
genug angewendet wird. Da der Begriff der Transformations-
gruppe leichter verständlich ist, läßt sich die Auffassung
vertreten, daß man sich im Schulunterricht auf letzteren beschränken oder ihn vor dem abstrakten Gruppenbegriff einführen sollte. Den Gruppenbegriff lediglich zum Erklären der
Eigenschaften der additiven und multiplikativen Gruppe der
Zahlen einzuführen, scheint mir schlicht und einfach Luxus
zu sein. Soweit wie möglich sollten in Schulen aller
Richtungen Abstraktionen vermieden werden, die im Rahmen
des Schulunterrichts selbst nicht voll gerechtfertigt
werden können.

Die Einführung eines neuen allgemeinen Begriffes muß schon
bei seiner heuristischen Einführung, vor seiner formalen
Definition oder direkt zusammen mit dieser eine gewisse,
ausreichend überzeugende Rechtfertigung erhalten.

Es ist notwendig, die Modernisierung der Schulmathematik
genau dem Stil anzupassen, in dem die Mathematik im Unterricht der benachbarten Fächer, vor allem der Physik, angewendet wird. Dies ist keine leichte Aufgabe, denn die in
unserer Epoche tonangebenden Physiker haben selbst eine
Mathematik gelernt, die in gewisser Hinsicht weit davon
entfernt ist, modern zu sein.

Prüfen wir zum Beispiel einmal die gegenseitigen Beziehungen
zwischen den Begriffen der Zahl und der 'skalaren Größe'.
Der zweite dieser Begriffe taucht gewöhnlich nicht in klar
erkennbarer Form im Mathematikunterricht auf, wohingegen
er eine fundamentale Rolle bei den Darstellungen der
Physiker spielt. Die Mathematiker können das gesamte System
der reellen Zahlen durch sukzessive Erweiterungen des an-
fänglich gegebenen Systems der natürlichen Zahlen konstruieren und erklären, diese Erweiterung sei natürlich, da sie
das Ergebnis der "inneren Notwendigkeiten der mathematischen
Theorie" ist. Im praktischen Leben dienen die reellen Zahlen

jedoch dazu, skalare Größen auszudrücken (Oberflächen, Umfänge, Massen, Geschwindigkeiten, usw.). Das alte System, skalare Größen, als 'konkrete Zahlen' aufzufassen, verschwindet allmählich und ist mit Recht für die Mathematiker im modernen Sinne nicht befriedigend. Es ist jedoch noch kein neuer Rahmen geschaffen worden. Stattdessen sind die Mathematiker oft bestrebt, so schnell wie möglich diese unangenehmen Fragen zu übergehen, indem sie beispielsweise in der Geometrie sofort, schon bei der Formulierung der Axiome verkünden, daß der Abstand oder das Maß eines Winkels eine Zahl ist.

Entsprechend verschwindet aus dem Geometrieunterricht das Thema der 'Homogenität der geometrischen Formeln', das im Gegenteil gerade verstärkt behandelt werden und als Einführung in die für die Anwendung so wichtige Theorie der Dimensionalität der Größen dienen sollte. Unglücklicherweise ist es augenblicklich so, daß, je stärker der Mathematikunterricht auf eine 'moderne' Grundlage und 'ein höheres logisches Niveau' gestellt wird, die Studenten desto weniger die Möglichkeit haben, die Bedeutung von Formeln wie

$$\gamma = 5 \text{ cm/sec}^2$$

und anderer auf der Basis dieses logischen Niveaus zu überprüfen.

Die 'Modernisierung' des Mathematikunterrichtes der Schule wird in der Praxis leider oft ohne organisierten Kontakt zum Physikunterricht durchgeführt. Ein extremes Beispiel für das Fehlen dieses Kontaktes habe ich letztes Jahr in Frankreich erleben können. Im Institut der Université de Paris, das an der Reform des Mathematikunterrichtes in der Schule arbeitet, konnte man mir rein gar nichts darüber sagen, welche Bezüge die durch dieses Institut durchgeführten Veränderungen zu den korrespondierenden Plänen der Physiker haben werden.

Das moderne Vorgehen bei der Konstruktion mathematischer Begriffe führt im wesentlichen dazu, daß die Aufgaben aus

den verschiedensten Bereichen der Anwendungen logisch
korrekter und gleichzeitig einfacher behandelt werden.
Wenn man dieses Vorgehen jedoch nicht konsequent zu Ende
führt, kann es den Zugang zu den Anwendungen schwieriger
machen. Betrachten wir ein weiteres Beispiel. In der
klassischen Darstellung der Geometrie bezeichnet man
Figuren, die man aufeinanderlegen kann, als gleich. Eine
'Figur' kann dieselbe bleiben, wenn sie sich von einer
Stelle zur anderen bewegt. In den modernen Lehrbüchern
ist eine Figur sehr häufig eine Punktmenge. Wie man weiß,
sind zwei Mengen nur dann gleich, wenn sie sich aus den
gleichen Punkten zusammensetzen. Zwei verschiedene Figuren
können nicht gleich sein. An die Stelle der 'Gleichheit'
ist der Begriff der 'Kongruenz' gerückt. Figuren sind
kongruent, wenn man sie 'isometrisch' ineinander überführen
kann. Indem sie eine nicht völlig dechiffrierte Analogie
verwenden, bezeichnen die Mathematiker die isometrischen
Transformationen als 'Verschiebungen'. Dieser Begriff der
'Verschiebung' im Geometrieunterricht bleibt auf ziemlich
vage Art und Weise mit dem verbunden, was im Physikunterricht über Verschiebungen gesagt wird.

Es ist jedoch nicht schwer, hier zu vollkommener Klarheit
zu gelangen. In der Mechanik stellt man sich vor, daß ein
Körper aus 'Massenpunkten' gebildet wird. In jedem Augenblick t nimmt jeder Massenpunkt M des Körpers K eine bestimmte
Position M_t im Raum ein. Wir haben es mit der Abbildung

$$(t, M) \longrightarrow M_t$$

zu tun.

Wenn unser Körper 'fest' ist, dann ist diese Abbildung isometrisch. Wir sehen, daß die Isometrie in der Ausdrucksweise
der Physik natürlicher durch eine *Lageveränderung* als durch
eine Verschiebung interpretiert wird (die Verschiebung ist
ein Vorgang, während die Lageveränderung ihr Resultat ist).
Aber es gibt auch einen völlig natürlichen Platz für die
Verschiebung in einem modernen Geometrieunterricht, der die

Kinematik mit umfaßt.

Das Problem besteht darin, schon in der Schule in überzeugender Weise zu zeigen, daß es mit Hilfe der 'modernen Mathematik' möglich ist, *mathematische Modelle* von Situationen und realen Prozessen zu schaffen, und zwar nicht nur nicht schlechter, sondern auf logisch folgerichtigere und einfachere Weise als in der traditionellen Mathematik. Nur unter dieser Voraussetzung werden die Methodologen der Mathematik in der Lage sein, der sich schon in gewissen Ländern abzeichnenden Revolte der Praktiker gegen die Umwandlungen der Mathematiklehrpläne an den Schulen, die wir realisieren, zuvorzukommen.

PETER J. HILTON

Professor Hilton lehrte von 1962 bis 1971 Mathematik an der Cornell University. Von 1971 bis 1973 war er gleichzeitig Fellow des Battelle Seattle Research Center und Mathematikprofessor an der Universität von Washington. Zum 1.Sept.1972 wurde er zum Louis D. Beaumont University Professor am Case Institute of Technology berufen und nahm den Ruf am 1. Sept.1973 an, blieb aber weiterhin Mitglied des Battelle Seattle Research Center.

Er erwarb den M.A. an der Universität Oxford, England, und den Ph.D. an den Universitäten Oxford und Cambridge England. Von 1952 bis 1955 war er Dozent an der Universität Cambridge; von 1956 bis 1958 apl. Professor an der Universität von Manchester, England; von 1958 bis 1962 Mason-Professor für reine Mathematik an der Universität von Birmingham, England; von 1966 bis 1967 Gastprofessor an der Eidgenössischen Technischen Hochschule in Zürich und von 1967 bis 1968 Gastprofessor am Courant Institute of Mathematical Sciences, Universität von New York. 1970/71 war er von der Cornell University beurlaubt und als Gast am Battelle Seattle Research Center tätig.

Dr. Hilton hat mehrere Bücher und zahlreiche Forschungsarbeiten auf den Gebieten der algebraischen Topologie, der homologischen Algebra und der Kategorientheorie verfaßt. Er ist Schriftleiter der Reihe 'Ergebnisse der Mathematik' und war auch bei anderen Publikationen als Herausgeber tätig. Er ist Mitglied des Teacher Training Panel des Committee on the Untergraduate Program in Mathematics und war bis vor kurzem gleichzeitig Vorsitzender der Cambridge Conference on School Mathematics und Vorsitzender des National Research Council Committee on Graduate and Postdoctoral Training in Mathematics. Er ist Vorsitzender der United States Commission on Mathematical Instruction.

Dr. Hilton ist Mitglied der American Mathematical Society, der Mathematical Association of America, der London Mathematical Society, der Cambridge Philosophical Society, der Royal Statistical Society und Ehrenmitglied der Mathematischen Gesellschaft von Belgien.

Die Ausbildung von Mathematikern heute

Peter Hilton

Es ist eine bemerkenswerte Erscheinung des heutigen akademischen Lebens, daß die Mitglieder der Universitätsfakultäten so viel Zeit auf die Diskussion darüber verwenden, was sie für ihre Studenten tun sollten. Lassen Sie mich damit beginnen zu beschreiben, was mir die Gründe dafür zu sein scheinen, daß heute in so großem Ausmaß Zeit und Gedanken auf diese Fragen verwendet werden, woran es liegt, daß eine beliebige Gruppe mathematischer Wissenschaftler, die vor vier oder fünf Jahren Fragen diskutiert hätte, wie:"Erlauben alle Sphären ungerader Dimension verschiedene differenzierbare Strukturen?", warum diese Gruppe heute etwa Fragen der Art "Wie können wir unseren Studenten eine Ausbildung vermitteln, die es ihnen tatsächlich ermöglichen wird, ihren Lebensunterhalt zu verdienen?" zum Gegenstand ihrer Diskussion macht. Die Gründe für diese unsere Probleme kommen, so glaube ich, aus drei Hauptquellen. Natürlich ist die erste Quelle die Situation auf dem Arbeitsmarkt. Grob geschätzt gibt es heute ungefähr 12000 Ph.D.'s in Mathematik, die in den Universitäten und Colleges der USA arbeiten und die ihrerseits, wiederum grob geschätzt, 1200 Promotionen jährlich durchführen. Die traditionelle und, wie ich sagen muß, auch heute vorherrschende Einstellung bzw. der bevorzugte Arbeitswunsch dieser neuen Doktoren liegt vor allem im akademischen Bereich. Gemäß Zahlen von Dick Anderson wollen 90% in die akademische Gemeinschaft eintreten und in einem Institut arbeiten, das in wesentlichem Umfang mit mathematischer Wissenschaft beschäftigt ist. Tod und Pensionierung ergeben ungefähr eine Abflußrate von 2%. Die Studentenzahlen bleiben konstant oder sie fallen eher, so daß es keine Erweiterung, sondern eher eine Verkleinerung der Größen der akademischen Institutionen geben wird. Wenn Sie alle diese Fakten gegeneinander halten, so ergibt sich natürlicherweise eine Krise. Aus diesem Grund, mehr als aus jedem anderen, sind wir in den Universitäten und akademischen Einrichtungen, die für die Ausbildung von graduate-Studenten verantwortlich sind, hauptsächlich mit dieser Frage beschäftigt. Ich erläutere hier, *warum* wir mit dieser Frage beschäftigt *sind*, ich werde später sagen, *warum* wir mit ihr beschäftigt sein *sollten*.

Es gibt noch zwei weitere wichtige Gründe dafür, warum das Problem der Ausbildung von Mathematikern so aktuell ist; sie hängen eng zusammen und sind keinesfalls auf die mathematische Ausbildung beschränkt. Der erste Grund ist der durch die Studenten ausgeübte Druck, und diesen würde ich in die Kategorie der *Trugschlüsse aus guter Absicht* einordnen. Die Studenten beklagen sich seit einiger Zeit lautstark, daß sie ihrer Meinung nach nicht die richtige Ausbildung erhalten. Es wird das Wort 'relevant' benutzt. Und sie sagen, diese ganze akademische Ausbildung sei für ihre Belange ungeeignet. Nun, ich bezeichne dies als Trugschluß aus guter Absicht, weil es den Studenten, die diese Dinge äußern, zweifellos in der Hauptsache um eine qualitative Verbesserung der Universität geht. Ich nenne es dennoch einen Trugschluß, weil meiner Meinung nach die von ihnen gezeigten Richtungen alles in allem in die Irre geführt haben, denn was sie mit 'Relevanz' gemeint haben, das würde ich schlicht 'Unmittelbarkeit' nennen. Sie vermuteten, daß der normale Ausbildungsgang abkürzbar und so etwas wie ein unmittelbarer Erwerb der Ausbildung möglich sei, der ihnen zugänglich gemacht werden müsse. Und nur unsere Widerspenstigkeit und unsere traditionelle Denkweise seien Schuld daran, daß ihren Bitten oder vielleicht auch Forderungen nach einer angemesseneren Form der Ausbildung nicht entsprochen wurde. Anscheinend haben sie auch geglaubt, daß man keine wirklich solide Wissensgrundlage von ihnen verlangen sollte, sondern daß wir ihnen ganz einfach bestimmte Einstellungen einimpfen und sie in diesen bestärken müßten. Nun, ich sage, sie irren sich. Natürlich sollen sie sich bestimmte Einstellungen erwerben, jedoch ist ein Grundwissen absolut unentbehrlich, und es wäre äußerst gefährlich für uns, junge Leute aus den Universitäten zu entlassen, die glauben, daß, weil *ihr* Geist und *ihr* Gemüt von allen unreinen Gedanken gesäubert seien, folglich auch andere Verunreinigungen im wesentlichen beseitigt sein müßten. Die Probleme, denen wir gegenüberstehen, sind äußerst schwierig, und unsere Studenten müssen sich unter allen Umständen das Wissen aneignen, das für ihre Lösung erforderlich ist. Voraussetzung hierfür ist nun der Erwerb der Fähigkeit, hart zu arbeiten, und meiner Überzeugung nach schließt dies wiederum die Fähigkeit ein, allein für sich zu arbeiten.

Der seltsame Glaube, der offenbar vor allem Ende der sechziger Jahre verbreitet war, daß Wissen hervorgebracht werden könnte, sofern die Gruppe, in der Ignoranz sich ausbreitet, nur groß genug ist, sollte innerhalb einer Universität nicht unterstützt werden. Es ist insbesondere eine betrübliche Sache, wenn die Professoren selbst, um sich Zeit und Ruhe zu erkaufen, einfach die falschen Ideen der Studenten nachsprechen.Statt dessen sollten sie die guten Absichten der Studenten erkennen und, auf diesen aufbauend, den Studenten zeigen, daß ihre guten Absichten nur durch ein intensives und gut angeleitetes Studium in wirksame Leistungen verwandelt werden können. Allerdings hat dieser Druck der Studenten zweifellos bewirkt, daß wir kritischer über Lehrstoff und Lehrmethode nachdenken,und somit einen wertvollen Zweck erfüllt.

Der andere Grund, den ich in diesem Zusammenhang als eine Quelle der Besorgnis anführen möchte, besteht in dem, was ich als legislativen Druck bezeichnen würde. Diesen betrachte ich als *Trugschluß aus schlechter Absicht*, weil die Verantwortlichen, die sich bemüht haben, den modus operandi der Universität zu verändern, meiner Ansicht nach sehr oft eine durchaus klare Einsicht besessen haben, während ihre Bemühungen aber darauf hinauslaufen, uns zu entmannen. (Bitte entschuldigen Sie, wenn ich ein Wort verwende, das

an eine Art männlichen Chauvinismus denken läßt; ich kenne
jedoch keinen entsprechenden Begriff, der sowohl die männlichen als auch die weiblichen Mitglieder der Universität
einschließt!). Meiner Ansicht nach sind die Einstellungen
der Bundesregierung und der gesetzgebenden Körperschaften
der Staaten und der Einfluß, den diese Leute auf die Öffentlichkeit ausgeübt haben sowie auch der reziproke Einfluß der
Öffentlichkeit auf sie, entweder tatsächlich darauf ausgerichtet oder würden mindestens alle darauf hinauslaufen, daß die
Universität auf eine Institution reduziert wird, die ihre
Studenten in mehr oder weniger automatischen Fertigkeiten
schult. Diese Fertigkeiten würden sie in die Lage versetzen, nach dem Abgang von der Universität irgendeinen
geldbringenden Posten zu erhalten, aber sie vermutlich dazu zwingen, auf diesem Posten sitzen zu bleiben, weil ihnen
die Flexibilität fehlt. Mit anderen Worten, dieser Trugschluß aus schlechter Absicht würde Erziehung durch ein
bloßes Einüben von Fertigkeiten ersetzen. Der einzige Gedanke, der Spiro Agnew mit Plato verbindet, ist, daß ein
wirklich gut funktionierendes Ausbildungssystem stets eine
Bedrohung für das bestehende Establishment darstellen muß.
Und meiner Ansicht nach ist es kein Zufall, daß wir ausgerechnet zur Zeit des Aufflammens der Unruhen an den Universitäten Ende der sechziger Jahre mit diesen Maßnahmen
konfrontiert wurden, die das Ziel verfolgen, das Verhalten
von Lehrkörper und Studenten sowie auch die Programme der
Universitäten in Richtungen zu steuern, die in krassem
Widerspruch zu den Idealen und dem natürlichen modus
operandi einer Universität stehen. Der Druck ist stark;
und natürlich ist das Problem akut, weil dieser legislative
Druck mit der Bereitstellung angemessener und für die Verfolgung unserer legitimen Ziele innerhalb der Universität
und der Adademie notwendiger Mittel verkoppelt ist. Folglich fühlten wir uns gezwungen, dem Gesetzgeber und der
Öffentlichkeit zu zeigen, was für brave Jungs wir sind;
dies führte zu einer sehr dummen Kapitulation angesichts
lächerlicher Forderungen, die an uns gestellt wurden. Zum
Beispiel verlangt die im übrigen hervorragende Universität
von Washington jetzt, daß alle Mitglieder des Lehrkörpers,

die eine Nacht in einem Bett außerhalb des Staates Washington
verbringen, in einem für diesen Zweck vorgesehenen Form-
blatt erklären, welchen Vorteil ihr Verhalten dem Staat
Washington bringt. Dieser Art von Blödsinn begegnen die
Angehörigen des Lehrkörpers damit, daß sie auf die dumme
Frage einfach eine Pauschalantwort geben. So erklärt man
seine Handlungsweise damit, daß man seine Kenntnisse in
algebraischer Topologie verbessern konnte. Kurzfristig gesehen ist das gut und schön, ich halte es jedoch für sehr
gefährlich, diese Art von Spiel zu treiben. Mir persönlich
widerstrebt es, Wege zu suchen, die uns vom Gesetzgeber
auferlegten absurden Forderungen zu umgehen. Ich meine, daß
wir einfach aufstehen und sagen sollten: "Nein, wir sind
nicht bereit, so etwas zu tun", daß man die Leistung eines
Mitglieds des Lehrkörpers nicht einfach dadurch messen kann,
daß man beispielsweise die Anzahl der von ihm erteilten
Stunden mit der Anzahl der Studenten multipliziert, die an
seinen Lehrveranstaltungen teilnehmen. Wir stehen, und ich
wiederhole das, unter sehr heftigem Druck; insbesondere
sind wir, wie ich im letzten Satz andeutete, mit dem Problem konfrontiert, daß dort, wo wir relativ wenigen Studenten eine qualitativ wertvolle Ausbildung vermitteln, die
Forderung an uns gestellt wird, diese Kurse zu streichen
und durch solche zu ersetzen, die von einer großen Anzahl
von Studenten besucht werden könnten.

Lassen sie mich hier damit abbrechen, die Gründe, warum
wir diese Probleme so häufig diskutieren, aus meiner Sicht
zu analysieren. Ich möchte mich nun der Frage zuwenden,
ob wir auf diesen Druck antworten sollten. Sollten wir
empfindlich für die besondere Ursache der Unruhe unter
den Studenten sein? Was das erste betrifft, so sind wir
es zweifellos unseren Studenten gegenüber schuldig, ihre
Ausbildung in einen umfassenderen Zusammenhang zu stellen.
Ich möchte jedoch nachdrücklich betonen, daß wir dies schon
längst hätten tun sollen, daß uns eigentlich erst durch
eben diesen Druck die Notwendigkeit klar geworden ist, in
die Reihe unserer selbstverständlichen Verantwortlichkeiten

die Sorge für eine größere Gemeinschaft als nur die Gemeinschaft der Mathematiker einzubeziehen. Dieser Druck hat uns auch veranlaßt, die Frage zu diskutieren, welche Art von Mathematik wir wen und warum lehren sollen. Geben wir zu, daß das, was wir bisher in bezug auf die Mathematikausbildung von Graduierten getan haben, zu einem beträchtlichen Teil der Bauernfängerei nahekommt, weil die Anzahl der Studenten, die den Grad des Ph. D. erwerben und die für die *Forschung geeignet* sind, relativ klein ist. Nach meiner optimistischen Schätzung beläuft sie sich vielleicht auf 3 oder 4 von Hundert. Die Anzahl derer, die *forschungsorientiert* sind, ist sehr groß, wir aber entlassen sie mit ihrer Dissertation und geben vor, daß das Verfahren, durch das sie den Grad des Ph. D. erhalten haben, den unumstößlichen Beweis liefert, daß weitere mathematische Forschung die geeignetste Tätigkeit für sie darstellt. Dies ist in den meisten Fällen einfach nicht wahr, und wir wissen es. Somit haben wir unsere Aufgabe nicht gewissenhaft erfüllt. Aber die Lage am Arbeitsmarkt zeigte sich früher so, daß wir ziemlich sicher waren, für diese Studenten Stellungen zu finden, und wir glaubten, daß durch unsere etwas trügerischen Verfahrensweisen kein ernsthafter Schaden angerichtet werde. Ich sage nun, daß wir meiner Auffassung nach damals nicht so hätten denken dürfen. Wir hätten längst erkennen müssen, daß wir nur unseren eigenen Vorteil wahrnahmen, als wir aufgeblähte Hochschulen förderten, deren Mitglieder sich der Forschung und der Reinen Mathematik widmeten, und als wir unsere Studenten davon überzeugten, daß die mathematische Forschung im ganzen Spektrum der mathematischen Betätigung die hervorragendste ist und so unermeßlich viel höher in der Rangordnung steht, daß sie, haben sie nur irgendwie ihre Fähigkeit zu forschen unter Beweis gestellt, getrost alle anderen Aspekte ihrer Ausbildung vernachlässigen könnten. Meiner Ansicht nach haben wir durch diese Auffassungen unsere Verpflichtung der Gesellschaft als ganzer gegenüber vernachlässigt. Es ist nämlich eine erschreckende Tatsache, daß, während der Umfang der mathematischen Kenntnisse in einem phantastischen Tempo

wächst, die Verbreitung dieser Kenntnisse, ja selbst eines
hinreichenden mathematischen Verständnisses unter intelligenten Mitgliedern der Gesellschaft sehr schleppend erfolgt oder vollkommen fehlt. Tatsächlich besteht die häufigste Reaktion intelligenter Menschen, die nicht in Hochschulmathematik unterrichtet worden sind, in Aversion gegenüber diesem Fach. Welch ein erschreckender Kommentar zu unserer Rolle als Lehrer, daß wir nicht versucht haben, unser eigenes Verständnis für die Mathematik allgemeiner zu verbreiten, weil wir es nicht nötig hatten! Heute haben wir es meiner Ansicht nach sehr nötig! Ich glaube jedoch, daß wir sehr behutsam vorgehen müssen, wenn wir die Kluft zwischen unseren gegenwärtigen Verfahrensweisen und denjenigen, die ich als angemessen betrachten würde, erfolgreich überbrücken wollen, ohne daß Qualität und Niveau darunter leiden. Lassen Sie mich noch etwas hervorheben: Wir wollen keine vollständige Veränderung, gegenüber der entsprechenden Transformation sollte es einige Fixpunkte geben. Unter den Absolventen, die nach einer neuen Prüfungsordnung zum Ph. D. promoviert haben, gibt es zweifellos viele, die auch nach der traditionellen Ausbildungsordnung dazu zählen würden. Es gibt nun einmal Leute, die das Zeug zu hervorragenden Forschungsmathematikern haben, und das Forschen ist eine ausgezeichnete Betätigung. Und somit liegt es mir gewiß fern, zu sagen, daß auf diese Tätigkeit verzichtet werden sollte, ich sage nur, wenn wir unsere Studenten an diese Tätigkeit heranführen, sollte das mit einem bedeutend höheren Grad an Differenzierung als bisher verbunden sein.

Welches sind nun unsere Gründe dafür, daß wir Studenten eine mathematische Ausbildung vermitteln wollen? Einer der häufig genannten Gründe ist der Wunsch, daß diese Studenten nach Verlassen der Universität in den Gebieten mitwirken können, für die mathematische Kenntnisse von Nutzen sind, d.h. in erster Linie in der Technologie. Deshalb bin ich verpflichtet, Ihnen zu sagen, daß die Ansicht, wir müßten intelligente junge Leute mit der Befähigung zur Technologie und einer gewissen Aufgeschlossenheit gegenüber Fortschritten auf dem Gebiet der Technologie an den Universitäten heranbilden, keineswegs von allen Mathematikern geteilt wird. Lassen sie mich aus dem Vorwort zu Godements Buch über Algebra (in der englischen Übersetzung) zitieren; die Stelle, die ich zitieren möchte lautet:

"Wir bekunden, daß wir mit zahlreichen Persönlichkeiten des öffentlichen Lebens in der Gegenwart nicht übereinstimmen, die von den Naturwissenschaftlern im allgemeinen und den Mathematikern im besonderen fordern, ihre Kräfte zur Ausbildung von Legionen von Technologen einzusetzen, deren Vorhandensein für unser Überleben absolut unentbehrlich zu sein scheint. Bei diesem Stand der Dinge, so glauben wir, ist es in den wissenschaftlich und technologisch überentwickelten großen Nationen, in denen wir leben, die erste Pflicht des Mathematikers und vieler anderer, das herzustellen, was nicht von ihm verlangt wird, nämlich Menschen, die in der Lage sind, selbständig zu denken, falsche Argumente und mißverständliche Phrasen zu entlarven,und denen die Verbreitung der Wahrheit unendlich viel wichtiger ist als z. B. ein weltweites Netz für dreidimensionales Farbfernsehen - freie Menschen und nicht von Technokraten beherrschte Roboter. Es ist traurig, aber wahr, daß die beste Art, solche Menschen heranzubilden, nicht darin besteht, daß man sie in Mathematik und Physik unterrichtet; denn dabei handelt es sich um Wissensgebiete, die eben das Vorhandensein menschlicher Probleme ignorieren, und es ist ein beunruhigender Gedanke, daß ihnen in unseren hochzivilisierten Gesellschaften der erste Platz eingeräumt wird. Aber selbst im Mathematikunterricht ist es zumindest möglich zu versuchen, den Sinn für Freiheit und Vernunft zu vermitteln und die jungen Leute daran zu gewöhnen, daß sie als vernunftbegabte, menschliche Wesen behandelt werden."

Ich muß sagen, daß meine Meinung sehr stark von dem abweicht, was Godement schreibt. Ich stimme vollkommen zu, daß eine unbesonnene Flucht in die Produktion amoralischer Techno-

logen eine Katastrophe wäre, sehe jedoch absolut keinen
Grund anzunehmen, daß Technologen amoralisch sind. Ferner
bin ich nicht seiner Meinung, wenn er sagt, daß das Lehren
und Lernen von Mathematik für die Entwicklung des ethischen
Empfindens ziemlich irrelevant ist. Im Gegenteil, ich glaube,
daß durch eine wirkliche mathematische Ausbildung Normen
der intellektuellen Ehrlichkeit und eine solche Hochachtung
vor der Wahrheit entwickelt werden, daß ich in der Tat von
einem Studenten, der einen Kurs in echter Mathematik (nicht
bloß einen Kurs zur Ausbildung der rechnerischen Fähigkeiten)
erfolgreich absolviert hat, Qualitäten moralischen Verantwor-
tungsbewußtseins erwarte, die man leider in den typischen
Verhaltensweisen vieler einflußreicher Leute heutzutage
ganz vergeblich sucht. Ich stimme jedoch darin überein,
daß das Thema diskutiert werden muß, und ich überlasse es
Ihnen, die Behauptung zu überdenken, daraus ergebe sich ein
Argument zugunsten der Reduzierung der Anzahl von Leuten,
die in der Fähigkeit, Technologie anzuwenden und zu entwickeln, ausgebildet sind.

Sieht man von diesem Problem ab, dann möchte ich aber behaupten, daß wir in unseren Hochschulen viele Studenten im
mathematischen Denken ausbilden sollten, weil dies, wie gesagt, nicht nur moralischen, sondern auch großen praktischen Wert besitzt. Viele unter Ihnen werden den Artikel
von John Kemeny in einer der jüngsten Nummern des American
Mathematical Monthly gelesen haben, in dem er so überzeugend nachweist, daß die Fähigkeit, mathematisch zu
denken, das, was Speiser 'die mathematische Denkweise'
nannte, für einen College-Präsidenten wichtig ist, weil
er dadurch befähigt wird, sich durch die anfallenden Probleme hindurchzufinden und damit Geld einzusparen. Von
Kemenys beiden Anwendungen der Mathematik beeindruckte mich
am meisten seine Analyse der Folgen, die sich aus unterschiedlichen Vorgehensweisen bei der Festlegung des Verhältnisses von beamteten und nichtbeamteten Mitgliedern
des Lehrkörpers ergeben.

Er untersuchte die kurz- und die langfristigen Folgen solcher
Vorgehensweisen mit Hilfe eines sehr einfachen mathematischen
Modells. Interessant war hierbei für mich folgendes: Jemand
schien zum ersten Mal erkannt zu haben, daß dieses Problem
mathematisch angegangen werden konnte. Es wurden keine besonders ausgefeilten mathematischen Methoden angewendet.
Sicherlich wären sie für jeden College-Neuling leicht zugänglich gewesen. Wichtig aber war, daß Dartmouth College,
das den seltenen Vorzug besitzt, einen Mathematiker als
Präsidenten zu haben, fähig war, dieses Problem rationaler
als andere Institutionen anzupacken. Daher glaube ich, daß
aus praktischen Gründen sehr viel für das Erlernen von
Mathematik spricht, wobei es ganz gleichgültig ist, welchen
Nutzen die erlernte spezielle Mathematik hat.

Es ist jedoch klar, daß wir unsere Ausbildung vielfältiger
gestalten müssen, - davon bin ich ganz fest überzeugt.
Offensichtlich wird man in diesem Zusammenhang Stimmen
hören: "Wir sollten mehr Leute in angewandter Mathematik
ausbilden." Deshalb möchte ich für die Analyse dieser Behauptung etwas Zeit aufwenden. Meine erste Frage lautet
dabei: Was ist angewandte Mathematik? Nun, natürlich könnte
man einfach die Meinung vertreten, daß man nur das meint,
was gewöhnlich als angewandte Mathematik bezeichnet wird,
und erklären, angewandte Mathematik sei die Vereinigung
sämtlicher, gewöhnlich so bezeichneter Themen. Wenn man
diese oder eine rein grammatische Ansicht vertritt, dann
stellt man eine zunächst harmlose, aber konsequenzenreiche
Behauptung auf, nämlich, daß angewandte Mathematik Mathematik ist. Mit dieser Ansicht sagt man sich tatsächlich
von der Mehrheit derjenigen los, die befürworten, daß auf
allen Ausbildungsstufen - Höherer Schule, College und Hochschule -, mehr angewandte Mathematik gelehrt werden sollte.
Die meisten Leute meinen nämlich, wenn sie für mehr angewandte Mathematik plädieren, daß das, was sie als abstrakte
Mathematik bezeichnen, in geringerem und sogenannte praktische Mathematik in größerem Umfang gelehrt werden sollte.
Nun ist aber gerade die Mathematik ihrem Wesen nach ab-

strakt. Und die praktische Mathematik, an die diese Kritiker
denken, ist eine Mathematik ziemlich niedrigen Ranges; sie
würde dem Studenten bestenfalls helfen, einige der einleuchtenderen
bekannten Anwendungen der Mathematik nachzuvollziehen
und würde ihn absolut nicht in die Lage versetzen,
neue Anwendungen in der Mathematik zu entdecken.
Schließlich besitzen die meisten derjenigen, die für ein
Mehr an praktischer Mathematik eintreten, selbst nur eine
sehr begrenzte mathematische Bildung.

Nehmen wir nun einmal an, angewandte Mathematik sei Mathematik.
Daraus folgt, daß angewandte Mathematik mehr als
Mathematik ist - und das ist sie sicherlich. Angewandte
Mathematiker müssen Mathematiker sein und mehr als Mathematiker.
Ich ziehe somit folgenden Schluß: Wenn wir der Forderung,
uns mehr mit angewandter Mathematik zu befassen,
auf überlegte und zweckmäßige Weise nachkommen, dann wird
unsere Aufgabe als Mathematiklehrer eher schwieriger als
leichter. Ich glaube, daß die folgende Verallgemeinerung,
soweit allgemeine Aussagen überhaupt möglich sind, annehmbar
ist: Für einen Mentor von Ph. D.-Anwärtern wäre
es am einfachsten, einen schlechten angewandten Mathematiker
auszubilden. Das nächsteinfache wäre die Ausbildung
eines schlechten reinen Mathematikers. Dann kommt ein
ganzer Quantensprung bis zu der Aufgabe, einen guten reinen
Mathematiker auszubilden und schließlich ein riesiger
Quantensprung bis zur Ausbildung eines guten angewandten
Mathematikers. Und tatsächlich würde ich für die letzte
Aufgabe beinahe keinen mir bekannten Menschen (vor allem
nach v. Neumanns Tod) als ausreichend befähigt ansehen,
denn die Kenntnisse und Fertigkeiten, die heutzutage von
einem wirklich erfolgreichen angewandten Mathematiker verlangt
werden, setzen ein außerordentlich hohes intellektuelles
Niveau voraus, und es ist nahezu unmöglich vorherzusagen,
selbst für die spätere berufliche Laufbahn unserer
heutigen Studenten, welche Teile der Mathematik sich als
für die Anwendung am geeignetsten erweisen werden.

Deshalb sage ich, daß die angewandte Mathematik in der Tat eine sehr schwierige Kunst ist, und ich verwende das Wort 'Kunst' mit Absicht, weil es natürlich im Wesen der angewandten Mathematik begründet liegt, daß zahlreiche ihrer Verfahrensweisen unmöglich algorithmisch sein können.

Was ist angewandte Mathematik als College-Fach nicht? Nun, auf keinen Fall meine ich mit angewandter Mathematik die traditionellen Kurse in angewandter Mathematik, - jene Kurse, in denen man die Mathematik vorgesetzt bekommt und einem dann verschiedenartige Anwendungen in der Hoffnung vorgeführt werden, daß dies den Appetit auf die Mathematik anreizt. So lernt man etwa, um ein einfaches Beispiel zu nehmen, einige Aspekte der Differentialrechnung (sagen wir Maxima und Minima) und dann die verschiedenen Anwendungen davon. Das ist meiner Ansicht nach keineswegs eine gute Methode, angewandte Mathematik zu lernen. Wenn Mathematik auf ein gegebenes Problem angewendet werden soll, dann weiß man nicht im voraus, welches Gebiet der Mathematik dafür geeignet ist; man nimmt ja auch keinen mathematischen Sachverhalt und sucht nach einer möglichen Anwendung dafür herum. Ferner sind die sogenannten Anwendungen sehr oft überhaupt keine Anwendungen. Wenn der Student entdeckt, daß er aufgrund seiner Kenntnisse über Maxima und Minima in der Differentialrechnung in der Lage ist, unter Verwendung einer gegebenen Materialmenge die Form eines Zaunes richtig zu berechnen, so daß einer an einem bestimmten Punkt angebundenen Ziege eine maximale Grasfläche zur Verfügung steht, dann dürfte eine frühere Beschäftigung seinerseits mit dem Problem des traurigen Schicksals von Ziegen, die von gedankenlosen oder mathematisch wenig begabten Bauern angebunden worden sind, sehr selten sein, so daß er nun überglücklich wäre, dieses Problem gelöst zu haben. Sogenannte Anwendungen dieser Art haben ihre Berechtigung, solange man sie als Illustrationen zur Mathematik betrachtet.

```
          Anwendung
A ─────────────────→ B
  ←─────────────────
         Erläuterung
```

A - mathematischer Sachverhalt

B - Gegenstand

A soll irgendeinen mathematischen Sachverhalt und B irgendeinen Gegenstand darstellen. Und worauf ich sofort hinweisen möchte: Dieser Gegenstand kann aus dem mathematischen oder aus dem außermathematischen Bereich stammen. Der Gedanke, Mathematik würde nur in Gebieten außerhalb der Mathematik angewendet, ist blanker Unsinn. Um auf mein Diagramm zurückzukommen, ein Pfeil, der von A nach B gerichtet ist, ist eine Anwendung, ein Pfeil, der von B nach A gerichtet ist, ist eine Erläuterung. Wenn eine Lichtquelle in A Licht auf den Gegenstand B wirft, dann wird Mathematik angewendet. Wenn eine Lichtquelle in B Licht auf die Mathematik A wirft, dann wird die Mathematik erläutert. Erläuterungen sind gerechtfertigt, wenn sie ehrlich als solche dargestellt werden, gibt man ihnen jedoch den Anschein der Anwendung, dann durchschaut der aufgeweckte Student den Betrug - und schließt daraus, daß es überhaupt nicht nützlich ist, Mathematik zu lernen. Und es gibt einen rührenden, weit verbreiteten Irrtum, der glaubt bei intelligenten und ziemlich widerspenstigen Studenten, die weder an der Mathematik noch am Gegenstand Interesse haben, durch das Aufzeigen einer Verbindung zwischen diesen Dingen ein gewisses Interesse für beides wecken zu können. Man muß einsehen, daß das Studium der Anwendungen von Mathematik, um sinnvoll zu sein, bereits ein bestimmtes Interesse voraussetzt. Das Studium wäre somit entweder durch eine echte Neugier gegenüber dem Gegenstand oder ein Interesse an der Mathematik begründet.

Sehr abgekürzt gesagt, sind jene Studenten, die sich für die Zusammenhänge in der Abbildung vor allem aufgrund ihrer Neigung für die Mathematik interessieren, potentielle ange-

wandte Mathematiker, während es sich bei denjenigen, die
aufgrund ihres Interesses an dem Gegenstand (falls er außerhalb der Mathematik liegt) von der Mathematik gefesselt
sind, um potentielle theoretische Naturwissenschaftler
handelt. Diese beiden Arten von Menschen spielen verschiedene Rollen, und wenn Studenten beider Sorten ihre
jeweilige Berufsausbildung abgeschlossen haben, werden sie
ungleiche Verhaltensweisen zeigen, die am deutlichsten
unterschieden werden können, wenn man einmal annimmt, daß
sie gemeinsam an einem Problem arbeiten, und daß dieses
Problem gerade gelöst wird. Die natürliche Verhaltensweise
des Mathematikers ist es dann zu versuchen, noch weitere
Folgerungen aus dem dabei benutzten mathematischen Modell
abzuleiten, die möglicherweise überhaupt keine Bedeutung
für den gerade in Frage stehenden bestimmten Gegenstand
haben, oder vielleicht nach anderen Gegenständen zu suchen,
für die diese Mathematik relevant sein könnte. Die natürliche Verhaltensweise des theoretischen Naturwissenschaftlers wird dagegen darin bestehen, von den mit Hilfe der
Mathematik bereits gewonnenen Einsichten auszugehen und sie
für weiteres Nachdenken über das wissenschaftliche Problem
zu verwenden. Wir haben es also meiner Ansicht nach mit
diesen zwei verschiedenen Arten von Leuten zu tun, die entsprechend zwei unterschiedliche Arten von Ausbildung erhalten haben. Wir sollten sehen, daß wir uns durch das
Ausbilden im Anwenden von Mathematik keineswegs die Verantwortlichkeit unserer Kollegen in den naturwissenschaftlichen Fakultäten zuschreiben, die ihrerseits Leute dazu ausbilden, die Mathematik im Dienste ihrer speziellen naturwissenschaftlichen Disziplinen zu benutzen.

Ich weise entschieden die Ansicht zurück, wir könnten, wenn
wir uns mit der Ausbildung angewandter Mathematiker befassen, nicht nur getrost bestimmte mathematische Gebiete
vernachlässigen, sondern dies sei sogar unsere ausdrückliche
Pflicht. Sehr weit verbreitet ist die Meinung, es sei für den
angehenden angewandten Mathematiker natürlich sinnlos, sich mit
abstrakter Algebra zu beschäftigen; es sei sinnlos für ihn,

Topologie, Geometrie oder Zahlentheorie zu betreiben. Ich muß sagen, daß ich diese Ansicht für absurd halte. Sie ist vom praktischen Standpunkt aus gesehen absurd. Wie ich bereits gesagt habe, können wir ja nicht im voraus wissen, welche Teile der Mathematik sich als am fruchtbarsten für die Anwendung auf dringliche, gegenwärtig äußerst interessante Probleme erweisen werden, die aus Bereichen außerhalb der Universität auf uns zukommen, - und es sind gerade diese Probleme, die die Aufmerksamkeit vieler unserer intelligentesten Studenten fesseln. Die Ausbildung des jungen Mathematikers mit der Begründung zu beschränken, er wolle seine Mathematik in außermathematischen Bereichen anwenden, bedeutet in der Tat eine Beeinträchtigung seiner Ausbildung in einer Weise, die katastrophale Formen annehmen könnte. Wir müssen die Tatsache anerkennen, daß die Mathematik, die in außermathematischen Bereichen angewendet wird, irgendwann einmal ein (mathematischer) Gegenstand im Sinne der Abbildung war, der sich auf irgendeinen anderen mathematischen Sachverhalt bezog. Der Indexsatz von Atiyah-Singer ist sicherlich niemals im Hinblick auf seine Anwendung in außermathematischen Bereichen entwickelt worden, zweifellos aber wird die Einsicht, die er bei der Untersuchung von elliptischen Differentialoperatoren vermittelt und die Erkenntnis, die durch Verallgemeinerungen und Entwicklungen der Methode für die Untersuchung von hyperbolischen Differentialoperatoren erreicht wird, ganz bestimmt Anwendungen in außermathematischen Bereichen finden. Gerade aus diesen Gründen, ist es meiner Ansicht nach völlig falsch - und der angewandten Mathematik gegenüber respektlos - zu sagen, daß man sich bei der Ausbildung zukünftiger angewandter Mathematiker auf jene Probleme oder Teile der Mathematik beschränken sollte, die schon in außermathematischen Bereichen angewendet worden sind. Ich kann diese absurde Absicht nur mit derjenigen eines (hypothetischen) Befürworters des Nullwachstums der Bevölkerung vergleichen, der empfiehlt, die Kinderzahl in der Familie zu beschränken, aber vor lauter Respekt vor der Unverletzlichkeit der Eltern-Kind-Beziehung sagt:

"Da möchte ich mich nicht einmischen, ich bin aber dafür,
daß die Leute weniger Enkelkinder haben sollten." Wenn
man sich das Faktum nicht klar macht, daß potentiell die
Gesamtheit der wertvollen Mathematik für die Anwendung
geeignet ist, dann läuft man einfach Gefahr, Leute heranzubilden, die nur den Fußspuren anderer folgen können. Wieder muß ich Ihnen sagen, daß die von mir vertretene Meinung
nicht allgemein geteilt wird. Und keine geringere Autorität als Professor Greenspan hat im Januarheft 1973
des American Monthly einen Artikel über angewandte Mathematik am MIT veröffentlicht, in dem er zunächst eine Begründung für das, was am MIT getan wurde, entwickelt und
anschließend einen ausführlichen Lehrplan beschreibt; ich
zitiere den Anfang des Artikels:

"Die Verwendung der Mathematik durchdringt die moderne Gesellschaft, und ihre jetzt schon gewaltige Einwirkung wird
rasch größer. Durch diese Entwicklung, die sich in den zunehmenden und oft eindringlichen Forderungen nach einem
relevanten Mathematikcurriculum widerspiegelt, ist die bestehende Struktur der amerikanischen Mathematik unter
schweren Druck gesetzt worden. Es steht jetzt eindeutig
fest, daß grundlegende Änderungen notwendig sind, damit
das System angemessen und mit der geforderten Leistungsfähigkeit funktionieren kann. Folglich müssen ernsthafte
Überlegungen in bezug auf ein neues mathematisches Ausbil-
dungs- und Forschungsprogramm angestellt werden, das den
übernommenen Verpflichtungen und allen Erwartungen auf möglichst natürliche und zwanglose Weise gerecht wird. Die
Reaktion am MIT hat in der naheliegenden, jedoch bestimmt
nichttrivialen Entscheidung bestanden, angewandte Mathematik
als eine separate Disziplin einzurichten."

Und im zweiten Abschnitt heißt es:

"In vielen Punkten kommt die Entwicklung der angewandten
Mathematik der Schaffung einer neuen Disziplin gleich, deren
Existenz durch einzigartiges, unentbehrliches Material, For-

schung auf hohem geistigen Niveau und ein fruchtbares Zusammenwirken mit anderen wissenschaftlichen Gebieten gesichert werden muß."

Aus seiner Beschreibung der geeigneten Kurse geht dann allerdings hervor, daß Greenspan sich mit der Ausbildung von Leuten befaßt, die in der Mechanik der Kontinua oder der Informatik arbeiten können. Nun, natürlich, wenn das das Ziel ist, dann ist das etwas vollkommen anderes, obwohl ich dann einwenden würde, daß ich einen 'undergraduate' nicht auf jene Art von Lehrplan festnageln wollte. Ich bin ganz fest davon überzeugt, daß im Grundstudium praktisch kein Unterschied gemacht werden sollte zwischen dem Studenten, der Mathematik als Hauptfach nehmen möchte und vor allem an dem, was wir heute reine Mathematik nennen, interessiert ist, und einem Studenten, dessen Hauptinteresse sich auf die angewandte Mathematik erstreckt. Ferner bin ich der Auffassung, daß die beiden Interessengebiete womöglich einander näher gebracht werden müßten und wir nicht wie Professor Greenspan eine spezifische Philosophie für die angewandte Mathematik fordern sollten. Meiner Ansicht nach sollten diese beiden Fächer zu einem einzigen zusammengefaßt werden. Meiner Ansicht nach sollte kein Student, kein 'undergraduate'-Student, sein Hauptfach Mathematik auf 'undergraduate'-Ebene absolvieren, ohne etwas von dem Geschmack der angewandten Mathematik mitbekommen zu haben. Und ebenso würde ich sagen, daß kein Student seine Erziehung und Ausbildung abschließen sollte, ohne etwas von abstrakter Algebra, Topologie, Geometrie und Zahlentheorie zu verstehen. Sie sollten jedoch den von mir erwähnten Artikel lesen und sich ihr eigenes Urteil bilden, weil Professor Greenspan ein akutes Problem sehr sorgfältig behandelt. Ich möchte hinzufügen, daß ich den Verdacht habe, daß Greenspans Empfehlungen nicht ohne Beziehungen zu dem schwierigen Problem sind, ein herzliches Verhältnis zwischen reinen und angewandten Mathematikern innerhalb einer einzigen, ungeteilten Fakultät herzustellen. Dieses Problem taucht häufig auf; es ist sehr bedauerlich und meiner Auffassung nach gewiß nicht spezifisch für das MIT. Es handelt sich hierbei um ein gesellschaftliches Problem, das wir stets in Betracht ziehen müssen. Ich weiß sehr gut aus meiner Zeit an der Cornell-Universität, daß die als solche bekannten angewandten Mathematiker den reinen Mathematikern gegenüber, die natürlich gewaltig in der Überzahl waren, stark benachteiligt wurden, wenn es z. B. um Fragen der Promotion und Verbeamtung ging. Denn viele der reinen Mathematiker vertraten den Standpunkt, man verdiene die Promotion oder Verbeamtung erst, nachdem man einen Beitrag zur Mathematik selbst geleistet habe, und glänzende und aufregende Anwendungen der bekannten Mathematik galten im Vergleich zu einem Beitrag zur Mathematik selbst nicht als ebenbürtig. Und ich glaube, daß solche Ansichten auch am MIT bestimmend gewesen sind. Somit liegen die Argumente zugunsten einer getrennten Fakultät oder der Teilung einer Fakultät in zwei autonome Hälften keinesfalls vollständig im Wesen der beiden Disziplinen reine und angewandte Mathematik begründet. Meiner Auffassung nach haben sie viel mit den sozialen Beziehungen zu tun.

Lassen Sie mich etwas darüber sagen, welche Art der Ausbildung ich nun für richtig halte. Welche Erfahrungen in Bereichen außerhalb seiner mathematischen Kurse, sollte der Student besitzen, der lernen möchte, wie Mathematik angewendet wird? Die Betonung sollte meiner Meinung nach sehr stark auf die Methodologie der angewandten Mathematik gelegt werden; deshalb plädiere ich für die Einrichtung einer Art von Kursus in mathematischen Modellen, den hoffentlich *alle* belegen würden, die Mathematik als Hauptfach haben. Lassen Sie mich - für die wenigen unter Ihnen, die vielleicht den Aufbau eines solchen Kurses noch nicht kennen - ausführen, welches mir die sechs Komponenten für einen Kursus über mathematische Modelle zu sein scheinen. Ich sollte hier erwähnen, daß ich ein von Murray Klamkin veröffentlichtes Schema modifiziere, das Klamkin, glaube ich, Henry Pollak zugeschrieben hat. Ihr Schema enthält fünf Komponenten; ich möchte eine sechste hinzufügen, auf die ich noch eingehen werde. Die *erste* Komponente besteht in

der Identifizierung eines geeigneten, nicht-mathematischen
Problems, d.h. in der Entscheidung, daß hier ein Problem vorliegt, das sich für eine Behandlung mit mathematischen Methoden eignet. Nun, was bedeutet hier 'geeignet'? Dieser Schritt
ist meiner Ansicht nach nicht-algorithmisch. 'Geeignet' bedeutet 'interessant', 'geeignet' bedeutet 'möglich' - möglich mit dem vorhandenen mathematischen Instrumentarium, ausgehend von den vorhandenen mathematischen Kenntnissen und den
verfügbaren Hilfsquellen. Die *zweite* Komponente ist die Entwicklung eines zweckentsprechenden mathematischen Modells.
Die *dritte* besteht in der Beschaffung von Daten - und das ist
die neue, die Klamkins Aufstellung nicht aufweist. Ich selbst
lege großes Gewicht auf diese Komponente. Ich finde es sehr,
sehr wichtig, daß Mathematikstudenten etwas von der Komplexität des Problems der Datenbeschaffung verstehen, von den Sub-
tilitäten solcher Fragen wie: Wie viele Daten braucht man?
Wird ein sequentieller Prozeß zur Beschaffung von Daten (die
man jeweils in den Lösungsprozeß eingibt und nach Bedarf be-
schafft) verwendet? Wird das Problem der Datenbeschaffung
abgetrennt? Und wenn dieser Schritt den Studenten aus dem
Hörsaal hinausführt, dann ist es umso besser! Die *vierte* Komponente ist das mathematische Schließen (die mathematische
Argumentation) innerhalb des Modells und die *fünfte* besteht
im Rechnen. Der *sechste* Schritt schließlich ist die erneute
Aufnahme des ursprünglichen Problems. Wenn man nun ein Problem mit Methoden der angewandten Mathematik behandeln will,
ist es natürlich nicht sinnvoll, diese Schritte von eins
bis sechs durchzugehen und es dabei bewenden zu lassen. Bei
diesem Schema sind alle Arten der Rückkopplung möglich. Wenn
man beispielsweise wieder Bezug auf das ursprüngliche Problem nimmt und dabei feststellt, daß die Lösung eindeutig
falsch ist, dann wird man vermutlich zu Schritt zwei und
vielleicht danach zu Schritt drei zurückgehen. Andererseits
wird man, wenn man bei dem Versuch, innerhalb des mathematischen Modells zu schließen, steckenbleibt, weil man die
Argumentation nicht durchziehen kann, zu Schritt zwei zu-
rückkehren und das Modell vielleicht vereinfachen. Beim Vereinfachen des Modells stellt sich möglicherweise heraus, daß

man sich zu weit von der Ursprungssituation entfernt hat, somit ist die gefundene Lösung für das ursprüngliche Problem uninteressant, und der Prozeß geht weiter.

Natürlich gibt es auch eine *siebente* Verfahrensweise, bei der man ehrlich sein sollte und die in der Tat, wie mir scheint, für die angewandte Mathematik typisch ist: Angenommen, man ist zu einer Lösung gekommen und bezieht sich wieder auf das ursprüngliche Problem. Es stellt sich heraus, daß sie dem ursprünglichen Problem nicht gerecht wird, dann sucht man nach einem Problem, für das sie die richtige Lösung ist. Ich habe sehr stark den Eindruck, daß diese Verfahrensweise absolut die Hauptnahrung des angewandten (wie des reinen) Mathematikers ausmacht, und ich möchte sie wirklich nicht abschätzig beurteilen. Mir scheint, wenn man ehrlich gegenüber der eigenen Vorgehensweise ist, dann ist alles in bester Ordnung.

Ich empfehle nun, diese Art Schema dem Studenten explizit als die Art und Weise, in der die Mathematik verwendet wird, darzubieten. Ich möchte darüberhinaus betonen, daß dieses Schema, wenn auch mit bestimmten, naheliegenden Änderungen, im gesamten Mathematikunterricht verwendet werden sollte, wobei es keine Rolle spielt, ob man die Mathematik, mit der man sich befaßt, im außermathematischen Bereich anwendet oder nicht. Mich beunruhigt sehr, daß wir anscheinend glauben, unsere Pflicht als Lehrer getan zu haben, wenn wir die Studenten mit Lehrsätzen vollgestopft haben, die wir für sie beweisen. Ob wir sie allerdings so vollgestopft haben, daß die Studenten diese Lehrsätze weiter bei sich behalten und nicht wieder ausstoßen werden, ist äußerst unsicher. Aber selbst wenn uns das gelungen sein sollte, haben wir etwas ganz Wichtiges noch nicht getan, nämlich zu erklären, auf welche Weise die Berufsmathematiker Mathematik betreiben. Ich glaube weiterhin, daß wir unsere Überlegungen über den Unterricht der Mathematik selbst sehr wesentlich bereichern, wenn wir uns über das Lehren der angewandten Mathematik Gedanken machen.

Ich empfehle zunächst, daß sich jeder Student auf der 'graduate'-Stufe über seine Grundkurse hinaus mit irgendeiner anderen wissenschaftlichen Disziplin beschäftigen sollte, und zwar ganz unabhängig davon, ob er sich in reiner oder angewandter Mathematik spezialisieren will. Wenn ich von 'irgendeiner anderen wissenschaftlichen Disziplin' spreche, dann bedeutet das keinesfalls, daß ich mich auf die physikalischen Wisssenschaften beschränken will; hierbei würde ich sicherlich die biologischen und die Sozialwissenschaften mit einbeziehen. Ferner befürworte ich sehr stark die Form des Seminars, wie wir es an der Case Western Reserve University durchführen, eine Form, die man, glaube ich, erst richtig schätzt, wenn man diese Art des Vorgehens selbst mitgemacht hat. D.h., ich empfehle ein Seminar, in dem Leute aus anderen Disziplinen berichten, auf welche Weise sie selbst Mathematik anwenden. Dadurch ist es einem dann möglich einzuschätzen, wie mannigfaltig angewandte Mathematik ist; man kann auch die verwendeten Verfahrensweisen mit dem beschriebenen Schema vergleichen; und man macht Erfahrungen mit dem Versuch, das zu verstehen, was die Wissenschaftler zu tun versuchen und mit der Einführung einer gemeinsamen Sprache, was oft vor allem mit Physikern sehr schwierig ist. Dann kann man die Studenten auffordern, Überlegungen darüber anzustellen, welche weiteren Probleme mit Hilfe der in Frage stehenden Mathematik gelöst werden können. Weiter empfehle ich Seminare mit mathematischem Schwerpunkt über Themen wie Kombinatorik, Graphentheorie, Optimierung, Katastrophentheorie, nicht-lineare Eigenwertprobleme usw. - Seminare mit mathematischem Schwerpunkt, in denen gezeigt wird, wie die Mathematik in Anwendungen benutzt wird. Es ist zu hoffen, daß auch Studenten anderer Fakultäten diese Seminare besuchen, und ebenso werden hoffentlich die eigenen 'graduate'-Studenten, die angewandte Mathematik betreiben wollen, ihrerseits auch an in anderen Fakultäten durchgeführten Seminaren teilnehmen. Hierdurch würde erreicht, daß die theoretischen Naturwissenschaftler und die angewandten Mathematiker einander auf natürliche Weise begegnen. Das ist, so meine ich, der natürliche modus operandi für angewandte Mathematik, der keineswegs in Einzel-, sondern vielmehr in Gruppenarbeit besteht.

Und hiermit komme ich zu dem letzten Punkt meiner Ausführungen. Wenn meine Annahme richtig ist, daß diejenigen, die die Mathematik in außermathematischen Bereichen werden anwenden wollen, vermutlich keineswegs allein sondern viel eher in Gruppen arbeiten, in denen jeder seine Disziplin einbringt, dann empfehle ich, daß die Ausbildung dieser Arbeitsweise gerecht werden sollte, und im besonderen meine ich, daß wir unseren Studenten ausdrücklich raten sollten, Dissertationen zu schreiben, die aus gemeinschaftlicher Arbeit hervorgehen, und wir sollten keinesfalls darauf bestehen, daß die Dissertation vollständig ihr eigenes Werk sein müsse. Meiner Ansicht nach besteht eines der Verbrechen, dessen wir alle uns immer wieder schuldig machen, darin, uns Prüfungen für unsere Studenten auszudenken, in denen die Umstände, unter denen sie später ihre Mathematik verwenden werden, vollkommen verfälscht sind. Das betrifft unsere gesamten Examina und auch die Anforderungen, die für den Ph.D. gestellt werden. Wir sollten daher diese fixen Ideen vollständig aufgeben und den Ph.D. so verändern, daß er wirklich den Zwecken jener Studenten dient, die sich anschicken, die Mathematik zu benutzen. Lassen Sie uns ferner, in Anbetracht all dessen, unsere Studenten darin ermutigen, sich nach solchen Positionen umzusehen, die ihnen offenstehen und wo sie nützliche Arbeit leisten können, anstatt sie in ihrer Auffassung zu bestärken, daß der einzig mögliche Platz für einen Gebildeten innerhalb der Universität liege. Letzteres sage ich mit einem gewissen Widerstreben, und zwar deshalb, weil ich aus meiner eigenen Erfahrung weiß, und ich denke, viele von Ihnen werden es mir vermutlich nachempfinden können, daß ich mir keinen Ort vorstellen könnte, an dem ich mich so wohl fühlte wie im Bereich der Universität. Dennoch ist es zum Wohle unserer Gesellschaft ratsam, daß wir unsere Studenten dazu ermutigen, sich viel stärker in der Gesellschaft umzutun, als sie es bisher getan haben und als wir sie bisher ermutigt haben, dies zu tun. Wir müssen irgendwie den richtigen Weg dazu

finden, und Erfolge fordern großen Mut und Entschlossenheit
ihrerseits. Unsere Pflicht dabei ist es, sie in ihrem Bestreben zu unterstützen, und in gewisser Hinsicht müssen wir
sie durch *unser eigenes Beispiel* anspornen, selbst wenn wir mit
dem einen Fuß innerhalb der akademischen Gemeinschaft bleiben. Wir müssen ihnen zeigen, daß wir selbst uns über die
größere Gemeinschaft außerhalb der Mauern der Akademien Gedanken machen. Ich glaube, wenn wir dies tun, dann ist es
zweifellos vollkommen gerechtfertigt, wenn wir unsere Studenten weiterhin mit dem Ziel unterrichten, ihnen eine mathematische Bildung zu vermitteln; ich bin nämlich der Auffassung,
daß die Bildung eine der kostbarsten Gaben der Zivilisation
ist und daß insbesondere die mathematische Bildung potentiell
die vortrefflichste Erfahrung ist, die ein junger Mensch machen kann.

FRIEDRICH HIRZEBRUCH

geboren: 17.10. 1927 in Hamm/Westf.

Studium der Mathematik, Physik und mathematischen Logik an der Universität Münster und der Eidgenössischen Technischen Hochschule Zürich von 1945-1950.

Promotion in Münster im Sommersemester 1950.

1950-1952 Wissenschaftlicher Assistent, Universität Erlangen

1952-1954 Mitglied des Institute for Advanced Study, Princeton, New Jersey

1954-1955 Stipendium des Landes Nordrhein-Westfalen an der Universität Münster und Habilitation in Münster

1955-1956 Assistant Professor, Princeton University, New Jersey, USA

Seit 1956 ordentlicher Professor an der Universität Bonn

In Münster studierte ich bei Heinrich Behnke, F.K. Schmidt und Heinrich Scholz. Bei Behnke arbeitete ich mich in die Funktionentheorie mehrerer Variablen ein. Mit einem von Behnke vermittelten Stipendium lernte ich von 1949-1950 bei Heinz Hopf in Zürich Topologie. Hierdurch begann sich mein Interesse für die Zukunft auszurichten: Topologie, Beziehungen der Topologie zur Funktionentheorie mehrerer Variablen, Anwendungen der Topologie in der algebraischen Geometrie, Differentialtopologie. Das Institute for Advanced Study in Princeton besuchte ich von 1952-1954 und auch in späteren Jahren, was insbesondere zu gemeinsamen Arbeiten mit A. Borel und M. Atiyah führte. Seit 1956 bin ich in Bonn, wo ich mich seit einigen Jahren um den Aufbau des Sonderforschungsbereichs "Theoretische Mathematik" bemühe. Seit 1963 habe ich mehrere Gastaufenthalte an der University of California in Berkeley verbracht.

Mathematik, Studium und Forschung

Friedrich Hirzebruch

Der Mathematikstudent hört zu Beginn seines Studiums eine Vorlesung über Differential- und Integralrechnung. (Ich verwende hier eine alte Terminologie; es dürfte jedem klar sein, daß der Professor nicht vorliest und der Student nicht nur hört. Hier halte ich keine Vorlesung, sondern einen Vortrag und deshalb lese ich ab.)

Diese Vorlesung sollte für den Studenten ein aufregendes Erlebnis sein, Einblicke in die Entwicklung der Mathematik seit Pythagoras und Euklid bis zu heutigen Forschungen vermitteln, ihre Rolle in der Geistesgeschichte und ihre Bedeutung für uns heute herausstellen. Manchmal gelingt dies, manchmal ist der Übergang von der Schule zur Universität, in diese Vorlesung über Differential- und Integralrechnung, ein Schock, der sich nur schwer überwinden läßt. Aller Erfahrung nach sind das Erlebnis der Differential- und Integralrechnung in den ersten beiden Semestern und seine geistige Verarbeitung ausschlaggebend für die mathematische Zukunft des Studenten.

Am Anfang einer solchen Vorlesung und zu Beginn eines Vortrags wie heute müßte man eigentlich die Frage beantworten "Was ist Mathematik?" Das bekannte Buch 'Was ist Mathematik?' von Richard Courant, das sich bemüht, Wurzeln, Motive und Ziele der Mathematik unverschleiert durch die kanonische Darstellungsform 'Voraussetzung, Satz, Beweis' darzustellen, beantwortet die Frage, indem es in die Substanz der Mathematik einführt. Courant sagt an anderer Stelle, man könne auch die Fragen "Was ist Musik?" oder

"Was ist Malerei?" nicht beantworten, ohne Erfahrung mit Rhythmus, Harmonie und Struktur bzw. mit Form, Farbe und Komposition vorauszusetzen, im Falle der Mathematik sei Kontakt mit ihrer Substanz sogar noch notwendiger, um die Frage beantworten zu können. Heute soll etwas zum Studium der Mathematik gesagt werden, wobei wir die Vorlesung über Differential- und Integralrechnung wegen ihrer fundamentalen Bedeutung heranziehen. Dadurch werden wir uns der Beantwortung der Frage "Was ist Mathematik?" vielleicht etwas nähern. Es wird sich aber nicht vermeiden lassen, daß dabei ganz konkrete Begriffe und Sätze vorkommen, also 'Kontakt mit mathematischer Substanz'.

Grundaufgabe der Differentialrechnung : Man berechne zu einer gegebenen Funktion $s = f(t)$ die Ableitung $f'(t)$. Stellt man die Funktion graphisch dar, dann ist $f'(t_0)$ die Steigung der

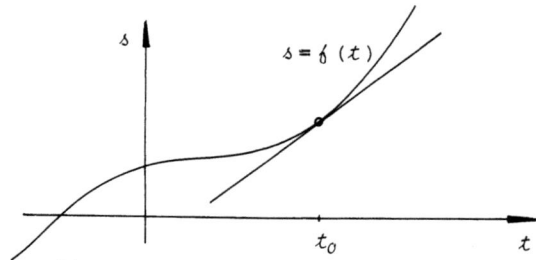

Tangente an die Kurve im Punkte mit der Abszisse t_0. Viele derartige Tangentenaufgaben wurden bereits von den Griechen, insbesondere von Archimedes gelöst. Faßt man $s = f(t)$ als die Länge des Weges auf, den ein Körper von der Ausgangslage in t Sekunden zurückgelegt hat, dann ist $f'(t)$ die Geschwindigkeit des Körpers zur Zeit t. Bereits in den Arbeiten von Galilei (1564 - 1642) über den freien Fall steht zwischen den Zeilen, daß Geschwindigkeit dasselbe wie Ableitung ist.

Als Grundaufgabe der Integralrechnung kann man die Flächenberechnung ansehen. Beispiel: Nach Archimedes ist der

Flächeninhalt unter dem Parabelbogen gleich einem Drittel
des Flächeninhalts des zugehörigen Rechtecks:

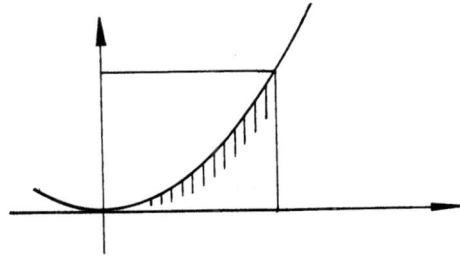

Erst 1900 Jahre nach Archimedes erkennt Barrow (1667) als
Vorläufer von Newton und Leibniz, daß Differentiation und
Integration Umkehrungen voneinander sind. Der Satz von
Archimedes über die Parabel wird dadurch fast trivial.
Newton und Leibniz sind die wirklichen Schöpfer der Differential- und Integralrechnung als schlagkräftiger mathematischer Apparat, mit dem heute Schüler und Studenten mit
Leichtigkeit Aufgaben lösen, die früher vielleicht große
Einzelentdeckungen darstellten. Für Newton - Mathematiker
und Physiker in einer Person - ist die Differential- und
Integralrechnung das entscheidende Hilfsmittel, um aus
Keplers Planetengesetzen das Gravitationsgesetz und die
Gleichungen der Mechanik zu abstrahieren. Die Geschwindigkeit, mit der sich die Geschwindigkeit ändert, also die
Ableitung der Geschwindigkeitsfunktion oder die zweite
Ableitung des zurückgelegten Weges ist die Beschleunigung.
Vom Weg kommt man also durch zwei Differentiationen zur
Beschleunigung, umgekehrt kommt man durch zwei Integrationen von der Beschleunigung zum Weg. Die Beschleunigung
kann man im Innern eines Flugzeuges messen, von diesen
Messdaten aus erhält man durch elektronische Integratoren
und Rechner die gewünschte Weginformation. Das ist das
Prinzip der Trägheitsnavigation, und deshalb sieht man am
Anfang des Lehrpakets über Integralrechnung des ZDF und
des Deutschen Instituts für Fernstudien den Start eines
Düsenflugzeugs.

Was ich bisher gesagt habe, sollte einem gut ausgebildeten

Gymnasiasten vertraut sein und zeigt noch nicht, warum
diese Vorlesung Schwierigkeiten oder gar einen Schock verursacht. Ich nenne zwei Gründe.

1. *Der axiomatisch - deduktive Aufbau, zusammen mit der praezisierten mathematischen Sprache.*

2. *Der grosse Abstraktionsgrad.*

Der axiomatisch-deduktive Aufbau und die Einführung abstrakter Begriffsbildungen, durch die eine mathematische
Theorie in einem großen Bereich gültig und anwendbar gemacht werden soll, sind (nicht genau gegeneinander abgrenzbare) Methoden, die manche der großen Erfolge mathematischer
Forschung, darunter die Lösung konkreter klassischer und
lange ungelöst gebliebener Probleme, während der letzten
Jahrzehnte ermöglicht haben. Beide Methoden sind bereits
in der Anfängervorlesung unentbehrlich, darüber möchte ich
sprechen. Beide bringen aber auch Gefahren mit sich, die
nicht unerwähnt bleiben dürfen.

Der axiomatisch-deduktive Aufbau und die praezisierte mathematische Sprache. Während der stürmischen Zeit der Erfindung und
Entwicklung der Differential- und Integralrechnung haben
sich die Forscher über eine exakte Grundlegung nur wenig
Sorgen gemacht. Das wurde im 19.Jahrhundert nachgeholt.
Die Vorlesung folgt natürlich nicht der historischen
Reihenfolge. Die exakte Grundlegung des Zahlensystems wird
an den Anfang gesetzt. Hierfür darf der Dozent nicht viel
Zeit einplanen, denn für die Physikvorlesung muß die eigentliche Differential- und Integralrechnung zusammen mit den
Eigenschaften der elementaren Funktionen und den zugehörigen einfachen Differentialgleichungen (Schwingungsgleichung)
möglichst schnell bereitgestellt werden. Deshalb ist nicht
zu empfehlen, den konstruktiven Aufbau des Zahlensystems,
ausgehend von den natürlichen Zahlen (1,2,3,...), die nach
Kronecker der liebe Gott gemacht hat, über die ganzen Zah-

len und die rationalen Zahlen (Brüche) zu den reellen Zahlen durchzuführen. Der Dozent beginnt meistens mit einem Axiomensystem für die reellen Zahlen. Geometrisch entsprechen die reellen Zahlen eineindeutig den Punkten einer Geraden. Wir können uns auch denken, daß die reellen Zahlen das Zeitkontinuum von minus Unendlich bis plus Unendlich darstellen. Deshalb hat vielleicht Kronecker Unrecht, und die reellen Zahlen hat der liebe Gott gemacht, während die natürlichen Zahlen Menschenwerk sind. Es ist uns also irgendwie klar, was die reellen Zahlen 'bedeuten' sollen. Bei einer exakten Grundlegung dürfen wir uns aber weder auf eine geometrische Theorie, die selbst fundiert werden müßte, noch auf das physikalische Zeitkontinuum berufen. Die Theorie der reellen Zahlen wird axiomatisch begründet, es wird nicht gesagt, was reelle Zahlen und ihre Rechenoperationen wirklich sind. Worauf es ankommt, sind die Beziehungen der reellen Zahlen untereinander, die Rechenoperationen und deren Regeln. Dies wird axiomatisch beschrieben. Die Sätze der Theorie sind logische Folgerungen aus den Axiomen. Zu den Axiomen gehören die Grundregeln des Rechnens, wie zum Beispiel das distributive Gesetz
$$a(b+c) = ab + ac ,$$
Axiome über die Relation
'a kleiner als b' .
(Man könnte auch *'a früher als b'* sagen.)

Auch die Existenz der Zahl 1 wird axiomatisch gefordert. Ausgehend von der Zahl 1 gelangt man durch die Rechenoperationen zu den Brüchen, z.B. $\frac{3}{2} = \frac{1+1+1}{1+1}$. Die Existenz der rationalen Zahlen folgt also aus den Axiomen. Ein weiteres Axiom, *das Vollständigkeitsaxiom* , sichert die anschaulich angestrebte eineindeutige Zuordnung zwischen den reellen Zahlen und den Punkten einer Geraden.
Die Länge der Diagonale eines Quadrats ist nach dem Satz von Pythagoras eine Zahl, deren Quadrat gleich 2 ist. Wie schon die alten Griechen wußten, gibt es keinen Bruch, dessen Quadrat gleich 2 ist. Das Quadrat von $\frac{17}{12}$ ist gleich $2 + \frac{1}{144}$, also ungefähr gleich 2, aber doch ver-

schieden von 2. Das Quadrat von $\frac{41}{29}$ ist gleich $2 - \frac{1}{841}$, kommt näher an 2 heran. Diagonale und Seite eines Quadrats verhalten sich ungefähr wie 41 zu 29, aber eben doch nicht genau.

Das Vollständigkeitsaxiom impliziert zum Beispiel die Existenz einer reellen Zahl, deren Quadrat gleich 2 ist.

Die axiomatisch-deduktive Methode dient also dazu, die Theorie der reellen Zahlen und damit die Differential- und Integralrechnung zu fundieren. An diesem Beispiel wird dem Studenten einsichtig, wie in der Mathematik ganz generell Grundlegung und Aufbau einer Disziplin erfolgen. Neben diesem wissenschaftstheoretischen Grund für die Verwendung der axiomatisch-deduktiven Methode in der Anfängervorlesung tritt ein anderer Grund, der mehr pädagogisch-methodischer Natur ist. Eine systematisch-deduktive Darstellung einer Theorie wird besser 'verstanden', geordneter überblickt und vermittelt eine günstige Speicherung der Sätze der Theorie für den Anwendungsfall. Materialvorlesungen, für die man auswendig lernen muß, gibt es in der Mathematik nicht.

In der Schule ist eine konsequente axiomatisch-deduktive Darstellung der Mathematik im allgemeinen nicht möglich und wohl auch nicht immer didaktisch zweckmäßig. Deshalb ist in der Universität eine längere Eingewöhnungszeit erforderlich. Hinzu kommt, daß die Darstellung in einer präzisierten Sprache, nämlich der mengentheoretischen und formal-logischen, erfolgt. Diese ist heute durch den Schulunterricht zwar bereits vielen bekannt, trotzdem ist ihre sichere Beherrschung mit eines der nicht leichten Lernziele der ersten Vorlesungen. Hierdurch erklären sich manche Schwierigkeiten, darüber hinaus ergeben sich Gefahren, von denen ich jetzt sprechen will.

Der Student ist oft begeistert von den Erfolgen der konsequent eingesetzten axiomatisch-deduktiven Methode und der

Präzision der mathematischen Sprache. Aber leider drängt sich dies dem Studienanfänger häufig so stark ins Bewußtsein, daß mathematische Probleme und Inhalte oft als sekundär erlebt werden und eine Identifizierung der Mathematik mit Axiomatik und mengentheoretischer Sprache erfolgt. Dieses Mißverständnis wird paradoxerweise begünstigt durch die - an sich verdienstvollen - Bemühungen vieler Mathematikpädagogen, der mathematischen Wissenschaft im öffentlichen Bewußtsein einen angemesseneren Platz zu verschaffen, als sie ihn heute noch entsprechend alter, deutscher Tradition besitzt. Bei diesen Bemühungen wird nämlich zu ausschließlich die vielseitige Verwendbarkeit der axiomatisch-deduktiven Methode (auch bei der Mathematisierung anderer Wissenschaften) oder die mengentheoretische Sprache herausgekehrt. Sie kennen alle das Schlagwort von der 'Neuen Mathematik' oder die Diskussion über Mengenlehre-Unterricht in den Schulen oder gar Kindergärten.

Als mathematische Disziplin ist die Mengenlehre 1oo Jahre alt, also keineswegs neu. 1878 stellte Georg Cantor, der Begründer der Mengenlehre, seine berühmte Kontinuumshypothese auf. Die damit zusammenhängenden Probleme sind übrigens gerade in den letzten Jahren erneut Gegenstand aufregender und erfolgreicher Forschung mathematischer Logiker gewesen.

Aber darum handelt es sich im Kindergarten, in der Schule und auch in den ersten Semestern natürlich nicht. Hier wird nur die sogenannte naive Mengenlehre als präzisierte mathematische Sprache eingeführt, die zur Formulierung mathematischer Theoreme hervorragend geeignet ist, und ich wüßte nicht, wie ich eine mathematische Vorlesung halten sollte, ohne ganz selbstverständlich von Mengen zu reden. Aber die mengentheoretische Sprache darf nicht Selbstzweck sein und nicht mit Mathematik verwechselt werden. Das transitive Gesetz der Inklusion zum Beispiel ist keine tiefsinnige Mathematik. Schon der Fuchs weiß folgendes: Wenn die Hühner im Stall sind und der Stall im Garten ist, dann sind die Hühner im Garten.

Die Mengenlehre ermöglicht vielleicht eine sinnvolle Reform
des Kindergarten- und Schulunterrichts, die den Kindern viel
Freude bereitet, das logische Denken schult und die Einführung der natürlichen Zahlen als Kardinalzahlen endlicher
Mengen nahelegt. Aber die Kinder sollten nicht nur lernen,
warum 3·4 gleich 4·3 ist, sondern auch wissen, daß
3·4 = 12 ist. Ferner ist es unsinnig, die mengentheoretische Sprache einzuführen und sie dann nicht konsequent im
Mathematikunterricht aller Stufen zu verwenden, wie es als
Kinderkrankheit der Reform wohl noch oft vorkommt.

Die mengentheoretische Sprache ermöglicht sicherlich nicht
eine *voellige* Erneuerung des mathematischen Unterrichts,
die es dem durchschnittlichen Schüler und Studenten nun
grundsätzlich leichter machen würde, Mathematik zu begreifen. Das ist eine Illusion. Ich verweise hierzu auf den
Artikel des französischen Mathematikers René Thom :
'Modern' Mathematics: An Educational and Philosophic
Error? , American Scientist 1971.

Bei dieser Gelegenheit möchte ich auch meine Überzeugung
zum Ausdruck bringen, daß Mathematik, wie Musik, eine angeborene, milieuunabhängige Begabung erfordert, bei deren
Fehlen eine gute Didaktik und die mengentheoretische Sprache zwar bessere Erfolge erzielen können als eine schlechte
Didaktik und eine unpräzise Sprache, aber eben doch nur
mäßige Erfolge.

Meine kritische Einstellung zur sogenannten 'Neuen Mathematik' wird, so möchte ich behaupten, von der Mehrzahl der
forschenden Mathematiker geteilt. Die übermäßige Betonung
der mengentheoretischen Sprache und der axiomatisch-deduktiven Methode sind Gefahren für die Zukunft der letztlich
entscheidenden problemorientierten mathematischen Forschung.
Richard Courant hat dies hinsichtlich der axiomatisch-deduktiven Methode vor längerer Zeit mustergültig formuliert und die konstruktive Erfindung und die schöpferische
Intuition, ohne die mathematische Probleme nicht gelöst

werden können, herausgestellt.

Ich zitiere:

"Die Betonung des deduktiv-axiomatischen Charakters der Mathematik birgt große Gefahr. Allerdings entzieht sich das Element der konstruktiven Erfindung, der schöpferischen Intuition einer einfachen philosophischen Formulierung; dennoch bleibt es der Kern jeder mathematischen Leistung, selbst auf den abstraktesten Gebieten. Wenn die kristallisierte, deduktive Form das letzte Ziel ist, so sind Intuition und Konstruktion die treibenden Kräfte. Der Lebensnerv der mathematischen Wissenschaft ist bedroht durch die Behauptung, Mathematik sei nichts anderes als ein System von Schlüssen aus Definitionen und Annahmen, die zwar in sich widerspruchsfrei sein müssen, sonst aber von der Willkür des Mathematikers geschaffen werden. Wäre das wahr, dann würde die Mathematik keinen intelligenten Menschen anziehen. Sie wäre eine Spielerei mit Definitionen, Regeln und Syllogismen ohne Ziel und Sinn. Die Vorstellung, daß der Verstand sinnvolle Systeme von Postulaten frei erschaffen könnte, ist eine trügerische Halbwahrheit. Nur aus der Verantwortung gegen das organische Ganze, nur aus innerer Notwendigkeit heraus kann der freie Geist Ergebnisse von wissenschaftlichem Wert hervorbringen.

Trotz der Gefahr der einseitigen Übertreibung hat die Axiomatik zu einem tieferen Verständnis der mathematischen Tatsachen und ihrer Zusammenhänge und zu einer klareren Einsicht in das Wesen mathematischer Begriffe geführt. Hieraus hat sich eine Auffassung entwickelt, welche über die Mathematik hinaus für moderne Wissenschaft typisch ist."

Einen Gedanken aus dem vorhin erwähnten Artikel von Thom möchte ich noch anführen, der sicher der Überzeugung vieler Mathematiker nahekommt, und unsere angehenden Mathematiker warnen sollte, Formalismus, Axiomatik, Sprache mit Mathematik zu verwechseln.

Ich übersetze:
"Wenn Mathematik nur ein beliebiges Spiel ist, Zufallsprodukt zerebraler Aktivität, wie kann man dann ihren unzweifelhaften Erfolg bei der Beschreibung des Universums erklären? Mathematik findet man nicht nur in der geheimnisvollen unveränderlichen Ordnung der physikalischen Gesetze, sondern auch in einer, wenn auch mehr versteckten, jedoch ebenso sicheren Weise in der unendlichen Folge belebter und unbelebter Formen und in der Bildung und Veränderung ihrer Symmetrien."

Im Anschluß an diesen letzten Satz muß ich auf die Forschungsarbeiten von Thom der letzten Zeit hinweisen. Sie zeigen einen Weg zum qualitativen geometrischen Verständnis makroskopischer Phänomene. Sie enthalten faszinierende Ideen mit Anwendungen auf die Morphogenese in der Biologie und auf andere Gebiete und liefern voraussichtlich Forschungsprobleme für kommende Generationen von Mathematikern. Zur Zeit denkt Thom, so habe ich gehört, darüber nach, ob der in der Natur vorkommende Übergang von bilateraler zur pentagonalen Symmetrie, zum Beispiel bei der Entwicklung des Seeigels, mittels geometrischer Zwänge erklärt werden kann.

Ich hatte zwei Gründe für mögliche Schwierigkeiten in der Anfangsphase eines Mathematikstudiums genannt, die axiomatisch-deduktive Methode und *den grossen Abstraktionsgrad*.

Im Interesse vielseitiger Anwendungen in anderen mathematischen Disziplinen wie der Wahrscheinlichkeitstheorie, in der Physik und den Naturwissenschaften allgemein müssen die Begriffe der Differential- und Integralrechnung schon bald in größerer Allgemeinheit behandelt werden. Der Student wird mit diesen abstrakten Theorien, denen aber doch stets eine mathematisch-anschauliche Bedeutung zugrundeliegt, die sich dem angehenden Mathematiker nach einiger Zeit eröffnet, im zweiten Semester der Vorlesung über

Differential- und Integralrechnung konfrontiert.

Differentialrechnung stellt sich dabei als das Studium von Funktionen heraus, die sich durch lineare Funktionen approximieren lassen mit dem Ziel, aus dem Verhalten der einfachen linearen Funktionen auf das Verhalten der komplizierteren differenzierbaren Funktionen zurückzuschließen. Bei dem klassischen Fall, den wir zu Anfang besprochen haben, wird die approximierende lineare Funktion graphisch durch die Tangente dargestellt. Bei dem allgemeineren Fall, der im fortgeschrittenen Teil der Vorlesung zu untersuchen ist, handelt es sich um Funktionen, die in einem Raum beliebiger Dimension definiert sind und deren Werte wieder in einem solchen Raum liegen oder aber auch reelle Zahlen sein können, denn die Menge der reellen Zahlen bildet ebenfalls einen Raum. Die Räume können sogar unendliche Dimension haben. Die Punkte des unendlich-dimensionalen Raumes könnten zum Beispiel die Kurven sein, die zwei feste Punkte der Ebene miteinander verbinden. Ordnet man jeder solchen Kurve ihre Länge zu, dann erhält man eine Funktion von dem unendlich-dimensionalen Raum der Kurven in die reellen Zahlen. Diese Funktion kann man differenzieren und darauf die Maxima- und Minima-Methoden anwenden, die Sie von der Schule kennen. Extremalpunkt ist in diesem Fall die kürzeste Verbindung der beiden Punkte, nämlich die Gerade. Dieses Beispiel ist eine einfache Aufgabe der Variationsrechnung, ein Gebiet, das für die theoretische Mechanik wichtig ist.

Bei dieser kurzen Erörterung sind bereits viele Begriffe vorgekommen, die alle präzisiert werden müssen: Approximation, Raum, Dimension, Kurve, Länge, Extremalpunkte. An das Abstraktionsvermögen werden auch dadurch erhebliche Anforderungen gestellt, daß komplizierte mathematische Objekte plötzlich im Sinne einer übergeordneten Betrachtungsweise als simple Punkte eines Raumes konzipiert werden.

Nun zur Integralrechnung: Integrale müssen bezüglich von
Maßen definiert werden, wobei diese Maße in den Anwendungen etwa als Volumina, als Massen, als elektrische Ladung
oder als Grundwahrscheinlichkeiten in Erscheinung treten.
Grob gesprochen *berechnen Integrale* in dieser allgemeinen Auffassung *die Maße komplizierterer Mengen, wenn die Maße einfacherer
Mengen bereits wohldefiniert sind.* Selbstverständlich handelt
es sich hier um n-dimensionale Integrale, bei deren Berechnung der zu Anfang erwähnte Hauptsatz (Integralrechnung
als Umkehrung der Differentialrechnung) nur mit Schwierigkeiten verwendet werden kann. Es gibt jedoch einen Integralsatz, der unter gewissen Voraussetzungen ein n-dimensionales
Integral einem $(n-1)$-dimensionalen gleichsetzt. (Für $n=1$
handelt es sich um den klassischen Hauptsatz.) So ist etwa
der Fluß eines Vektorfeldes durch eine geschlossene Fläche F,
die ein Gebiet G des 3-dimensionalen euklidischen Raumes
berandet, ein 2-dimensionales Integral, welches gleich dem
3-dimensionalen Integral der Quelldichte des Vektorfeldes
über G ist.

Unentbehrlich für die Elektrodynamik sind diese Integralsätze der Vektoranalysis, aber auch ein Einstiegspunkt
in die komplexe Funktionentheorie, die algebraische Topologie und die Differentialtopologie, Beispiele für mathematische Disziplinen großer und erfolgreicher Forschungsaktivität in den mathematischen Zentren der Sowjetunion,
der USA, Japans, Frankreichs, Großbritanniens und bei uns.
Von dem erwähnten bescheidenen Einstiegspunkt aus, nur
einer von vielen Einstiegspunkten übrigens, führt ein
großartiger, viel Freude bereitender, aber nur mit Geduld,
enormem Arbeitsaufwand und Leistungsbereitschaft zu bewältigender Weg zu den heutigen Grenzen des mathematischen
Wissens, wobei man auf dem Wege seine Kräfte stets bei der
Lösung konkreter mathematischer Probleme zu messen hat.
Unsere jungen Mathematiker hier im Saal haben gezeigt, daß
sie dazu in der Lage sein werden. Unabhängig von dem jeweiligen Studiengang sollten allen Mathematikstudenten an
der Universität neben der allgemeinen Berufsausbildung auch

aktuelle Probleme der mathematischen Forschung gezeigt
werden.

Nun zurück zu dem großen Abstraktionsgrad. Er birgt Gefahren. Es besteht nämlich häufig eine Tendenz, ohne innermathematische oder durch Bedürfnisse der Anwendungen gegebene Motivation, Verallgemeinerungen zu suchen, indem man irgendwelche Axiome oder Voraussetzungen willkürlich wegläßt, nach noch abstrakteren Begriffen sucht und sieht, was dabei herauskommt. Im Sinne des "publish or perish" (publiziere oder du bekommst keine Stelle) werden viele richtige, aber mathematisch uninteressante Arbeiten verfaßt, die zur Flut der mathematischen Publikationen nicht unwesentlich beitragen und es dem Mathematiker erschweren, in der riesigen Literatur die für seine Arbeiten wesentlichen Beiträge zu finden. Durch Extrapolation soll folgen, wie ich neulich gehört habe, daß im Jahre 2500 (?) die Länge der Bücherreihen in den Bibliotheken mit Überlichtgeschwindigkeit anwachsen wird.

Es gibt keine allgemeingültigen Kriterien, um festzustellen, welche Arbeiten mathematisch interessant oder gar tiefliegend sind, aber die Mathematiker der Welt werden sich meistens recht bald darüber einig, ob eine Arbeit wesentlich ist. Es gibt, wie gesagt, richtige,uninteressante Arbeiten. Es gibt auch falsche,interessante Arbeiten, die durch ihre Ideen der Forschung Impulse verleihen.

Forschung. Treibende Kraft sind die mathematischen Probleme. Die Lösung eines Problems oder die Arbeit an der Lösung erzeugen neue Probleme. Der große Mathematiker David Hilbert, der an der Universität Göttingen gelehrt hat, hielt auf dem internationalen Mathematikerkongreß zu Paris im Jahre 1900 seinen berühmt gewordenen Vortrag mit dem Titel 'Mathematische Probleme'.

Hilbert sagt: "Die hohe Bedeutung bestimmter Probleme für

den Fortschritt der mathematischen Wissenschaft im allgemeinen und die wichtige Rolle, die sie bei der Arbeit des einzelnen Forschers spielen, ist unleugbar. Solange ein Wissenszweig Überfluß an Problemen bietet, ist er lebenskräftig; Mangel an Problemen bedeutet Absterben oder Aufhören der selbständigen Entwicklung. Wie überhaupt jedes menschliche Unternehmen Ziele verfolgt, so braucht die mathematische Forschung Probleme. Durch die Lösung von Problemen stählt sich die Kraft des Forschers; er findet neue Methoden und Ausblicke, er gewinnt einen weiteren und freieren Horizont."

In seinem Vortrag stellte und diskutierte Hilbert 23 Probleme, die bis heute eine bedeutende Rolle in der mathematischen Forschung spielen. Ein sowjetischer Verlag hat im Jahre 1969 einen Band veröffentlicht, der in der DDR übersetzt wurde, in dem sowjetische Mathematiker für jedes einzelne der 23 Probleme, die seit 1900 gefundenen Lösungen oder Teillösungen, die noch ungelösten Fragen, die durch das Problem entwickelten Methoden, die erzeugten neuen Probleme und deren Lösungsansätze diskutieren.

Das fünfte Hilbertsche Problem wird heute oft so formuliert:

Können in einer lokal-euklidischen, topologischen Gruppe stets Koordinaten eingeführt werden, so daß bezüglich dieser Koordinaten die Gruppenoperationen durch differenzierbare Funktionen gegeben werden?

Diese Frage wurde 1952 durch die amerikanischen Mathematiker Gleason, Montgomery, Zippin in bejahendem Sinne beantwortet. Hilbert hatte das Problem eigentlich allgemeiner formuliert, nämlich für Transformationsgruppen, ein Gebiet, das in letzter Zeit wieder besonders forschungsaktiv geworden ist.

Beispiel:

Aus einem Satz von Michael Atiyah (Oxford) und mir folgt, wie man in dem Buch von Bredon über Transformationsgruppen

(New York 1972) nachlesen kann, daß es eine differenzierbare 12-dimensionale Mannigfaltigkeit gibt, auf der die Kreislinie (d.h. die Gruppe der komplexen Zahlen vom Betrage 1) effektiv und stetig operiert, während es keine effektive, differenzierbare Aktion der Kreislinie bezüglich irgendeiner differenzierbaren Struktur der Mannigfaltigkeit gibt.
Die Hilbertsche Frage für Transformationsgruppen ist also mit 'Nein' zu beantworten. Auch das war schon seit 1952 bekannt. Durch unsere Methoden entstanden neue Beispiele dafür. Vielleicht haben nur wenige das verstanden, was ich zum 5.Hilbertschen Problem gesagt habe. Ich möchte nur, daß folgendes ersichtlich wird: Ein Problem wird von Hilbert als wichtig für die weitere Entwicklung erkannt und in die Liste seiner Probleme der Jahrhundertwende aufgenommen. Nach 5o Jahren wird der wichtigste Teil des Problems gelöst, auch nach 2o weiteren Jahren ist die Hilbertsche Fragestellung Gegenstand der Forschung, es gibt neue Probleme: Wie kann man die Gruppenaktionen, die nicht differenzierbar gemacht werden können, klassifizieren? Möglicherweise sind viele in gewissem Sinne stückweise differenzierbar. Forschungen in Richtung dieser neuen Probleme haben keine Anwendungen außerhalb der Mathematik, vielleicht werden sie nie angewandt werden. Das tut ihrer mathematischen Qualität keinen Abbruch. Es werde jedoch daran erinnert, daß es sich um Aktionen von Lieschen Gruppen handelt und die linearen Aktionen der Lieschen Gruppen entscheidendes Hilfsmittel für die Theorie der Elementarteilchen sind.

Mathematiker werden neuerdings häufig gefragt, ob ihre Forschungen 'gesellschaftlich relevant' seien. Einmal sagte mir ein Student, meine Arbeiten seien nicht gesellschaftlich relevant und machten mir sogar Freude, dafür könne ich doch kein Gehalt beanspruchen, ich dürfe diese Forschungen eigentlich nur während der Freizeit betreiben. Nun, Freude erhöht die Qualität des Lebens und des Arbeitsplatzes. Es wäre schön, wenn jeder Arbeitsplatz mit ein wenig Freude verbunden wäre. Bis vor einigen Jahren war das bei der

Arbeit des Mathematikers an der Universität in Lehre und
Forschung in hohem Maße der Fall.
Niemand kann den Wert der Ergebnisse der Grundlagenforschung für später vorausschauen, sie braucht einen Freiraum ohne Nützlichkeitserwägungen. Bei meiner Ernennung zum ordentlichen Professor vor 16 Jahren wurde mir der Auftrag erteilt, das Fach Mathematik in Lehre und Forschung angemessen zu vertreten, und ich betrachte es nicht nur als mein Recht, sondern auch als meine Pflicht, diesen Auftrag solange auszuführen, wie die Arbeitsbedingungen an der Universität es noch ermöglichen.
Schon seit vielen Jahren kann ich mich nur in ganz beschränktem Umfang meinen mathematischen Arbeiten widmen, auch die vorlesungsfreie Zeit ist zum großen Teil mit Prüfungen, Gesprächen mit Diplomanden, Doktoranden und Verwaltungsarbeiten ausgefüllt. Das Semester bringt zusätzlich die Vorlesungsverpflichtungen, Seminare, immer wieder lange Sitzungen mit zum Teil völlig sinnlosen, dafür aber umso längeren Diskussionen, der Streß insgesamt ist gesundheitlich nicht mehr zu verantworten. Wenn die Forschung ganz zum Erliegen kommt, dann werden die Vorlesungen langweilig und für die Studenten gibt es keine interessanten Themen für Diplom- und Doktorarbeiten mehr. Kommen dann noch Studiengänge mit einer übertriebenen Festlegung des Studienstoffes im einzelnen, dann wird die Lehre allmählich zu einer ständigen Wiederholung eines einmal fixierten Schemas, und die Professoren werden mit Recht zum Gespött der Studenten.
In Bonn wird die Reine Mathematik durch einen Sonderforschungsbereich wirklich großzügig gefördert. Wir können zum Beispiel in jedem Jahr Gastprofessoren und junge Mathematiker aus vielen Ländern einladen und internationale Tagungen veranstalten. Es ist paradox, wenn die Bonner Mathematiker kaum noch Zeit und innere Ruhe haben, um die hervorragenden Arbeitsmöglichkeiten, die kaum irgendwo in der Welt besser sind, auszunutzen.
Viele mathematische Institute der Bundesrepublik haben nach dem Krieg sehr schnell wieder ein Niveau in Lehre und

Forschung erreicht, das in der ganzen Welt anerkannt wird.
Es ist ihnen zu danken, daß die zahlreichen Professuren
der neuen Universitäten qualitativ noch recht gut besetzt
werden konnten. Die wissenschaftlichen Assistenten hatten
in diesen Instituten etwa die Hälfte ihrer Zeit für ihre
Forschung zur Verfügung, hatten Kontaktmöglichkeiten zu
Mathematikern aus aller Welt. Sie wurden oft zu Studien-
aufenthalten an mathematische Institute des Auslands beurlaubt. Unseren Nachwuchsmathematikern müssen derartige
Möglichkeiten erhalten bleiben. Wir müssen aus dem Tief,
in das unsere Universitäten geraten sind, wieder heraus.
Die gute Zusammenarbeit zwischen Professoren, Assistenten
und Studenten, die früher an der Mehrzahl der mathematischen
Institute so selbstverständlich war, daß sie niemandem auf-
gefallen ist, muß wieder hergestellt werden. Das ist schwierig, weil die sogenannten Gruppeninteressen jetzt systematisch eingebaut sind.
Aber insgesamt ist die Bilanz meiner Erfahrungen in dieser
Zusammenarbeit auch in den letzten Jahren sehr positiv, und
das stimmt optimistisch - bei der Bildung der Bilanz wurden
nicht nur die Mitglieder von Konferenzen und Satzungskon-
venten berücksichtigt.
Deshalb kann ich Ihnen trotz allem zurufen:

> Viel Freude und Erfolg bei Ihrem Studium!

Allen Nichtmathematikern danke ich für ihre Geduld, mit
der sie die mathematischen Teile des Vortrags ertragen
haben.

HERMANN DINGES

HERMANN DINGES, geb. 1936 in Ingolstadt/Donau. 1959 zum Dr. rer. nat. promoviert an der Universität München bei G. Aumann. Assistentenzeit in Göttingen, Aarhus/Dänemark, Cornell University (Ithaca N.Y.) und TU München. Seit 1966 Professor für Mathematik an der Universität Frankfurt a.M. Vertritt die Fächer Wahrscheinlichkeitstheorie und mathematische Statistik. Gastprofessor 1968/69 an der Catholic University (Washington D.C.) und 1971/72 an der ETH Zürich. Publikationen insbesondere über kombinatorische Probleme der Wahrscheinlichkeitstheorie und algebraische Probleme der Maßtheorie.

Spekulationen über die Möglichkeiten angewandter Mathematik

Hermann Dinges

Obwohl die Mathematik als extrem theoretische Wissenschaft gilt, drängen immer mehr Abiturienten zum Mathematikstudium mit der Absicht, sich für einen praktischen Beruf zu qualifizieren. Es soll hier die Frage angeschnitten werden, welchen Beitrag die Angewandte Mathematik bei dem Versuch leisten könnte, die Ausbildung den veränderten Ansprüchen anzupassen. Um den Ansatzpunkt zu verdeutlichen, sind einige (vielleicht recht persönliche) Eindrücke von (insbesondere unter Mathematikern) herrschenden Vorstellungen über das mathematische Denken vorangestellt.

Die meisten unserer Studenten werden in ihrem Beruf hauptsächlich mit Leuten zusammenarbeiten, die von der Mathematik etwas erwarten, ohne sich für die Schönheit unserer Wissenschaft zu interessieren. Trotzdem scheint es, daß das an Substanzwissenschaften nicht gebundene mathematische Denken das Ziel des Studiums bleiben kann und soll. Dabei muß offengelassen werden, ob das mathematische Denken nur in seinen Anwendungen in den Realwissenschaften wichtig ist, oder ob es selbst schon als Faktor in unserem sozialen Leben betrachtet wird, vergleichbar etwa dem juristischen Denken. Zur Zeit werden jedenfalls unspezifisch ausgebildete Mathematiker für sehr verschiedene Tätigkeitsbereiche gesucht. Die Mathematiker rechnen allerdings damit, daß sich gelegentlich Studiengänge von dem des Mathematikers abspalten, sobald die Reichweite des mathematischen Denkens innerhalb eines bestimmten Fachgebiets (vorläufig) abgesteckt worden ist.

Sie trösten sich aber mit der allgemeinen Überzeugung, daß
mathematisches Denken in immer weitere Bereiche unseres Lebens Eingang findet. Aus dieser Vorstellung werden aber die
verschiedensten Schlüsse für die Gestaltung des Studiums
gezogen. Unter den für Lehrerbildung zuständigen Professoren
scheint die Vorstellung verbreitet, man müsse zum Zwecke
der Straffung und Popularisierung des Studiums die umständlichen speziellen Teile der Mathematik aus dem Lehrstoff
ausmerzen und statt ihrer die Grundstrukturen betrachten.
Einige neue Universitäten sind mit dem Anspruch angetreten,
die Ausbildung des Mathematikers mit Hilfe ständiger Reflexionen auf die Anwendungssituation in unserer Gesellschaft
auf moderne Füße zu stellen. An den klassischen mathematischen Instituten begegnet man aber solchen oder anderen
Neubesinnungen mit Hohn, oder man beklagt sie als Anfang
des Rückfalls in die Barbarei. Reflexionen über die Rolle
der Mathematik verleugneten das mathematische Denken. Es
sei genau und ausschließlich die Beschäftigung mit hochkarätiger Mathematik, die tüchtige Mathematiker erzieht.
Sicher sei es die Reine Mathematik, welche die vollkommensten
Blüten getrieben habe.

Die Aktivitäten der Abteilungen für Angewandte Mathematik
können daher lediglich als Ergänzung akzeptiert werden; dort
sollen wohl die heute in der Praxis üblichen Verfahren besprochen werden. Für den Unterricht im mathematischen Denken fühlen sich jedenfalls die Reinen Mathematiker zuständig. Dies und der Mangel an qualifizierten Angewandten
Mathematikern bringt es mit sich, daß auch die Anfängervorlesungen von Reinen Mathematikern gehalten werden; die Folge ist, daß dort große Mühe darauf verwendet wird, Handwerkszeug für die hohe Mathematik bereitzustellen. Über Ansatzpunkte mathematischen Denkens wird wenig gesprochen,
von begrifflichen Schwierigkeiten erwartet man, daß sie in
späteren Semestern als Scheinproblem erkannt werden. Dem
Studenten wird als charakteristische Aktivität des Mathematikers das Gewinnen von Erkenntnissen durch Beweise dargestellt: In Bereichen des Lebens, wo gewisse Axiome zutreffen, gelten Gesetzmäßigkeiten, die man als Theoreme be-

weisen kann. Das Schlagwort von der zunehmenden Mathematisierung der Wissenschaften wird zur Ideologie: für Verhältnisse, die sich überhaupt wissenschaftlich erfassen lassen, wird auch eines Tages das passende mathematische System gefunden werden. Die Reinen Mathematiker produzieren solche Systeme auf Vorrat, angetrieben von der Eigendynamik der Mathematik, die sich in der Vergangenheit immer wieder bewährt hat. Sie glauben es sich leisten zu dürfen, eventuelle gesellschaftliche Bezüge ihrer Forschung zu ignorieren, insbesondere das Problem ihrer eventuellen Anwendung der Nachwelt überlassen zu können.

Diese Vorstellungen von der Rolle der Mathematik und den innerwissenschaftlichen Zwängen überzeugen nur eine Minderheit unter den Studenten. Sie ist fasziniert von der Prägnanz der Argumentation und von der Objektivität der Richtigkeitskriterien; am liebsten möchte jeder von ihnen Professor für Reine Mathematik werden. Die Opposition der Mehrheit richtet sich zunächst einfach gegen das Tempo der Stoffvermittlung und gegen die Schwierigkeit der Übungsaufgaben; es bleibe keine Zeit und Kraft zur Orientierung. Diese Studenten fühlen sich in Gefahr, vom Studium ausgeschlossen zu bleiben ("innerer numerus clausus"), wenn sie sich nicht Leistungsforderungen unterwerfen, die sie mit keinerlei Berufsperspektiven in Verbindung bringen können. Die einzelnen mathematischen Disziplinen erscheinen gleichsam als horizontlose Ebenen, auf welchen die Forscher in den verschiedensten Richtungen in Neuland vorstoßen, einfach deshalb, weil sie gelernt haben, ihre (Beweis-) Schritte sorgfältig zu setzen, und damit Anerkennung finden. Es ist nicht plausibel, daß die heutige Mathematik der Forscher, die als das leider für den Studenten nur ansatzweise erreichbare Studienziel dargestellt wird, die Gesellschaft erreichen kann. Ehemalige Studenten verstärken diesen Zweifel, wenn sie berichten, daß sie höchstens noch mit einfacher Mathematik zu tun hätten und leider nie einen schlauen Beweis führen könnten. Sie fühlten sich aber auch aufgrund des Mangels an Überblick kaum dazu berufen, sich für modernere Techniken einzusetzen.

Nicht diejenigen, die Mathematiker beschäftigen, sondern
aktive Gruppen von Assistenten und Studenten erwarten eine
Verbesserung der Ausbildungssituation vom sogenannten Projektstudium. Dem Konzept liegt zunächst einmal die Vorstellung zugrunde, daß man von Studenten, die sich für den Beruf des Mathematikers entschieden haben, aber nicht an mathematischer Forschung (im gegenwärtigen Sinn) teilnehmen wollen, erwarten kann, daß sie zu mathematischer Problemlösung
motiviert sind. Das Selbstbewußtsein und die Durchschlagskraft des in die Praxis Strebenden soll gestärkt werden
durch Studienleistungen, welche unter geeigneten Bedingungen
unmittelbar gesellschaftlich relevant werden könnten; die
Kooperation mit Substanzwissenschaftlern soll eingeübt und
die strapaziöse Konkurrenzhaltung abgebaut werden. Weitere
Folgen der Umgestaltung des Studiums sind durchaus erwünscht:
die idealistische Ideologie von der Reinen Wissenschaft wird
aus dem Studium verbannt; der Student erhält einen klaren
Begriff von der Anwendbarkeit und den Grenzen der Anwendung
der Mathematik; während des Studiums kann mathematisches
Potential aktiviert werden zur Lösung von Fragen, welche
das Kapital nicht angreift. Die Befürworter des Projektstudiums haben bisher aber noch keine sie selbst befriedigende
Antwort auf die Frage gefunden, wie man die genannten Lernziele mit konkreter, nicht zu schmaler Stoffvermittlung verbinden könnte. Man hat feststellen müssen, daß auch gutwillige Professoren nicht in der Lage sind, geeignete Projektvorschläge zu unterbreiten.

Mitarbeit in einem interdisziplinären Forschungsprojekt
könnte nach meiner Meinung vielleicht ein guter Ersatz für
ein Nebenfachstudium sein; fachsystematische Schulung kann
man aber kaum an Projektbearbeitungen anhängen. Ferner gibt
man sich wohl einer Illusion hin, wenn man glaubt, reale
Probleme seien im erwünschten Umfang mathematischer Bearbeitung zugänglich; der Weg von praktischen Problemen bis
zur mathematischen Theoriebildung ist immer sehr lang gewesen. Es dürfte schließlich schwerlich Einigkeit zu erzielen sein, ob eine Lösung eines realen Problems wissenschaftlich begründet ist. Gewisse Ideen des Projektstudiums

könnten wohl breitere Zustimmung finden, wenn dabei das
Problem der Anwendung von Mathematik in unserer Gesellschaft
realistischer gesehen würde. Man muß bestenfalls davon ausgehen, daß es wesentlich von den Interessen der Anwendenden
bestimmt wird, wo die Grenzen der Anwendbarkeit einer Theorie liegen. Mathematische Methoden werden auch dort angewandt, wo des Mathematikers Frage nach Gültigkeit von Grundannahmen unbeantwortet bleibt (Warum sollte es aber z.B.
mathematisch falsch sein, wenn auf nichtwiederholbare Prozesse Zeitreihenanalyse angewandt wird? Mit Anwendung meint
man ohnehin oft nur, daß man neben ein reales Phänomen ein
leichter durchschaubares Modell stellt, um den Blick zu
schärfen für die Beobachtung des realen Phänomens.)

Die Gründe dafür, daß die Wirtschaft Mathematiker sucht,
sind nicht auf einen Nenner zu bringen. Unkenntnis über die
Ausbildung spielt sicher eine Rolle. Es kann nicht ausgeschlossen werden, daß es manchmal (in einem gewissen Sinne)
ökonomisch ist, daß Mathematiker gar nicht als Wissenschaftler eingesetzt werden, daß sie etwa damit beschäftigt werden, starre Verfahren auf immer größere Datenmengen auszudehnen ohne Spielraum für kritische Prüfung und Fortentwicklung. Firmen, die schon länger Mathematiker beschäftigen, stellen Mängel der Ausbildung fest; sie vermissen weniger konkrete Kenntnisse als vielmehr die Fähigkeit oder
Bereitschaft zur Kooperation mit Nichtmathematikern. Sie
glauben, daß auf besser ausgebildete Mathematiker interessante Aufgaben warten. Sie fühlen sich aber nicht kompetent, von sich aus konkrete Reformvorstellungen zu entwickeln.

Spekulationen über die Möglichkeiten scheinen nötig: Vom
Mathematiker wird man nach meiner Einschätzung in erster
Linie erwarten, daß er inhaltlicher Argumentation von Praktikern folgen kann, kritische Vorstellungen, an welche diese sich unter möglicherweise verschiedenen Bedingungen gewöhnt haben, hinterfragt und abschätzen kann, welche Konsequenzen für die Rechnungen eine Modifikation dieser Vorstellungen hätte; schließlich wird von ihm verlangt werden,

daß er eine von den Praktikern anvisierte Lösung in algorithmische Form bringen kann. Es wird dem Mathematiker dagegen nach meiner Einschätzung in den seltensten Fällen gelingen, ein deduktives System ausfindig zu machen, dessen Grundannahmen der Erfahrung zugänglich sind und dessen Theoreme den Praktikern weiterhelfen. Wenn man aber nicht das Entwerfen deduktiver Systeme als das zentrale Betätigungsfeld für den mathematisch geschulten Verstand ansieht, dann steht die Bedeutung der Ausbildung im Fortschreiten innerhalb abgeschlossener mathematischer Systeme in Frage. Der Mathematiker muß dann wohl vor allem ein Verhältnis zu den Ergebnissen seiner Wissenschaft gewinnen, welches ihm erlaubt, diese auch Nichtmathematikern zu explizieren. Er muß darlegen können, warum gewisse Fakten, die vielleicht dem Praktiker wesentlich erscheinen, für die fragliche Konklusion irrelevant sind, er muß nach fehlenden Informationen fragen können und dergleichen.

Im heutigen Mathematikstudium werden solche Fähigkeiten kaum entwickelt. Die Formelsprachen beherrschen die Kommunikation, die Ansatzpunkte gehören als "Prämathematik" nicht zum Lehr- und Prüfungsstoff (Merkwürdigerweise beklagen dieselben Studenten mangelnde Motivation der Ableitungen, die bei allgemeinen Erörterungen unaufmerksam sind, weil sie nach ihnen in der Prüfung nicht gefragt werden.) Der wahre Mathematiker fühlt sich gezwungen, das Problem in der Sprache zu formulieren, die auch das Medium der Lösung ist, weil er nur so das minimale System von Voraussetzungen genau fassen kann. Es bleibt auch kein Platz, verschiedene Standpunkte zum gleichen Problem darzulegen. Erst im Bereich der aktuellen Forschung wird gelegentlich eine spezifische Anschauungsform entwickelt, in welcher Lösungsstrategien konzipiert werden, und ein bildhafter Jargon, in welchem Vermutungen und Beweisideen ausgedrückt werden können. Es gilt aber unter Reinen Mathematikern als unfein, vor Studenten und Nichtspezialisten etwas anderes auszubreiten als zugunsten der formalen Absicherung sterilisierte Überlegungen. Die von den Reinen Mathematikern verwöhnten Studenten zeigen dann wenig Neigung, die Formelsprache mit einer kontrollierten Umgangssprache zu verbinden. Das ist schon deshalb bedauerlich, weil viele allgemeine Einsichten, die wir der Mathematik verdanken, aus dem Blickfeld schwinden (z.B. die, daß zufällige Größen andere Charakteristika besitzen als unbekannte oder die, daß die Potenz eines Automaten in faßbarer Weise beschränkt ist).

Nach meiner Erfahrung bieten sich in der Lehre der Angewandten Mathematik Chancen. Die Wahrscheinlichkeitstheoretiker beispielsweise pflegen eine in ständiger Vermittlung mit der Sprachebene der kanonisierten Begriffe stehende nichtformale Sprache, die sich zur Kommunikation mit Nichtmathematikern eignet (Zufallsereignisse und Zufallsgrößen sind Grundterme dieser Sprache, nicht aber meßbare Funktionen.)

Eine Chance für die bessere sprachliche Qualifizierung der Studenten ergibt sich sicher auch, wenn demnächst die endliche Mathematik (wegen ihrer wachsenden praktischen Bedeutung) in die Lehrpläne aufgenommen wird. Man vergibt die Chance natürlich, wenn man die Studenten gängelt, z.B. mit starren Definitionen für Graphen, Wege etc. oder sie auf schwierige Sätze der Färbungstheorie hetzt; es kommt darauf an, daß das Sprechen über die intuitiven Begriffe der Kombinatorik langsam die Präzision gewinnt, welche das hier oft heikle mathematische Schließen verlangt. Das Schwierige und didaktisch Wertvolle sind die Entscheidungen in bezug auf die Übergänge zwischen den Sprachebenen: wie man das Problem umgangssprachlich präzisiert, formalisiert, wie man modelliert, dann 'löst' und schließlich das Resultat interpretiert.

Die in unserer Spekulation anvisierten Qualifikationen erfordern neben einer flexiblen Sprache einen gewissen Wissensschatz von einfachen Modellvorstellungen. Diese Vorstellungen brauchen nach meiner Meinung nicht an realen (im Sinne von gesellschaftlicher Bedingtheit) Problemen entwickelt zu werden. Viele plausible und einige zunächst paradox erscheinende Resultate der Stochastik lassen sich

mit Spekulationen verdeutlichen, die von den zuständigen
Substanzwissenschaftlern nicht voll akzeptiert werden. Ich
denke z.B. an Brown'sche Bewegung, stochastische Dynamiken,
Staudämme, gewisse Verzweigungsprozesse in der Genetik, An-
steckungsphänomene u. dgl. Im gegenwärtigen Unterrichtsstil
droht dem mathematischen Denken Gefahr, wenn solche Vor-
stellungsweisen nur noch als beliebig herausgegriffene 'Anwendungen' von allgemeinen mathematischen Sätzen erschienen.

Der 'problemorientierte' Unterricht scheint vielleicht auf
den ersten Blick die gebotene Form der Lehre: man verzichtet auf deduktiv aufgebaute Theorien und entwickelt die
Techniken anhand von Problemen, die in natürlicher Sprache
beschrieben sind. Für die Wahrscheinlichkeitstheorie hat
ein ziemlich perfekter Test gezeigt, daß dieses Vorgehen
didaktisch nicht günstig ist: Praktisch konkurrenzlos kam
1950 Feller's berühmte 'Introduction ...' auf den Markt;
sie wurde von vielen Nichtmathematikern begeistert aufgenommen, sie genießt unter Spezialisten noch heute höchstes
Ansehen, viele Versuche aber, Studenten mit diesem Buch
auszubilden, sind gescheitert; die Studenten erkennen anscheinend keine Ordnungsprinzipien und leiden unter Orien-
tierungslosigkeit; sie nehmen die Herausforderung, mathematischen Stoff für sich selbst zu organisieren, frühestens
bei der Diplomarbeit auf.

Die fast paradoxe Aufgabe lautet nach meiner Meinung: Man
unterrichte eine Theorie so gut deduktiv gegliedert, daß
sie für den Studenten überschaubar wird und gleichzeitig
so in Wechselwirkung mit den Problemen, daß gelernt wird,
die Umgangssprache zu präzisieren zu einer flexiblen Fach-
sprache, die einerseits das Skizzieren von Beweisen ermöglicht, andererseits jederzeit wieder vergröbert werden kann
für das Gespräch mit Nichtmathematikern.

Die Chancen zu nützen, die nach unserer Meinung der Unterricht in Angewandter Mathematik bietet, wird viel Energie
kosten. Die heute üblichen Vorstellungen von Forschung und
Lehre begünstigen solche Bestrebungen nicht. Der junge

Mathematiker bekommt nämlich leichter Kredit, wenn er ein technisch schwieriges Stück entlang eines bekannten Wegs meistert, als wenn er neue wichtige Probleme der mathematischen Behandlung erschließt, dabei aber nicht auf diffizile Techniken stößt. Zudem setzt er sich der Gefahr des Scheiterns aus, wenn er die zum Problem passenden Techniken erst suchen will. Die geläufigen Techniken stetig (auf Vorrat) weiterzuentwickeln, ist gefahrloser. Die meisten Vertreter der Angewandten Mathematik konzentrieren daher heute wie die Reinen Mathematiker ihre Kraft hauptsächlich darauf; der junge Mathematiker kann mit einer schnell wachsenden Publikationsliste rechnen, der etablierte Professor stößt in der nötigen Frequenz auf Themenvorschläge für Diplomarbeiten u. dgl.

Die Diskussion um die Prioritäten innerhalb der Mathematik ist in den letzten 15 Jahren infolge der generellen Expansion der Universitätsmathematik unterblieben. Es kommt den Mathematikern heute wohl hauptsächlich auf die Raffinesse der Schlüsse an; Ernsthaftigkeit der Motivation von Problemen und Nützlichkeit von Lösungen werden als außermathematische, schwammige Kriterien verachtet. Ich vermute, daß jetzt die Zeit der Überspezialisierung ihrem Ende zugeht, daß elementare Ansätze von fächerverbindendem Charakter bald höher eingeschätzt werden und daß sich die Forschung mehr um konkrete Algorithmen kümmern wird, z.B. mit Untersuchungen über Robustheit. Wenn man, um großartige Mathematik machen zu können, von groben Modellen zu differenzierten Systemen von Axiomen übergeht, läuft man Gefahr, diejenigen Feinheiten des Modells übermäßig auszuschlachten, die in der zu beschreibenden Situation nur approximativ erfüllt sind; die Ergebnisse sind dann vielleicht weniger adäquat und jedenfalls schwerer zu kritisieren als die des gewöhnlichen Hausverstandes. Techniken, die diese Gefahr vermeiden, heißen robust.

Aus den hier vorgetragenen Spekulationen ergeben sich die folgenden Forderungen:
1) Der Studienanfänger darf nicht auf die Vorstellung ein-

geschworen werden, daß der Mathematiker nur in der Konstruktion großer deduktiver Systeme seinen Platz findet.
2) Der Drang von realen Problemen nach 'mathematisch korrekter Behandlung' sollte nicht überschätzt werden.
3) Die Umgangssprache darf aus der Mathematik nicht verdrängt werden; sie muß den Bedürfnissen entsprechend verfeinert werden. Die Vermittlung zwischen den Sprachebenen muß gelehrt werden.
4) Elementare Modellvorstellungen müssen gelehrt und geprüft werden.
5) Bei der Wahl eines bestimmten deduktiven Aufbaus einer mathematischen Theorie muß das Ziel berücksichtigt werden, Wissen so zu organisieren, daß es auch dem natürlichen Sprechen zugänglich bleibt.
6) Die Diskussion um die Qualität mathematischer Forschung darf die Frage nach der Bedeutung der Resultate außerhalb der Systematik nicht länger ausklammern.

Quellennachweise

Im folgenden wird für jeden Beitrag die unmittelbare Quelle angegeben und - soweit es möglich war - der Erstabdruck bibliographisch nachgewiesen. Artikel, die hier unter einer fremdsprachigen Titelangabe aufgeführt sind, erscheinen in diesem Band zum ersten Mal in deutscher Sprache. Soweit nicht anders angegeben, wurden die Übersetzungen in IDM angefertigt.

Wir danken den Autoren bzw. den hier genannten Verlagen für die freundliche Genehmigung zum Abdruck.

KAPITEL I. *Mathematische Abstraktion und Erfahrung*

J. v. Neumann: The mathematicican, in: J. von Neumann, Collected Works, Volume I, Pergamon Press 1961, S. 1-9; Erstabdruck in: The works of the mind, Ed.by. R.B. Heywood, University of Chicago Press, Chicago, 1947, S. 180-197.

A. Alexandrow: Mathematik und Dialektik, übernommen aus: Ideen des exakten Wissens, Heft 4, April 1971, S. 251-257. Deutsche Verlagsanstalt, Stuttgart.

G. Kreisel: The formalist-positivist doctrin of mathematical precision in the light of experience, in: L' âge de la science, Jg. 3, Heft 1, 1970, S. 17-46, sowie Errata and Addenda, Heft 3, 1970. Editions Dunod - Gauthier Villars, Paris. Übersetzer: W. Sieg, Stanford/USA.

René Thom: La Théorie des Catastrophes: Etat présent et Perspectives, in: Manifold, Spring 1973, Warwick/England, S. 16-23. Übersetzer: Prof. Th. Bröcker, Regensburg.

KAPITEL II. *Methoden und Struktur der Mathematik*

N. Bourbaki: Die Architektur der Mathematik, übernommen aus: Physikalische Blätter, Jg. 17, 1961, S. 161-166 und S. 212-218. Physik-Verlag, Weinheim. (Original in: Les grands courants de la pensée mathématique, Hrsg.: F. le Lionnais, Verlag Blanchard, Paris 1948.)

A. Dress: Ein Brief, Originalbeitrag.

R. Courant: Mathematics in the Modern World, in: Scientific American, Sonderheft 1964, S. 19-27. W.H. Freeman and Company, San Francisco.

M. Atiyah: Wandel und Fortschritt in der Mathematik, übernommen aus: Bild der Wissenschaft, Jg. 6, Heft 4, April 1969, S. 314-323. Deutsche Verlags-Anstalt, Stuttgart.

E. Brieskorn: Über die Dialektik in der Mathematik, Originalbeitrag.

KAPITEL III. *Probleme der Anwendungen von Mathematik*

W. Böge: Gedanken über die Angewandte Mathematik, Originalbeitrag.

L. Budach: Mathematik und Gesellschaft. Dieser Artikel entstand aus dem Manuskript eines Vortrags, den der Autor im Studentenprogramm der X. Weltfestspiele der Jugend und Studenten in Berlin gehalten hat. Wir danken dem Präsidium der 'Urania' (Gesellschaft zur Verbreitung wissenschaftlicher Kenntnisse), das uns freundlicherweise das Manuskript überließ, und der Redaktion 'Wissenschaft und Fortschritt' für die Genehmigung zum Nachdruck (erschienen im Heft 3, 1974, S. 116-120)

F.L. Bauer: Was heißt und was ist Informatik? Originalbeitrag.

KAPITEL IV. *Mathematische Wissenschaft und Unterricht*

R. Thom: 'Modern' Mathematics: An Educational and Philosphic Error?, in: American Scientist, Volume 59, Number 6, 1971, S. 695-699. Der französische Originaltext: Les mathématiques 'modernes': Une erreur pédagogique et philosophique?, erschien in: L' âge de la science, Jg. 3, Heft 3, 1970, S. 225-236, mit einem Anhang: 'Sur la notion de champ sémantique et le 'principe d' exclusion' dans un modéle géométrique de la signification', S. 237-242. Editions Dunod - Gauthier Villars, Paris.

J. Dieudonné: Should we teach 'Modern' Mathematics?, in: American Scientist, Volume 61, Heft 1, 1973, S. 16-19. American Scientist, New Haven, Connect.

A. Kolmogorov: Les mathématiques modernes et les mathématiques dans l' école moderne, in: Recherches internationales á la lumiére du marxisme, No. 71-72, Paris, S. 115-119. Original in den Veröffentlichungen der Wissenschaftlichen Konferenz der Pädagogen der sozialistischen Länder, Moskau 1971, publiziert von der Akademie der Pädagogischen Wissenschaften der UdSSR.

P. Hilton: The training of mathematicians today. Vortrag gehalten vor Professoren und Studenten der Chio State University, Columbus, am 29.11.73.

F. Hirzebruch: Mathematik, Studium und Forschung. Vortrag gehalten anläßlich der Preisverleihung Bundeswettbewerb Mathematik im 'Stifterverband für die Deutsche Wissenschaft', am 20.10.72 in Hannover.

H. Dinges: Spekulationen über die Möglichkeiten Angewandter Mathematik, Originalbeitrag.

MIX
Papier aus verantwortungsvollen Quellen
Paper from responsible sources
FSC® C105338

If you have any concerns about our products,
you can contact us on
ProductSafety@springernature.com

In case Publisher is established outside the EU,
the EU authorized representative is:
**Springer Nature Customer Service Center GmbH
Europaplatz 3, 69115 Heidelberg, Germany**

Printed by Libri Plureos GmbH
in Hamburg, Germany